NAPA & SONOMA
Leading Wine Regions Of America

美国葡萄酒领袖产区
纳帕 和 素诺玛

吴书仙◎著

湖南文艺出版社
HUNAN LITERATURE AND ART PUBLISHING HOUSE

图书在版编目（CIP）数据

美国葡萄酒领袖产区—纳帕和索诺玛 / 吴书仙著.
-- 长沙：湖南文艺出版社，2016.7
　ISBN 978-7-5404-7656-4

Ⅰ.①美… Ⅱ.①吴… Ⅲ.①葡萄酒－文化－介绍－美国 Ⅳ.①TS971

中国版本图书馆CIP数据核字（2016）第139598号

美国葡萄酒领袖产区——纳帕和索诺玛

出 版 人	刘清华
作　者	吴书仙
责任编辑	唐　明
特约编辑	陈　恒
排版制作	嘉泽文化　百愚文化

出版发行　湖南文艺出版社

地　　址　（长沙市雨花区东二环一段508号　邮编：410014）

网　　址　http://www.hnwy.net

经　　销　湖南省新华书店

印　　刷　湖南超峰印务有限公司

版　　次　2016年7月第1版
　　　　　2016年7月第1次印刷

开　　本　880mm×1194mm　1/16

印　　张　29.25

书　　号　ISBN 978-7-5404-7656-4

定　　价　188.00元

目录

序言 009

十大排名 012

第一章：**总论** 019

    第一节　领袖产区 020

    第二节　葡萄酒中的美国梦 024

    第三节　葡萄酒中的联合国 026

    第四节　酒杯里的生活 031

    第五节　葡萄种植特点 033

    第六节　葡萄酒酿造特点 037

    第七节　酒厂的经营模式 042

    第八节　酒厂旅游产业 046

    第九节　美国葡萄酒法规 049

第二章：**纳帕葡萄酒** 051

    第一节　纳帕的风土 052

    第二节　纳帕葡萄酒的历史 056

    第三节　纳帕 AVA 产区 063

    第四节　纳帕葡萄品种 069

第三章：**纳帕葡萄酒厂** 075

    第一节　7&8 酒庄（Vineyard Seven And Eight） 076

    第二节　二十九号酒庄（Vineyard 29） 078

    第三节　阿克曼家族庄园（Ackerman Family Vineyards） 081

    第四节　安心酒厂（Ancien Wines） 084

    第五节　阿德萨酒厂（Artesa Vineyards & Winery） 087

    第六节　顶峰酒庄（Au Sommet） 090

    第七节　贝灵哲酒庄（Beringer Vineyards） 093

    第八节　伯圣酒庄（Boeschen Vineyards） 096

    第九节　克里斯蒂安尼四兄弟家族酒厂（Bouncristiani Family） 099

第十节　卡布瑞酒庄（Cakebread Cellars）　　　·········101

第十一节　考德威尔酒庄（Caldwell Vineyard）　　　·········104

第十二节　卡莫米酒厂（Ca'Momi）　　　·········106

第十三节　卡迪娜酒庄（Cardinale）　　　·········109

第十四节　爱堡酒庄（Castello di Amorosa）　　　·········112

第十五节　凯慕斯酒庄（Caymus Vineyards）　　　·········115

第十六节　夏桐酒庄（Domaine Chandon）　　　·········118

第十七节　蒙特丽娜城堡酒庄（Chateau Montelena winery）　　　·········121

第十八节　飞马酒庄（Clos Pegase）　　　·········124

第十九节　寇金酒窖（Colgin Cellars）　　　·········127

第二十节　延续酒庄（Continuum Estate）　　　·········131

第二十一节　基石酒窖（Cornerstone Cellars）　　　·········134

第二十二节　达拉·瓦勒酒庄（Dalla Valle Vineyards）　　　·········137

第二十三节　当纳酒庄（Dana Estates）　　　·········140

第二十四节　大流士酒庄（Darioush）　　　·········143

第二十五节　钻石溪谷酒庄（Diamond Creek）　　　·········146

第二十六节　卡内罗斯酒庄（Domaine Carneros）　　　·········148

第二十七节　道明内斯酒庄（Dominus Estate）　　　·········151

第二十八节　达克豪恩酒庄（Duckhorn Vineyards）　　　·········154

第二十九节　艾蒂德酒庄（Étude）　　　·········157

第三十节　法尔年特酒庄（Far Niente）　　　·········160

第三十一节　花溪酒庄（Flora Springs）　　　·········162

第三十二节　福星酒庄（Franciscan）　　　·········165

第三十三节　威廉山庄酒庄（William Hill Estate Winery）　　　·········168

第三十四节　加奎罗酒庄（Gargiulo Vineyards）　　　·········170

第三十五节　恩泽家族酒庄（Grace Family）　　　·········172

第三十六节　哥格山酒庄（Grgich Hills Estate）　　　·········175

第三十七节　殿堂酒庄（Hall）　　　·········178

第三十八节　海德·维伦酒厂HDV（Hyde de Villaine）　　　·········180

第三十九节　贺滋酒窖（Heitz Cellars）　　　·········183

第四十节　炉边酒庄（Inglenook Vineyard）　　　·········186

第四十一节　贾维斯酒庄（Jarvis Estate）　　　·········189

第四十二节　约瑟夫·菲尔普斯酒庄（Joseph Phelps Vineyard）　　　·········192

第四十三节　　尧宗酒庄（Kenzo Estate）·······················194

第四十四节　　拉克米德酒庄（Larkmead Vineyard）·······················196

第四十五节　　梅尔卡·门特伯酒庄（Melka Montbleau）·······················198

第四十六节　　快乐溪谷酒庄（Merryvale Vineyards）·······················201

第四十七节　　玛纳家族酒厂（Miner Family Winery）·······················204

第四十八节　　纽顿酒庄（Newton Vineyard）·······················207

第四十九节　　奥克维尔牧场酒庄（Oakville Ranch Vineyards）·······················210

第五十节　　一号作品酒庄（Opus One）·······················213

第五十一节　　亨尼斯欧莎酒庄（O'Shaughnessey Estate Winery）·······················216

第五十二节　　帕尔玛斯酒庄（Palmaz Vineyard）·······················219

第五十三节　　派瑞达克斯酒庄（Paraduxx）·······················222

第五十四节　　彼得·福瑞纳斯品牌葡萄酒（Peter Franus）·······················225

第五十五节　　菲利普·托格尼酒庄（Philip Togni Vineyard）·······················228

第五十六节　　松之岭酒庄（Pine Ridge Vineyards）·······················231

第五十七节　　普里斯特牧场酒庄（Priest Ranch Somerston Estate）·······················234

第五十八节　　坤德萨酒庄（Quintessa）·······················237

第五十九节　　雷蒙德酒庄（Raymond Vineyards）·······················239

第六十节　　罗伯特·蒙大维酒厂（Robert Mondavi Winery）·······················242

第六十一节　　罗卡酒庄（Rocca Family Vineyards）·······················245

第六十二节　　西尔瓦斯特瑞酒庄（Salvestrin Winery）·······················248

第六十三节　　稻草人庄园（Scaregrow Vineyard）·······················251

第六十四节　　世酿伯格酒厂（Schramsberg Winery）·······················254

第六十五节　　红杉林酒庄（Sequoia Grove Winery）·······················257

第六十六节　　谢弗酒庄（Shafer Vineyards）·······················259

第六十七节　　赛利诺斯酒厂（Silenus Winery）·······················262

第六十八节　　银橡树酒庄（Silver Oak Cellars）·······················265

第六十九节　　西亚瓦多酒庄（Silverado Vineyards）·······················269

第七十节　　春山酒庄（Spring Mountain Vineyard）·······················273

第七十一节　　圣·克莱门特十字酒厂（St. Clement Vineyard）·······················277

第七十二节　　圣·斯佩里酒庄（St. Sepéry Vincyards & Winery）·······················280

第七十三节　　鹿跃酒窖（Stag's Leap Wine Cellars）·······················283

第七十四节　　斯旺森酒庄（Swanson Vineyards）·······················286

第七十五节　　情人谷酒庄（Terra Valentine）·······················289

第七十六节　三位一体酒庄（Trinitas Cellars）································292

第七十七节　金牛酒庄（Turnbull）································295

第七十八节　白石酒庄（White Rock Vineyards）································298

第七十九节　邦德酒庄（Bond Estates）································301

第八十节　贺兰酒庄（Harlan Estate）································304

第八十一节　啸鹰酒庄（Screaming Eagle）································308

第八十二节　姚家族葡萄酒（Yao Family Wines）································311

第四章：索诺玛葡萄酒································315

第一节　索诺玛的风土································316

第二节　索诺玛葡萄酒历史································319

第三节　索诺玛 AVA 产区································322

第四节　索诺玛葡萄品种································328

第五章：索诺玛葡萄酒厂································333

第一节　阿纳巴酒庄（Anaba）································334

第二节　基岩酒庄（Bedrock）································337

第三节　贝灵格酒庄（Benziger Family Winery）································340

第四节　布埃纳·维斯塔酒厂（Buena Vista Winery）································343

第五节　白垩山酒庄（Chalk Hill）································346

第六节　圣·让城堡酒庄（Chateau St.Jean）································349

第七节　都兰酒庄（Deloach Vineyards）································352

第八节　德南酒庄（The Donum Estate）································355

第九节　达顿·戈德菲尔德酒庄（Dutton Goldfield）································358

第十节　法拉利卡诺酒庄（Ferrari-Carano Winery）································361

第十一节　繁花酒庄（Flowers Vineyard &winery）································364

第十二节　罗斯要塞酒庄（Fort Ross Vineyard）································367

第十三节　加里·法瑞尔酒厂（Gary Farrell Vineyard & Winery）································370

第十四节　格洛里亚·费尔酒庄（Gloria Ferrer Caves & Vineyard）································373

第十五节　翰泽林酒庄（Hanzell Vineyards）································376

第十六节　铁马牧场酒庄（Iron Horse Ranch & Vineyard）································379

第十七节　朱迪酒庄（J Vineyard & winery）································382

第十八节　乔丹酒庄（Jordan Winery）································385

第十九节　肯道杰克逊庄园酒庄（Kendall Jackson Wine Estate & Gardens）……………388

第二十节　凯斯特乐酒庄（Kistler Vineyards）……………391

第二十一节　科宾·卡梅伦酒庄（Kobin Kameron）……………395

第二十二节　科斯塔·布朗酒厂（Kosta Browne Winery）……………398

第二十三节　兰开斯特酒庄（Lancaster Estate）……………401

第二十四节　里程碑酒庄（Landmark Vineyard）……………404

第二十五节　拉塞特家族酒庄（Lesseter Family Winery）……………407

第二十六节　劳雷尔·格伦酒庄（Laurel Glen）……………410

第二十七节　莱曼酒庄（Lynmar Estate）……………413

第二十八节　梅里·爱德华兹酒庄（Merry Edwards Vineyard）……………416

第二十九节　佩里·佩里酒厂（Papapietro-Perry Winery）……………419

第三十节　派真豪酒庄（Patz& Hall）……………422

第三十一节　雷米酒窖（Remey wine Cellars）……………425

第三十二节　拉姆大门酒庄（Ram's Gate Winery）……………428

第三十三节　群鸦攀枝酒庄（Ravenswood Winery）……………431

第三十四节　喜格士家族酒庄（Seghesio family Vineyards）……………434

第三十五节　西杜里酒厂（Siduri）……………437

第三十六节　石通道酒庄（Stonestreet）……………440

第三十七节　护身符酒窖（Talisman Cellars）……………443

第三十八节　特伦特酒庄（Trentadue）……………446

第三十九节　图米盖尔酒窖（Twomey Cellars）……………449

第四十节　玛尔玛酒庄（Marimar Estate Vineyard & Winery）……………452

第四十一节　真士缘酒窖（Vérité）……………455

第四十二节　威廉斯莱酒窖（Williams Selyem）……………458

第六章：资料篇……………461

第一节　本书评分标准……………462

第二节　酿酒葡萄品种名称中外文对照……………463

第三节　参考书籍和资料来源……………464

序言

  纳帕和索诺玛的葡萄酒产区论酒的品质和知名度而言位列美国葡萄酒产区之首，甚至说其位于新世界葡萄酒产区之首也不为过！在某种意义上来说，这两个产区对我们的价值不仅仅是葡萄酒！

  这两个产区首创了不少葡萄酒的经营理念和模式，就国内流行的"加"的模式来说，这两个产区率先创建了葡萄酒加互联网、葡萄酒加旅游、葡萄酒加生活方式等商业模式。葡萄酒通过互联网直销模式和葡萄酒的酒厂旅游模式是旧世界的酒厂所没有的，如传统的波尔多和勃艮第酒厂或酒庄基本就是生产葡萄酒的单位，大部分酒都是通过法国的酒商进行销售。而纳帕和索诺玛这个产区的葡萄酒平均70%是通过互联网的直销模式进行销售。酒庄旅游更是这两个产区之创举，其火热程度是全球其他葡萄酒产区未曾见过的！

  我此次走访美国纳帕和索诺玛的酒厂，不单是品尝了他们的葡萄酒，也看到了这些酒厂主努力和奋斗的成果，见识了众多靠自己努力实现了梦想的酒庄主，切实体会了他们的酒业精神。而这些精神包涵着"奋斗、创新、团结、互助"。

纳帕和索诺玛这两个产区带给我们另一种意义在于他们以自己为主体，学习旧世界葡萄酒厂有益的东西，在消化吸收后创造出旧世界没有的东西。这是非常值得那些要么认为"什么都是外国的好，我们做不出来"，要么只知道亦步亦趋地跟在后面效仿别人，而不致力于创新，没有自我和自信的中国人学习的。

撰写本书是受到美籍华侨唐义钧（Eaman Tang）和李冰洋（Benson Li）两位先生的鼓励和邀请，他们的目的是想推进美国葡萄酒在华的知名度和美国葡萄酒贸易在华的发展。而我在美国的旅费和酒庄访问安排的费用都是他们资助的，没有他们的支持本书不可能完成，在此我对他们深表感谢！

在美期间，我得到了不少人的帮助和支持。在酒庄推荐方面，我得到了约翰·班尼特（John A Bennett）医生、唐纳德·派真（Donald Patz）先生、我纳帕的房东凯瑟琳（Catherine）女士的朋友加里（Gary）的帮助；在精神上得到了美籍华侨刘南女士，酒商张静女士、孙妍女士的支持；在生活上得到了凯瑟琳女士、美籍华人酒商贺云志先生、美籍台湾人胡沁兰（Jessica Hu）女士、美籍华人梁嘉敏女士的帮助；工作上得到了理查德·阿尔迪格（Richard Aldag）先生、莉莎·亚当斯·沃尔特（Lisa Adams Walter）女士以及为我驾车的女大学生林赛·肯特（Lindsay Kent）的协助。在这里我对他们表示由衷的谢意。

这本书能够出版发行可以说相当不易。本书的项目从 2011 年开始筹划，2014 前往美国，在美国遇到了很多困难，所幸都一一克服了。2015 年 7 月底书基本完稿后，由于原来和我一直有合作的出版社的人员变动以及合作方的其他原因，书稿又面临出版问题，我甚至有了放弃出版的念头。直到 2016 年 1 月初遇到了逸香的董事长文含，是他帮我引荐了湖南文艺出版社，才使得这本书最终能得以面世，在此，我对文含和湖南文艺出版社表示感谢！真所谓好事多磨！用本书投资人李冰洋的话来说，我可能真有出书的命吧！

言归正传，我为了美国葡萄酒这个项目在纳帕住了三个多月，为时近一百天，访问了 165 家葡萄酒厂，由于时间、关系的局限，有一些优秀的酒厂我没有能够访问到。此外，由于个人理解的局限，难免有的地方没有了解和领悟透彻，还望读者见谅。

本书如有疏漏和错误，请读者及时指出，我将不胜感激！

吴书仙　于上海颐景园书酒斋

2016 年 2 月 26 日

本书中的三类顶级酒的名次

纳帕十大红葡萄酒排名

第一：贺兰酒庄（Harlan Estate）
2009 Harlan Estete

第二：谢弗酒庄（Shafer Vineyards）
2010 Hillside Select Cabernet Sauvignon

第三：达拉·瓦勒酒庄（Dalla Valle Vineyards）
2012 Maya

第四：顶峰酒庄（Au Sommet）
2009 Au Sommet Cabernet Sauvignon Atlas Peak Napa Valley

第五：稻草人庄园（Scaregrow Vineyard）
2011 Scarecrow

第六：一号作品酒庄（Opus One）
2010 Opus One

第七：道明内斯酒庄（Dominus Estate）
2011 Domiuns Estate

第八：邦德酒庄（Bond Estates）
2009 Vecina

第九：7&8酒庄（Vineyard Seven And Eight）
2009 Estate Cabernet Sauvignon

第十：卡迪娜酒庄（Cardinale）
2007 Cardinale Napa Valley Cabernet Sauvignon

（注：由于"啸鹰"庄未有机会品尝因而不在此列）

纳帕和索诺玛十大霞多丽排名

第一：凯斯特乐酒庄（Kistler Vineyards）
2011 Vine Hill Vineyard Chardonnay

第二：雷米酒窖（Remey wine Cellars）
2011 Hyde Vineyard Chardonnay

第三：海德·维伦酒厂 HDV（Hyde de Villaine）
2011 Hyde Vineyard HDV Chardonnay

第四：7&8 酒庄（Vineyard Seven And Eight）
2011 Estate Chardonnay

第五：翰泽林酒庄（Hanzell Vineyards）
2011 Hanzell Chardonnay

第六：加里·法瑞尔酒厂（Gary Farrell Vineyard & Winery）
2012 Durell Vineyard Chardonnay Sonoma Valley

第七：莱曼酒庄（Lynmar Estate）
2010 Quail Hill Vineyard Chardonnay

第八：雷蒙德酒庄（Raymond Vineyards）
2012 Generations Chardonnay

第九：哥格山酒庄（Grgich Hills Estate）
2011 Grgich Hills Estate Paris Tasting Chardonnay

第十：派真豪酒厂（Patz & Hall）
2012 Hudson Vineyard Chardonnay

十大黑比诺

第一：德南酒庄（The Donum Estate）
2012 west Slope carneros Pinot Noir

第二：梅里·爱德华兹酒庄（Merry Edwards Vineyard）
2012 Olivet Lane Pinot Noir

第三：加里·法瑞尔酒厂（Gary Farrell Vineyard & Winery）
2012 Hallberg Vineyard Clone777 PinotNoir

第四：威廉斯莱酒庄（Williams Selyem）
2012 Weir Vineyard Pinot Noir

第五：雷米酒窖（Remey wine Cellars）
2012 Platt Vineyard Pinot Noir

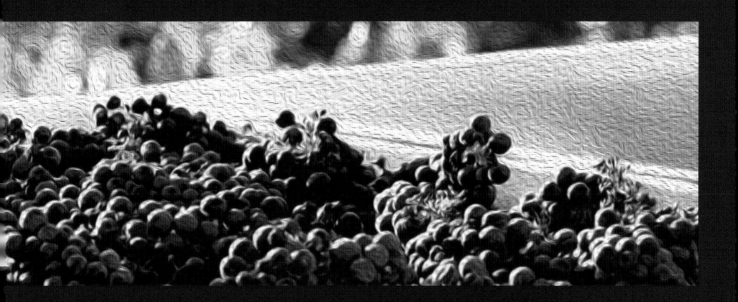

第六：罗斯要塞酒庄（Fort Ross Vineyard）
2010 Pinot Noir Sonoma Coast

第七：凯斯特乐酒庄（Kistler Vineyards）
2011 Kistler Vineyard Pinot Noir

第八：达顿·戈德菲尔德酒庄（Dutton Goldfield）
2012 Freestone Hill Vineyard Pinot Noir

第九：派真豪酒厂（Patz & Hall）
2012 Gap's Crown Pinot Noir

第十：安心（Ancien Wines）酒厂
2012 Napa Valley-Combsville "Haynes Vineyard old Block" Pinot Noir

第·一·章

总 论

第一节

领 袖 产 区

纳帕与索诺玛之于美国的葡萄酒界无疑是具有领袖地位的，甚至不止于此。因为 1976 年的巴黎品酒会的影响力使得新世界的葡萄酒走向了世界的舞台，新世界的优质葡萄酒不仅得到了人们的承认也开始备受追捧。加上美国是全球经济最发达的国家以及全球最大的葡萄酒市场，身在美国的纳帕和索诺玛在全球的葡萄酒产区中正可谓天之骄子，是新世界的旗舰产区。

■王与后的产区

纳帕可以说是美国葡萄酒产区之王，酿造以赤霞珠品种为主导的红葡萄酒。纳帕在美国的地位相当于法国的波尔多。

索诺玛与纳帕产区相邻，该产区出产众多的优质黑比诺和霞多丽品种的葡萄酒，其地位堪比法国的勃艮第，称其为皇后应该很合适。

不少纳帕的酒厂在索诺玛有葡萄园或者购买

▽纳帕

此地的葡萄酿酒，而索诺玛的一些酒厂同样也在纳帕拥有葡萄园或者购买葡萄，有的酒厂则是在这两个产区都拥有酒厂，纳帕和索诺玛可以说是你中有我，我中有你。

大家公认为纳帕是一个名声很大的小产区，其种植面积仅为 45,000 英亩，占加州的 4%，其葡萄园面积也仅占纳帕郡的 9%，仅为波尔多葡萄园总面积的八分之一；然而其产值却达 530 亿美元，占据加州葡萄酒产值的 27%。

纳帕山谷约有四百五十家葡萄酒厂，其中 95% 的酒厂属于家族所有，80% 的酒厂年产量少于一万箱，65% 的酒厂的年产量低于五千箱。

索诺玛葡萄园面积有 60,000 英亩，占据索诺玛郡6%的面积。有超过一千八百家葡萄种植户，约有七百家葡萄酒厂，多数为家族所有，其中约有四百家酒厂对外开放。

纳帕和索诺玛知名的酒庄云集于此，这些名庄酒售价也颇高，这一点也很像波尔多和勃艮第。这两个产区是新世界的名庄酒最多的地方，论其原因，其一是这两地确实能出佳酿，其二与美国目前是全球优质葡萄酒最大的销售市场也不无关系，加上今天的美国人确实喜爱美国酒！

■谁造就了纳帕和索诺玛的知名度

造就纳帕和索诺玛知名度的原因很多，主要可分为自然因素和人为因素，二者缺一不可。

中国老话说"打铁也需自身硬"，造就纳帕和索诺玛的首先是自然条件，特别是其所在的地理位置以及气候和土壤条件，这种地位的优势是美国别的地方所不具备的（在下面章节里有详细介绍）。

人为的因素那就非常多，比如说罗伯特·蒙

△罗伯特·派克

大维（Robert Mondavi）的贡献、众多酿酒人的努力、巴黎评比、戴维斯大学的贡献、媒体宣传等。要论对纳帕和索诺玛出产优质酒的知名度影响最大的人，当属罗伯特·派克（Rober M. Parker Jr.）。

罗伯特·派克在全球的葡萄酒评论界无疑是坐头把交椅的，他的知名度和影响力无人能比，可以说前无古人，估计也很难有后来者！

个人最佩服的是他的独立和客观的立场。作为第三方评论葡萄酒，不管别人如何议论他个人的品评取向，至少他是客观公正地品评葡萄酒，他的分数高低跟酒厂没有直接的利益关系。

他为品评葡萄酒创造了百分制，对于大多数消费者来说这是很简单明了，如果非要说出一大堆专业术语才能说会喝酒，这恐怕会吓跑很多人，这也是为什么有那么多会品酒的人往往不会享受酒！他的百分制对葡萄酒消费是有贡献的。

派克确实有灵敏的嗅觉和味觉，他曾预测波尔多 1982 年份是 20 世纪最好的年份之一，后来事实果然如他所料，因此声名远播。之后他的评论对于不少波尔多的酒厂有着举足轻重的作用。

而对于他祖国的葡萄酒，他的影响力也是巨大的，不少默默无名新酒厂因为被他评得高分而名声大躁，价格飙升，比如纳帕的膜拜酒中的啸鹰、达拉·瓦勒酒庄（Dalla Valle Vineyards）、稻草人庄园（Scaregrow Vineyard）等众多酒厂。很

▽啸鹰

多酒厂因为他的评分而出名，可以说他为美国的葡萄酒事业做出了很大的贡献。如今，他创办的杂志《葡萄酒倡导家》（*The Wine Advocate*）已经卖给了新加坡人，他基本上已经退休。

而美国的消费者也越来越成熟，越来越自信，更多人开始根据自己的喜好来选择葡萄酒。

■新世界膜拜酒最多的产区

纳帕和索诺玛可以说是新世界膜拜酒最多的产区，这里之所以成为膜拜酒的集中之地，除了要有条件出产优质酒（自然和技术），更主要的原因是这里距离旧金山近，各行各业的人和资金进入葡萄酒行业，为葡萄酒这个古老的行业增添了欧洲从来没有过的活力和思路。美国又是个藏富于民的发达国家，不少人拥有资金可以创建自己的事业，以及这些年美国人对优质酒的推崇备至，加上酒评人和媒体的推波助澜，使得这里膜拜酒的崛起如雨后春笋一般！

究竟什么是膜拜酒呢？一般理解为顶礼膜拜的酒。首先让人想到这类酒应该与信仰有关，在基督教里红葡萄酒寓意着基督的血，白葡萄酒寓意基督的眼泪，然而如今所说的"膜拜"酒跟宗教无关，但比宗教用酒要昂贵得多。

这里所说的"膜拜酒"（Cult Wine）一般指名气大、产量小、评分高的昂贵精品葡萄酒。这类膜拜酒新世界很多产区多少都有点，而较为集中之地是法国和美国。称这些酒为"膜拜"酒，其实也有调侃之意。

旧世界的膜拜酒一般都是有历史的，一般来说成名时间长。而新世界的膜拜酒时间不长，但成名快。其成名主要是因为媒体的评分，尤其是罗伯特·派克的评分。当然，如今的旧世

界也并不是有历史的名酒才是膜拜酒，但凡派克评了高分的一些酒（包括车库酒）价格也在飙升。这也充分证明这个地球越来越像个村庄，差异越来越小。

一般来说膜拜酒的产量很小，人们对于在媒体上或者口耳传播这种知名的酒往往都很好奇，想一尝其真味，然而正因为量小，往往还很难买到，这又助长了人们的占有之心，也许这就是膜拜酒受到追捧的另一个缘故吧！

这些膜拜酒的价格远远超出了其成本和合理利润，正所谓物以稀为贵，既然买不到、喝不到，中间自然就会有大的利润空间存在，一定会有谋利的商人来帮忙。法国酒的帮忙者是法国传统酒商。在美国，有幸进入酒厂邮单（Mailing List）的人才有资格购买。

美国的膜拜酒大多集中在纳帕地区，尤其是以赤霞珠为主导的红葡萄酒，这也使得纳帕赤霞珠葡萄的价格大涨，目前纳帕能称为膜拜酒的一般在酒厂的售价都在 200 美元以上。在纳帕，最顶级的膜拜酒当数是啸鹰、贺兰酒庄。

关于膜拜酒能存在多久？可以说只要有需求这些酒都会存在。关于这些酒是不是可以持久地成为膜拜酒，特别是派克已经退休，他以前欣赏而给予高分的酒是不是能够延续它们所受到的追捧，除了要看它们能否维持自身的品质之外，自然也要看追捧者的喜好！没准儿会出现另外一位跟派克一样有影响力的酒评家，膜拜酒的品评标准会跟着此人走呢！

索诺玛海岸

第二节

葡萄酒中的美国梦

在我走访纳帕和索诺玛的这165家酒厂的过程中，很多活生生的例子告诉我，这些人是怎样在葡萄酒行业实现他们的美国梦！

所谓美国梦，其大意是"在美国，人们不需要依靠特定的阶级和他人的援助，而是通过自己的勤奋工作、创意、决心以及不懈的努力就能获得成功和更加美好的生活"。以下举几个凭借一己之努力而成功的鲜活的例子。

■从赤贫的东欧移民到纳帕名庄的庄主

这个例子讲的是哥格山酒庄（Grgich Hills Estate）的庄主迈克·哥格（Mike Grgich），他在1958年鞋里踹着全部财产（32元美金）来到

▽迈克·哥格

纳帕，凭借自己的所学的酿酒技术在纳帕酒厂找到了工作。他酿造的1973年的蒙特丽娜城堡（Chateau Montelena）霞多丽干白在1976年的巴黎品酒会比赛中获得白葡萄酒冠军，这从此改变了他的命运！他后来拥有了自己的酒庄，如今不仅他的葡萄酒知名度高，他在美国成功实现梦想的故事也在美国当地和他故乡传为美谈！

■从餐厅服务员变成了酒厂主

科斯塔·布朗（Kosta Browne）酒厂的两位创始人当（Don）和迈克（Michael）1997年曾在圣达·罗莎（Santa Rosa）城镇的一家餐厅打工，他们积攒了8个月的小费购买了半吨黑比诺葡萄和简单的设备酿了葡萄酒，2001年，他们的发展遇到了资金的瓶颈，但他们凭借自己的热情和对葡萄酒业前途的展望获得了投资者的青睐，如今该酒厂出产的黑比诺是美国知名的黑比诺之一。

■意大利酿酒师的成为纳帕酒庄主和餐厅老板

这里讲的是卡莫米（Ca' Momi）酒庄主斯蒂文·米高托（Stefano Migotto）和达里奥·康帝（Dario De Conti），这两位年轻人都是意大利酿酒师，像他们这样的酿酒师在家乡很多，却很难有大的发展机会，通过自己的努力就能成为酒庄

▲ Dario De Conti

们还有一个与酒庄同名意大利餐厅，在纳帕镇很是出名，他们走到哪里意大利美食也会跟着到哪里。例如他们将家乡的食材和烹调法带到了纳帕，使得人们能品尝到原汁原味的意大利餐。如今，他们的酒庄和餐厅都经营得非常成功。

■法国酿酒师的美国成就

这个故事讲的是梅尔卡·门特伯（Melka Montbleau）。他毕业后没多久就被聘用到纳帕的道明内斯（Dominus）酒厂工作，这使得他有机会来到了纳帕。之后他又去别的产区酿酒和历练，1995年回到纳帕，他为二十多家酒厂做酿酒顾问，不少还是知名酒庄。其成就非凡，如果在法国则较难有如此之大的成就，他不仅早已拥有自己品牌的葡萄酒，如今也实现了拥有自己酒庄的梦想。

■美国酿酒师的成功

美国酿酒师凭借自己的努力而成功地实现了自己梦想的人很多，最典型的一个例子是戴维·雷米（David Ramey），可以说作为一个美国酿酒师能做到的最高境界！他和许多美国酿酒师一样，是在加州戴维斯学院的种植和酿造专业获得的学位，不过他毕业后非常有幸受雇于穆义（Moueix）家族到波尔多的碧翠（Pétrus）酒庄工作，回美国后帮着建成过好几家酒庄，他是索诺玛和纳帕多家酒庄的酿酒顾问，这两个产区一些酒庄的葡萄酒品质的进步均有他的功劳。1996年他和家人创建了自己酒厂，他的葡萄酒是纳帕和索诺玛知名的葡萄酒之一，尤其是他酿造的霞多丽。

主在意大利可能是他们连想都不敢想的事情。当他们有机会来到纳帕的酒厂进行技术交流的时候，他们发现自己很喜欢纳帕这个地方，后来他们合伙创建了"Ca'Momi"这个品牌，并开始少量地酿造自己品牌的葡萄酒，也为其他的酒厂做酿酒顾问，之后有了自己的酒厂和葡萄园。此外，他

第三节

葡萄酒中的联合国

纳帕和索诺玛可以说是葡萄酒中的"联合国"，因为来这里投资建酒厂的国家众多，同时各行各业跨界来经营葡萄酒生意的也不胜枚举。如此多跨国和跨界的人聚集在葡萄酒行业，究竟是什么让他们和谐相处并得到共同发展的呢？用罗伯特·蒙大维先生这句话足以说明："我们都了解，整个山谷越成功，我们每个人越受惠！"可以说这里的同业人都有抱团发展的心态，尤其在纳帕山谷。

从这里也能看得出美国是个有包容和有可持续活力的国家，这个国家的体制能将每个人的活力都激发出来！

⚠ 道明内斯酒庄

■ 欧洲人

1）法国人

法国人的一种投资模式是酿造产量少的精品酒。比如道明内斯酒庄（Dominus Estate）完全模仿波尔多名庄模式，只做两款酒，不对外开放，葡萄酒通过法国酒商通路在发售。还有一号作品酒庄（OpusOne）是部分法国酒商通路，一部分美国，如果预约，刚好酒厂不忙的话也是可以访问酒厂，他们对公众其实也是半遮半掩的开放，毕竟是能挣钱的生意，拥有"一号作品"酒庄的星座集团自然不会放过。

还有一种商业投资，来这里就是为了酿酒卖酒挣钱。如纳帕的夏桐酒庄（Domaine Chandon）的投资者可以说在全球酒行业具有最灵敏的嗅钱的鼻子。他们投资的夏桐不只有酒厂，还有餐厅，出品的多数是普罗大众的起泡酒和一些静止葡萄酒，也有少量的顶级酒。他们在纳帕的投资可以说是非常地成功，从游客的访问数量来说，他们酒庄在纳帕是名列前茅的。此外法国投资的其他起泡酒厂也都很成功。

如今风头正劲的法国投资者当属法国葡萄酒业巨头博瓦塞（Boisset）集团，他们在纳帕和索

⚋让 - 查尔斯·博瓦塞（Jean-Charles Boisset）

诺玛投资了三家酒厂。在该集团的领导者让 - 查尔斯·博瓦塞（Jean-Charles Boisset）的带领下，三家酒厂已形成了好吃、好喝、好玩的一条龙服务：从葡萄种植的生物动力法展示开始，到酒厂内部类似法国红磨坊的舞台的布景，消费者体验各个对外收费服务的精美绝伦的房间，众多眼花缭乱的摆设和服务。酒厂甚至设有狗舍，让随着主人来的狗都能享受到贵宾待遇。此外他们出售除了葡萄酒之外的商品也不少，当别的酒厂还在卖肥皂和蜡烛时，他们都已经开始卖钻石和红宝石了！

2）意大利

意大利的投资并不多见，但意大利裔的美国人在今天的纳帕和索诺玛都有很大的发展。如罗伯特·蒙大维就是意大利裔，盖洛（Gallo）家族也是意大利裔，爱堡酒庄（Castello di Amorosa）的老板也是。在这里，意大利裔美国人拥有的酒厂通常会将酒做得没有那么地浓郁，让酒更容易饮用和配餐，价格也不会卖得很高，但也不会过低，他们的卖价一般美国人都容易接受。其实多数美

国人喝的酒也并不是膜拜酒，而是容易佐餐的酒。我个人觉得如果整天喝那些浓郁得不得了的红酒佐餐，身体确实也受不了！

3）西班牙

西班牙在这里投资和经营的酒庄也很成功。比如说桃乐丝家族的玛尔玛酒庄（Marima Estate Vineyard & Winery），阿德萨酒厂（Artesa Vineyards & Winery）以及西班牙菲斯奈

⚋阿德萨酒厂

⚠当纳酒庄

⚠赛利诺斯（Silenus）

⚠龟宗酒庄

特（Freixenet）投资的格洛里亚·费尔（Gloria Ferrer）酒庄生产起泡酒也相当地成功。

■亚洲人

中国、日本、韩国在纳帕和索诺玛也有投资的酒厂。中国的河南美景集团投资的赛利诺斯（Silenus）酒厂，经营得挺好。日本人投资的龟宗（Kenzo Estate）酒庄以及韩国人投资的当纳（Dana Estate）酒庄的酒大多数是出口到他们本国消费。

如果购买这片土地努力地开辟成葡萄园，精心耕种，种出的优质葡萄酿造出了佳酿，有了好的品牌，即使将来不想做这行了，要卖掉时，平日所投资和付出的都会体现在售价里面，绝对不会白干，尤其是十几年前就在纳帕和索诺玛买地的人，如果现在卖掉收益是巨大的！

☒帕尔玛酒庄主朱里奥·帕尔玛斯医生

■外行的介入

1）隔行不隔山

虽然说隔行如隔山，但在纳帕和索诺玛，可以看到很多外行人的介入葡萄酒行业，有律师、医生、房地产商、高科技行业、文化娱乐业、媒体、餐饮业以及其他行业的人投资建酒厂，我见到的没有不成功的。有的并不是大财团，而是普通人，他们通过自己的努力奋斗同样也取得了成功。

之所以这些外行能在这号称子孙行业的葡萄酒业获得成功，我觉得主要有三个原因：第一是这些外行尊重内行，他们更注重聘请专业人士，听取内行人意见，不蛮干；第二点是社会诚信度高，大家都守法，都讲游戏规则；第三，土地是私有的，

☒弗朗西斯－福特－科波拉

2）外行带来的活力

纳帕和索诺玛地区各行各业的人进入后也为葡萄酒行业带来前所未有的思路和活力，对这两个产区取得今天的成就和繁荣起到了很大的作用。有的外行进入葡萄酒行业后获取了很多行业内难以企及的成就。

比如说炉边酒庄（Inglenook Vineyard）拥有者是美国电影《教父》的制片人弗朗西斯 - 福特 - 科波拉；迪斯尼家的女儿投资的西亚瓦多酒庄（Silverado Vineyards）。他们本身的传奇和名气也为纳帕山谷添光增彩，这些人物进驻纳帕，为纳帕带来了人气和活力，更是为纳帕带来文化色彩和旅游经济的收益。

3）无心插柳柳成荫

由于纳帕和索诺玛距离旧金山近，从气候的角度来说，这里的夏天比旧金山要温暖，因此人们将其视为旧金山的后花园，不少有钱人都到这里来度假和养老。有的人则想换个方式过过慢生活。

从上世纪七十年代到 2000 年这段时间，一些酒庄主原本是来到纳帕和索诺玛度假养老，过慢生活。这一段时间刚好遇到这两个产区葡萄酒产业的发展期，这些有钱人买地建别墅后还是有一些地空闲着，进驻了这里他们才发现住的地方可是葡萄酒产区，这里的地都能种酿酒葡萄。不少人本来是以玩的心态从事了这挣钱的副业。

有的人副业干得得心应手，做得很成功，索性辞掉主业，将副业当成了主业。有些人将酒庄做成功后不仅自己享受成功的果实和喜悦，还为他们的子孙后代开辟了一个职业生涯或者说一个生计。由此看来，建酒庄还是一条荫庇子孙后代的路子！

比如说杰西·杰克逊（Jess Jackson）本是律师出身，他因厌倦律师行业向往田园生活，上世纪七十年代末购买土地种植葡萄，因酒厂未能履行购买他们葡萄的合约，他们被迫酿造自己的肯德尔·杰克逊品牌葡萄酒。如今肯德尔·杰克逊酒业集团已经是全球拥有三十个酒庄，在加州的葡萄园面积有上万英亩，产量达 6，000，000 箱的葡萄酒商业帝国！

《杰西·杰克逊

第四节

酒杯里的生活

葡萄酒作为一种优雅而美味的饮品跟人们的生活自然是分不开。在美国，葡萄酒不单是餐桌上的饮品，它还成为一种休闲娱乐的生活方式！其主要分为两种模式，一种是退休后的疗养地或者自己的度假别墅，无心插柳地种点葡萄酿点酒好似在花园里种花种菜，以颐养为主，有的人一不小心还酿成了膜拜酒！另一种是人们到这里来休闲和度假旅游，形成了美国特色的酒杯里的生活！

■归隐美酒田园

不少纳帕和索诺玛的酒庄故事都让我想起中国的这句老话：挣得金山银山终归诗酒田园！

这两个产区的酒庄主不少是来自其他行业的成功者，尤其是来自变化快的行业人士。比如说来自电脑、网络这样的高科技从业者；有来自做证券的，那种让人心惊肉跳的股市有时像是赌场；有来自律师业的，看美剧中那些勾心斗角的律师，我总是想他们的心肯定很累；还有快递业的，如此多如牛毛的业务，听听都心烦。

我记得中国的国学大师钱穆先生说过，"变"需要一个"常"来平衡！如果人总是在从事快和变的事情便很容易厌倦，严重的话甚至会崩溃！对于从事那些快的、心很累的行业的人来说，与

大自然的亲密接触，自己的付出还会获得大自然丰厚回馈的莫过于拥有自己的葡萄酒庄园了。

记得有位美国酒庄主说过："当我在自己的葡萄园里，看着自己种植的葡萄树从地里长出来发芽、生长、开花、结果到酿成酒，不同的气候和土壤种出来的葡萄酿成酒的风格还不一样，我心里觉得很踏实，也觉得大自然太神奇了。当我饮到自己的葡萄园的葡萄酿成的酒，这比我挣多少钱都开心！"

中国词的"变化"里面，"变"的后面有一个"化"，从葡萄酒的角度来说，尤其是顶级的红葡萄酒都是需要时间的陈化才能成熟而变得好喝。对于美国的这一类酒庄主来说，归隐于美酒田园，刚好可以化解他们之前快速的变，如此他们的人生也会更加地完美无憾！

■美式休闲度假生活

美国人很喜欢在节假日访问酒厂，参观酿酒车间和酒窖，了解酒是怎么酿出来的。而更多的人喜欢与三五好友一起坐在酒厂美丽的花园里面，点一杯或者一组酒，一边品饮，一边面对着葡萄园闲聊，或者享受酒厂配备好的美酒搭配精美的餐点。有的人到这里就跟到西班牙跑小吃店（Tapas）一样，一天内要跑好几家酒厂喝酒。

⌃布埃纳·维斯塔酒厂

在欧洲葡萄酒出产国的酒厂，很少能见到纳帕和索诺玛酒厂里面那种人声鼎沸，门庭若市的场面，如此热闹非凡品饮葡萄酒竟然是在生产葡萄酒的酒厂而不是酒吧和餐厅，这多少让欧洲人感到诧异，更让作为中国人的我感到好奇，究竟是什么原因让美国人如此喜欢到酒厂来喝酒呢？

个人觉得原因之一是葡萄酒对于美国人来说，是一种有欧洲情调的，有品位的，幸福生活的标志性的饮品，精神上的崇尚似乎是占主导，这一点跟欧洲人的意识又有所不同，葡萄酒在欧洲人的意识中葡萄酒跟面包一样是平常的日常饮食。

葡萄酒最初是随着教会来到美国。但葡萄酒并没有进入多数美国人的生活方式（除了意大利裔、法裔的移民例外）。上世纪六七十年代，富裕起来的美国人到欧洲旅行，看到欧洲人那种饮用葡萄酒的生活方式很是倾慕，加上多数美国人是欧洲移民的后代，饮用葡萄酒总有一种寻到根或者说与自己的祖先更亲近的感觉。

1976年的巴黎品酒会美国酒获奖的消息给了美国人带来了由衷的自豪感，他们相信纳帕和波尔多一样能出顶级酒，这一获奖的消息也进一步地宣传了葡萄酒，更多的人开始对饮用葡萄酒有兴趣，越来越的人喜欢本土的葡萄酒。

美国那些有钱的成功人士，大多是热衷于饮名贵葡萄酒，饮用葡萄酒几乎是品位、健康的象征！似乎只有平民才整天喝冰镇可乐和啤酒。这种品位几乎成了一种势利和风尚。显然喝葡萄酒比喝冰镇的碳酸饮料要更健康的，要不然那些有钱人怎么都去喝葡萄酒了呢？

原因之二是地理位置的优势。纳帕和索诺玛紧靠着旧金山，从旧金山到这里只需要四十分钟，最多一个小时。都市总是让人神情紧张，而乡村加上葡萄酒则会起到放松的作用，这里几乎是旧金山的后花园。而纳帕和索诺玛酒庄旅游之所以非常地成功跟距离旧金山近也不无关系。

第五节

葡萄种植特点

这里有的酒厂拥有自己的葡萄园，有的只是种植和出售葡萄给酒厂。这里的葡萄种植者并不一定都是果农，有的是在这里度假或者养老，买了一块地，在房子周围种上葡萄。葡萄园的管理都可以通过专门的葡萄园管理公司。这里的葡萄园工人基本上都是墨西哥人。

纳帕葡萄园的管理非常地精细，任何能提高葡萄品质的方法都可以用在葡萄园的管理日程上，比如说修叶、绿剪、手工采摘、分拣等等这种需要人力的农活在纳帕都是常规的葡萄园工作。

△艾瑞克

■墨西哥工人

听加耶格（Gallegos）葡萄种植管理公司的艾瑞克（Eric）说，纳帕葡萄园的种植工人基本上都是墨西哥人。一般来说一个人能管理十英亩葡萄园，照此来计算纳帕应该约有四千六百位葡萄园工人。

艾瑞克出生在美国，2009 年他从加州的弗雷斯诺（Fresno）大学毕业后就回到了家族拥有的葡萄种植管理公司工作。

艾瑞克的爷爷伊格纳西奥一世（Ignacio Sr.）在 1950 年获得美国短期合同工签证后来到纳帕的圣海伦娜镇，这是到这里居住的第一个墨西哥家庭。他爷爷最早是在贝灵哲兄弟酒厂的葡萄园工作。1976 年，艾瑞克的父亲伊格纳西奥二世（Ignacio Jr.）也从事葡萄园的管理工作，管理的葡萄园面积增加到 100 英亩，同时管理好几家酒厂的葡萄园，包括有名的"稻草人葡萄园"。伊格纳西奥二世生有两个儿子，分别是伊格纳西奥三世和艾瑞克。这个时候，他们在圣海伦娜也有了自己的小块葡萄园。

他们家族的第三代长大后除了继承家族的事业，将管理葡萄园的面积增加到了 300 英亩，还在 2008 年，创建自己名为"加耶格酒园"（Gallegos Vineyards）的葡萄酒产业，主要是生产霞多丽、长相思和黑比诺，我品尝了还是蛮不错的，酒在中等偏上一点的水平。将来有可能他们还会建立自己的酒厂。

我在纳帕访问的一家名为"玛瑞达"酒庄（Marita's Vineyard）也是墨西哥人在纳帕从事葡萄园管理工作。他们用挣得的钱购买了一块葡萄园，父亲酿酒，子女们销售葡萄酒，他们的子女都在美国出生和受的教育，也已经成为纳帕的一份子，这些墨西哥葡萄园工人的子女们也可以说分享到了纳帕今天的荣光。

某种程度上讲，墨西哥人到美国来从事葡萄园工作已经成为产业。他们的第一代人来美国后工作非常辛苦，到了第二代一般日子比第一代好得多，如果有事业心，他们的事业会发展。到了第三代，他们基本跟本土美国人一样，可以上大学，毕业后可以选择父辈的职业，也可以选择其他行业。

葡萄园的墨西哥工人一般是训练有素的熟练工，他们在就业前都是经过上岗培训的，在葡萄园工作的时候又有同语言的老乡带，上手也很快。总体来说他们是纳帕和索诺玛葡萄酒产业发展的幕后功臣之一，这两个产区能有今天的发展跟他们辛勤的劳动是分不开的。

■灌溉

纳帕和索诺玛除了少数传统的葡萄园采用旱地种植之外，大部分的葡萄园种植要依靠灌溉，因为纳帕和索诺玛地区在葡萄的生长和收获期几乎是不下雨的。

纳帕的葡萄园灌溉基本上是采用滴水灌溉法。至于什么时候葡萄树需要灌溉，他们有一种仪器来测定，如他们会采葡萄叶放入仪器，仪器会显示葡萄叶的水分读数，这会让葡萄园管理者知道什么时候需要灌溉。这种仪器安装在葡萄园巡视车的前侧。

■多个克隆品种

一个葡萄品种有着很多个不同克隆品种，有的分开种植，有的则杂种在一块葡萄地里。比如说赤霞珠葡萄有很多不同的克隆品种，如果酿酒师想酿造风味更为复杂的赤霞珠葡萄酒，他会混合多个克隆品种的赤霞珠葡萄来酿造，好似一个画家要画一幅画，他会用很多不同色泽的颜料来画这幅画。如果酿酒师想酿造一种风格明朗的赤霞珠酒，他完全也可以采用一种克隆品种。

■葡萄病虫害

纳帕和索诺玛由于葡萄的生长期不降雨，病虫害很少，雾气影响多的地方要打一些波尔多液，一般打的次数也很少。

其他的病害主要是皮尔斯病（Pierce's disease），一种细菌病毒，这种病害容易导致葡萄果实停止生长、枯萎或者死亡，一般通过嫁接和昆虫传播。皮尔斯病发生的情况较少，对这里的葡萄酒产业影响不大。

此外在葡萄成熟季节，也有鸟来啄食葡萄，尤其是麻雀，在鸟害严重的地方，酒厂会用网将葡萄果实保护起来。

在葡萄成熟的时候，也有蜜蜂和外号为"黄马甲"的小黄蜂来叮食葡萄的甜汁，"黄马甲"这种蜂不仅吃肉也也叮咬葡萄，而真正的蜜蜂叮食葡萄是我在索诺玛成熟的霞多丽葡萄上发现的。不过其数量不大，危害也几乎可以忽略不计。

在这里的葡萄园里经常可以看到粘昆虫的套

子，这样能起到一定的预警作用。此外，加州的戴维斯大学也有专门研究葡萄种植以及病虫害防治的部门，指导种植人员如何合理预防和治理。

■ 可持续发展

可持续发展可以说是多数酒厂所坚持的理念。"可持续"包涵着很多方面，根据戴维斯学院的定义："所谓可持续发展是指要保护我们的环境和自然资源，在发展和利用这些自然资源满足当代人的需求时不能损害其满足我们后代的需求。"

葡萄酒行业的可持续发展大体可分以下几个方面：

其一，酒厂的根本在于葡萄园，如果酒厂要有可持续发展性，那就不能透支土壤，不过分使用化肥和农药，而是采用有机或者生物动力法来维系葡萄园的可持续性。大家之所以持有这一理念，其根本原因是葡萄园和土地都是私有的，对于拥有自己葡萄园的酒庄来说是如此，对于只是出售葡萄的种植户也是如此。再者，即使将来出售葡萄园，葡萄园的地力和种植品种的表现也是售价的重要考量标准。具体做法：

1）节水，这里的酒厂基本上采用滴灌技术。还有人专门测量土壤湿度，避免浪费水。

2）要尽量的少翻土，避免水土流失。

3）使用堆肥来提高土壤的营养。

4）采用葡萄行间种植草本植物吸引益虫，覆盖作物增加土壤的有机肥。

5）减少拖拉机在葡萄园中的工作时间，起到减排和避免土壤的压得过实。

6）综合的病虫害管理，保护葡萄园益虫。

其二，酒厂和葡萄园的生态环境至关重要，如果在周围有重工业或者有雾霾的环境里种葡萄

Merry Edwards 酒庄主

的话，酿出来的酒也是不行的；必须在环境无污染的情况下才能酿造出美酒。在纳帕和索诺玛地区，葡萄园所在地自然环境好，而且有越来越多的酒庄开始采用太阳能这样的绿色能源。

从动物多样性来说，要允许其他动物的存在，比如说葡萄园周围猫头鹰、知更鸟、蝙蝠、鹰、兔子以及其他的益虫，不能灭绝他们。葡萄园周围要保持一些森林，使得动物们有生存的空间，保持生物的多样性。

关于葡萄园的生态平衡，海德·维伦（Hyde de Villaine）酒厂的观念很有意思，他们强调葡萄园微生物的生态平衡，他们觉得葡萄园里一定数量的病害是自然的，一方面可以让葡萄树本身产生抵抗力，如果去打药灭绝它们，自然也会灭绝有益的微生物。从另外一方面，如果有少量害虫也可以为益虫或者鸟类提供食物。

葡萄园因气候、土壤、周围的动植物以及种植法的不同，其葡萄园的微生物也有所不同。有的酒厂还采用葡萄上的天然酵母发酵，这种微生物的存在对于葡萄酒的风味也会有一定的影响。

其三，要充分考虑到酒厂的经营，员工的工资和福利，只有良好的经营和管理，酒厂才可能持续发展下去。

其四，社会和经济因素也要考虑，如果这个社会经济形势好，人们生活条件好才有钱来喝更好的葡萄酒，人们有饮用葡萄酒的兴趣、爱好，从而形成一种有葡萄酒的生活方式，葡萄酒行业才会欣欣向荣，才可以有可持续发展。

■无公害、有机、生物动力法与天人合一、友善耕种的理念

这些都是我在纳帕和索诺玛的产区经常听到的词汇，也是这里酒厂普遍的做法，很多酒厂都有CCOF（加利福尼亚有机农场认证），墨忒耳（农神）协会（Demeter-Certified Biodynamic）的生物动力法认证以及加州土地管理协会鱼类和友善农耕项目的认证（certified by Fish Friendly Farming）。

从奥地利和勃艮第开始流行的天人合一的友善耕种理念正影响着越来越多的酒厂，这个本来是中国人的农业传统，如今却被多数中国人弃如敝履，但一些欧美的酒厂和葡萄种植者却对它推崇备至，就连以追求财富而出名的美国人都心向往之，这很值得我们国人深思……

■敬畏之心

在访问纳帕和索诺玛酒庄的时候，我发现但凡是酿造精品酒的酒庄都秉持敬畏之心。其主要表现有两个方面，一方面是对大自然，一方面是对人。

对大自然，这里主要是重视气候和土地之于葡萄的种植和酿酒的影响，这些人深知要尊重和保护他们以及其后代赖以生存的大自然，人的认知之于大自然都是很有局限的，人不能够为了私利而破坏大自然，更不能狂妄自大。在这一点上，贺兰酒庄的酿酒师鲍勃·利维（Bob Levy）是很好的表率，他研究贺兰的葡萄园已经有二十几年了，他依然觉得，对着这些葡萄园，他依然在学习！

我的另一个发现是绝大多数酒出色的酒庄待人接物方面也很真诚而认真，也许他们深知天外有天，人外有人！

第六节

葡萄酒酿造特点

技术方面，纳帕和索诺玛与法国有着深度交流和交往。有人说美国的葡萄酒酿造是学法国，这种说法确实没错，但法国人也学习美国人的酿酒科技，可以说在当今葡萄种植、酿造学方面，美国戴维斯分校是位列前茅的，之所以后来而居上，这主要是源于美国葡萄酒业人士敢于创新和探索。

■敢于创新的先驱们

从现代酿酒技术的进步方面来看，难能可贵的是纳帕和索诺玛有这样的一批先驱。如知名的罗伯特·蒙大维不仅是纳帕的推广者，更是纳帕酿酒技术创新的倡导者。而以下这些位于酿酒第一线的人对于纳帕和索诺玛的酿酒技术的创新做出了很大的贡献。

1）安德烈·切列斯切夫

安德烈·切列斯切夫（André Tchelistcheff 1901-1994）是纳帕和索诺玛地区的酿酒技术先驱。他是俄罗斯裔的美国人，1938 年曾在巴黎学习过酿酒，后到纳帕的伯里欧酒厂（BV-Beaulieu Vineyard）做酿酒师，他是上世纪六七十年代纳帕山谷最为博学多才的酿酒师，在葡萄酒的苹果酸乳酸发酵、发酵中控温技术、选择适地种植葡萄等方面都有贡献。此外他还是很多酿酒师在酿

⚠安德烈·切列斯切夫

造实践方面的师傅。

巴黎品酒会获得干红葡萄酒第一名的"鹿跃"是由他做酿酒顾问，获得蒙特丽娜干白葡萄酒第一名的酿造者迈克·哥格（Mike Grgich）精湛的酿酒技术基本上是跟他学的。他可以说是纳帕山谷酿酒技术方面的教父级人物。

他和迈克·哥格发明了葡萄园防霜冻的烧柴油的弯头烟囱加热器，并在葡萄园中安装风力机，这样能使得葡萄园空气温度更加均衡，如今在气

候冷凉的葡萄园依然在使用。

六十年代，盖洛（Gallo）酒厂发现了用过滤药的过滤器来过滤酒，后又停止采用，后被迈克·哥格等技术人员改造为葡萄酒显微过滤器，用来过滤死酵母和细菌，防止葡萄酒装瓶后变质。

△戴维斯分校

2）加州戴维斯分校（University of California-Davis）的贡献

加州戴维斯分校是公认的在世界葡萄种植和酿造技术方面最先进的大学之一，为美国乃至世界各地培养众多的酿酒人才，该大学的教授们还参与酒厂的酿造实践和研究。如约翰·英格哈姆（John L.Ingaham）教授成功地隔离了数种乳酸菌。马丁尼酒庄在 1959 年在不锈钢桶中添加了乳酸菌，第一次人工引发乳酸菌发酵并掌握了其方法，这些都是法国所没有的创新。

戴维斯大学有很多种植和酿酒技术发明，为葡萄酒行业做出了很大的贡献，而且他们研究出新东西都会公开发论文。记得欧内斯特·盖洛（Ernest Gallo）在自传的书中说过："这些教授拿加州纳税人的资金开发技术，他们往往过快地把技术公布于众，使得世界其他国家的葡萄酒有了很大的进步，而付出的代价不过是给戴维斯分校的教授买一张双程机票和几个月的工资而已"！

3）詹姆斯·戴维·齐勒巴奇（James David Zellerbach）

这是索诺玛地区著名的翰泽林（Hanzell）酒庄的创始人，他迷上了勃艮第的黑比诺和赤霞珠，一心要在美国做出同样好的葡萄酒。

他请来了当时最好的葡萄种植师、酿酒师、戴维斯分校葡萄酒专业的教授，他是想在索诺玛这片土地上用法国的酿酒理念和技术结合美国的新科技发明，酿造出最棒的美国的勃艮第酒。他们最大的贡献是发明了葡萄酒发酵时能降温的喷淋技术和可控制的苹果酸和乳酸发酵，这一项技术对于葡萄酒的酿造具有革命性的意义，自发明后被世界各地的酒厂广泛采用。

4）乔·赫兹（Joe Heitz 1919~2000）

他毕业于戴维斯分校，最早在碧流酒庄（Beaulieu Vineyards，简称 BV）酒厂工作，师从安德烈·切列斯切夫，他最早酿造了玛莎（Martha's）葡萄园赤霞珠，开创了酿造单一葡萄园单一品种的先河。

5）彼得·蒙大维（Peter Mondavi）

他是罗伯特·蒙大维的兄弟，他是蒙大维家族拥有的查尔斯·库格酒厂的酿酒师。他毕业于戴维斯分校，在该大学的教授的指导下，他们酒厂率先进行了干白葡萄酒、粉红葡萄酒的低温发酵实践。也是其他新技术的积极实践者。

6）路易斯·P·马迪宁

（Louis P. Martini 1918-1998）

他是一位敢于创新和接受新生事物的酿酒师，他使用克隆品种以提高葡萄品质，还挖掘了卡内罗斯地区黑比诺潜力，酿造过单一品种的梅乐。此外他是纳帕酒商联盟的创办人之一。

■ **法国对纳帕和索诺玛的影响**

不得不承认，法国传统的酿酒经验和技术对纳帕有着很深的影响。尽管夏桐酒庄在 1973 年就相中了纳帕，并率先建立了酒庄，但个人觉得他们能看中纳帕风土固然是很重要的一面，更重要的是他们预感美国是一个潜力巨大的葡萄酒市场，由此看来他们是很有前瞻性。如同他们在宁夏投资建立的夏桐酒厂，想必他们也估计到中国今后将会是一个比美国更大的葡萄酒市场。

葡萄酒酿造方面的法美合作和广泛影响可以说是从罗伯特·蒙大维和木桐合资的"一号作品"葡萄酒开始的。1979 年是"一号作品"（Opus One）第一个年份的酒，是由木桐庄的酿酒师卢西恩·西奥诺卢（Lucien Sionneau）和罗伯特·蒙大维的儿子提姆·蒙大维（Tim Mondavi）一起在罗伯特·蒙大维酒厂酿造的。在 1981 年纳帕第一届慈善拍卖会上，一箱 1979 年的"一号作品"葡萄酒拍出了 24,000 美金的高价，这无疑大大的鼓舞了来纳帕的投资者，同时法美酿酒技术结合的酿造法也成了人们追求的方向。

接着 1982 年，拥有著名的碧翠（Pétrus）酒庄的 Moueix 酒业集团少庄主克里斯帝安·穆义（Christian Moueix）在纳帕买下葡萄园，1983 年是道明内斯第一个年份酒，为了培养人才，他们聘用美国的酿酒师去他们法国的姐妹酒庄"碧翠"实习，比如说索诺玛地区赫赫有名的顾问酿酒师戴维·雷米（David Ramey），斯旺森（Swanson）酒庄的酿酒师克里斯·费尔普斯（Chris Phelps）就是明显的例子。而道明内斯聘用的法国酿酒师菲利普·梅尔卡（Philippe Melka）后来也成为纳帕和索诺玛地区很出名的酿酒顾问。

■ **了不起的女性酿酒师**

酿酒师这个行业历来是以男性为主导的行业，而在纳帕和索诺玛不少知名的葡萄酒是女性酿造的。在纳帕山谷，赫赫有名的女性酿酒师当数海蒂·巴雷特（Heidi Barrett）女士，她曾为多家名酒厂酿过酒和当过酿酒顾问，她酿的酒也多次获得罗伯特·派克的 100 分。

▽海蒂·巴雷特　　▽吉娜·盖洛　　　　　　▽梅里·爱德华兹

索诺玛产区的梅里·爱德华兹（Merry Edwards）女士，她是加州最早的女性酿酒师之一，她对黑比诺的克隆有精深的研究。她不仅拥有自己的酒庄，还为多家酒厂当过酿酒顾问。她家的黑比诺是美国出色的黑比诺之一。

"稻草人庄园"的酿酒师西莉亚·韦尔奇（Celia Welch）和吉娜·盖洛（Gina Gallo）都是了不起的女性酿酒师。此外还有我所不知道的其他女性酿酒师，这些优秀的女性在传统的男人行当里做得有声有色，有的甚至比男子更出色。

■丰富多样的酿造法

如今的纳帕和索诺玛地区，各式各样风格的酿造法都有，关键是酒庄主决定要酿造什么样风格的葡萄酒。

从采摘葡萄来说，人们可以半夜里采摘黑比诺和白葡萄品种，这两个产区的采摘基本上是依靠墨西哥工人的双手筛选，根据葡萄的成熟度分批次采收。

有的采用有机或者生物动力法种植葡萄的葡萄园采用天然酵母发酵，多数依然要仰仗商业酵母。发酵的方式和容器多种多样，可以说各种新式和旧世界的老式酿酒技术都有酒厂采用，其目的最终只有一个，即酿造符合自己所需风格的葡萄酒。

采用小罐、法国橡木桶，将不同葡萄园的不同葡萄品种分开酿造成不同的酒，再根据酒厂所需要的酒的种类来勾兑或者说调配，这些是大部分酿造精品酒的酒厂的一贯做法。

由于纳帕和索诺玛是一个酒庄旅游非常兴旺的地区，几乎每个酒庄都有自家葡萄酒的专卖店铺。既然是店铺，自然是商品琳琅满目的比较好，这也使得不少酒厂的葡萄酒的品种非常多元，其多样性堪比德国酒厂。这里的酒厂生产的酒除了可以做贸易，有的酒往往只在酒厂的专卖店里才可以买得到。

关于酿造什么样风格的酒，一般酒厂会根据消费者的喜好和经济价值来决定。这里的酒厂与欧洲的酒厂相比要更加市场化。

■山洞酒窖

纳帕和索诺玛产区多山，很多酒庄的橡木桶酒窖和瓶储酒都放在山洞里面，有的甚至是整个酒厂都在山洞里面。

山洞酒窖的好处有三：其一是具有恒温和节能的功能，夏天凉快，冬天比室外要温暖。尤其

是夏天，山洞内的温度对于储存葡萄酒来说非常适合，省去了降温的空调费。其二，山洞内有一定的湿度，这对于需要一定湿度的橡木桶来说是很合适的。当然山洞内的通风非常重要，否则山洞内会有霉味。其三，山洞酒窖由于在山体里面，所以不会破坏自然环境。

纳帕和索诺玛很早就开凿山洞建酒窖，比如说纳帕的世酿伯格酒庄、贝灵哲酒庄、炉边酒庄、春山酒庄和位于索诺玛产区的北加州最早的商业酒厂布埃纳·维斯塔（Buena Vista）酒厂等，这些山洞酒窖很多是中国的工人开凿的。

后来挖掘山洞，基本上都是机械设备挖掘。这两个产区的山洞酒窖的数目相对较多，现代化程度也相当地惊人，比如说纳帕的帕尔玛斯（Palmaz Vineyard）酒庄和贾维斯（Jarvis Estate）酒庄的山洞酒窖让人叹为观止！

纳帕和索诺玛有可能是全球葡萄酒产区中山洞酒窖最多的地方，如果将这些山洞酒窖罗列起来，不知会有多壮观！

■ 麦瑞塔杰（Meritage）

这个词经常在美国葡萄酒的酒标上见到，这个词是由"价值"（Merit）和"遗产"（Heritage）这两个词组成。

标有"Meritage"的葡萄酒其实就是采用波尔多品种的混酿葡萄酒。所谓波尔多品种，顾名思义是指在波尔多种植的葡萄品种，如赤霞珠、梅乐、品丽珠、小维尔多、马尔贝克、长相思、赛美容、麝香等。在纳帕，如果说到波尔多品种通常指的是波尔多的红葡萄品种。

"Meritage"这个词通常是出现在红葡萄酒的酒标上，这种红葡萄酒的主要原料是赤霞珠和梅乐，一般占据40%-60%，再混合少量的品丽珠、小维尔多、马尔贝克等品种。

"Meritage"是一个葡萄酒的商业名词，因波尔多风格的混酿酒受到市场的认可，但又不能在酒标上标明波尔多品种，因为波尔多是地名，别的产区标波尔多的名字显然是不好的。从另外一方面说，在酒标上标注葡萄品种，美国法规规定这一品种含量必须达到75%，所以美国酒业人士就另起了"Meritage"这个名字，而且还成立了加州"Meritage"联盟（California-based Meritage Alliance）。如今该会的会员酒厂很多。

第七节

酒厂的经营模式

■邮单（Mailing List）直销法

纳帕和索诺玛地区可以说是通过邮单方式销售葡萄酒比例最高的美国产区，采用邮单直销法多数酒厂规模比较小，出产优质葡萄酒且知名度高的酒厂，尤其美国膜拜酒基本上采用此方式。对于知名度特别高的酒厂比如说啸鹰和贺兰酒厂，先得进入他们的候补名单，如果前面有人出局了，等候的人按顺序进去，方能享受到酒厂的直销价。这些名酒的酒厂直销价和他们的二级市场价格相差还是挺大的，而有的人往往等好几年还进不去酒厂的邮单！

在这里我们采用两个产区的邮单申请（Mailing List）作为样板，供大家参考。

■纳帕产区－当纳（Dana）酒庄

当纳葡萄酒只发售给我们的邮单上的客户。我们下一次发售的时间是 2015 年 4 月。如果您愿意成为我们等候名单上的成员，请填好下面的表格，一旦邮单上有空缺，候补名单上的成员就可以按时间顺序进入我们的邮单，在报名的时候请按照年月日的顺序填写日期，多谢您对我们的酒有兴趣。

邮件地址：_____

使 用 名：_____

密　　码（最少四位数）：_____

密码确认：_____

名　　字：_____

姓　　氏：_____

出生年月：_____

公司名称：_____

地　　址1：_____

地　　址2：_____

城　　市：_____

国　　家：_____

您是怎么知道我们的? _____

☐ 1. 朋友

☐ 2. 酒厂介绍

☐ 3. 餐厅或者葡萄酒店铺

☐ 4. 出版物

☐ 5. 葡萄酒电子公告牌

☐ 6. 品酒会或者活动

EmailAddress：_____

*Username：_____

*Password（4characterminimum）：_____

*VerifyPassword：_____

*FirstName：_____

*LastName：_____

*BirthDate：_____

（mm/dd/yyyy）：_____

CompanyName：_____

*Phone：_____

*Address（line1）：_____

Address（line2）：_____

*City：_____

*Country：_____

Howdidyouhearaboutus？_____

☐ Friend

☐ WineryReferral

☐ RestaurantorWineShop

☐ Publication

☐ Winebulletinboard

☐ Tasting/Event（品尝会 / 活动）

提交和查询内容

索诺玛产区 – 凯斯特乐（Kistler Vineyards）酒庄

您如果有兴趣加入我们的邮单请填写以下表格的信息，这是获得我们葡萄酒的最好方式，我们每年分二次发售葡萄酒，第一次是一月份，第二次是六月份。

联系信息

称　　呼：_____

名　　字（必须的）：_____

姓　　氏（必须的）：_____

名字后缀：_____

出生年月：_____

邮箱地址（必须的）：_____

核实邮箱地址（必须的）：_____

白天电话号码：_____

候补电话号码：_____

传 真 号：_____

通讯地址：_____

　　　名　字（如果不同）：_____

　　　公司名：_____

　　　地　址1：_____

　　　地　址2：_____

　　　城　市（必须的）：_____

　　　州/省：_____

　　　邮递区号（必须的）：_____

　　　国　家：_____

货运地址：_____

　　　电话号码（必须的）：_____

　　　使用的寄件地址：_____

　　　名　　字（如果不同）：_____

　　　公司地址：_____

　　　地　　址1（必须的）：_____

　　　地　　址2：_____

　　　城　　市（必须的）：_____

　　　州/省：_____

（如果这个州不在单子上，我们不能合法地运酒到那里。您可以在不同的州的输入地址或者"采用邮寄地址"和提供新的收货地址。）

邮递区号（必须的）：

国　　家：

留　　言：

呈送

■俱乐部直销模式

纳帕山谷平均有 70% 葡萄酒的销售是通过直销。之所以能有如此之高的直销比例，跟纳帕是酒庄的旅游胜地有关，很多酒庄也将来此旅游的游客发展成了俱乐部会员和邮单会员。

通常来说量小且贵的膜拜酒采用邮单方式，而更多的酒厂是有一定的储货量，他们需要更多的人来饮用他们的葡萄酒，所以，有更多的酒庄采用的是俱乐部模式。

在美国，各州的商业法规也是有差别的，有的允许直销，有的则不允许直销，纳帕和索诺玛多数酒庄都开辟直销业务。通常来说酒厂的直销业务只在美国和加拿大，其他的国家由于运输或者报关等其它手续的问题不便进行太小量的直销，如果需要，他们一般会找进口国的酒商通过代理制度销售。

■多种不同俱乐部

酒厂针对不同的群体和需求提供他们内容不同的服务，根据葡萄酒来分，有红葡萄酒俱乐部、白葡萄酒俱乐部、红白葡萄酒俱乐部，甜酒俱乐部等等。根据服务的多样性和搭配食物不同也可以分为印象俱乐部、签名俱乐部、体验式俱乐部、优雅俱乐部、奢华俱乐部等等。

■俱乐部的大体服务项目

人们之所以愿意成为酒厂的俱乐部会员主要是因为酒厂俱乐部的会员能够享受到一定的服务和优惠，每个酒厂的服务内容也不相同，大体总结如下：

1）享受到 10%-30% 的价格折扣。

2）能够购买酒厂只出售给会员的酒，包括一些老年份的酒。

3）免费参观酒厂或者该酒厂的姐妹酒厂。

4）享受只有会员才能进入的酒厂品尝室。

5）私人定制品尝。

6）其他更进一步的服务，包括能享受到酿酒师的接见，如果酒庄有旅馆，还有住宿方面的服务。甚至于在酒庄举办求婚仪式，举办婚礼，生日酒会等等。

第八节

旅游产业

■酒庄旅游

在纳帕和索诺玛期间，我发现酒厂竟然有那么多可以挣钱的项目。酒厂的一切资源都可以用来挣钱，包括酒厂葡萄园、酒厂车间和酒窖、餐厅、酒厂花园、酒厂的人，甚至酿酒师不仅仅是为酒厂酿酒，还可以通过会见游客为酒厂挣钱。

各个酒厂根据自己有的资源为游客提供服务，各个酒厂的收费和服务项目也都有一些不同，我总结以下一些旅游内容。

■酒厂参观加品尝

这是有历史和知名度高的酒厂都有的内容，

包括参观酿酒车间、橡木桶酒窖、装瓶、酒厂的古迹，有的还带有看周围的葡萄园，有机种植的示范，品尝的酒一般在2-5款之间，所用时间一般在30分钟-45分钟。这种旅游是最常规和实惠的，支付的费用一般每位在20-40美元之间。

■餐酒搭配法

餐酒搭配的种类非常多，常见的有不同的葡萄酒搭配不同的奶酪，有的酒厂还专门聘请大厨烹调精美的配酒的佳肴。这种服务的费用一般每位在35-100美元之间。

■特殊房间

酒厂有不少风格迥异的房间，在这些房间里，采用的杯子品质和几款酒的等级一般都比"参观酒厂"项目要好得多。如果是一个人单独去，想进这样的房间享受更好的环境和更高级别的葡萄酒，可以等一等，等到够人数（一般 6-12 人）后品尝。通常这样的品尝的价格每位在 40 美元 -100 美元。

■私人定制

比如说要生日酒会、朋友聚会、求婚和婚礼等等活动想在酒厂举办，都可以事先跟酒厂联系，专门为客人定制活动的内容。

■酒厂店铺

在纳帕和索诺玛大多数酒厂都有店铺，这里卖的不仅仅是葡萄酒，还出售其它生活用品，比如衣服、食品（奶酪、橄榄油、果酱）、洗浴用品、工艺品、葡萄酒用具（酒杯、醒酒器、酒塞、酒刀、包装袋等等），几乎是百货商店，尤其是游客如云的爱堡（Castello di Amorosa），他们的葡萄酒基本上都是在他们酒厂销售掉的，而参观酒堡的旅游收入和销售其他百货的收入也非常地可观。

■ 纳帕火车

来纳帕旅游的人一般都会体验一下纳帕的葡萄酒列车，列车的起点站是纳帕镇，靠近纳帕河和纳帕市中心，列车会开到圣·海伦娜镇后再返回到起点站，来回行程共计 36 公里，时间是 3 个小时。

纳帕火车是经过修缮的古董火车，开车时间一般分早晚两次。上午一次是 10:30 开始，到下午的 2:30 结束，含一顿午餐。晚上是从下午 5:30 开始，到晚上 9:30 结束，含晚餐。人们可以一边享受美酒和美食，一边观看窗外的美景。

坐纳帕火车观赏纳帕山谷迷人的葡萄园的田园风光和山谷两侧蜿蜒连绵的山峰，这种不用自己开车欣赏缓缓而过的风景可谓一种很舒服的享受，尤其是夏秋两季为最美，夏天葡萄园绿意盎然，很适合暑期度假，秋天可以看到这里的人们收获葡萄的场景。

纳帕火车还与酒厂有着配套旅游项目，比如带领游客访问酒庄和品尝葡萄酒，安排住宿的旅行套餐供游客选择。总体而言，总得体验一下这里的古董火车才算来过纳帕啊！

更多纳帕火车的信息请查看：www.winetrain.com

第九节
美国葡萄酒法规

■美国葡萄种植区域

（AVA-American Viticultural Area）

1978年9月，美国酒类、烟草税收和贸易局（TTB-Alcohol And Tobacco Tax And Trade Bureau）制定了规范美国葡萄酒产区经营的法规AVA。

美国的AVA与欧洲的葡萄酒产区划分等级的做法有很大的不同。美国的AVA区域只是根据地理位置和气候以及历史来分割开不同的葡萄酒产区，这种由葡萄酒的产地入手，可以说一下子就找准了农产品的根本，使得这一产区具有唯一性和排他性。

这一方面能使消费者明确这一区域产品鲜明的风土和文化特征，更重要的是这一产区的产品的品质和信誉都能与产地直接挂钩。

由葡萄酒出产地为根本来制定法规应该说是很公平合理的做法，因为葡萄酒的品质从大体上来讲两方面的因素至关重要，一方面是天然条件，即产区的风土，这包涵所在地的气候和土壤，另外一方面则是人为因素，如种植与酿造。有的产区分级，不能避免虽然在同一产区但由于人为因素，有的酒很杰出，而有的酒很普通的情况，比如说西班牙的DOC、意大利的DOCG、法国的AOC这些分级高的酒有的其实也很普通；另外有的级别低的如法国Vin de Pays、里奥哈的新酒（Joven），意大利的IGT的酒品质很出色！而美国AVA这一法规，着重从天然条件入手，而不像欧洲有的产区那样规定不可控制的人为因素，显然是很科学的方式和方法。

AVA产区可大可小，但大小跟品质没有关系，这一点跟欧洲是不一样的。截止到2014年7月23日，TTB已经确认了美国214个AVA产区。

TTB 的酒类管理责任

酒类与烟草税务贸易（TTB）是财政部内一多宗旨句，负责酒类与烟草行业的规范遵循，以及火器与弹药的执照税征收。

作为其酒类责任的一部分，TTB：

★ 批准标签和监督广告

★ 规范所有在美国销售的蒸馏酒精、葡萄酒与啤酒的标签、标记、包装与品牌。

★ 规范所有美国产和进口的酒精饮料，包括蒸馏酒精、麦芽饮料与啤酒。

★ 竭尽全力确保酒精饮料标签准确表明其内容。

★ 批准美国葡萄栽培区（AVAs）的指定。

★ 检查酒精饮料是否符合食品与药物管理局（FDA）有关食品添加剂与色素的规定。

酒类标签规范

联邦规范条例（CFR）

请上网阅读以下规范的进一步情况：

www.ttb.gov/regulations

酒精含量 27 CFR 4.36

美国葡萄栽培区 27 CFR Part 9

产地名称 27 CFR 4.25

品牌名称 27 CFR 4.33

亚硫酸盐说明 27 CFR 4.32 (e)

种植园初品 27 CFR 4.26

特定品种葡萄酒之外国独特名称 27 CFR 12.31

健康警告说明 27 CFR Part 16

出品商名称与地址 27 CFR 4.35

净含量 27 CFR 4.37

葡萄品种标示 27 CFR 4.23,4.28,4.91,4.92,4.93

酿造日期 27 CFR 4.27

财政部

```
酒类与烟草
税务贸易局
```

葡萄酒标签须知

A proud past....A focused future

葡萄酒标签的内容

当消费者在选择葡萄酒时更加倾向于尝鲜，他们从标签上获得更多信息。什么使一种葡萄酒不同于另一种呢？酒中的主要葡萄是什么？葡萄是在哪里种植的？ TTB 的酒类规范已十分详细并仅适用于至少含 7% 酒精的酒类，该宣传单包含了充分的信息，有助于消费者在购买葡萄酒时做出知情选择。该宣传单讨论的是葡萄酿造的酒类，其他水果和农产品也可以用于酿酒。

品牌
出品商使用品牌名称以区别产品，只要不误导消费者，任何品牌名称都可以使用。

酿造日期
标签上的酿造日期阐明葡萄的收获的年份，如果标签上出具了酿造日期，就必须标明本国以该年产地名称，如果一种美国产或进口葡萄用州、县或相应外国区作为其产地名称，那么85%的葡萄必须来自所标示的年份。如果使用的是一葡萄葡萄栽培区或相应外国地区的名称，百分比则上升为95%。

产地名称
产地名称是用于酿酒的主要葡萄的另一名称，它可以是国家名、州名、县名，或称为某葡萄栽培区的地理区域，或相应的外国地区。

标签上的国家、州或产地名称或相应外国地区的名称意味着该葡萄酒至少有75%由该产地出产的葡萄酿造。

葡萄栽培区
美国葡萄栽培区是指一有明确限界的葡萄种植地区，其土壤、气候、历史和地理特性与周围地区有所不同。

标签上的葡萄栽培区产地名称意味着该葡萄酒有85%或更多由原产地出产的葡萄酿造。

净含量
葡萄酒瓶净含量用公制单位标出，是瓶内产品的容量。

葡萄品种标示
葡萄品种标示是酿酒所用的主要葡萄的名称。卡百内（Cabernet Sauvignon）、夏敦埃（Chardonnay）、泽得粗尔（Zinfandel）、以及墨尔诺（Merlot）是 葡萄品种的例子。除单一品种的葡萄酒标示要求或产地来表述外，并需要用于葡萄酒标示了该品种。而且这种酒的75%来自于标注的产地。除了"*Vitislabrusca*"葡萄之外，比如Concord，其要求是51%。

2006

ABC 山谷

CABERNET SAUVIGNON

生产商：XYZ
出品商：XYZ
酿酒厂，城市，州
750 ML
12% 酒精含量

政府警告：(1)美国军医处处长告诫，因为有婴儿先天缺陷的危险，妇女在怀孕期间不应饮用酒精饮料。(2)饮用酒精饮料妨碍您驾驶或操作机器的能力，并且可能造成健康问题。

其它标示

葡萄酒标签不要求标示葡萄品种，也可以用其它标示来表明产品，例如，红葡萄酒、白葡萄酒、佐餐酒。

一些进口葡萄标示有独特名称，这仅限于出产国某一地方或地区的某些特定葡萄酒，例如，意大利白葡萄汽酒与法国的波尔多。

种植园出品
"种植园出品"意味着葡萄酒的100%来自于山酿酒厂拥有或掌控的土地出产的葡萄，而且酿酒厂必须座落于某一葡萄栽培区，葡萄的压榨与发酵，葡萄酒的酿造、成熟、加工与装瓶必须由酿酒厂内进行，酿酒厂与葡萄园必须在同一葡萄栽培区。

出品商名称与地址
出品商名称与地址必须出现在标签上。国产葡萄酒标示"出品商："后标出品商的名称与地址。进口葡萄酒标示"进口商："后标进口商的名称与地址。

国产葡萄酒还可以进一步用"生产商"、"起瓶商"等词说明情况。 "生产商"意味着该酒的至少75%由本在系列地处发酵，"起瓶商"意味着该酒在所列成就处过滤除杂处理。

出产国
所有的进口葡萄酒都要有出产国说明，例如，"（国家名称）产品"。

酒精含量
绝大多数葡萄酒标签都用容量百分比显示酒精含量，一些出品商的另一方式是将酒精含量在7%到14%的葡萄酒标为"佐餐酒"或"低度酒"。

亚硫酸盐说明
所有跨州销售的含有10或10以上ppm二氧化硫的葡萄酒都需要标示该说明。仅在州内销售的葡萄酒则无此要求。

健康警告说明
所有含0.5%或更高百分比酒精的酒精饮料都必须标示健康警告说明，政府警告必须用大写与粗体显示，说明的其余部分不必用粗体，该说明必须同其它信息分开显示。

一般要求
所有规定的信息都需要足够清晰对比适当地展在标签上，除了酒精含量说明之外，750ML外（u1）瓶装的所有规定说明必须用不小于2毫米的字体显示。无论酒瓶体积大小，酒精含量说明的字体必须在1-3毫米之列。

第·二·章

纳帕葡萄酒

第一节

纳帕的风土

■纳帕山谷的地理位置

纳帕山谷距旧金山约有一小时的车程。它位于旧金山湾的东北部，圣·巴勃罗海湾（San Pablo Bay）的北侧。其西侧是梅亚卡玛斯（Mayacamas）山脉，东侧是瓦卡（Vaca）山脉和圣海伦娜山。

纳帕山谷全长35英里，宽度在1-5英里之间，山谷内有纳帕河流贯穿整个山谷，纳帕的葡萄酒产区主要是位于纳帕山谷的谷内、两侧的山麓以及山上。

■纳帕的气候

纳帕能成为全球著名的葡萄酒产区，其独特的气候是主要的自然原因。来自金门大桥和圣巴勃罗湾的太平洋冷凉空气的调剂，使得这里的夏天要比中央山谷要凉爽许多，这为造就纳帕天然条件酿造优质葡萄酒打下了基础。纳帕的气候有以下的特点：

■大体的气候类型

纳帕总体而言是属于地中海气候，地中海气候的典型特点是"夏季炎热干燥，冬季温和多雨"，这种气候非常适合葡萄的种植，如著名的波尔多就属于地中海气候。

■地位优势

纳帕之所以能成为著名的葡萄酒产区，和它独特的地理优势有着决定性的关系。纳帕除了距离旧金山近，更为重要的是来自太平洋的气流调节了纳帕山谷的温度。可以说来自圣·巴勃罗海湾的太平洋气流就是纳帕山谷巨大的空调，尤其是夏天，让这里比中央山谷更为凉爽。

■气流的活动

在夏天葡萄的生长季节，纳帕山谷的早上有来自太平洋的海雾，上午太阳出来后雾散去，阳光普照，温度上升，形成了热空气，与太平洋的冷凉空气形成了对流，所以每到下午纳帕山谷就有来自海湾的凉风吹拂过来，调节山谷内的温度。每天周而复始。

▽阳光下的葡萄园

◈夏天的金黄色草

■降雨

纳帕山谷在葡萄树生长的季节基本不下雨，下雨主要集中在冬季。这里的夏天除了葡萄园和树是绿色的，草都似秋天一般是金黄色的。葡萄种植主要靠灌溉。

通常，纳帕山谷内的年降雨量在18-23英尺。在北部的山上年降雨量最多到60英尺。

■昼夜温差大

昼夜温差大有利于糖分的积累。这里夏天白日的温度一般在30-35摄氏度之间，根据距离圣·巴勃罗海湾位置的不同温度也不同，靠得近温度低，离得远温度相对高一些。而夏日晚上的温度一般在10-15摄氏度，温度变化则与白天相反，离海近的温度高一些，离得远的反而低一些。

■白日温度不过高的好处

纳帕产区由于有太平洋冷凉气流的调剂，使得这里温度不会过高，葡萄的生长期延长，葡萄的内质更加地丰富，葡萄的自然的酸度能得以保存，一般不会出现过熟的情况。

■纳帕的阳光

加州最不缺的是阳光，要成为优秀的葡萄酒产区，光照足是必须的，因葡萄树本身是喜光的植物。纳帕红葡萄品种中的酚类物质能够达到很好的成熟度，通常在纳帕的赤霞珠红葡萄酒里面是找不到由于葡萄不成熟而导致的青草和青椒气息的。

■年份差异很小

纳帕产区由于葡萄的生长季节不下雨，因而葡萄酒的年份差异很小。

■不易得霉病

在葡萄生长季节没有雨，葡萄树很不容易得霉病。即使涌入山谷的雾气，由于其葡萄园本来干旱，其逗留时间不长，每到白天阳光灿烂，也不容易得霉病。

■三个特征

第一种是外冷里热，即在夏天到秋季的白天，靠圣·巴勃罗海湾近的产区天气凉爽，距离其远的地方则炎热。比如说靠得最近的卡内罗斯产区的白天凉，距离海湾远的卡利斯托加就较热。在夏天，卡内罗斯和圣海伦娜的气温一般要相差10-15华氏度。

第二种西绿东干，您如果到纳帕，往山谷里走，会发现西侧的山上绿意盎然，而东侧的山上如果没有葡萄园几乎树木稀疏，有的就是光秃的石头山。

纳帕山谷西侧的山上有森林和葡萄园，这里除了受圣·巴勃罗海湾的气流影响，还受到来自索诺玛那边的平行过来的太平洋气流的影响，森林挡住的雾气，使得这里的湿度相对比较高，树很茂盛。此外，上午的阳光照在西侧，使得西面一般享受的温和的上午的阳光。而下午的热辣阳光照在东侧，使得东侧相对温暖，外加上西侧森林挡住了太平洋平行过来的雾气，使得东侧更加的干燥。

第三种是海拔，相关部门的资料表明，海拔每上升100米，气温会降低0.6摄氏度。通常来说，在气温高的产区，海拔高的葡萄园能出好葡萄。如今，越来越多的纳帕酒厂往纳帕山谷的山上去发展，最明显的是罗伯特·蒙大维的儿子提姆（Tim）的延续酒庄就建在纳帕山谷东侧的普里查德（Pritchard）山上，这里的海拔在1,325-1,600英尺。

△山谷内葡萄园

■纳帕山谷的土壤

纳帕山谷的土壤丰富多元，专家研究发现纳帕土壤有一百多种变化，有33种土系，几乎全球一半的土壤类型这里都有。如此之多的土壤类型，应该适合于种植多种不同品种的葡萄。

纳帕山谷形成于一亿五千万年前的地壳运动，这里的梅亚卡玛斯（Mayacamas）山脉，瓦卡（Vaca）山脉和圣海伦娜山都曾经是海底，通过板块运动被推升出来，这期间不断的火山爆发，形成了因火山喷发而分割的山群，山上这些母岩或者基岩经过风化和水的侵蚀形成了今天的土壤。

纳帕山谷内的土壤主要有几方面成因，一是来自于两侧山上，通过洪水的冲刷到谷内，由砾石、细沙、粘土组成。其二是纳帕河流贯穿整个山谷，河谷滞留的泥沙和鹅卵石。其三是纳帕河谷的下层是火山爆发的土壤。其四是在火山灰土下面的最底层的海底沉积物。

有的地方含粘土多，有的地方则含砂石多，土层也有浅有深，土壤从贫瘠到肥沃。

其他的则是海拔高的高山和山麓、丘陵的土壤，具体的可以看子产区章节以及各个酒庄的葡萄园介绍。

■纳帕的风水

纳帕之所以能有今天的繁荣和兴旺，除了人为的因素，而更大的因素自然条件，照我们中国人的风水学的角度来说："纳帕这里进来的是钱，出去的是酒！"

风在中国的风水学里面代表着元气和场能。风不仅调剂纳帕的气候，而且这个"风"将人也吹进了纳帕山谷，纳帕山谷像一个长形的布口袋一样，只要人进来很少出去消费，相比较于广阔的索诺玛，纳帕产区更集中，更易聚集人气和财气。

巨大的布袋的口位于卡内罗斯，来自圣·巴勃罗（San Pablo）风往纳帕山谷方向吹，口袋的底部是卡里斯托加。这股能量巨大的风总是将人气往里吹，比如说来纳帕的人大多开始就直奔杨特维尔镇，从这里开始访问酒庄一直到卡里斯多卡，人们一般到卡里斯多卡就会回头，通常都不大会往山里走了，一般去纳帕山谷山上的游客并不太多。而通常来纳帕的游客去纳帕城和旁边的库姆斯维尔的产区人也不多。

来纳帕的人大多是带着钱来休闲度假、来消费的，除了买酒和饮酒，还有就餐以及购买其他的物品和服务。

有进自然要有出，纳帕山谷内进出有两条马路，一条是29号公路，一条是西亚瓦多之路（Silverado Trail），如果说进来的是财，那出去的则是酒（直接品尝和购买或者成为酒厂邮单客户）。

▽西亚瓦多之路

第二节
纳帕葡萄酒的历史

纳帕(Napa)的名字是印第安所起的,"Napa"的意思指的是"丰饶之地"。

■瓦坡族（Wappo）居住期

早在上千年前就有土著印第安人居住在纳帕河的两岸,当时他们称自己为卡慕斯（Caymus [Kaimus]）人。他们在此以渔猎为生,这里有熊、麋鹿、兔子、鸡等陆地动物,水里有鳟鱼、三文鱼、水獭等,早期卡慕斯人已经在纳帕建立了多个村庄,基本上都是依水而居。他们使用石器为工具,已经有相当精细的手工编制技艺,但没有自己的文字。

▽瓦坡族

到了 1800 年,来自墨西哥的西班牙人和他们签订协议书,当时称他们为"Guapo",这个词的西班牙语言中有英俊和勇敢的意思,对于不是西班牙人来说"Guapo"很容易发音为"Wappo",从此"Wappo"这个名称叫开了,成了居住于纳帕地区的印第安人的统称。

■欧洲布道者

欧洲人征服新世界的殖民地通常是一手拿着十字架和一手拿着军剑,最开始是用十字架教化当地的土著,让他们信奉他们的宗教,不服或抗拒的话,后面的军队则会以军剑来武力征服。对于纳帕的印第安人也不例外。

最早来纳帕的欧洲人是西班牙的布道者,当时西班牙人有一个重要的传播福音的活动名为加州使命（California Missions）,他们在加州不同的地点设立传播点,这个点是传教和新政的中心。在 1823 年, Jose Altumura 和 Don Francisco 神父来到了索诺玛和纳帕传教,当地的很多卡慕斯（Caymus）人拒绝入教,这使得当地的这些卡慕斯印第安人和西班牙人发生好几起军事冲突,直到 1836 年他们才签订了和平协议。

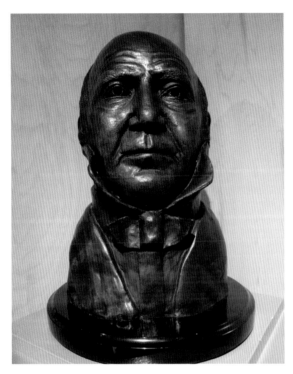

⬈乔治·杨特铜像

■欧洲的拓荒者

最早来纳帕拓荒的欧裔是乔治·杨特（George Yount），纳帕产区著名的城镇的名字杨特维尔就是采用了他的姓氏，可见他对纳帕早期的开拓和发展是有贡献的。

乔治·杨特 1794 年出生于美国的北卡罗莱纳州，曾当过猎人、伐木工、建筑工人，1812 年参加过战争，1818 年结婚生子。1833 年，乔治·杨特来到了索诺玛的西班牙人的传教点，由于他为人好又有能力，被推荐到当时的墨西哥行政处（当时这里属于西班牙的墨西哥管辖区），他被授权获得纳帕卡慕斯（Caymus）大牧场 11，814 英亩的土地，这些土地位于今天纳帕山谷的中心地带。获得这片土地后的 1837 年，他开始在纳帕开垦种植葡萄和其他农作物，发展畜牧业，养殖了牛和羊，并在当地印第安工人的帮助下建起了面粉厂。乔治·杨特于 1865 年过世。他是公认的在纳帕山谷第一位种植葡萄的人。

■旧金山淘金热结束后

到了 1850 年，旧金山淘金梦破灭后，差不多有八万来自于法国、意大利、中国、德国、匈牙利以及其他国家的来淘金的移民要寻找出路，有的就留在了旧金山，有的则分散到旧金山附近从事农业，有一部分人则来到了纳帕。

■发现纳帕适合于种植酿酒葡萄的人

根据记者费兰克·李琪（Frank Leach）的记载："有位博学的格雷恩（Grane）医生，他觉察到纳帕的气候和土壤非常适合种植酿酒葡萄。在 1857 年，他专门撰写了文章来劝导人们发展酿酒葡萄种植业，他自己在圣海伦娜镇附近购地种植起了葡萄树做实验，结果很成功。"

■纳帕山谷早期酿酒人

大卫·富尔顿（David Fulton）在 1860 年之前就投资酿酒，1860 年 1 月他购买了土地，在这一年的春天种下了酿酒葡萄品种。他是通过贷款建立了酒厂，早期主要是生产白兰地，当时用的装酒容器是用纳帕西侧山上的红杉树为材料做成的。

■纳帕最早的商业酒厂

纳帕最早的商业酒厂是德国移民查尔斯·库格（Charles Krug）创建的，他出生于 1825 年的普鲁士，于 1852 年来到旧金山。他最初是在索诺玛种植葡萄，两年后，他卖掉了索诺玛的小葡萄园，来到了纳帕。根据查尔斯·库格本人撰诉："当我来到纳帕的时候，我发现只有少于一打的小葡萄园，酿造的葡萄酒叫作使命酒（宗教使用，一般用红葡萄酒代表基督的血）。1858 年 10 月，我在纳帕镇约翰·皮尔斯（John Patchett）的房子里酿造了一批葡萄酒，这个房子位于纳帕溪的旁边，这是纳帕谷第一次酿造那么多的葡萄酒。当时红酒的发酵时在一张巨大的牛皮上进行的，将牛皮的四个角绑紧在四棵大树上，让印第安人压碎葡萄后发酵。"

在 1861 年，他在圣海伦娜镇不远处创建了自己的酒庄，他发明了不少新的酿酒技术，如仔细地选择葡萄品种以及适合建葡萄园的地点，在当时的美国，他的这种做法可谓是一种创举。

1868 年他种植了雷司令、麝香、伯格（Burger），莎斯拉（Chasselas），马拉加（Malaga），黑马瓦西亚（Black Malvoisie），多凯火焰（Flame Tokay），秘鲁粉红（Rose De Peru）以及金粉黛等品种，种植的葡萄树约 41,000 株。到 1880 年他们酒厂酿造的酒达到了 700,000 加仑。1886 年，他种下了赤霞珠葡萄品种。

总体来说，他是一位意志力坚强且勤奋肯干之人，他的酒厂可以说是当时的领袖酒厂，引领了更多人进入了纳帕的葡萄酒领域。后来这家酒厂因禁酒令而破产，后被罗伯特·蒙大维的父亲及其兄弟购买。

■纳帕山谷酒厂的第一波高峰期

查尔斯·库格酒厂的成功，吸引了更多的移民来到纳帕从事葡萄酒业，比如说创建于 1862 年的世酿伯格酒厂（Schramsberg Winery）；创建于 1876 年的贝灵哲酒庄（Beringer Vineyar-ds）；创建于 1880 年的炉边酒庄（Inglenook Vineyard）；创建于 1881 年的亨利·海根（Henry Hagen），现在是帕尔玛斯（Palmaz Vineyard）酒庄；创建于 1882 年的蒙特丽娜城堡（Chateau Montelena winery）酒庄等等。到 1889 年，纳帕山谷的酒厂数量超过 140 家。

■中国移民对纳帕山谷的贡献

在 18 和 19 世纪，中国东南沿海一带人移民到了旧金山，以广东人居多。旧金山淘金结束后，有一批中国移民来到纳帕，其中领头人是陈华杰克（Chan Wah Jack）。他们于 1850 年到纳帕，到纳帕的中国人最多时达 905 人，圣海伦娜镇当时还有一个中国村。当时的中国人在这里都是从事苦力，最累最脏的活几乎都是中国人干，那时纳帕 85% 的耕种都是中国人完成的，纳帕的基础建设如架桥和铺路以及建房子也是中国人。如今

△纳帕酒商协会成立时成员合影

在纳帕的一些酒厂如贝灵哲、春山、世酿伯格等酒庄能看到当年的中国工人开凿的山洞酒窖。

■纳帕山谷的艰难期

纳帕一下子涌现出一百来家酒厂，再加上加州其它地方涌现出来的酒厂，而喝葡萄酒的人却没有那么多，葡萄酒供过于求，滞销给当时酒厂的持续发展带来了困难。真是祸不单行，19 世纪 90 年代后期，根瘤蚜的虫害在纳帕爆发，毁掉了不少的葡萄园，纳帕葡萄园损失惨重，1888 年本有 15，807 英亩，到了 1890 年仅有 2，000 英亩。

而更大的危机是美国 1920 年开始的禁酒令。这对于多数酒厂是毁灭性的打击，很多酒厂倒闭，少数酒厂靠酿造家用葡萄酒和教堂用的圣酒而维系生计。很多葡萄园都被改种了果树或者变成了牧场。

■恢复期（1933 年 -60 年代）

1933 年，美国禁酒令终于被废止，原本种植其他果树和牧场的土地被恢复成葡萄园。这一时期，一代新的酒厂开始发展和崛起，比如乔治·拉图尔（Georges de Latour）、安德烈·切里斯切夫（Andre Tchelistcheff）、约翰·丹尼尔（John Daniels）、麦克雷（McCreas）家族、贺滋（Heitz）酒窖、罗伯特·蒙大维等等，他们对纳帕葡萄酒产业发展做出了很大的贡献。

■纳帕酒商协会成立

1944 年 10 月，纳帕正式成立酒商协会（Nap Valley Vintners）。当时的 7 家会员左到右分别是纳帕山谷联合（Napa Valley Co-op）酒厂的查尔斯·福尼（Charles Forni），罗伯特·蒙大维父子（Robert Mondavi & Sons）酒厂的罗伯特·蒙大维，萨尔山（Mont La Salle）酒厂的蒂莫西（Timothy），纳帕山谷联合（Napa Valley Co-op）酒厂的艾·亨青格（AlHuntsinger），福瑞玛克·阿比（Freemark Abbey）酒厂的马迈克（Mike Ahern），贝灵哲兄弟（Beringer Brothers）酒厂的查尔斯·贝灵哲（Charles Beringer）和佛瑞德·阿布鲁齐尼（Fred Abruzzini），炉边（Inglenook）酒厂的路易斯·马蒂尼（Louis M. Martini）和小约翰·丹尼尔（John Daniel, Jr.），圣海伦娜阳光（Sunny St. Helena）酒厂的小路易斯·斯特林（Louis Stelling, Jr.）。如今该协会的酒厂会员已约有五百家。

■纳帕酒业之父——罗伯特·蒙大维

可以说，罗伯特·蒙大维的努力和贡献，为纳帕山谷的葡萄酒树立了世界级的优质葡萄酒的里程碑。

△罗伯特·蒙大维

早在 1962 年，他以欧洲同业为师，访问了欧洲不少有名的酒厂，在品尝这些酒的时候他发现这些酒的风味在美国从来没有见到，于是他学习欧洲酒庄酿造优质酒的方式和方法，在他建立罗伯特·蒙大维酒厂的时候，并不是一味地复制欧洲的做法，而是更多地结合了科研，酿造出突出纳帕的风土特征的优质葡萄酒。

他并没有只图自己的进步和发展，而是带领纳帕地区其他酒厂一起去欧洲考察优秀酒庄，让这些酒庄主亲身体验欧洲同行的经验，品尝欧洲酒厂的葡萄酒，这种带领同行一起发展的团结互助的精神正成为纳帕葡萄酒精神重要部分。

在访欧期间，热情真诚的他和一些名庄建立了友好的关系，这为他和木桐成立合资酒厂"一号作品"打下了基础。"一号作品"酒庄建立意味着新旧世界的握手，也意味着旧世界对新世界的认同，纳帕的知名度也大为提升。"一号作品"的成功可以说开启了人们在纳帕投资建酒庄的热情。

他是有一颗大爱之心的人，从酿酒技术革新推广方面，他是纳帕的先驱，无数后来者在纳帕投资酒厂和酿酒都得到了他无私的帮助，他这里几乎成了纳帕葡萄酒行业的一个免费咨询中心。

纳帕山谷在葡萄酒行业能有今天的地位，罗伯特·蒙大维可以说是起着重要的作用。对于有些人来说，同行是冤家，而对他来说，"同行都是战友"！葡萄酒行业像他这样的人一百年也就出了这么一位，他这种团结互助，共同发展的无私精神已经成为纳帕葡萄酒精神的核心。

■ 1976 年巴黎品酒会

1976 年 5 月 24 日，一位名叫史蒂文·斯珀里尔（Steven Spurrier）英国籍的酒商在巴黎组织了一场法国葡萄酒 PK 美国葡萄酒的盲评活动。

史蒂夫出生于英国的一个富裕的士绅之家，他是位葡萄酒爱好者，1971 年，三十出头的他花费了 30 万法郎买下了巴黎一家出售日常餐酒的酒铺，将此酒铺改为出售优质酒的酒窖，他将他的客户定位为在巴黎的英美人士，并在英美人士看的媒体国际先锋论坛（International Herald Tribune）报纸刊登了广告，之后他开办了一个葡萄酒培训学校，聘请来自美国的自由撰稿人帕特丽夏·加拉赫盖尔（Patricia Gallagher）打理，他们的酒窖和学校经营得很出色，当时在巴黎也可谓远近闻名。

帕特丽夏的朋友和她的未婚夫都提起当时的加州酒不错，开始史蒂夫对于美国酒是不以为然的，他觉得美国酒的酒精度高，有焦味。后来有加州酒商送来的酒样，他品尝后觉得挺有意思的。1975 年，美国人打算在 1976 年举办美国独立 200 周年庆，有人建议史蒂夫在这个时候在巴黎举办加州酒的品酒会，史蒂夫觉得这个品酒会很有趣，也能推广他们的酒窖和学校，所以愿意办。

在举办这个活动之前，史蒂夫和帕特丽夏在美国朋友的安排下都曾经到纳帕跑过酒庄，品尝过酒，他们选择了一些酒庄。当时的样品酒有 36 瓶获得做法国葡萄酒之旅美国朋友的帮忙，通过旅行团带到巴黎，途中碎了一瓶。

史蒂夫凭借多年在巴黎酒圈的人脉关系，邀

△ 1976 年巴黎品酒会

请到了法国知名的葡萄酒专家、餐饮界的老板、侍酒师、美酒美食媒体的编辑、酒庄主等。品酒会就在巴黎洲际饭店的一个房间里进行，据说史蒂夫邀请他们的时候只是告诉他们品鉴加州葡萄酒，并没有说出品鉴的酒中有加州酒也有法国酒，不过在品尝之前告诉了他们既有美国酒也有法国酒。当时他们也请了法国当地的记者，结果都没来，只有美国《时代》(Time) 杂志的驻法记者乔治·泰伯 (George Tabar) 来了，他后来写了一本名为《1976 巴黎品酒会》的书，书的中文版的已经在台湾出版。

1976 年的巴黎盲品会的酒有干白和干红两类，干白都是霞多丽品种酿造的，加州的有 6 款，勃艮第的有 4 款。干红主要是以赤霞珠品种酿造的酒，加州的有 6 款，来自波尔多的红葡萄酒 4 款。而选的这些法国酒也都是知名的酒庄，最终干白的第一名是来自美国的 1973 蒙特丽娜酒庄 (Chateau Montelena) 霞多丽；而干红的第一名是来自美国的鹿跃酒窖 (Stag's Leap Wine Cellars)，而这两款酒都是来自纳帕，这一结果让法国的这些评委们大跌眼镜。

本来一场品酒会也没什么大不了的，但是恰恰是《时代周刊》的记者报道了，尽管是当时并没有占多少篇幅的报道，但由于《时代周刊》的影响力，报道后这些获奖的酒很快销售一空。

巴黎品酒会的意义在于打破了法国葡萄酒唯我独尊的神话。这次品酒会第一次向全世界证明了纳帕产区是一个能出优质葡萄酒的新世界产区。

■蓬勃发展期

上世纪八十年代到 2000 年可以说是纳帕蓬勃发展期。自 1976 年的巴黎品酒会被《时代周刊》

报道后，获奖酒在美国大卖，不仅这些酒庄的名声大震，纳帕产区广为人知，而且越来越多的人来纳帕投资酒庄。比如说，当时酿造 1973 蒙特丽娜酒庄（Chateau Montelena）霞多丽的酿酒师迈克·哥格（Mike Grgich）就有人投资和他一起建起了哥格山（Grgich Hill）酒庄。罗伯特·蒙大维酒厂和波尔多木桐酒庄在纳帕建立了合资酒厂"一号作品"之后，美国本土人以及一些外国人也纷纷在纳帕投资建酒庄。纳帕的葡萄酒事业真正如火如荼地展开了。

■纳帕山谷拍卖会

纳帕山谷拍卖会（ANV-Auction Napa Valley），始于 1981 年，每年的 6 月份举办一次。纳帕山谷拍卖会主要是葡萄酒的拍卖会，这是一个慈善拍卖会，所得的善款主要用于纳帕郡医疗和儿童方面的捐助。

纳帕山谷拍卖会创始至今已经拍得了 1,100 万的善款。纳帕山谷拍卖会可以说非常成功。之所以成功个人觉得主要是善举与商业宣传结合得很好，因为纳帕山谷拍卖会同时也是一个名利场，有来自世界各地的人士，那些酒拍的价高一定是有媒体报道，每年总有新的明星酒会出现。对于酒厂来说也很愿意参加这种活动，他们的酒既能提升知名度，同时又做了善事，一举两得。如此这般，使得纳帕每年都有新鲜事，这使得人们对纳帕会有持续的关注。

△热闹非凡的纳帕酒拍卖会

第三节
纳帕 AVA 产区

■**种植总面积：46，000 英亩左右**

1981 年，纳帕山谷成为加州的葡萄酒 AVA 产区，该产区根据其地理位置与风土的不同又分出了 16 个子产区。其葡萄园面积为美国 AVA 葡萄园的 8%。

纳帕山谷葡萄种植区从靠圣·巴勃罗（San Pablo Bay）海湾的凉爽的卡内罗斯（Los Carneros）到山谷最里面的较为温暖的卡利斯托加（Calistoga）的走廊地带以及纳帕山谷两侧的山上。

纳帕种植的主要品种有赤霞珠、梅乐、品丽珠、长相思、霞多丽、黑比诺、金粉黛等等。

子产区如下：

■**阿特拉斯峰（Atlas Peak）AVA**

种植面积：1，500 英亩

这里位于纳帕山谷东侧的山上。更确切的说是在鹿跃区上方的山上，海拔在 760-2，600 英尺，这个山地产区气候凉爽。夏天最高温度也就三十摄氏度左右，这里同样也受海洋的凉爽海风的影响，早晚温差在 10-15 摄氏度。由于海拔高，葡萄园一般都处于雾线之上。

这里的土壤主要是红色的火山土，含有铁质，较为贫瘠。种植的主要葡萄品种有赤霞珠和霞多丽。

这里的知名酒庄有纳帕山谷阿提卡（Antica Napa Valley），关山飞渡酒庄（Stagecoach Vineyards）。

■**奥克维尔（Oakville）AVA**

种植面积：4，700 英亩

这是纳帕山谷最为著名的产区，名庄云集。很多人认为这里的温度是种植赤霞珠最棒的产区。海拔 500 英尺。

这里的葡萄园主要位于山谷内，介于杨特维尔 AVA 与罗斯福区 AVA 之间。在靠杨特维尔的地方中间有一座小山。

这里的温度适中，夏天的白天平均温度为32-34摄氏度，晚上为十摄氏度左右，下午有来自海洋的凉风的调剂，早上有雾。山谷的东侧比西侧要温暖一些。

这里西侧的土壤主要是冲击土——沉积岩风化后的带有砾石的土壤。东侧也是冲击土壤，主要是火山岩土。葡萄园的土壤土层深，比较肥沃。

这里种植的主要品种有赤霞珠、梅乐、长相思。

这里的名庄很多，如一号作品、贺兰酒庄、啸鹰、罗伯特·蒙大维酒厂等等。

■春山区（Spring Mountain District）AVA

种植面积：1,000英亩

春山区位于纳帕山谷西侧的山上，这里的葡萄园大多分布在山坡地上，分为很多小块，葡萄园大多面东，周围森林环抱，这里的海拔在600-2,600英尺。

这里的气候较为凉爽，夏天的平均气温在三十摄氏度左右，晚上在十摄氏度左右。这里的土壤主要是砂岩和砾岩的风化土以及一些火山土。

这里种植的主要葡萄有赤霞珠、梅乐、品丽珠、金粉黛、霞多丽。

该产区的知名酒庄有：春山酒庄（Spring Mountain Winery）、牛顿酒庄（Newton Vine-ayrd）、山岳酒庄（Pride Mountain Vine-yard）。

■豪威尔山（Howell Mountain）AVA

种植面积：600英亩

这个产区位于纳帕山谷东侧的高山之上，海拔600-2,200英尺。夏季白天的平均气温为32摄氏度，晚上在十摄氏度左右。这里的海拔较高，温差较大，阳光普照，很适合于种植波尔多品种，

尤其是赤霞珠，如今该产区越来越被人重视。这里的土壤以火山土为主，土层较浅，土壤相对贫瘠。

主要葡萄品种有赤霞珠、梅乐、金粉黛以及维杰尼尔。

该产区知名酒庄：亨尼斯欧莎酒庄（O'Shaughnessy Estate）

■卡利斯托加（Calistoga）AVA

种植面积：2,500英亩

该产区于2009年成为AVA产区，位于纳帕山谷最里面，可以说是纳帕山谷走廊的尽头。这里距离圣·巴勃罗海湾远，这一通道吹过来的凉风已经很微弱了。当然也有从索诺玛方向过来的来自太平洋的凉爽气息的影响。夏季的白天最高温度为37摄氏度，晚上最低温度能降至7摄氏度，早晚温差很大，但总体而言这里是纳帕产区最为温暖的产区。

这里的海拔在300-1,200英尺，年降雨量为960-1,520毫米。其土壤主要是火山土，山上为火山沉积土，山坡上由砾石、鹅卵石和壤土组成，

⚠爱堡酒庄

山谷中则是冲击土，主要由黏土、鹅卵石以及碎石组成。

这里的主要葡萄品种有赤霞珠、金粉黛、希拉、小希拉。

该地区著名的酒庄有蒙特丽娜城堡酒庄（Chateau Montelena）、爱堡（Castello di Amorosa）。

■卡内罗斯（Los Carneros）AVA

种植面积：9，000 英亩

这是靠圣·巴勃罗海湾最近的葡萄酒产区。以前这里是基本上是牧区，上世纪八十年代逐渐开辟成了葡萄园，如今已经是纳帕和索诺玛地区最知名的凉爽产区。这里的气温比勃艮第要凉一点，但比香槟区要稍微温暖一些。

这里的海拔 700 英尺，葡萄园位于蜿蜒起伏的丘陵和平地上，夏季的白天平均气温为 27 摄氏度，早晚温差没有纳帕山谷内的其他产区那么大。

这里的土壤主要是冲击土。种植的主要品种有黑比诺、霞多丽、梅乐等。

知名酒庄有海德酒庄，卡内罗斯酒庄（Domaine Carneros），艾蒂德酒庄（Étude winery）等。

■库姆斯维尔（Coombsville）AVA

葡萄园面积：4，484 公顷

这里位于纳帕市区的东侧，2011 年成为 AVA 产区，这也是纳帕地区最晚成立的一个子产区。该产区也是近些年才开始受人关注。

这里海拔 100-1，000 英尺，多数葡萄园都位于海拔 100-500 英尺的地方。受到来自圣·巴勃罗海湾气流的影响，这里早晚气候凉爽，正午前后气候温暖，种植的红葡萄品种也有出色的表现。

这里的土壤主要是由火山灰和火山岩石的冲积土组成的混合性土壤。种植的主要葡萄品种有赤霞珠、梅乐、霞多丽、西拉、黑比诺等等。

这里也有不少出产优质葡萄酒的酒庄，如 Ackerman Family，Ancien，White Rock，Palmaz Vineyards 等。

■罗斯福区（Rutherford）AVA

种植面积：3，518 英亩

该产区是纳帕山谷的传统葡萄酒产区，也是纳帕山谷的核心产区之一。这里气候适中，早晨有少量的雾气影响该产区，下午也能享受到适中的来自海洋的凉风，比圣海伦娜要稍微凉快一些，又比杨特维尔地区温暖。夏季这里白天的平均温度在 34-35 摄氏度，晚上在十摄氏度左右。

这里海拔在 500-600 英尺，葡萄园基本位于山谷内和靠山的山麓上，一般来说山谷内主要是冲击土，土壤较为肥沃。东边为火山岩风化土。

这里种植的主要葡萄品种有赤霞珠、品丽珠、梅乐、金粉黛、长相思等。

这里是优秀酒庄云集之地，推荐酒庄有炉边（Inglenook），哥格山（Grgich Hills Estate），斯旺森（Swanson），卡布瑞（Cakebread）等。

■鹿跃区（Stags Leap District）AVA

种植面积：850 英亩

该产区位于杨特维尔的东侧。这里的海拔 500 英尺。葡萄园位于平坦的谷地和山麓之上，夏日的下午能享受来自海洋的习习凉风。这里比杨特维尔要温暖一些，夏天白天温度在 32-34 摄氏度，对于种植红葡萄品种，尤其赤霞珠都是很不错的温度。

这里的土壤主要是火山土，以砾石和粘土组成，土壤比较肥沃。

这里种植的主要品种有赤霞珠、梅乐、桑乔维亚、霞多丽、长相思。

这里的知名酒庄有谢弗酒庄（Shafer Vineyard），鹿跃酒窖（Stag's Leap wine Cellars）等。

■纳帕谷橡树丘区（Oak Knoll District of NapaVa lley）AVA

种植面积：3,500英亩

该产区靠近纳帕市。葡萄园主要位于平坦的谷地和两边的山麓上。海拔800英尺。这里气候是偏凉爽的温和气候，夏季平均气温在31-32摄氏度，下午有凉爽的海风，晚上的温度能降到十摄氏度左右，一般早上有雾。

这里的土壤主要是冲击土，西北部主要是火山土，由砾石和壤土组成。东边的土壤主要由砾石、粘土以及壤土组成。

这里种植的主要葡萄品种有赤霞珠、梅乐、霞多丽、金粉黛。

这里知名的酒庄有大流士（Darioush）、罗伯特·比尔（Robert Biale）酒庄等等。

■维德山（Mount Veeder）AVA

种植面积：1,000英亩

该产区位于纳帕山谷西侧的山上。这里的海拔在500-2,600英尺，是纳帕山谷较为凉爽的葡萄酒产区，受到更多海湾凉风的吹拂，夏天的白天平均温度在30摄氏度。葡萄园多数在雾线之上，由于能出产内敛而且有深度的赤霞珠而开始备受人们的关注。

这里是地壳运动而隆起的海床，土壤主要是沉积岩的风化土，较为贫瘠。

这里种植的主要品种有赤霞珠、梅乐、金粉黛、霞多丽。

这里的知名的酒庄有玛亚卡玛酒庄（Mayacamas Vineyard）。

■杨特维尔（Yountville）AVA

种植面积：4,000英亩

这里是纳帕山谷的重要产区之一。杨特维尔镇是纳帕山谷的旅游中心。这里比奥克维尔的气候要凉爽一些，更多受到来自圣·巴勃罗海湾的凉风影响，夏天这里的平均温度为31摄氏度，晚上的平均温度在十三摄氏度左右。

这里的葡萄园基本位于山谷内和西侧的山麓地带，海拔在20-200英尺。土壤主要是冲击土，是沉积岩风化形成的土壤，带有砾石和碎石。

这里种植的主要葡萄品种有赤霞珠和梅乐。

区内的知名酒庄有道明内斯（Dominus），夏桐酒庄（Domaine Chandon）等。

纳帕谷产区以及其亚区
The Napa Valley and its Sub-Appellations

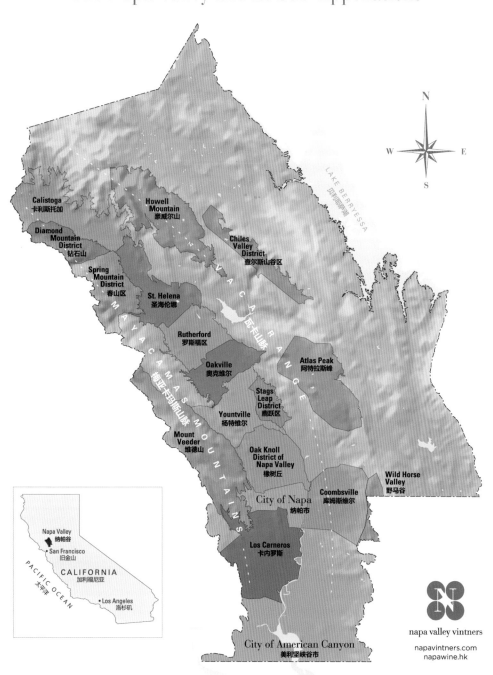

■野马谷（Wild Horse Valley）AVA

种植面积：145 英亩

该产区位于纳帕山谷东侧的山上，与所处的纳帕镇平行。这里的海拔在600-1,900英尺，受到岁孙（Suisun）海湾和暖气流的影响，气候比较温和，适合于种植红葡萄品种。

这里的土壤主要是火山岩和红色玄武岩的风化土。种植的主要品种有赤霞珠、黑比诺、霞多丽等。

这里的主要酒厂是日本人投资的兔宗酒庄（Kenzo Estate）。

■查尔斯山谷区

（Chiles Valley District AVA）

该产区位于纳帕山谷东侧的查尔斯山谷内，海拔600-1,200英尺，在夏季，白天的气温在28-31摄氏度，晚上在十摄氏度左右，晚上有雾。总体而言这是一个凉爽的产区，葡萄收获期一般比纳帕山谷内的葡萄园要晚一些。

这里山坡上的土壤主要是火山岩的风化土，谷底的土壤为冲击土，由粘土和碎石组成。

这里种植的主要葡萄品种有赤霞珠、梅洛、品丽珠。

■钻石山区（Diamond Mountain District）AVA

种植面积：500 英亩

钻石山区与卡利斯托加产区毗邻，位于纳帕山谷西侧的山上，海拔在400-2,200英尺。这里有来自索诺玛方向的海洋气流来调节温度，气候比山谷内要凉爽不少。

夏季的白天平均温度为32摄氏度，晚上为十摄氏度左右。年降雨量在一千三百毫米左右。这里的土壤主要是火山土，有含铁质的红色火山土、灰白色火山土和沉淀岩的风化土。种植的主要品种是赤霞珠、品丽珠。

区内著名的酒庄有钻石溪谷（Diamond Creek），世酿伯格（Schramsberg）酒庄。

■圣海伦娜（St. Helena）AVA

种植面积：985 英亩

该产区位于纳帕山谷的谷地上，海拔在100-700英尺，靠近卡利斯托加方向的地方较为狭窄，靠近罗斯福区的地方比较宽，这是纳帕山谷传统的葡萄酒产区。

这里气候温暖，受海洋的冷凉气流影响很小，夏季白天的温度在31-35摄氏度之间，晚上比其他产区的温差虽然说要小一些，但早晚的温差依然大。

这里的土壤大多为冲击土，由碎石、鹅卵石、黏土组成，土层厚，土壤较为肥沃。传统种植区的葡萄不需要灌溉。

主要种植品种有赤霞珠、品丽珠、梅乐、希拉、金粉黛、维杰尼尔、长相思等等。

这里知名的酒庄比较多，如恩泽酒庄（Grace Vineyard）、约瑟夫·菲尔普斯酒庄（Joseph Phelps Vineyard）、贺滋酒窖（Heitz Wine Cellars）、查尔斯·克鲁格酒厂（Charles Krug Winery）、贝灵哲酒庄（Beringer Vineyard）等。

第四节

纳帕葡萄品种

■纳帕葡萄品种之王——赤霞珠

种植面积：25,000英亩

赤霞珠的种植面积占据纳帕葡萄种植面积的55%，是名副其实的纳帕品种之王。

■成因

1976年巴黎品酒会之前，纳帕赤霞珠的种植面积仅占纳帕葡萄园总面积的四分之一，如今超过纳帕葡萄园面积的一半，我认为有几个原因：

第一是纳帕确实很适合种植赤霞珠，用其酿造的酒表现出色。第二是名声的缘故，纳帕出好的赤霞珠在社会上已经是公认的事实。第三是经济原因，如果赤霞珠和梅乐品种酿造的酒在如今的美国酒类媒体上的评分是一样的，但赤霞珠比梅乐通常要贵上一倍多。比如说一瓶90分的赤霞珠一般可以卖到一百美元左右，而一瓶90分的梅乐一般不会超过五十美元。

■产量与价格

纳帕赤霞珠葡萄的产量一般在每英亩3-3.5吨，高品质赤霞珠的产量一般在每英亩2-2.5吨。最便宜的赤霞珠葡萄价格为4,500美元/吨，优质赤霞珠葡萄价格一般为20,000美元/吨，最昂贵的赤霞珠葡萄甚至可卖到150,000美元/吨。

之所以差异如此之大，自然跟葡萄园的地点和葡萄品种有关，但更重要是派克的评分，如果一个不出名牌子的赤霞珠干红第一年得到罗伯特·派克92分以上的高分，第二年生产这款酒的葡萄价格肯定是要上涨的。如果用派克称之为油水区的奥克维尔走廊的赤霞珠葡萄来酿酒，所酿的酒得不到派克的92分以上的分数，酿酒师都很有压力。

■常用的克隆品种

纳帕常用的赤霞珠克隆品种有337，15以及52。此外还有其他不少的戴维斯大学的克隆品种。

■产地与风味

纳帕传统赤霞珠区域主要在山谷内鹿跃区、奥克维尔、罗斯福区、圣海伦娜。随着赤霞珠的日益风行和经济收益的刺激，越来越多的人研究和探索纳帕境内的微气候和土壤。别看纳帕产区小，如今这里赤霞珠风格的多样化并不亚于波尔多。

下面，我大体地根据区域来分析一下，更多的细节可以参看"酒厂"这一章节。

1）山谷内和山麓

从白天的天气来看，通常来说离圣巴勃罗海湾越近气候越凉，越远越温暖。山谷两侧的山麓地带一般来说东侧干燥，西侧没那么干。东侧有些山麓地带土壤较为贫瘠的山坡地上产出的赤霞珠表现很出色，果粒小，果串疏松，产量少，单

宁成熟，风味更加地浓郁。

赤霞珠的种植从库姆斯维尔（Cooombsville）开始，这是纳帕山谷最后一个成为 AVA 的产区。早期，这个山谷被人认为太凉而不适合种植红葡萄品种，所以这里的土地也不贵。自凉爽产区风靡后，就连卡内罗斯都能种葡萄了，这也使得人们开始关注这个比卡内罗斯要温暖的产区。加上有人在这里试验种植赤霞珠，获得了罗伯特·派克的高分，使得这个产区更加受人关注。此产区的葡萄园主要位于丘陵和小山上，这里的赤霞珠有清新愉悦的红色浆果和成熟度恰当的黑色浆果气息和绿色辛香料气息，用这种赤霞珠酿出的优质赤霞珠干红，酒体一般不重，多为中等酒体，具有优雅的特征。

橡树丘（Oak Knoll）地区的葡萄园基本上位

于平坦的谷地上，受凉爽的海风的影响比较大。这里赤霞珠能达到一定的成熟度并保持一定酸度，一般来说这里的赤霞珠酒体适中，拥有成熟有度的红、黑色浆果气息。

杨特维尔的赤霞珠又比橡树丘成熟度要高，单宁结构感则更强。鹿跃区的温度对于赤霞珠总体来说是适中的，如果是在土壤贫瘠而干燥的山坡上，比如说谢弗（Shafer）酒庄的山边（Hillside）葡萄园，赤霞珠则产量少，充满了成熟的深色浆果气息，单宁成熟而丰富，能酿造出丰厚饱满的赤霞珠红葡萄酒。

奥尔维尔的温度比较高，很适合种植赤霞珠这个品种。这里赤霞珠成熟度高，单宁含量丰富，顶级酒庄酿造出来的酒丰浓饱满，结构感强，是那种雄壮型的赤霞珠。

罗斯福区和圣海伦娜区也是种植赤霞珠的理想区域，能酿造出充满丰富而浓郁的果香，酒体饱满的赤霞珠。

春山位于纳帕谷的西侧，相对比较凉爽，这里的赤霞珠的酒体适中，有愉悦的红、黑色浆果的气息。

钻石山位于纳帕谷西侧，有的地方凉爽，有的地方温暖。而赤霞珠的表现要看葡萄园的坡度和朝向。

卡利斯托加是公认的温暖的产区，这里的赤霞珠有成熟的果香，有时有果酱的气息。

2）山区

如今纳帕越来越多的人往纳帕山谷周围的山上发展葡萄园，通过品尝一些酒厂的酒，我觉得豪威尔（Howell）山的优质赤霞珠拥有成熟适度的深色浆果香，单宁细密丝滑，品质相当不错。对于高海拔的山区赤霞珠，如果是在雾线之上，

⌃波尔多名酒

土壤条件和朝向好，赤霞珠则生长周期长，出产的葡萄糖度和酚类物质有理想的成熟度，同时葡萄的酸度也足够，能酿造出馥郁、饱满且具有优雅特征的赤霞珠干红。对于山区葡萄园，这里的人们依然在进一步的探索之中，相信将来出自高山上的优质葡萄酒会越来越多。

■ 纳帕 PK 波尔多

自1976年纳帕和法国酒盲评品酒会比赛以来，两地的交流和交往相当频繁，不少法国酒厂来纳帕投资或者合资建酒厂，美国的酿酒师去法国做酿酒实践，法国的酿酒师也到纳帕来实习，你学我，我学你，在这种彼此相互学习和交流中，波尔多和纳帕两地酒的差异越来越小。

1）易饮度

随着全球变暖，波尔多地区赤霞珠的成熟度提高，那种带青椒和青草气息的酒也越来越少见，加上微氧化酿酒技术的使用，使得波尔多赤霞珠年轻时候饮用也好喝。

阳光灿烂是加州的鲜明特征，然而过强的阳

光和过高的温度往往并不利于酿造优质葡萄酒，但好在纳帕有来自太平洋的凉风调剂，使得这里的赤霞珠既能成熟又能保持住一定的酸度，较少因过高温度而缺乏酸和果酱味，因此酿出的葡萄酒更为均衡易饮。

2）优雅

拿从前以赤霞珠为主导品种酿造的干红酒来说，几乎只有波尔多知名红葡萄酒才可以称得上优雅。而这几十年以来，纳帕的一些酿酒人经过对风土、葡萄种植、酿造等一系列问题的探索和研究，加上现代酿酒技术，酿造优雅的酒已经不是什么难事。

3）耐陈年

对于顶级葡萄酒而言，纳帕的酒和波尔多一样耐陈年。我曾经在纳帕品尝过鹿跃1976年的赤霞珠以及罗伯特·蒙大维的上世纪九十年代赤霞珠均表现不错。

美国戴维斯分校的葡萄酒科研很发达，可以说位列世界前沿，对于波尔多酒为什么能陈年的原因估计早就研究透了，而纳帕的酿酒师十有八九都是毕业于这家大学。

4）风格

关于以赤霞珠为主的优质葡萄酒的风格，在以前，我总是比喻波尔多似玉树临风的007，纳帕则是雄壮风格的施瓦辛格。然而这次来纳帕品尝了数百款赤霞珠之后，我发现纳帕的赤霞珠风格还是很多样化的，纳帕也有玉树临风的风格，并不能仅用一种风格来形容纳帕赤霞珠。

5）不同的风土味

在信息和科技越来越全球化的今天，两地在种植和酿酒技术方面几乎没太大的差异，唯一无法改变的就是葡萄园的风土，这个风土的内涵包

⌃梅乐

括葡萄园的地理位置和土壤，地理位置又包涵着海拔、坡度、朝向、所在地的小气候。细细品味两地葡萄酒，依然能体味到不同的风土所赋予的细微差别。

■纳帕其他红葡萄品种

梅乐（Merlot）

纳帕山谷非常适合于种植梅乐品种，但其风头大多被赤霞珠盖过了，而且黑比诺的势头也远远超过了梅乐。其实纳帕的梅乐拥有成熟樱桃及黑色浆果的果香、成熟而细腻的单宁，而且优质的梅乐也很耐陈年。事实上很多人的味蕾都喜欢梅乐酿造的美酒佳酿，只是跟风尚饮酒和喝名气的大有人在，因此梅乐在纳帕处于没落之势。所幸依然有一些酒庄种植梅乐，除了用来丰富赤霞珠的酒体，有时也酿造单一品种的干红葡萄酒。

黑比诺（Pinot Noir）

纳帕地区的黑比诺主要种植在卡内罗斯，越来越多的酒厂用黑比诺酿造出优质葡萄酒，卡内罗斯属于纳帕的这一部分除了酿造干红，也用来酿造起泡酒。（更多黑比诺品种介绍请看索诺玛章节）

纳帕山谷也种一些金粉黛，有的是老树金粉黛，大多种在纳帕河谷内（该品种介绍放入索诺玛的章节）。此外还种有品丽珠、小维尔多作为调配品种。纳帕山谷小希拉表现也是很出色，只是种植得很少。

■纳帕山谷的白葡萄品种

霞多丽（Chardonnay）

霞多丽是纳帕种植最多的白葡萄品种，在山谷内种植较为广泛，通常来说优质的霞多丽葡萄大多来自凉爽的卡内罗斯、库姆斯维尔、橡树丘以及凉爽的山区，比如说春山。来自凉爽地方的霞多丽通常有清新的绿色水果如青苹果、青柠、梅子的气息，酸度充足。光照足的地方出产的霞多丽有含笑花、香蕉苹果、杏、芒果的气息。

霞多丽通常有不入橡木桶的清新风格的霞多丽和在橡木桶内发酵的霞多丽。整体来说，这里的霞多丽更倾向于苗条型的。原本那种有奶油味的丰硕的霞多丽几乎绝迹了，就连那种雍容华贵的霞多丽也难得一见。霞多丽的风格跟流行趋势是相关的，目前流行的多为苗条型的霞多丽，这使得有的霞多丽采用减肥手法酿造，要不就是葡萄来自更凉爽的产区。

长相思（Sauvignon Blanc）

这是一个在纳帕日渐风靡的白葡萄品种，对

▽霞多丽

▽长相思

于那些夏日来纳帕休闲度假的人来说，来一杯冰冰凉凉的有着清新水果香气和适宜酸度的长相思是再好不过的了。

葡萄酒在美国社会也算风靡了很多年，一些人经常喝葡萄酒，他们的味蕾更能接受酸度突出的长相思，而且长相思因其一般没有橡木气息，因而更受女性的青睐。对于白葡萄酒中的橡木味，一些美国人很不喜欢，也许是因为以前欧洲人曾经取笑美国人认为有橡木味才是好酒的缘故吧！

长相思在纳帕山谷种植也是比较广泛的，这里的长相思一般都有芬芳的花香和清新的热带水果香气，比如说柠檬、含笑花、黄香蕉苹果、梨子等，有时也有白胡椒的气息。总体来说，在纳帕山谷，长相思是非常讨喜的一个品种。

■ 其他白葡萄品种

纳帕也少量种植一些麝香、赛美蓉、雷司令、绿魁品种，用来调配别的白葡萄品种一起酿酒或者单独酿酒，也少量做一些甜葡萄酒。

第·三·章

纳帕葡萄酒厂

第一节

7&8 酒庄
(Vineyard Seven And Eight)

这是一个家族酒厂，位于纳帕山谷春山区的最顶端。酒庄所在地的海拔在两千英尺左右，这里能鸟瞰山谷，大有君临春山之势。

该酒厂创建于 1999 年，是由兰尼 & 维兹·斯蒂芬斯（Launny & Weezie Steffens）夫妻创建。兰尼·斯蒂芬斯先生是一位私人投资顾问，在纽约有一家名为春山首府的公司，太太维兹是位绘画艺术家。俩人非常热爱美食和美酒，他们访问纳帕期间被纳帕的美酒和慢生活所吸引，巧合的是纳帕有座名山也叫春山，他们之所以在春山的山顶建立酒厂也许有与他们公司的名字暗合之缘故吧！至于酒庄的名字之所以称为 7&8，据说是因为兰尼以前的工作总是和数字打交道，西方文化中，"7"有幸运的意思，而"8"则有繁荣和幸福的意思。

酒庄主夫妻俩拥有三个孩子，大儿子德鲁（Drew）和女儿朱莉（Julie）都各有别的事业，他们各自已经组成家庭生活在美国的其他地方。只有小儿子韦斯利（Wesley）在纳帕从事葡萄酒的事业，维斯利除了管理酒厂，他还是酒厂的酿酒师。目前酒厂的前面正在盖一栋别墅，听说兰尼 & 维兹·斯蒂芬斯夫妇会住在这里，此外大儿子和女儿的家庭成员来度假时也可以住在酒庄。

7&8 可以说是名副其实的类似波尔多式的酒庄，酒厂位于葡萄园中间地带，他们葡萄酒的酒用葡萄全部来自酒庄周围的葡萄园。

酒厂的设计非常地摩登和实用，整个酒厂是根据山体的形状来设计的，顶层是品酒室和会客厅，下面则是酿酒车间和山洞酒窖，酿酒设备也是目前最时新的，特别是小型的不锈钢罐，一般来说酿造精品酒大多采用这种容量的罐。

个人觉得在偏热的葡萄酒产区，好的葡萄园应该是来自海拔高一些的葡萄园，这样葡萄的成熟周期相对要长，葡萄内质更加的丰富；对于纳帕和索诺玛来说，如果葡萄园在雾线以上，这样葡萄就不容易得霉病，而他们的葡萄园正处于雾线之上的位置。

他们的葡萄园位于起伏的山坡地上，土壤主要是贫瘠的火山土。这里主要种植的品种是赤霞珠和霞多丽，其中霞多丽为 4 英亩，赤霞珠 12 英亩。此外，他们也将新种植一些波尔多品种。葡萄园管理也相当地精细，葡萄的产量受到严格的控制。

当我品尝他们的酒时总感觉他们家的红葡萄酒有贺兰的风格。经过与韦斯利交谈才知道他们的酿酒师玛撒·麦克莱伦（Martha McClellan）女士曾经在贺兰酿过酒，她曾在德国盖森海姆（Geisenheim）大学专攻种植和酿酒专业，在多个国家以及多个纳帕有名的酒厂工作过。她善于

管理葡萄园，酿酒慎密精细，利用小罐发酵，酿出的酒精致细腻。而酒庄主的小儿子韦斯利也曾经在贺兰工作过几年，有了酿造优质酒的实战经验，如今是他们家族酒庄的酿酒师了。

7&8 的第一个年份酒是 2007 年，目前主要酿造三种酒。访问该酒庄时，我品尝的第一款是 2011 年的地产霞多丽（Estate Chardonnay），其风格雍容华贵又不失优雅，有着丰沛果味，如新鲜的脱水橙片、蜜香以及香草的气息，香气馥郁，酒体饱满，酸度充足，足以撑起丰腴的酒体，橡木味与酒浑然一体，回味悠长。个人认为上好的纳帕霞多丽应该就是此种风格的，大有皇后之风范。此酒一般每年只出 200 箱左右。

第二款是 2011 年的相互关系（Correlation）赤霞珠，此酒是他们红葡萄酒的副牌酒，百分百采用赤霞珠酿造，葡萄来自三个不同的葡萄园，有着类似松树和少许辛香料以及黑色浆果的气息，入口单宁细密丝滑，酒体丰润饱满，有少许辛香，回味长。目前该酒的年产量在 650 箱左右。

第三款是他们 2009 年正牌的地产（Estate）赤霞珠，此酒的色泽深浓，有着成熟得恰到好处的丰富果香和辛香料气息，入口单宁如细柔的丝绒一般浓密滑润，单宁酸增强了其结构感，又有

胡椒和花椒的麻感，酒体丰腴，回味悠长。此酒具有玉树临风之风格，具有相当好的陈年潜力。

由于纳帕是成名较早的产区，如今要想发现没有知名度的优秀酒厂对我来说不是件容易的事，当我品尝到了这家的酒后产生了一种被我发现的兴奋之感，这家酒庄可以说是新崛起的纳帕明星酒厂。

评分

2011 Estate Chardonnay	98 分
2011 Correlation Cabernet Sauvignon	94 分
2009 Estate Cabernet Sauvignon	97 分

酒 厂 名：7&8
自有土地：40 英亩
已经种植：18 英亩
产　　量：1,800 箱
酒厂地址：4028 Spring Mountain Road
　　　　　St. Helena, CA 94574
电　　话：707-9639425

传　　真：707-9632250
网　　址：www.vineyard7and8.com
E-mail：info@vineyard7and8.com
酒厂参观：需要预约
品尝时间：周一至周五，上午 10:00 - 下午 2 点
　　　　　周末不开放

第二节

二十九号酒庄
(Vineyard 29)

该酒庄位于圣·海伦娜（St. Helena）和卡里斯托加（Calistoga）之间，名字与纳帕著名的29号公路同名。其创建于1989年。2000年，查克·麦克明（Chuck McMinn）先生和他的太太安妮（Anne）购买了这片庄园。

1989年，特丽莎·牛顿（Teresa Norton）和汤姆·佩因（Tom Paine）退休后来到纳帕山谷，他们发现自己所在地的风土条件能出产纳帕山谷一流的赤霞珠葡萄，于是从邻居的恩泽（Grace）酒庄剪枝插苗种上了3英亩的葡萄树。1992年是

▽酒庄主与酿酒师

他们第一个年份的葡萄酒，在1992年–1998年期间，他们的酒都是在恩泽酒庄酿造。其中1995年–1998年的酿酒师是海迪（Heidi Barrett）。当时这些酒都是通过恩泽酒庄的电子邮件发送清单的模式进行销售。

查克·麦克明从1978年就开始从事高科技产业，他的产品在1981年就曾经装入了IBM的电脑。他在硅谷工作了25年，刚好在科技高速发展的期间，取得了很大的成功。那个时候他只是喜欢喝葡萄酒，从没想过从事葡萄酒的生意，然而在他和家人想寻找一块周末度假地的时候，通过朋友的介绍说纳帕有块地出售，他们看了如今是他们酒庄所在地的这个地方后很满意，两周后他们决定购买。

他们聘请纳帕山谷的知名顾问酿酒师菲利普·梅尔卡（Philippe Melka）做酿酒师。1999-2001年份的酒是在玛纳家族（Miner Family）酒厂酿造的。2002年他们自己的酒厂才建好。目前除了每年生产自己的一万箱酒，也为他人加工生产三千箱酒。他们的酒用葡萄除了来自他们拥有的葡萄园，还购买别的葡萄园的葡萄。

该酒庄拥有两处葡萄园。第一块是酒庄所在地，名为29号地，这里属于梅亚卡玛斯（Mayacamas）山脉的山峦地带，葡萄园位于朝

东的山坡上，这里的土壤是带砾石的壤土，葡萄都是1989年种下的，这2.75英亩就是恩泽酒庄赤霞珠的克隆苗木。2000年的时候他们还在这里种植了1.25英亩的品丽珠和长相思。

第二块葡萄园名为阿伊达（Aida），位于圣海伦娜产区的29号公路边上，这是一块谷地，距离他们酒庄仅仅2英里，土壤是冲击土，多卵石。这块地自1920年就开始种植葡萄了，目前这里种植了8.75英亩赤霞珠、2英亩梅乐、0.4英亩小希拉、4英亩的金粉黛。

他们的酒厂位于他们的葡萄园之中，酒庄依山势而建，与自然协调一致。酒厂分两个部分，一部分是非常现代化的酿造车间，采用重力法，使用小罐发酵，其中包括橡木容器和不锈钢发酵罐。总体来说这家酒厂采用现代化的先进技术和旧世界酿造理念相结合合来酿造他们的葡萄酒。在纳帕山谷，该酒厂属于中型的规模。

他们的另外一部分是山洞酒窖，这个山洞酒窖位于梅亚卡玛斯山中，挖有三个隧道，深度达125英尺，面积有13,000平方英尺，主要放置小型橡木桶，酒窖的中间是葡萄酒陈列室和品尝室，酒窖的上方则是他们的长相思葡萄园。

我记得是2014年7月1日纳帕山谷起山火的这天访问的他们酒庄。该酒庄目前生产十款酒。而我品尝了他们主要的四款葡萄酒。

第一款是2012年份的29号地产的长相思，有典型的黑加仑子树芽和香泡的果香，入口酒体较为圆润，回味爽洁。

第二款是2011年份的阿伊达酒园的金粉黛，此金粉黛是用40年树龄的老树葡萄酿造的，有成熟的浆果和些许辛香料的气息，单宁成熟而紧致，酒体饱满、均衡，有回味，是款不错的金粉黛。

第三款是2010年的29号地产赤霞珠，有着成熟的深色浆果、香料以及烘烤气息，单宁成熟

结实，酸度恰当，酒体较为饱满、均衡，回味长。

第四款是 2010 年 29 号地产品丽珠，有着红、黑色成熟的浆果以及辛香料的气息，入口单宁重，酒体较为饱满，是款浓郁的品丽珠。

总体来说，这家的酒庄主管理精细，酿酒师强调酒的平衡，尤其是酒中的果味、单宁、酸度这三者之间的平衡。

评分

2012 29 Estate Sauvignon Blanc ·· 89 分

2011 Aida Estate Zinfandel ·· 91 分

2010 29 Estate Cabernet Sauvignon ····································· 94 分

2010 29 Estate Cabernet Franc ·· 90 分

酒庄名：29 Vineyard
葡萄园面积：30 英亩
产　量：10，000 箱
电　话：707-9639292
地　址：P.O.Box93 St. Helena, CA94574

网　址：www.vineyard29.com
E-mail：info@vineyard29.com
酒庄访问：需要预约

第三节

阿克曼家族庄园
(Ackerman Family Vineyards)

　　该葡萄酒庄园位于库姆斯维尔（Coombsville）AVA 产区，之所以称它为庄园，是因为庄主住宅周围就是他们的葡萄园，目前他们没有酿造酒的酒厂，但他们有马场和名为石头天堂的优秀葡萄园。

　　1994 年，男主人鲍勃·阿克曼（Bob Acker-man）为太太劳伦·阿克曼（Lauren Ackerman）购买马时寻访到了这里。10 天后鲍勃带劳伦到这个地方，他们买下了这里的马、房子、土地，当时这里已经有了葡萄园。1995 年他们酿造了两桶酒，共 45 箱。1997 年他们重新种上了 337R 克隆的赤霞珠，一直到 1999 年葡萄园苗木的更新，

种植才完全结束。

2003 年是他们第一个年份的商品酒，这一年酿造了 300 箱，酒在 2007 年才正式上市。到了 2009 年，他们的葡萄园得到了加州有机农场认证（CCOF），这是库姆斯维尔最早一家有此认证的。同年他们增加了他们的副牌酒阿尔文格娜·托斯卡（Alvigna Tosca）。

到了 2010 年，劳伦购买了纳帕市位于市中心的地标建筑称为吉福德的房子，这栋房子建于 1888 年，是女王安妮维多利亚时代风格的。该建筑保留完好，特别是波兰原始红木扶手、17 世纪的彩色玻璃窗、原始的石膏模具等，如今他们增加了先进的厨房设备，整修了整栋房子和花园，现在重新命名为"阿克曼的房子"。这栋豪宅将被打造为美食与美酒的俱乐部，预计 2014 年的年底能完成装修和对外开放。

他们的葡萄园位于马蹄型的山坡上，采用有机种植法。土壤主要是含砾石的火山土。树型是

单干双帘式的，主干较高，果粒小而稀松，这种样子的果实品质好，也不容易得病，看起来也是严格控制灌溉的。总体看起来葡萄树和葡萄都很健康。

在葡萄酒的酿造方面，他们也舍得花钱买新桶，他们使用的都是法国桶，来自三个木桶商，分别是塔兰索（Taransaud）、甘巴（Gamba）和圣马丁（Saint-Martin）。他们的酒一般在橡木桶里的时间为两年，经过四次换桶，接下来在瓶陈两年后上市。

他们主要酿造两款酒，一款是赤霞珠，葡萄来自于自己的葡萄园。另外一个副牌名为阿尔文格娜·托斯卡（Alvigna Tosca），这个名字的意思是"在精神上的托斯卡纳"。此酒是采用赤霞珠和桑乔维亚品种合酿的。他们的葡萄园里没有种植桑乔维亚，不过，他们购买的桑乔维亚葡萄也是来自有机葡萄园。据劳伦说将来她想酿造一款粉红葡萄酒。

劳伦希望她的酒能够很好地搭配食物，不能让酒压倒食物，要让酒与食物相得益彰。他们的酒的风格显然是有着优雅的旧世界风格的美味葡萄酒，有着旧世界的细致，又有着新世界成熟的果香，他们的酒上市的时候一般已经是成年的时候，橡木味与酒已经融合，成熟得恰到好处的红、黑色浆果和甘草的香料气息则成了香气的主调。他们的酒不追求重酒体，而是中等酒体，一般是酒香四溢、单宁柔滑细腻、有一定的深度的均衡佳酿。

我品尝了他们 2005、2006、2009 年的正牌赤霞珠，酒的风格都比较接近，酒香很好，普遍单宁细腻滑润，酒体中等，有一定的深度和回味，很好喝。2010 年阿尔文格娜·托斯卡（Alvigna

△劳伦

Tosca）的酒单宁丝滑，酸度愉悦，美味。

原本为了找马从旧金山到了纳帕这里，因激情和兴趣而酿酒，如今已经变成了他们重要的生意，现今主要是劳伦打理葡萄酒和俱乐部，她对旧世界的生活方式充满了向往，尤其是托斯卡纳的生活方式。美酒与美食本来就是生活方式的主要体现，这也是为什么她想做美食和美酒俱乐部的原因吧！对于购买纳帕市区的维多利亚的老建筑，是基于他们想保留和保护纳帕有着历史意义的遗迹的心理，这也是他们回馈社会的方法，因为他们已经是纳帕人了！

评分

2010 Ackerman Family Vineyards Alvigna Tosca···91 分

2005 Ackerman Family Vineyards Cabernet Sauvignon···94 分

2006 Ackerman Family Vineyards Cabernet Sauvignon···93 分

2009 Ackerman Family Vineyards Cabernet Sauvignon···95 分

庄 园 名：Ackerman Family Vineyards

自有土地：16 英亩

已经种植：11 英亩

产　　量：目前 500-600 箱
　　　　　葡萄园的葡萄够酿造 2,500 箱

地　　址：2101 Kirkland Avenue Napa,
　　　　　California 94558

网　　站：www.ackermanfamilyvineyard.com

E-mail：wine@ackermanfamilyvineyards.com

酒庄参观：需要预约

阿克曼俱乐部地址：608 Randolph Street Napa

第四节

安心酒厂
(Ancien Wines)

安心酒厂位于库姆斯维尔（Combsville）产区，该品牌是肯·伯纳德（Ken Bernards）创建的。安心葡萄酒第一个年份是1992年，肯酿造了5桶卡内罗斯的黑比诺，第一个年份的酒就取得了好成绩，自此一发不可收拾。

肯在俄勒冈州大学攻读的是化学专业。在学生时代，他就开始对酿造手工啤酒和葡萄酒有兴趣，他在俄勒冈州研究风味化学的一个项目，此项目旨在区别开不同啤酒花在啤酒中的风味成分，

▽肯·伯纳德

在这同时他也分析了一下俄勒冈的葡萄酒，这引起了他对葡萄酒的浓烈兴趣。

1986年肯到纳帕的夏桐酒庄的葡萄园做研究，通过对葡萄成熟度的追踪和分析，他发现了预测葡萄成熟日期的方法。毕业后他接受了夏桐酒庄的邀请到酒庄的化验室做化验酿酒师，通过化学分析和研究来佐证和了解种植和酿造，这使他掌握了不少实践的经验，在夏桐的工作使得他对凉爽产区的葡萄园有了很充分的了解。

就酿造优质美味的葡萄酒而言，光有化学和科学方面的经验和论证显然是不够的，对于种植葡萄和酿造方面的悟性和对细微之处的洞察更是至关重要的，为此，他去勃艮第考察并工作了一段时间，与不少酒庄主和酿酒师交流，这使他对酿酒技能的体悟又有了进一步的提升。

1992年他酿造了5桶黑比诺的试验成功后，充分增加了他的信心。1998年他租用了库姆斯维尔这个地区一个葡萄园边上的一处房子，建起了自己的车库酒庄。他酿造的葡萄酒主要是黑比诺品种，其他的一些是霞多丽和灰比诺。

他深受勃艮第的风土葡萄酒理念的影响，酿造的黑比诺葡萄酒都是单一葡萄园的葡萄酒。他在别人注意不到的地方探索和发现适合于种植黑比诺的葡萄园，特别在库姆斯维尔产区挖掘黑比

诺的潜力，他是这个产区第一位如此做的人。此外，他还在索诺玛地区以及美国其他产区探索。

他们的酿酒葡萄主要是来自纳帕和索诺玛的多个葡萄园，他们跟这些葡萄园拥有者签有长期的合约，还聘请了葡萄栽培专家安·克雷默（Ann Kraemer）为顾问。他们的酿造哲学是三位一体，即传统智慧、科学评估、艺术洞察力，而酿酒师则要把握好这三者的平衡。

我访问他们酒厂的时候共品尝了6款酒。第一款是2012年的灰比诺，葡萄来自卡内罗斯的圣贾克莫（Sangiacomo）葡萄园，此酒有柠橙和白胡椒的辛香以及矿物质的气息，入口圆润丰腴，酸度愉悦，有回味。

第二款是2012年卡内罗斯的黑比诺，有着丰富的红色水果的果香和少许辛香，酒体较为丰满，感觉酸度、单宁、果味都均衡，这是款较为浓郁的黑比诺葡萄酒。

第三款是2012年的俄罗斯谷的黑比诺，有着成熟的红、黑色樱桃的香气和橡木桶带来的气息，单宁柔和，酸度适中，有回味。

第四款2012年的黑比诺是库姆斯维尔，酒厂旁边的葡萄园，有成熟的红、黑色樱桃、辛香料和岩韵气息，酒体饱满，甘美，回味长，是款大块头的黑比诺。

第五款是2012年索诺玛的红狗葡萄园的黑比诺，此酒有着浓郁的果香和泥土的气息，酒体饱满，酸度足，回味长，是款美味的黑比诺。

第六款是2012年卡内罗斯的霞多丽，此款霞多丽酸度清脆而充足，有清新的果香和些许酵母气息，回味中有草甜气味。

总体而言这家的黑比诺挺出色，灰比诺也表现很不错，在纳帕来说，他们葡萄酒的性价比很好！此外酒标上的画很醒目，让人难忘。

评分

2012 Carneros "Sangiacomo Vineyard" Pinot Gris ·····························90 分

2012 Carneros Chardonnay ··91 分

2012 Carneros Pinot Noir ··92 分

2012 Russian River "Jouissance" Pinot Noir ·····························91 分

2012 Sonoma Mountain "Red Dog Vineyard" Pinot Noir ··················94 分

2012 Napa Valley-Combsville "Haynes Vineyard old Block" Pinot Noir ·····95 分

酒 厂 名：Ancien Wines

产　　量：4，000 箱

电　　话：707-2553908

地　　址：P.O.Box 10667 Napa，CA94581

网　　站：www.ancienwines.com

酒厂访问：需要预约

第五节

阿德萨酒厂
(Artesa Vineyards & Winery)

　　该酒厂位于丘陵起伏的卡内罗斯地区一处小山顶上，首先映入眼帘的是喷泉和雕塑，拾阶而上，酒厂大门两侧宽广的厅台上一边是一排齐齐的喷泉和石柱，清澈的池水倒映着碧蓝的天空，一边的大水池中央竖立着酒厂标志型的雕塑。

　　整个酒厂是根据山的形状来设计，酒厂的大门两边则是绿莹莹的草坪，酒厂四周是蜿蜒起伏的葡萄园，在这里可以远眺纳帕山谷的景观，天气晴朗时能看到旧金山海湾。该酒厂有"卡内罗斯宝石"之称，我想，他们独特水池所映照出的蓝天的颜色，应该叫"卡内罗斯的蓝宝石"更为妥帖吧！

　　该酒厂属于西班牙最大的酒业集团之一歌葡源（Codorníu），他们是国际上知名的起泡酒和其他葡萄酒的集团公司，在全球共有10家酒厂，其中8家酒厂位于西班牙本土。歌葡源酒业集团是西班牙两大卡瓦（CAVA）起泡酒生产商之一。该集团葡萄园总面积将近三千五百公顷。

　　歌葡源历史很悠久，1551年海梅·歌葡源（Jaume de Codorníu）创建酒庄，之后代代相传。在1659年，其后代安娜·歌葡源（Anna de Codorníu）继承了家产时与米格尔·雷文托（Miguel Raventós）结婚，后将酒厂名字改为歌葡源·雷文托（Codorníu Raventos）。1872年，他们是西班牙最早采用传统法（香槟法）来酿造卡瓦葡萄酒的酒厂。

　　酒厂的名字"Artesa"在西班牙加泰罗尼亚语里面是"手工"的意思，他们建立这个酒厂主要是想酿造产量少，能体现纳帕和索诺玛风土特点的多品种的葡萄酒，当然也是为了美国的市场和在美国的知名度。

　　他们的酒厂所在地有352英亩的土地，酒厂周围种植的主要是20个不同克隆品种的霞多丽和

黑比诺，目前已经种植的面积有150英亩。

他们在索诺玛的亚历山大北部地区有409英亩的土地，种有90英亩的葡萄树，品种主要是赤霞珠、梅乐、品丽珠、马尔贝克、小维尔多和丹魄等品种；另外在纳帕的阿特拉斯峰（Atlas Peak）于海拔1，500英尺的山上有另外一块90英亩的葡萄园。

葡萄种植方面，他们将可持续发展的农业放在第一位，酒厂的葡萄克隆品种选择、葡萄园地理、葡萄园管理方面都由专业团队来完成的。

葡萄酒的酿造方面由酒厂副总裁和酿酒总工马克·贝灵哲（Mark Beringer）负责，马克是纳帕著名的贝灵哲（Beringer）创始人的曾孙子，酿酒专业毕业，在多家酒厂工作过，有着丰富的酿酒经验。酒厂坚持小罐小批量生产，将不同葡萄园的葡萄区别开酿造，打循环的时候使用重力，使用更多混合的酿酒手段酿酒。

我在该酒厂品尝了6款葡萄酒。第一款为2012年的卡内罗斯限量版霞多丽，此酒有着清新的柠橙、花香以及岩韵气息，入口酸度爽脆，均衡，有回味的愉悦的酒。

2012年卡内罗斯限量版黑比诺，有着愉悦的红色浆果如樱桃、覆盆子、干花的香气，香气典型，入口单宁细腻柔和，酸度适当，均衡有回味。

2011年限量版亚历山大谷的丹魄，此酒有浆果香混合着橡木带来的少许辛香料气息，酸度比较高，酒体中等，有回味。而2011年限量版赤霞珠有着成熟甜美的果香，单宁适中，酒体中等，有回味。

该酒厂的葡萄酒品种比较多元，让人眼花缭乱。从另一方面来说，多个品种和多个不同风味能满足更多人的需求。总体来说，该酒庄是一个非常美丽的地方，是纳帕和索诺玛地区旅游的热门酒庄之一。

评分

2012 Limited Release Chardonnay Napa Valley ·· 90 分

2012 Pinot Noir Limited Release Carneros ·· 92 分

2011 Tempranillo Alexander Valley ··· 89 分

2011 Limited Release Cabernet Sauvignon Napa Valley ······································· 89 分

酒厂名：Artesa Vineyards & Winery

葡萄园种植面积：330 英亩

产　量：63,000 箱

地　址：1345 Henry Road Napa CA94559

电　话：707-2542126

网　站：www.artesawinery.com

E-mail：tours@artesawinery.com

酒厂旅游：对外开放

品尝室开放时间为上午 10 点 - 下午 5 点

第六节

顶峰酒庄
(Au Sommet)

该酒庄位于阿特拉斯峰（Atlas Peak）的山顶，从纳帕镇过来开车需要开很远的山路，一直开到4400号才算到了他们酒庄。这里地势高，可远眺旧金山。

我其实很早就曾经品尝过这家的酒，那是我的一位美国好友约翰·班尼特（John Bennett）医生带来的，他是葡萄酒发烧友，从事医疗器具方面的生意，因喜欢葡萄酒也将不少美国优质葡萄酒带到上海，这也使我能有机会品尝到更多的纳帕和索诺玛的优质酒，而该酒庄就是其中之一。通过约翰·班尼特帮忙预约才使得我有机会到他们的庄园，见到了酒庄主。

听说酒庄主约翰（John）是餐饮业的成功商人，经营着数家餐厅。优秀的葡萄酒和好的食材对于经营一家餐厅是至关重要的，在采购的过程中他爱上了葡萄酒和好食材，所以想拥有自己品牌的葡萄酒。于是，他请他的发小，纳帕著名的女酿酒师海蒂·巴雷特（Heidi Barrett）来为他酿酒。他还养羊并制作奶酪。如果您有幸约到他，到他的酒庄来，访客不仅可以品尝到葡萄酒，他还配备了多种自产的奶酪。

他们在山顶的葡萄园面积有45英亩，主要种有赤霞珠和小维尔多，这里的海拔在2,100英尺，形成了独特的小气候，葡萄树不会受到过多海雾的影响，采光好，昼夜温差更大，葡萄成熟周期长，这对出产酚类物质成熟且有保持一定酸度的葡萄是很有帮助的。

他相当迷恋法国文化，尤其喜欢法式的嘻克（Chic）情调。他的葡萄酒的酒名几乎都是采用法文来命名的。访问他的酒庄的时候，他反对我拍酒标上的原画作品，他怕中国人看见了会复制他的东西，确实也是，在中国什么东西只要卖得好就有人复制，作为中国人的我来说只能说抱歉，但也没办法消除他对中国的这种不好的印象。他们葡萄酒的品种也比较多，我在他们酒厂共品尝了5款酒。

第一款是2012名为"漂亮的小熊"（Prêtà Boire）。这是采用歌海娜和西拉混合酿造的法式风格的粉红，酒标上的画是乔治·罗德里格斯（George Rodrigue）画的粉红色的小狗，奇怪他们为啥称酒名为"漂亮的小熊"！酒是海蒂酿造的，这是相当厚实而饱满的粉红，酸度充足而愉悦，相当有力道，回味长。这款粉红酒的年产量在四百箱左右。

第二款是2013年的长相思名为"一见钟情（Coup de Foudre）长相思"，也许是长相思酸度触碰到酒庄主的味蕾使他想到了1986年遇到女朋友时一见钟情的电击感觉吧！他希望人们喝这款酒的时候也能回味自己一见钟情的感受。如果他知道"Sauvignon Blanc"的中文名字就叫长相思，我想他一定会在这一点上喜欢中国的，说不一定他以后在酒标上会放上中文长相思呢！话说这款 2013 年的长相思，约翰是想酿成波尔多风格的，葡萄来自他们的卡里斯托加（Calistoga）葡萄园，我觉得这款酒有非常典型的长相思的黑加仑子树芽以及热带水果气息，入口酒体丰腴，酸度坚实而愉悦，有回味。此酒一年酿造一百箱左右。

第三款是 2012 年名为"口中的娱乐"（Amuse Bouche），酒标是一位法国时髦的红衣女郎，是麦克·克罗扎克（Marc Clauzade）的作品。酒庄主想酿造成彭马鲁（Pomerol）地区风格的葡萄酒。此酒是采用纳帕山谷出产 95% 梅乐和 5% 品丽珠

酿造，海蒂酿造了这款酒，据说此酒有纳帕山谷碧翠（Pétrus）之称！此酒属于俊秀风格，有成熟的红色和深色浆果气息，入口单宁细腻，酸度强但均衡，回味长，是款耐陈年的佳酿。此酒的年产量在六百箱左右。

第四款是 2010 年"一见钟情"（Coup de Foude）赤霞珠，酿造此酒的葡萄来自卡里斯托加葡萄园，这款酒采用 90% 的赤霞珠，其它的是品丽珠和小维尔多混合酿造。这一款酒我曾经在上海品尝过两次，此酒颜色深浓，有成熟的深色浆果混合咖啡、香料的气息，酒体浓郁饱满，单宁丰富，结构感强，有甘甜的果香，是款重酒体的大酒。此酒年产量在八百箱左右。

第五款是以他们酒庄的名字命名的红葡萄酒，

2009 年份的"顶峰"赤霞珠，由海蒂酿造的。酿造此酒的葡萄就来自他们阿特拉斯峰（Atlas Peak）的山顶葡萄园。此酒有着成熟度恰到好处的红色浆果香气以及辛香料气息，入口，有着成熟浓密的单宁，单宁的质地相当地丝滑，酒内敛紧致，酒体中等偏上，回味长，是款耐陈年的佳酿。

此酒的年产量在三百箱左右。

该酒庄的酒尽管产量不多，但品质很杰出，此外也为我们展现了一位喜欢法国文化的美国餐饮界人士跨界从事葡萄酒业和畜牧业的成功案例！

评分

2012 Prêt à Boire Rose Napa Valley	94 分
2013 Coup de Foudre Sauvignon Blanc	93 分
2012 Amuse Bouche	95 分
2010 Coup de Foude Cabernet Sauvignon	95 分
2009 Au Sommet Cabernet Sauvignon Atlas Peak Napa Valley	98 分

酒 庄 名：Au Sommet
葡萄园面积：90 英亩
产 量：4,000 箱
酒厂地址：Au Sommet Winery
　　　　　1040 Main Street, Suite 100
　　　　　Napa，CA 94559

电 话：707-2515820
传 真：707-2519700
网 站：www.ausommetwine.com
邮 件：info@ausommetwine.com
酒庄访问：需要预约

第 七 节

贝灵哲酒庄
(Beringer Vineyards)

贝灵哲酒庄是纳帕历史悠久的知名酒庄之一，如今，该酒庄是纳帕酒庄的旅游胜地之一。该酒庄是由德国兄弟雅各布·贝灵哲（Jacob Beringer）和弗雷德里克·贝灵哲（Frederick）于1876年创建的，目前属于国际知名的富邑酒业

集团（Treasury Wine Estates），是纳帕地区的大酒厂之一。它就坐落在圣达·海伦娜地区，29号公路边上。

1863 年，哥哥弗雷德里克·贝灵哲先从德国来美国，他写信给弟弟描述新世界的美好前途和希望，吸引他弟弟雅各布来美国。雅各布曾在家乡美因兹的酒窖工作过，从德国到美国后他发现自己不喜欢纽约，后来他听说纳帕是个种葡萄的好地方后就来到了纳帕。1869 年，他在查尔斯·库克（Charles Krug）酒窖找到了一份酿酒的工作。

1875 年，他们兄弟俩花了 14, 500 美金在圣海伦娜地区合伙购买了 215 英亩的土地，1876 年他们就酿制了四万加仑的葡萄酒。1977 年，他们建成了酒厂并雇用中国工人挖掘山洞酒窖，此酒窖一直沿用至今。1883 年，他们建成了如今贝灵哲酒庄标志性的莱因别墅作为兄弟俩的住宅，并在周围种上了一排排榆树。1901 年弗雷德里克过世，雅各布也于 1915 年逝世。酒庄传到雅各布的两个孩子查尔斯（Charles）和贝莎（Bertha）手里。在禁酒令期间，他们靠为教堂生产圣酒而生存了下来。

1934 年禁酒令废除后，他们率先开展了酒庄旅游的生意。在 1939 年期间他们酒庄在旧金山做酒厂旅游宣传广告，可以说贝灵哲酒庄是纳帕酒庄旅游的先驱。1967 年他们酒厂被命名为"国家历史里程碑酒厂"，1972 年他们的莱因别墅被认定为国家历史名胜。

从酿酒方面来说，1971 年，他们的酿酒师开发出了类似法国苏黛风格的甜葡萄酒，如今酒厂依然生产这种甜白葡萄酒。1977 年，他们开始采用法国小橡木桶发酵霞多丽和赤霞珠，其酒也得

到了多家媒体的赞誉并获得了不少奖项。

目前，他们有 1, 600 英亩的葡萄园，分布在纳帕山谷和骑士山谷。在葡萄种植方面，秉承可持续发展的路线。他们很重视葡萄园的风土环境，采用科学的精细化管理方式和方法，他们觉得葡萄园应该体现当地的风土特点。

在葡萄酒的酿造和种植方面，他们都有专业的团队在运作，目前由德鲁·詹森（Drew Johnson）总管葡萄园，女酿酒师劳里·霍克（Laurie Hook）负责酿酒方面的事务。

他们的葡萄酒品种数不胜数，有 8 个酒的品牌，每个品牌下面都有多种不同的葡萄酒，几乎酿造各种形态的葡萄酒，如起泡酒、粉红、干白、干红、甜酒等等。我在他们酒庄共品尝了 5 款葡萄酒，总体感觉酒干净、香气典型，是商业化的优质葡萄酒。

贝灵哲一个非常大的亮点是旅游。有老酒厂、老的酒窖、老的莱因别墅、繁花似锦的花园和迷人的喷泉、琳琅满目的店铺和商品，集休闲与购物于一处。尤其是他们的莱因别墅几乎成了纳帕旅游标杆性的建筑，该建筑是在 1884 年由建筑师阿尔贝托·斯科罗普夫（Albert Schroepfer）设计的豪华版的维多利亚风格的别墅，又有着浓重的德国风情，有 17 个房间和 40 块彩绘玻璃，外墙为石墙，室内是镶木地板。当时修建这个别墅花费了 28, 000 美元，比他们买 215 英亩的土地要多出近一倍。

贝灵哲有多种多样的酒配餐或者酒庄旅游的项目，一般来说，游客如果只逛他们的花园和店铺是不收费的。如果是品酒，有多种规格，看品尝什么酒、多少种以及是否配餐。如果是参观他

们的酒窖，一般收费是 20 美元一次，游客可以体验到橡木桶内的新酒滋味。

贝灵哲一般一天旅游的次数在两百次左右，每次的人数在 7-10 人；坐下来品尝酒或者品尝酒配餐的一天的次数可达一百五十次左右，是纳帕旅游最旺的酒庄之一。

评分

2012 Beringer Napa Valley Sauvignon Blanc	87 分
2012 Beringer Private Reserve Chardonnay	88 分
2011 Beringer Napa Valley Merlot	87 分
2009 Beringer Private Cabernet Sauvignon	90 分
2007 Beringer Nightingale	91 分

酒 庄 名：Beringer Vineyards
产　　量：白金粉黛产量相当大，数量不详
　　　　　其他的 1, 300, 000 箱左右
葡萄园面积：1, 600 英亩
电　　话：707-3027592
地　　址：1000 Pratt Avenue PO Box111
　　　　　St. Helena, CA94574

网　　站：www.beringer.com
E-mail：info@beringer.com
酒厂访问：对外开放
　　　　　开放时间从上午 10 点到下午 5 点

第八节

伯圣酒庄
（Boeschen Vineyards）

☆道格·伯圣

伯圣酒庄位于纳帕山谷圣海伦娜地区的西亚瓦多之路边上，是伯克家族于1999年创建的。2006年山洞酒窖正式完工。该酒庄虽小，然而各种酿造设备俱全，从酿酒到装瓶贴标均在自己的酒庄完成。

伯圣酒庄所在地的房屋建筑最早建于1890年，是一位成功的商人所建，后来一位俄国公主的家也曾安在这里。后来丹恩（Dann）和太太苏珊（Susan）购买这个地方，本来是作为他们的退养之地。他们育有一子和一女。丹恩不仅爱好

葡萄酒，他还是位赛车爱好者，每年参加赛车比赛数次。酒庄有一间赛车的展示间，里面收藏了4辆保时捷赛车和1辆奔驰赛车，还有丹恩参赛的赛车服，由于酒庄主对赛车的情有独钟，伯圣酒庄还特意设计了一款赛车的酒标。

酿酒师道格·伯圣（Doug Boeschen）是丹恩的儿子，他毕业于加州戴维斯大学种植和酿造专业，曾周游欧洲数国以增长自己的见识，之后回纳帕打理自己的酒庄，他的工作包括葡萄园的种植管理和酿酒以及日常管理和接待，总之，酒

庄小，许多事都得自己做。

节能环保如今也是深入人心。他们30千瓦的太阳能光电池的发电量足够他们酒庄的使用，到2008年，他们的电能百分百来自太阳能，是第九位拥有纳帕绿色标识的酒庄。

他们的葡萄园环绕在酒厂的周围，这块葡萄园实际的种植面积有10.5-11英亩，酿造自己品牌

他们只酿造四款酒。我品尝了他们最新年份的这4种酒，第一款是2013年的干白长相思，此酒有着清新的果香如梨子、杨桃等果香，酸度适中，酒体较为圆润，是款清新易饮的酒，酒酿造得很干净。

第二款是粉红，酒名为卡蒂玫瑰（Katie Rosé），是以道格的侄女的名字来命名的，此酒是

︽酒窖外面

︽酒庄主父子

的葡萄酒用掉的葡萄量通常在6英亩，其余的葡萄他们会卖掉或者为他人做定制酒。

他们酒庄的所在地是西亚瓦多之路靠山的一侧，这里的地势比谷地要高出一块，葡萄园位于山边的阶地上，采光好，土壤中带有黑色的火山黑曜石，葡萄的展架方式基本是竖琴式的高架，严格控制产量，葡萄采摘后也是精挑细选后方进行酿造。他们所种植的葡萄品种主要是赤霞珠，另外还有如长相思、梅乐以及少量主要来用来调配的其他品种。

采用100%的梅乐酿造的，有新鲜的红色水果如草莓、覆盆子的果香和些许水果糖的气息，入口圆润，酸度适中，易饮。

第三款是2010年凯瑞拉（Carrera）波尔多式的混酿干红，这款酒每年调配品种的比例会有所不同，一般来说赤霞珠的比例会高一些，此酒有成熟的深色浆果和辛香料的气息，入口单宁适中，酒体中等偏上，酒体平衡，有回味，是款酒香愉悦的易饮之酒。

第四款是2010年的赤霞珠，这是他们的旗

舰酒。他们的地理位置是种赤霞珠的好地方，这款赤霞珠每年调配的其他品种的比例都不一样。2010 年也是纳帕的好年份，此酒有着丰富而成熟的深色浆果、香料、咖啡以及烘烤类的气息，酒体饱满，单宁丰富，回味长。

该酒庄曾为他们的朋友戴闻（Devon）公司定制过一款 2011 年赤霞珠红葡萄酒，表现也很出色，有着成熟有度的深色浆果和香料结合的酒香，酒体丰腴，单宁细腻，回味长，还真有大酒之风范。

访问该酒庄的时候，道格戴着草帽，他刚从地里忙活回来，一副隐士的派头，道格和这家酒庄给我的感觉是他们不贪求，而是追求与大自然和谐共生的安逸而富足的生活！

评分

2013 Sauvignon Blanc ·· 88 分

2013 Katie Rosé ··· 89 分

2010 Carrere Estate Blend ··· 90 分

2010 Estate Cabernet Sauvignon ·· 93 分

2011 Oakwell Cabernet Sauvignon ······································· 93 分

酒 庄 名：Boeschen Vineyards

葡萄园面积：10.5 英亩

产　　量：800 箱

电　　话：707-9633674

地　　址：3242 Silverado Trail St. Helena，CA94574

网　　站：www.boeschenvineyards.com

E-mail：info@boeschenvineyards.com

酒庄访问：只接受预约

第九节

克里斯蒂安尼四兄弟家族酒厂
(Bouncristiani Family)

该酒厂位于纳帕鹿跃区山上的一个山洞酒窖之中，这个山洞酒窖为四家小酒厂共同拥有，克里斯蒂安尼四兄弟是其中一家，目前，这个山洞酒窖依然在扩大挖掘之中。

这四位亲兄弟是意大利裔的后代。他们出生在酒乡纳帕，他们父母也种一些葡萄，也许是他们的血脉里都流淌着热爱葡萄酒的基因。1999年，他们四兄弟合资创建了他们家族品牌的葡萄酒。

四兄弟中负责酒厂运营的是马特（Matt），该酒厂是他力主创建的。在大学里他原本是学医学专业，1995年获得了健康科学理学学士的学位，毕业后在旧金山从事医务工作，每到周末回到纳帕，到秋天的酿造季节也帮家里人收获葡萄和酿酒。几年后，他觉得从医对他没多少吸引力，于是回到了他祖先居住过的意大利，选择了在佛罗伦萨学习语言和酿葡萄酒，显然意大利这种有着葡萄酒的美好生活唤醒了他灵魂和意识中的葡萄酒基因，1999年回到纳帕后，他鼓动他的兄弟们一起创建了自己家族品牌的葡萄酒。

最初，马特主要是在别的酒厂工作，一边兼打理家族品牌葡萄酒。他曾在纳帕两家酒厂的酒窖里工作过数年，积累了丰富的葡萄种植、酿造、经营方面的经验。2009年马特才全身心地投入了自己家族品牌的运营，他无疑是四兄弟的引领者。

该酒厂做酿酒师是兄弟之一名为杰伊（Jay），他在大学里学的是生物、化学专业，毕业后他在赫斯（Hess Collection）精选酒厂工作，后被升为酿酒师。此外，他在业余时间为他家族品牌的酒工作，直到2005年，他成为家族品牌的全职酿酒师。他还为其他的一些酒厂做顾问酿酒师。

亚伦（Aaron）在大学里学的是电影艺术，他为纳帕山谷知名的法裔酿酒师菲利普·梅尔卡（Philippe Melka）工作。他在2002年的时候开始酿造考德威尔（Caldwell）牌的葡萄酒，如今他在罗伊地产（Roy Estate）酒厂做酿酒师。这四兄弟酒厂的标识也是这位学艺术的兄弟设计的。

内特在大学里学的是市场营销专业，他也曾在意大利北部留学，在那里他了解了他们家族的文化和传统，如今他虽然在别的酒厂工作，但他对他们家族品牌葡萄酒的市场和价格定位很有发言权。

我记得是在2014年6月19日一个炎热的下午到他们山洞酒厂品尝他们的葡萄酒，是马特接待的，他带我们到了酒窖上方的山顶，这里可以鸟瞰纳帕山谷，在这里我品尝了他们4款葡萄酒。

第一款是2013年的长相思，此酒有成熟的热带水果如柚子、香蕉等气息，香气芬芳，酸度适中，回味干。

第二款是他们 2012 年的霞多丽，有香草和热带水果的气息，酸度适中，酒体中等偏上，回味干。

第三款是 2009 年的 O.P.C 红葡萄酒，这是他们的主要产品，年产量在两千五百箱左右，此酒果香和木香已经结合成较为愉悦的酒香，酒体中等，单宁适中，酒体平衡，回味中带出辛香料的气息。

第四款是 2011 年的纳帕赤霞珠，此酒色泽深，有成熟的深色浆果和烘烤气息，入口单宁较为涩重，酒体中等偏上，有回味。

这个酒厂的酒一直得到美国一些媒体的赞誉，美国的葡萄酒爱好者也比较喜欢他们的酒，在纳帕的酒商(Napa Vintner)也有销售他们部分产品，他们的酒也已经销售到中国。

评分

2013 Bouncristiani Sauvignon Blanc	88 分
2012 Bouncristiani Chardonnay	89 分
2009 Bouncristiani O.P.C	89 分
2011 Bouncristiani Cabernet Sauvignon	90 分

酒 厂 名：Buoncristiani

葡萄园面积：5 英亩

产　　量：5，500 箱

电　　话：707-2591681

通讯地址：P.O.box 6946，CA94581

网　　站：www.buonwine.com

E-mail：bros@buonwine.com

酒厂访问：需要预约

第十节

卡布瑞酒庄
(Cakebread Cellars)

该酒庄是杰克·卡布瑞（Jack Cakebread）和德洛丽丝·卡布瑞（Dolores Cakebread）于1973年创立的，酒庄位于纳帕山谷中间地段的罗斯福地区，29号公路的边上，一条纳帕小溪通过他们的庄园。

该酒庄的名字是蛋糕面包组合在一起的，当我听到这个名字的时候我还以为是他们祖上是开面包店的，再查看资料并没有显示他们与此有多大关联，不过，他们的葡萄酒在美国餐饮界销量很好且有一定的知名度。

1972年，作为摄影师的杰克来纳帕为一家葡萄酒杂志拍照片，在纳帕期间他萌生了购买酒庄的念头，很快，他以很好的价格购买到了斯特迪文特（Sturdivant）农场，随即在1972年种下了长相思品种。最初的酒厂是建在他们庄园的池塘边上。1973年他们酿造了第一个年份的霞多丽葡萄酒，1974年开始酿造赤霞珠和金粉黛红葡萄酒，生产规模和产量也逐年提高，1977年又扩建了酒厂，罗伯特·蒙大维酒厂掀起的酿酒技术革新也影响了他们，使得他们的葡萄酒品质有了进一步的提高。

1979年，布鲁斯（Bruce）从戴维斯酿酒分校毕业后到家族的酒庄酿酒，1980年他们又盖了新的酒厂，之后逐年地买进葡萄园，如今他们有15处葡萄园，葡萄园面积达560英亩，种植的主要品种有长相思、赤霞珠、梅乐、黑比诺和霞多丽。

⚐ 熊舞农场

我在 2014 年 7 月 10 日上午访问了他们酒庄，当时酒庄正在扩建，据说是为游客建的，面对如潮水一般涌来的纳帕游客，他们不得不扩建停车和休闲处，我访问的时候游客都是在他们的不锈钢车间里品酒和购物。

走进他们的庄园和酒厂我才发现地方真大，最早池塘边的老酒厂如今改造成了品酒室，二期扩建的酿酒厂位于纳帕小溪的边上，三期所建的酒厂既酿酒也招待游客。酒厂外除了他们的葡萄园，还建有菜园，酒厂为游客提供葡萄酒品尝，还提供食物搭配葡萄酒。

访问酒厂时我品尝了他们 7 款葡萄酒。第一款是 2013 年的长相思，这些葡萄来自于酒厂周围的 65 英亩的长相思，有着清新花香、柠檬、柚子的果香和新鲜奶酪气息，入口圆润，酸度足，有回味。

第二款为 2012 年纳帕山谷霞多丽，有着清新的绿色水果如绿苹果和蜜瓜的香气，入口酸度较为锐利，酒体中等，有回味，是款让人感觉到绿意的霞多丽。

第三款是 2011 年来自卡内罗斯的珍藏级霞多丽，有成熟的热带水果气息，酒体较为丰富，酸度适中，有回味。

第四款是 2012 年的黑比诺，葡萄来自安德森（Anderson）山谷，带有红色浆果气息，单宁比较涩重，有一定的酸度，酒体中等，回味适中。

第五款是 2010 年纳帕山谷梅乐，有较为成熟的浆果气息和橡木气息，入口单宁柔和，酸度适中，酒体中等，易饮。

第六款是 2011 年纳帕山谷赤霞珠，带有红、黑色浆果气息以及少许绿色辛香料气息，单宁细腻，酒体较为饱满，美味易饮。

第七款是 2010 年来自豪威尔（Howell）山的熊舞农场（Dancing Bear Ranch）葡萄园的赤霞珠、

品丽珠和梅乐混酿的干红葡萄酒，此酒有着丰富浓郁的深色浆果和多种香料、巧克力、烘烤气息，入口酒体浓郁饱满，单宁成熟细密，回味长。

该酒庄在纳帕属于中上规模的酒庄，其主要市场在美国，出口仅占5%，而每年出口中国的量才500-700箱。该酒厂葡萄酒在纳帕属于性价比很好的。

评分

2013 Sauvignon Blanc Napa Valley	88 分
2012 Chardonnay Napa Valley	88 分
2011 Chardonnay Reserve	89 分
2012 Pinot Noir Anderson Valley	89 分
2010 Merlot Napa Valley	88 分
2011 Cabernet Sauvignon	89 分
2010 Dancing Bear Ranch	95 分

酒 厂 名：Cakebead Cellars
葡萄园面积：560 英亩
产 量：175，000 箱
电 话：800-5880298
地 址：8300 St. HelenaHwy Rutherford, CA 94573
网 站：www.cakebread.com

E-mail：cellars@cakebread.com
酒厂旅游：对外开放

第十一节

考德威尔酒庄
(Caldwell Vineyard)

考德威尔酒庄位于纳帕镇西侧的的库姆斯维尔（Coombsville）产区的山坡地上，该酒庄是约翰·乔伊·考德威尔（John & Joy Caldwell）于1981年创办的。

约翰·乔伊最早是从事鞋的贸易，还曾经跟中国做过生意，挣得第一桶金后，他很有先见之明地在纳帕购买了123亩土地，1981年开始种植酿酒葡萄品种，出售葡萄，直到1996年他开始少量地酿造自己的葡萄酒，酿造的葡萄酒品种和数量也是逐年提高，随后他挖了山洞建立了自己的山洞酒窖，如今他自用的葡萄仅为40%，其他的60%的葡萄都出售给别的酒厂。此外，他还有一个重要的生财之道，那就是酿酒商生意，为14个不同的单位或者个人酿酒。

约翰·乔伊的葡萄园位于库姆斯维尔产区最南边山谷的小山坡上，这里的海拔600英尺，此处靠近圣巴勃罗海湾（San Pablo Bay）比较近，气候较为凉爽，葡萄生长周期较长，他们最晚采摘葡萄的时间曾经在11月份。这里种植的85%的葡萄品种是从法国走私过来的克隆品种，其他的则是来自戴维斯分校的克隆品种。这里种有26.2英亩的赤霞珠，13英亩的希拉，7.4英亩的霞多丽，6.4英亩的梅乐，3.2英亩的品丽珠，其余是少量的其他品种。葡萄园的树龄平均为20岁，每英亩

△ 酒庄主夫妇

的产量为3吨葡萄。纳帕山谷一些有名的酒庄也购买他们的葡萄来酿酒。

考德维尔的山洞酒窖有22,000平方英尺，整个酒窖位于葡萄园的下方，里面是他们的现代化的葡萄酒厂，这里都是时兴的不锈钢小罐、多个品牌的橡木桶、品酒室等等。他们的酿酒师马

布·马克（Marbue Marke）来自非洲的塞拉利昂，听约翰·乔伊讲，他是非常有天分的酿酒师，原本是学医的，后转行做了酿酒师，他的酿酒理念也与众不同，他说："葡萄是有声音的，我的工作是听它们说什么然后我放大它们的声音给每个人去听去享受！"有着音乐细胞的黑人酿酒师这种别具一格的解释非常有意思。

该酒庄的葡萄品种多，从起泡酒、干白、粉红和干红均有酿造，干红的品种最多，他们最出色的是一款 C 字的金牌赤霞珠（Caldwell Gold），我品尝的是 2011 年的这款酒，此酒有着愉悦的深色浆果香气和些许辛香料的气息，单宁丝滑，酒体较为饱满、均衡、回味长。

这家酒庄经营得很成功，首先是老板很有投资眼光，购买土地早，种的葡萄从法国走私过来成了新闻事件，加上纳帕的大发展时期，做游客和爱好者的生意，如今他们的生意越来越红火。这个酒庄酒庄主和酿酒师的经历也让我感受了他们的美国梦！

评分

2013 Sauvignon Blanc Clones 371, 512···87 分

2013 Chardonnay Clone 809···87 分

2011 Gold Cabernet Sauvignon··91 分

2010 Rocket Science Proprietary Red··88 分

酒 庄 名：Caldwell Vineyard
葡萄园面积：65 英亩
目前产量：4，000 箱
电　　话：707-2551294
地　　址：270 Kreuzer Lane, Napa, CA94559

网　　站：www.caldwellvineyard.com
酒庄访问：对外开放但需要预约

第十二节

卡莫米酒厂
(CA' MOMI)

卡莫米酒厂是由三位意大利人达里奥·康帝（Dario De Conti）、瓦伦天纳·格咯-米戈托（Valentina Guolo-Migotto）、斯蒂芬·米戈托（Stefano Migotto）于 2006 年创建的，他们在纳帕镇还有一家同名的餐厅。这个酒厂的故事告诉我现代意大利人在纳帕是怎样成功地实现梦想的！

听说他们酒厂的名字中的"Ca'"是房屋的意思，"Momi=Momidea Bionda"，这个名字来自他们的故乡意大利威尼托的一个传说，据说莫米·彼翁达（Momi dea Bionda）的人很强悍地保护了自己的葡萄园和财产，他们在威尼托的家也起了这个名字，到美国加州来葡萄酒业谋求发展的时候，他们将这个名字带到这里，希望这个名字能给他们精神力量，使得远离故土的游子能在他乡实现自己的梦想！我看"Momi dea Bionda"的名字中有个 Bion（彼翁），他可是古希腊田园诗人，如果意译为"莫米的家园"可能更有意思。

我问他们为什么离开威尼托到纳帕来发展，他们表示意大利虽有众多美酒和美食，然而发展和创业的机会没有美国那么多，但他们走到哪里，也就将家乡带到哪里！而能带的家乡只能是他们的意大利精神和家乡的美食了！

⊠卡内罗斯的霞多丽葡萄园

△莫米的家园

斯蒂芬·米戈托（Stefano Migotto）和达里奥·康帝（Dario De Conti）都是意大利酿酒师，他们来纳帕的酒厂交流的时候发现他们很喜欢纳帕这个地方，之后他们合伙创建了卡莫米（Ca'Momi）这个品牌，开始少量地酿造自己品牌的葡萄酒，与此同时他们为其他的酒厂做酿酒顾问，之后在卡内罗斯建立自己的酒厂并购置了葡萄园。他们和纳帕和索诺玛地区的众多葡萄种植者有着很好的关系，这也使得他们能拿到性价比好的葡萄来酿酒。

他们的葡萄酒非常地多元，我在他们的餐厅品尝了7款酒，总体感觉他们的酒适合佐餐。第一款来开胃的是他们的卡干型起泡酒（Ca Secco），很有些威尼托大区普洛赛克（Prosecco）起泡酒的风格，清新，明了，易饮。

第二款酒是2013纳帕干白（Bianco di Na-pa），此酒有明显的含笑花（外号香蕉花）的花香和热带水果气息，入口酸度爽且有一定厚度，是款芬芳型的干白。

第三款为2012年珍藏级的霞多丽，酿造这款酒的葡萄来自他们自己的葡萄园，此酒有清新的果香和花香，入口酸度适中，易饮。

第四款是2012年纳帕干红（Rosso di Na-pa），此款酒有纳帕山谷成熟的果香韵味，酒体中等，平衡，易饮，很容易佐餐。

第五款是2011年来自卡内罗斯的珍藏级黑比诺，有着愉悦的红色浆果和橡木桶结合的酒香，入口酸度适中，酒体平衡，易饮。

第六款是2011年珍藏级纳帕山谷的赤霞珠，有成熟的果香和少许辛香料的气息，入口单宁柔顺，酒体适中，温暖易饮。

第七款是他们的卡半干粉红起泡酒（Ca Rossa），可以配不是很甜的甜点，此酒有新鲜的红色水果的香气，入口酸甜平衡，搭配他们的甜点是相得益彰。

一位意大利的作家说的一句话很到位，他说：餐厅也是媒体！他们认为自己的餐厅可以很好地推广和销售自己的葡萄酒，也可能是这一理念使他们酿造自己品牌葡萄酒的时候同时又开了一家同名餐厅。

总体而言，意大利人酿酒总是考虑到与食物的搭配，其实位于纳帕镇里的卡莫米餐厅比他们的酒庄更加地有名，这里出售来自意大利不少地区的奶酪和火腿、意大利披萨、意大利的其他美食在这里也有不少，人们到这家餐厅能品味到浓浓的意大利风味，而且大众也消费得起，本人在纳帕的三个多月也经常来这家餐厅吃东西。

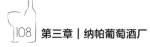

评分

Ca Momi Secco Spakling ··· 85 分

Ca' Momi Bianco di Napa ·· 87 分

Ca' Momi Reserve Chardonnay ·· 88 分

Ca' Momi Rosso di Napa ··· 87 分

Ca' Momi Reserve Pinot Noir ··· 88 分

Ca' Momi Reserve Cabernet Sauvignon ·· 90 分

Ca Momi Rossa Rose Speakling ·· 88 分

酒 厂 名：CA' MOMI

自有葡萄园：20 英亩

产　　量：50，000 箱

地　　址：2515 Napa Valley Corporate
　　　　　 Drive Napa，CA 94558

电　　话：877.622.6664

网　　站：www.camomi.com

E-mail：info@camomi.com

餐厅地址：Ca'Momi Enoteca，610 1st
　　　　　 St，Apt O，Napa，CA 94559

餐厅电话：707-2574992

第十三节

卡迪娜酒庄
（Cardinale）

卡迪娜酒庄位于纳帕的橡树村地区，29号公路旁边，属于肯道·杰克逊（Kendall-Jackson）酒业集团。

该酒庄酿造两个品牌的葡萄酒，一类是以酒庄名字卡迪纳尔（Cardinale）命名的一款酒，这款酒通常是采用赤霞珠，调配一些其他红葡萄品种，不同葡萄园的品种也会进行一些调配来酿造此种酒。

另一类酒很富有个性，这就是他们的乐可雅（Lokoya）品牌系列葡萄酒，采用100%的单一酒园赤霞珠酿造，这个品牌下面有4款酒，酒用

葡萄来自纳帕山上4个不同的葡萄园。

该酒庄的酿酒师克里斯·卡彭特（Chris Carpenter）有丰富的酿酒经验，1998年加入卡迪娜酒庄，从助理酿酒师升到酿酒师，他认为酿好酒犹如演奏交响曲，要协调好葡萄种植和酿造的方方面面才能酿造出优质酒。

在酿造方面他们做了这几点：一是手工采摘，只选健康的葡萄；二是采用筐式压榨机；三是采用半敞开式的发酵桶发酵；四是采用天然酵母；五是只用法国橡木桶；六是用蛋清来澄清葡萄酒；七是分开批次和地块酿造。

我在酒厂访问的时候品尝了他们6款酒。第一款是2010年的卡迪纳尔（Cardinale），此酒是采用多个葡萄园的葡萄混酿的，赤霞珠比例为86%，梅乐占14%，此酒有着成熟度极佳的黑加仑子的果香和辛香料的气息，入口酒体饱满，单宁成熟而丰富，有辛香料的辛辣口感，是款丰浓的大酒。

第二款2007年份的卡迪纳尔（Cardinale）表现更为出色，此酒的果香和橡木融合，浑然一体，回味更长。

第三款是乐可雅（Lokoya）的2010年钻石山葡萄园的赤霞珠，这块葡萄园海拔在1,000英尺，位于梅亚卡玛斯（Mayacamas）山脉朝东的

一个山脊上，这里的土壤是白色火山灰土和壤土。此酒带有泥土、干果、成熟浆果以及干薄荷、胡椒等辛香料的气息，入口单宁感强，有甜美的果味和单宁，酒体温暖丰腴，有回味。

第四款是乐可雅（Lokoya）2010年春山赤霞珠，来自他们2.5英亩的春山葡萄园，此地的海拔在1，570英尺，土壤比较贫瘠，主要由风化的岩石组成，如砂岩和页岩。此酒有着花香和成熟度恰当的深色浆果、栗子、胡椒的气息，单宁细腻，有丝锻的质地，酒体中等偏上，回味长，是款具有优雅特征的葡萄酒。

第五款是2010年乐可雅豪威尔（Howell）山的赤霞珠，这块葡萄园的海拔在1，600英尺，土壤中小石块多。此酒有着成熟甜美的果味和辛香料的气息，单宁成熟，酒体饱满，单宁丰富，有少许焦糖的气息，有回味，是款甘美浓郁的葡萄酒。

第六款是乐可雅2010年维德山（Mount Veeder）赤霞珠，有着丰富的成熟有度的深色浆果香气、辛香料以及岩韵气息，入口单宁强而紧实，酒体饱满，均衡，回味悠长。

总体来说，该酒庄是纳帕生产优质赤霞珠的经典酒庄之一，尤其是他们酿造的纳帕山上单一葡萄园赤霞珠，体现了纳帕山上葡萄园的风土特色。

评分

2010 LOKOYA Diamond Mountain Cabernet Sauvignon·······················93 分

2010 LOKOYA Spring Mountain Cabernet Sauvignon·························95 分

2010 LOKOYA Howell Mountain Cabernet Sauvignon·························94 分

2010 LOKOYA Mount Veeder Cabernet Sauvignon···························96 分

2010 Cardinale Napa Valley Cabernet Sauvignon·························96 分

2007 Cardinale Napa Valley Cabernet Sauvignon·························97 分

酒 庄 名：Cardinale

葡萄园面积：360 英亩

产　　量：约在 2,000 箱（每年产量不一样）

电　　话：707-9482640

地　　址：7600 St. Helena Highway
　　　　　Oakville，CA94562

网　　站：www.cardinale.com

E-mail：info@cardinale.com

酒厂旅游：对外开放（上午 10:30 – 下午 5:00）

第十四节

爱堡酒庄
(Castello di Amorosa)

　　爱堡酒庄是纳帕旅游标志性的酒庄。它是由意大利裔的达里奥·萨图易（Dario Sattui）创建的，酒庄照着意大利托斯卡纳地区 13 世纪城堡的风格而建，开始建于 1993 年，正式对外开放是 2007 年的 3 月 9 日。

　　达里奥·萨图易出生于加州的葡萄酒世家，他的曾祖父从意大利移民到了美国，跟不少意大利裔的移民一样，种葡萄或者酿酒是他们熟悉的营生。他的曾祖父于 1885 年在旧金山创办过酒厂，后因禁酒令而废弃。

　　达里奥大学毕业后周游欧洲，他深深地爱上了意大利的古老建筑，1973 年回到纳帕后，他开始整理曾祖父留下来的葡萄园，并从意大利购买废弃的城堡，将其拆下来一砖一瓦的全部运回到纳帕，这些古董总共装了 170 个集装箱，他发宏愿要建一个中世纪意大利风格的城堡。

　　达里奥选中了卡利斯托加这块地方，请了十来位设计师，花了 14 年的时间建成了现在的城堡。这个石头城堡总面积有 121,000 平方英尺，建有 5 个带城垛的塔、来自意大利的一千磅的手拉城门、107 个房间，地下橡木桶酒窖面积有 12,000 平方英尺，40 个罗马式的交叉的穹形门，屋顶都是用砖头砌成的。爱堡里知名的华丽大厅里的壁画灵感是来自意大利锡伊纳（Siena）城，名为"好政府"，这个壁画是艺术家花了一年的时间画成的。城堡里还有教堂、吊桥、水塔、给犯人上刑的刑拘房以及漂亮的花园和走廊等等。城堡的外围是葡萄园和小池塘围绕起来的，还别具一格地养着不少的鸡和羊。

　　爱堡的酒也很不错。他们有一支很强的酿酒团队，酿酒总工是有三十年酿酒经验的布鲁克

▽酒庄主

⬆爱堡

斯·鹏特尔（Brooks Painter），他曾在罗伯特·蒙大维酒厂和鹿跃酒窖工作过，2005年加入爱堡。另外一位酿酒师彼得·瓦勒诺（Peter Velleno）毕业于戴维斯分校酿酒专业，有着丰富的酿酒经验，对酿造纳帕山谷的赤霞珠很有一套，他在2008年加入该酒庄。除了两位酿酒师，他们还有一位知名的意大利酿酒师塞巴斯蒂安·罗沙（Sebastiano Rossa）做酿酒顾问，他曾是西施佳亚（Sassicaia）的酿酒师。有这样的酿酒团队，酿造优质酒自然是轻而易举，就看有什么样的葡萄和老板想酿造什么样的酒了。

　　由于该酒庄主要做游客生意，有些酒不能卖得过贵，所以多数酒对于纳帕的酒庄来说价格还是不错的，酒也较为亲民，他们最出色是男爵（IL Barone）红葡萄酒，此酒也是他们的旗舰酒。

　　该城堡提供各式各样的品尝和旅游服务，不同的地方，配不同的下酒菜，其价格都有不同。

他们也为情侣提供求爱服务，据说每年在爱堡举行求婚仪式的情侣达百对以上。

　　该酒庄可能是纳帕游客访问次数最多的酒庄了，年游客量达两百万人次。他们的葡萄酒全部是直销，购买者主要是来访的游客和他们俱乐部的会员。他们的收入不只来自葡萄酒，还包括访问城堡门票费，酒搭配餐的品尝会，特殊的房间品酒费等等名目繁多的收费服务活动。他们甚至还有专门为游客提供求婚的活动！此外，他们琳琅满目的店铺不仅出售葡萄酒，还出售各种食物和日常用品，比如橄榄油、果酱、奶酪、肥皂、蜡烛、衣服等等。

评分

2013 Pinot Grigio	87 分
2011 Bien Nacido Vineyard Reserve Chardonnay	89 分
2012 Gewurztraminer Andeson valley	88 分
2010 Napa Valley Sangiovese	89 分
2011 King Ridge Vineyard Pinot Noir	89 分
2010 Napa Valley Cabernet Sauvignon	90 分
2009 La Castellana	92 分
2010 IL Barone	94 分
2011 Anderrson Valley Late Havest Gewurztraminer	91 分

酒 庄 名：Castello di Amorosa

自有葡萄园面积：30 英亩

产　　量：30，000 箱

电　　话：707-9676272

地　　址：4045 North Saint.Helena

Highway Calistoga，CA94515

网　　站：www.castellodiamorosa.com

酒庄旅游：对外开放（早上 9:30 - 下午 5:00）

第十五节

凯慕斯酒庄
(Caymus Vineyards)

　　凯慕斯酒庄是纳帕的知名酒庄之一，它创建于1972年，是由查克·瓦格纳（Chuck Wagner）和他父母创建的，Caymus这个名字来自于以前土地的主人（当时生活在纳帕地区的印第安人的统称）。酒庄位于纳帕山谷的核心地带罗斯福（Rutherford）地区，该酒庄也是纳帕酒庄旅游的热门酒庄之一。

　　该酒庄自己品牌的葡萄酒虽说创建时间不长，但其酿酒的历史比较长，从查克的爷爷和奶奶就开始酿酒了。他爷爷卡尔·瓦格纳（Carl Wagner）来自于法国阿尔萨斯的葡萄农家庭，1906年到纳帕，买下了卢瑟福的70英亩地种葡萄，1915年建酒厂，生产出了3万加仑的散酒。

▽查克

　　1912年查克的爸爸查理·瓦格纳（Charlie Wagner）出生，然而他们不幸遇到了禁酒令，葡萄酒生意被迫停止。1934年查理和洛娜美丽格罗斯（Lorna Belle Glos）结婚，1941年他们购买了73英亩牧场，种上了10英亩的葡萄树，其他的土地用来种植果树。到了1960年，他们觉得种果树很不划算，就都改种了葡萄树，当时种的品种有赤霞珠、雷司令和黑比诺，收获的葡萄卖给当地的酒厂，不过，他们自己也做一些自酿酒，酿酒的收入自然是比卖葡萄要多，1972年，查克和他的父母决定成立酿酒厂并取名为凯慕斯酒庄（Caymus Vineyards）。

　　1975年，查克和父亲发现自己酒窖的几桶酒比别的桶的酒品质要好，决定分开装瓶和贴标，将此酒命名为特殊精选（Special Selection），自打这一年开始，他们有了新的特殊酒款。他们1984年的特殊精选赤霞珠获得了美国的《葡萄酒观察家》（WineSpectator）杂志1989年的顶级葡萄酒年度奖，1990年又获此奖，这两个奖使得他们酒厂广为人知，他们的特殊精选赤霞珠也成了纳帕名酒。

　　2002年，查理在90岁过世，查克继续酒庄的经营，查克育有四个孩子，大儿子查利·瓦格纳（Charlie Wagner）于1989年开始酿酒，他的

大儿子酿造"谜语"（Conundrum）这个牌子的酒，"谜语"的干白是多个白葡萄品种混合酿造的，属于芬芳型的干白，"谜语"的干红也是多个品种混酿的易饮的干红，这是他们走平民化路线的葡萄酒。

此外查克的大儿子负责海洋和太阳（Mer Soleil）系列的葡萄酒并管理其葡萄园，这个系列的酒有3种，一种是珍藏级的霞多丽干白，此酒是在橡木桶内发酵的，酿造此酒的酒园是在蒙特雷（Monterey）郡的圣达·露西亚（Santa Lucia）高地。另外一款名为"银色太阳"（Soleil Silver）霞多丽是用灰色的瓷瓶装的，包装很有特色，酒是没有橡木味的。此外这个牌子还有一款晚收成的贵腐甜酒。

查克的二儿子约瑟夫·瓦格纳（Joseph Wanger）也是酿酒师，他酿造的"美丽格罗斯"（Belle Glos）这个牌子主要是黑比诺，这个品牌的名字是他奶奶的名字，他奶奶是家庭中最受尊敬的人，老太太很长寿，活到了97岁。这个酒的瓶子很特别，采用蜡封的高尔夫球棒的形状。这个品牌目前有3种黑比诺，其中"奶牛场老板"（Dairyman）黑比诺的葡萄来索诺玛的俄罗斯谷；"克拉克＆电话"（Clark ＆ Telephone）黑比诺来自圣达·巴贝拉（Santa Barbara）郡的圣达·玛

利亚（Santa Maria）山谷，我品尝了2012年的此酒，果香典型，酒体中等，有少许辛香，还有少许咸味。第三种是拉斯维加斯阿尔图拉斯（Las Alturas）的黑比诺，此酒的酒园来自蒙特雷（Monterey）郡的圣达·露西亚（Santa Lucia）高地，那里的气候较为凉爽。

查克的大女儿詹尼（Jenny）也跟随父亲酿酒，他们"瓦格纳家葡萄酒"牌子的长相思就是她酿造的，这酒一般只在酒厂的品尝室销售和品尝。

他们还有一款名为"艾莫罗"（Emmolo）牌子的酒，这个名字来自于詹尼的母亲的家族姓，这一品牌有两款酒，一款是长相思，清新爽脆风格的干白，另外一款则是梅乐。

凯慕斯品牌的酒依然是查克掌控，这个品牌下面有3种不同的酒，他们知名的特殊精选赤霞珠的葡萄园就来自罗斯福地区葡萄园，这里的土壤主要是带碎石的火山土，酿造此酒的葡萄挂果时间比较长，我品尝了他们2009年的这款酒，酒色深浓，重酒体，有成熟的浆果以及辛香料的气息，酒体饱满，单宁成熟丰富，有巧克力香料气味，酒味甜美，此外凯慕斯另外一款40周年庆的赤霞珠风格也与此类似。凯慕斯品牌还有一款是金粉黛干红葡萄酒，也是浓郁饱满型的，有少许咸味。

如今该酒庄越来越多地推广瓦格纳家族葡萄

酒（Wagner Family of wine）的概念，两儿一女都是酿酒师，而且各自都有自己主要负责的品牌的酒。个人觉得觉得查克是非常聪明而且负责任的父亲，在他酒厂老牌子的基础上，他扶持子女酿造自己的酒和建立自己的品牌，对于世代经营葡萄酒的家族来说，如果子女多，万一分家，各个子女都有自己的品牌和酒，即使有分歧，各自的利益也不会有太多的损失。

评分

2012 Belle Glos Pinot Noir Las Altuas ·· 90 分

2012 Caymus Zinfandel ··· 89 分

2012 Napa Valley Cabernet 40th Anniversary ································ 90 分

2009 Caymus Special Selection ··· 94 分

酒 庄 名：Caymus Vineyards

产　　量：52，000 箱

葡萄园面积：350 英亩

电　　话：707－9673010

地　　址：8700 Conn Creek Road,
　　　　　　Rutherford，CA94573

网　　站：www.caymus.com

E-mail：info@wagnerfamilyofwine.com

第十六节

夏桐酒庄
(Domaine Chandon)

纳帕的夏桐酒庄创建于1973年，酩悦轩尼斯（Moët-Hennessy）酒业集团投资的酒厂，隶属于世界著名奢侈品集团——法国路威酩轩（LVMH）。这里游客如云，是纳帕最火爆的旅游酒厂之一。

自1971年著名的香槟品牌的"酩悦"和有名的干邑品牌"轩尼诗"（Moët & Chandon-Hennessy）组成了一个名为"酩悦轩尼诗"的酒业公司，他们在全球范围内寻找有发展潜力的市场和适合于酿造起泡酒的产区，1973年，他们在纳帕的维德山（Mt. Veeder）和卡内罗斯找到了理想的葡萄园，并将酒厂建在纳帕的时尚之地杨特维尔镇的对面。他们第一个年份的酒是1976年，1977年他们的游客中心正式对外开放。

该酒厂的地理位置非常优越，就在29号公路边上，杨特维尔镇的对面，进酒厂时要路过一片葡萄园，进来后会发现这里还是环境优美的公园，酒厂边上有一家名为"明星"（Étoile "法文"）的餐厅，据说这是纳帕地区唯一一家在酒厂里面的被米其林推荐的餐厅，我曾经与美国好友在这里享用他们的起泡酒配鱼子酱，坐在凉爽的树荫下，喝着起泡酒，微醺的时候透着光看着酒杯里爆破的泡泡，仿佛看到星星在闪耀！

该酒厂拥有的葡萄园面积目前有135英亩，位于维德山和酒厂所在地的杨特维尔地区，此外他们在凉爽的卡内罗斯还管理种植800英亩葡萄园。其中杨特维尔区的葡萄园种植霞多丽、黑比诺和一些赤霞珠，赤霞珠葡萄可供他们在纳帕的姊妹酒厂诺顿酿造干红。卡内罗斯主要种的是黑比诺和皮诺穆内品种。维德山主要种植的是霞多丽。在葡萄种植方面他们也遵照了纳帕流行的可持续发展的葡萄园种植法。

在葡萄酒的酿造方面，他们采用法国香槟地区传统的酿造法融合新的酿酒技术来酿造他们的起泡酒，酵母是法国带来的，酒的调配技术也由法国那边掌控，基酒多达百款，来自50个不同的葡萄园，酿酒师根据需求来进行调配。他们用来酿造起泡酒的品种也跟香槟区差不多，主要采用了霞多丽、黑比诺、皮诺穆内。

该酒厂的葡萄酒品种繁多，主要产品是起泡酒，此外也少量酿造一些干型酒，我在该酒厂访问的时候品尝了6款起泡酒、3款静止酒，在静止酒中还有一款采用皮诺穆内酿造的干酒，我在纳帕还是第一次见到。

我品尝的基础款的起泡酒有4种，第一款经典极干（Brut Classic）白起泡酒，此酒有着青苹果与柠橙的清新果香，入口酸度活跃，愉悦，有清甜的气味。

第二款黑中白（Blanc De Noirs）是采用红葡萄品种酿造的，此酒还曾被白宫采用做迎宾酒，这款酒酒体显然比上一款要重，有新鲜的红色水果如桃、草莓的果香，也有一些酵母的气息，回味更干。

第三款是粉红起泡酒，有红色水果的果香，酒体更为丰腴，有回甘。

第四款是超干丰富(Extra Dry Riche)起泡酒，有丰富的花香和热带水果气息，如花蜜的气息，荔枝和龙眼的果香，是款香味丰富的起泡酒。

第五款是他们更高级别的起泡酒，是他们的明星（Étoile）系列，我品尝了两款，一款是极干（Brut）起泡酒，这是调配酒（CUVÉE），此酒让人相信纳帕也能出类似香槟般起泡酒，此酒酸度更加地铿锵，有更丰富的清新果味，酒体丰腴而复杂，是有深度的起泡酒。

第六款明星（Étoile）的粉红起泡酒，有丰富的花香和红色水果的气息，酒体丰腴、精细，回味中有少许苦味。

该集团进入纳帕其实比一号作品酒厂要早，他们的成功进入也带动了其他的法国起泡酒企业进入纳帕，这里不得不佩服该集团的投资非常具有前瞻性。他们认定起泡酒在美国一定会兴起，其生意的兴旺程度会似酒杯里的起泡冒个不停，美国市场将会是收益出色的一个地方。显然他们的眼光是对的，如今他们纳帕的酒厂真可谓是个聚宝盆了。该集团也注意到了中国，如他们在中

国宁夏的贺兰山已经投资建了
起泡酒厂，相信他们看重中国
是非常有前途的市场。个人一
直觉得中国将来会是葡萄酒最
大的市场，起泡酒也一定会火！

评分

Chandon Brut Classic···89 分

Chandon Blanc de Noirs··90 分

Chandon Rosé··90 分

Chandon Extra-Dry Riche···90 分

Chandon Étoile Brut···95 分

Chandon Étoile Rose···95 分

酒 厂 名：Domaine Chandon   网 站：www.chandon.com

土地面积：300 英亩   E-mail：customerservice@chandon.com

已经种植的葡萄园面积：135 英亩   酒厂旅游：对外开放（上午 10:00 － 下午 4:30）

产 量：400,000 箱

地 址：one California Drive Yountville，CA94599

电 话：707-9448844

第十七节

蒙特丽娜城堡酒庄
（Chateau Montelena winery）

这是纳帕山谷的古老酒庄之一。该酒庄的的成名主要归功于 1976 年的巴黎品酒会，他们 1973 年的霞多丽荣获冠军。该酒庄位于纳帕山谷最里面的卡里斯托加（Calistoga）地区，目前属于巴雷特（Barrett）家族所有。

该酒庄创建于 1882 年，是由企业家又是参议员的阿尔弗雷德·塔布斯（Alfred Tubbs）创立，他在旧金山淘金时期靠经营缆绳的生意发了财，去欧洲访问的时候，他喜欢上了法国的城堡和葡萄酒，这使他萌生了建立自己酒庄的愿望。他听说纳帕很适合种酿酒葡萄，他发现在距离卡利斯托加镇两公里的这个地方，此地土壤疏松，多石块，排水性好，很适合种植葡萄，他就在此地购买了 254 英亩的土地后种上了葡萄树，盖了城堡酒庄，采用法国的城堡（Chateau）的抬头，而"Montelena"的名字则是来自当地的一个圣海伦娜山（Mount Saint Helena）名字的缩写。1886 年，他聘请了法国酿酒师为他们酿酒。该酒庄也是纳帕早期的知名酒庄之一，后来由于禁酒令，酒庄一度荒废，当禁酒令废除后，他们家族继续种植葡萄和酿酒。

1958 年，塔布斯（Tubbs）家族将蒙特丽娜城堡酒庄出售给了一对华裔夫妻，姚特温·法兰克（Yort Wing Frank）和杰妮·法兰克（Jeanie Frank），姚特温·法兰克是电机工程师，这对夫妻购买这处产业是作为他们退休后的养老之地，他们将这里改造成了家，给这个酒庄带来了中国的元素，特别是"翡翠湖"（Jade Lake）上建造了九曲木桥和两个中式凉亭。如今酒庄依旧保留完好，亭子间成了品酒厅，这里自然风景优美，小湖里有鱼虾和野鸟，四周杨柳环绕，在路上时

✉ Alfred-Tubbs

不时见到爬在小径上的小龙虾，是个休闲的好去处。

1972年詹姆士·巴雷特（James Barrett）购买了该酒庄，对酒庄也进行了全面的修复，整顿葡萄园，聘请迈克·哥格（Mike Grgich）做酿酒师，巴黎品酒会将他们的知名度带到了高峰。

该酒庄也有个小插曲，在2008年7月，当时爱士图尔（Cos d'Estournel）的庄主迈克·瑞波（Michel Reybier）想从詹姆斯（Jimes）和波·巴雷特（Bo Barrett）手中购买蒙特丽娜城堡酒庄，由于投资不到位，同年11月协议被取消。詹姆士（James）已经过世，如今掌管酒庄的是波·巴雷特（Bo Barrett），他是有着美国"葡萄酒第一夫人"之称的纳帕著名酿酒师海蒂（Heidi）的丈夫，目前的酒庄为波·巴雷特和詹姆士的其他家族人员所共同拥有。

目前他们已经种植的葡萄园面积有110英亩，基本上采用有机种植，土壤主要是火山灰土、冲击土、沉积岩，主要种的是赤霞珠、品丽珠、美乐以及金粉黛、霞多丽等等。

我在该酒庄共品尝了7款酒，他们的白葡萄酒的水平相对较高。第一款干白是2007年的雷司令，来自波特（Potter）山谷，此酒是购买他人的葡萄酿造的，果香丰富，有黄苹果、香梨、荔枝、龙眼等甜美的果香，入口圆润，酸度也不错，均衡，回味中带出少许汽油气味，是款饱满而美味的雷司令。此酒年产量为3,000箱。第二款干白是2012年纳帕山谷的长相思，这款酒的香气典型，酸度明锐，是蛮有深度的长相思。

第三款2011年的霞多丽相当出色，有着较为丰富的果香混合橡木带来的香气，酸度较为铿锵，是款耐陈年的俊秀型干白。

他们有两种不同的干红葡萄酒，我品尝的第一种干红是 2006 纳帕山谷赤霞珠，酒香丰富，入口单宁细腻，酒体丰腴，回味中带出少许甘味，优雅而美味的酒。第二种干红是他们 2010 年地产的赤霞珠，深色浆果香混合着香料香气，入口单宁细腻，酸度不错，酒体中等，回味长。此外还品尝了他们 2005 年、2006 年的地产赤霞珠，总体感觉他们的红葡萄酒追求的不是那种雄壮的风格，而是中等酒体，优雅而耐陈年型的干红。

从产量的规模来说，他们应该是纳帕中等规模，他们白葡萄酒的价格非常实惠，红葡萄酒价格在纳帕也不算太高，而葡萄酒整体水平都挺高，红葡萄酒则是传统与现代相融合的纳帕的优雅风格类型。

评分

2012 Potter Valley Riesling ·· 92 分

2012 Napa Valley Sauvignon Blanc ·· 94 分

2011 Napa Valley Chadonnay ··· 93 分

2006 Napa valley Cabernet Sauvignon ·· 93 分

2010 Montelena Cabernet Sauvignon ··· 96 分

酒 厂 名：Chateau Montelena Winery

土地面积：254 英亩

已经种植的葡萄园面积：110 英亩

产　量：50，000 箱

地　址：1429 Tubbs Lane Calistoga CA 94515

电　话：707-9425105

传　真：707-9424221

网　站：www.montelena.com

E-mail：reservations@montelena.com

酒庄访问：对外开放

开放时间（上午 09:30 – 16:00）

重要节假日除外

第十八节

飞马酒庄
(Clos Pegase)

飞马酒庄现属于年份葡萄酒产业公司（Vintage Wine Estates），该公司总部在索诺玛的圣达·罗莎（Santa Rosa）。他们收购的一些家族酒庄都是位于纳帕和索诺玛地区，目前麾下有9个酒庄。该酒庄位于纳帕最里面的卡里斯托加，是一家以建筑和艺术品而闻名的酒庄。2013年，该酒庄被年份葡萄酒产业公司收购。

该酒庄创建于1987年，是哥伦比亚裔的美国人约翰·萧润（Jan Shrem）和他日本裔的前妻美津子（Mitsuko）一起创建的，他们在欧洲开拓事业期间爱上了葡萄酒和收藏古董艺术品，他们觉得葡萄酒是一门快乐的艺术形式，快乐艺术和古董艺术结合更是一件奇妙的事情，这使得他们想建立一个自己的酒庄，于是他们瞄准了纳帕山谷。

1984年他们通过建筑设计投标，选中了建筑师迈克尔·格雷夫斯（Michael Graves）的设计，并于1987年建成了这个后现代主义风格建筑，综合了现代的摩登和古地中海风情。建筑师表示他想表达"唤起欧洲血统的记忆"，有"永恒的情感"的意思！

2013年，约翰和美津子出售了该酒庄，约翰与现任妻子玛利亚·玛内提·萧润（Maria Manetti Shrem）成立了以他们俩名字命名的艺术博物馆简·萧润和玛利亚·玛内提·萧润艺术中心（Jan Shrem And Maria Manetti Shrem Museum of Art），地址在纳帕市，靠近罗伯特和玛格瑞特（Robert & Margrit Mondavi）表演艺术中心，罗伯特·蒙大维的太太玛格瑞特为博物馆赠送了价值两百万美金的艺术品。

该酒庄被环绕在葡萄园之中，道路口有一个醒目的大石球艺术品，酒庄大门是两根醒目的大柱子，里面是一排排气势不凡的塔松。花园里有不少艺术品，其中的古董铜器喷水格外别致，而他们的山洞酒窖放的不只是橡木桶和酿酒设备，还有不少欧洲收集过来的雕塑艺术品。此外，他们具有回音效果的洞穴剧场尤其令人叹为观止。据说他们是纳帕少数可以接受办婚礼的酒庄。

他们的葡萄园面积达450英亩，由四个不同的葡萄园组成。该酒庄葡萄产量不多，葡萄园的葡萄多数出售。

他们最大面积的葡萄园是美津子（Mitsuko）葡萄园，位于卡内罗斯起伏的丘陵山坡上，这里种了11个品种的葡萄，除了常规的霞多丽和黑比诺之外，他们在有黏土的地方种了梅乐，在石块多的地方种了赤霞珠。

第二块是天马（Tenma）葡萄园，位于卡里斯托加镇东北部的圣·海伦娜的山麓上，这里有40英亩的葡萄园，种有赤霞珠，此地出产的葡萄品质较高，他们用这里的赤霞珠来酿造他们的旗舰酒。

第三块是苹果骨（Applebone）葡萄园，葡萄园的名字来自原酒庄主的一个雕塑作品，这个

葡萄园位于酒厂周围，有4英亩，主要种植的是法国第戎（Dijon）克隆191赤霞珠，采用的是高密度种植法。

第四块葡萄园多瑙福利（Dunaweal）葡萄园位于酒庄向南的马路对面，这里种植了小维尔多、金粉黛、西拉、品丽珠等。

该酒庄自2013年被年份葡萄酒产业公司收购后，对酒厂进行了整体的修缮，使得整个酒庄焕然一新，至于酒庄的人员，他们保持了原来的团队。由于酒庄是由内行在运作，酿造方面和酒庄运作方面应该会有进一步的提升。

该酒庄的葡萄品种比较多，我访问酒庄时品尝了7款酒，总体感觉他们的酒有旧世界的传统风格，但我相信他们是有潜力的酒庄，因为他们拥有好的葡萄园。

评分

2011 Sauvignon Blanc ·· 86 分

2011 Mitsuko's Vineyard Chardonnay ·· 88 分

2010 Mitsuko's Vineyard Pinot Noir ·· 86 分

2010 Napa Valley Cabernet Sauvignon ··· 89 分

酒 庄 名：Clos pegase
葡萄园面积：450 英亩
产 量：3，800 箱
电 话：707-9424981
地 址：1060 Dunaweal Lane Calistoga，CA94515

网 站：www.clospegase.com
酒庄访问：对外开放

第十九节

寇金酒窖
(Colgin Cellars)

寇金是纳帕知名的膜拜酒之一，该酒庄位于圣海伦娜地区的普理查德山（Pritchard Hill）山顶，面朝赫尼斯（Hennessey）湖，这里可以鸟瞰纳帕山谷，该酒庄是由安妮·寇金（Ann Colgin）

▽安妮·寇金

和她的丈夫乔·温德（Joe Wender）于 2002 年建成。

安妮出生于美国德克萨斯州的韦科（Waco），她在有南方哈佛之称的范德比尔特（Vanderbilt）学习艺术史，又在纽约的哈特学校学习艺术管理，之后到伦敦苏富比艺术学院学习装饰艺术课程，在这期间她爱上了葡萄酒。

1988 年，安妮·寇金在纽约的克利斯蒂拍卖行工作，那年她与同事们一起参加纳帕一年一度的慈善拍卖会，那个时候的耳濡目染也使她萌生了酿造自己的葡萄酒的愿望，之后再去纳帕时她认识了在卡里斯托加镇开葡萄酒专卖店的约翰·劳费尔（John Wetlaufer）和他的太太海伦·特蕾（Helen Turley），那时海伦在彼得·迈克尔（Peter Michael）酒厂当酿酒师。

1992 年，她雇用了海伦帮她做贴牌酒，当时海伦从豪威（Howell）山下面的石头小山坡的葡萄园购买了葡萄酿造红葡萄酒。那个时候安妮·寇金既没有葡萄园也没有酒厂，都是买别人葡萄园的葡萄，租用别人的酒厂酿酒，然而这一年的酒却获得了罗伯特·派克 96 分的高分，这使得"寇金"（Colgin）这个名字的酒有了一定的含金量。

到了 1996 年，她购买了一个老酒庄，葡萄园的名字是特一卡森小山（Tychson Hill），这个名字来自老酒庄主的家族的名字，约瑟芬·特一卡森和她的丈夫 1880 年来到这里开垦建立了自己的农庄，他们也是纳帕最早的欧洲移民之一。安妮购买这个地方有两个原因，第一她喜欢有历史的东西，其二，她觉得这里的土壤能种出好葡萄。购买后，安妮对原来的房子进行了全面的改造。

在这一时期，安妮负责苏富比西海岸的葡萄酒拍卖生意，她总是来往于纳帕和洛杉矶之间，这期间，她遇见了现任的丈夫乔·温德，他是葡萄酒收藏家和投资银行家，当乔看了她购买的这个地方后非常惊叹她的狂热行为。1998 年安妮和乔购买了普里查德山（Pritchard Hill）的地产，建成了现在的酒庄，2000 年 9 月 9 日他们在自己的酒庄里举办了婚礼。

他们酒庄依山势而建，酒厂设计得非常现代而摩登，精致的不绣钢酿酒车间，地下橡木桶酒窖，酒庄主存放私人收藏的酒窖。楼上的会客厅内部的建筑风格非常地欧式，陈列着他们收藏的古董，客厅外是很大的露台，靠近他们葡萄园的一侧有一个醒目的壁炉，仿佛葡萄园就是墙壁似的，坐在露台的沙发上能清晰地看到赫尼斯湖。

目前他们拥有两处自己的葡萄园，第一块葡萄园是特一卡森小山（Tychson Hill），位于春山下面，这也是安妮最早购买的葡萄园。这块葡萄园的面积为 1.5 公顷，位于朝东的坡地上，土壤为火山土混合着多石块的壤土，这里主要种有赤霞珠、品丽珠、小维尔多。

第二块葡萄园是酒厂周围的九号（IX Esta-

te）地产葡萄园，土地面积有 125 英亩，葡萄园为 20 英亩，海拔在 1，150-1，350 英尺之间的山顶坡地上，这里的土壤为含铁质和砾石的火山土。此外，他们也购买一些葡萄，其中酿造 Cariad 红葡萄酒的就是购买的葡萄。

我访问他们酒厂时共品尝了 4 款酒。第一款是 2010 年特—卡森小山（Tychson hill）葡萄园的赤霞珠，此酒有深、红色浆果混合香草的味道、少许烘烤气息，入口单宁细腻，少许辛辣气味，中等酒体，有一定酸度，回味长，我觉得这酒相当地干净。这一年此酒的产量为 300 箱。

第二款 2010 年"Cariad"干红，这个词在威尔士语里是"爱"的意思，此酒是采用 3 个葡萄园的赤霞珠、梅乐、品丽珠混酿而成，酒色深浓，有丰富的深色浆果的果香和辛香料气息，入口单宁强劲，细腻丝滑，酒体中等偏上，回味干，是

一款优雅而内敛的酒。这一年此酒产量为 600 箱。

第三款是他们的 2010 年九（IX）号葡萄园干红葡萄酒，这款酒采用赤霞珠、梅乐、品丽珠和小维尔多混合酿造，有干花、矿物质、红色浆果混合辛香料的气息，入口单宁较为细腻，酒体中等，均衡，单宁酸度明显，有回味。此酒 2010 年的产量为 1，200 箱。

第四款是 2010 九号葡萄园的希拉，富含成熟而浓郁的深色浆果香，单宁细腻而紧致，酒体饱满，回味长，是一款表现很不错的酒。

他们的前三款葡萄酒的零售价格都是一样的，每瓶 500 元，第四款希拉干红的价格为 250 元人民币。对于酒庄主来说，9 是幸运数字，他们是 9 月 9 日在他们九号酒庄结婚，而 9 与中文的酒也是同音，看来他们跟酒还真是有缘分。

评分

2010 TYCHSON HILL VINEYARD CABERNET SAUVIGNON ·· 95 分

2010 CARIAD NAPA VALLEY RED WINE ·· 96+ 分

2010 IX ESTATE NAPA VALLEY RED WINE ·· 93 分

2010 IX ESTATE NAPA VALLEY SYRAH ·· 96 分

酒 庄 名：Colgin Cellars

自有葡萄园面积：21.5 英亩

产　　量：3，000 箱左右

地　　址：P.O.box 254，St. Helena CA 94574

网　　站：www.colgincellars.com

E-mail：info@colgincellars.com

酒庄访问：不对外开放

第二十节

延续酒庄
(Continuum Estate)

延续酒庄位于圣达·海伦娜地区的普里查德山（Pritchard）上，这里位于纳帕山谷的东侧，酒庄的西侧则是罗伯特·蒙大维酒庄的所在地橡树村（Oakville），站在他们的葡萄园中能鸟瞰大半个山谷和圣·巴勃罗海湾。

当我听到延续酒庄是罗伯特·蒙大维和他的儿子提姆（Tim）、女儿玛西亚（Marcia）所创建的时候，心里有被触动的感觉，之前，我对罗伯特·蒙大维（Robert Mondavi）卖掉自己的酒庄

有些失落感，觉得罗伯特·蒙大维也脱离不了美国商人那种做好就卖掉的规律，然而当我亲眼看到他们发展了另外的酒庄，他的子孙后代依旧在从事葡萄酒的事业，心里涌出了些许暖意。

"延续"这个名字里有着颇多的深意，今天，对于罗伯特·蒙大维的后代们来说，他们本着一个目标、一块土地、一个家族的前提下发展家族的葡萄酒产业。

关于罗伯特·蒙大维为何卖掉酒庄，由于经

⚑ 蒙大维与提姆

⚑ 玛西亚和提姆

济危机、家族恩怨的种种原因这里不再去追溯，他和儿女们再建的延续酒庄已经包涵了他的精神，而他的后代依然在纳帕这片土地上耕耘，继续酿造优质葡萄酒。

2004年罗伯特·蒙大维酒厂卖掉后，2005年罗伯特·蒙大维和他的儿子提姆、女儿玛西亚在普理查德山上购买了葡萄园，取名延续，同年延续品牌的葡萄酒诞生，2012年他们的酒用葡萄百分之百来自于延续葡萄园，2013年，他们的葡萄酒在建于自己家葡萄园中的新酒庄里酿造。

罗伯特·蒙大维逝世后，酒厂的拥有者是提姆和玛西亚，如今他们的后代也在酒厂工作，提姆的儿子卡洛（Carlo）除了跟随父亲酿酒外还负责销售葡萄酒。此外卡洛和他的兄弟但丁（Dante）在索诺玛建立了名为"见"（Raen）的酒厂，主要酿造索诺玛海岸的黑皮诺葡萄酒。

罗伯特·蒙大维能开创那么大的事业，少不了他的大儿子迈克和小儿子提姆的鼎力支持，两个儿子可谓是他的左膀右臂。1974年提姆毕业于加州戴维斯分校，毕业后就在罗伯特·蒙大维酒厂当酿酒师，他跟随父亲参与和发展了很多项目，如创建了"一号作品"，与意大利和智利的酒厂等合作项目。

他们位于普里查德山上的葡萄园海拔在1，325-1，600英尺，方位朝西和西南，这里风比较大，温度比山谷内的要低，相对来讲葡萄的生长周期也长。

这里的土壤为贫瘠的红色土壤，为火山岩的壤土，细分为汉波拉尔特壤土（Hambright Loam）和萨波伦特壤土（Sobrante Loam）这两种，土壤中多小石块，这两种土都混合了粘壤土。

这里的葡萄园最早种植葡萄是1991年开始，之后1995年也种了一些，延续酒厂开始在这里种葡萄是从2010年开始的。这里种的55%是赤霞珠、30%的品丽珠，11%的小维尔多，4%的梅乐。

酒厂的一侧种着和一号作品（Opus One）酒

厂花园一样的百年橄榄树，种了两排，很有气势，此外酒厂显然没有完全完工，酒厂还在盖房子，酒厂和葡萄园周围正在种上花草。

延续的新酒厂很注重环保，采用太阳能为电能，酒厂用水来自于自己的水塘。酒厂的建筑风格简洁而摩登，顶很高，每个房间的顶部有天窗可以采光，很有空间感，又能储存多层的橡木桶，房间的中间是一道地漏，清洁起来很方便，整个设计很适合于酿酒作业。酒厂的设备也小巧玲珑，为小型的橡木桶罐和水泥罐，一看就知道就是打算酿造精致酒的。

延续酒庄目前只酿造一款干红，我品尝到的是一款 2011 年的干红，此酒是采用 75% 的赤霞珠、11% 品丽珠、12% 小维尔多以及 2% 的梅乐酿造的。众所周知，2011 年是个凉爽的年份，这一年的葡萄分两个阶段采摘，10 月 17 日 -21 日为首个阶段，10 月 29-11 月 3 日为第二个阶段，这一年的葡萄 98% 来自他们的 Pritchard 山，2% 来自 Mt . Veeder 和钻石山。

这一年的葡萄精挑细选，品尝的时候几乎感觉不出是来自凉爽的年份，有着成熟的红、黑色浆果香和花香以及香料气息，入口单宁细腻密实，酒体饱满，咖啡和肉桂气息，回味长，具有陈年潜力。

评分

2011 Continuum···96 分

酒庄名字：Continuum Estate
产　　量：3,000 箱
土地面积：135 英亩
目前葡萄园面积：57 英亩
电　　话：707-3022273
地　　址：1677 Sage Canyon Road,
　　　　　St. Helena，CA94574

网　　站：www.continuumestate.com
E-mail：Kaitlin@continuumestate.com
酒庄访问：需要预约

第二十一节

基石酒窖
(Cornerstone Cellars)

该酒窖在杨特维尔小镇有一个显眼的品酒室，这里也是杨特维尔小镇一个地标性的地方，是游客品酒休闲的一个好去处。

该酒窖建于1991年，戴维·索罗斯（David Sloas）医生是纳帕赤霞珠红酒的爱好者，他在收获季节拜访纳帕一个酒庄的朋友，这个朋友说这一年葡萄丰产，他用不了那么多，可以出售5吨赤霞珠葡萄，戴维听后马上跟他的朋友迈克·全谷特斯卡（Michael Dragutsky）联系，迈克也是一位医生，他是胃肠病学家，他们商量后决定购买这5吨葡萄，这些葡萄酿成300箱赤霞珠红酒，从那一年后迈克开始介入了葡萄酒行业。如今他

▽克雷格·坎魄

们酒窖不仅酿造纳帕山谷葡萄酒，还有来自俄罗岗地区的葡萄酒。

总管酒窖事务的是克雷格·坎魄（Craig Camp），他是经验丰富的葡萄酒销售和管理方面的人才，曾在意大利皮尔蒙特的巴罗罗地区的酒庄学习过酿酒，担任过葡萄酒网络媒体的工作，2009年他接管了基石酒窖的工作，在他的努力下，基石酒窖的年销量已经达到一万箱。

杰夫·基恩（Jeff Keene）是新西兰人，他本来在老家从事食品和葡萄酒的科学实验室工作，后来又到新西兰林肯大学学习葡萄种植和酿造。他毕业后在新西兰和纳帕的酒厂工作过，拥有一定的葡萄和种植经验，对纳帕产区的葡萄园也很了解，2008年他加入基石酒窖做酿酒师。他的酿酒理念是"葡萄酒要反映出产地特色，尊重传统，酿造大家喜欢喝的葡萄酒"！

我访问该酒窖的时候是克雷格接待的，他表示他们酿造的酒主要是佐餐的，而不是为了去比赛和得到酒评家的高分。他们的葡萄酒40%是在他们的品尝室销售掉，60%则通过其他途径销售。

该酒窖的葡萄酒品种挺多，我在他们的品酒室里品尝了7款酒，都是一种酒标的酒，有来自纳帕的，也有来自俄罗岗地区的，这些酒应该都是他们代表性的葡萄酒。

　　第一款是 2011 年纳帕山谷白标长相思，此酒的酿造很特别，是在橡木桶内发酵和储存了一段时间的，有着长相思典型的黑加仑子树芽和热带水果的香气，清新、幽香，酒体丰腴，酸度劲足，有少许涩味，是款有意思的长相思。

　　第二款是 2011 年俄罗岗地区威拉山谷（Willamette Valley）白标霞多丽，此酒有着清新的柠橙和绿色蜜瓜的果香和岩韵气息，酒液圆润，酸度适中，有生津感，回味长。

　　第三款是 2011 年俄罗岗威拉山谷的白标黑比诺，有着美好的红色浆果的果香，单宁和酸度适中，均衡感佳，有回味，是款愉悦好喝的黑比诺。

　　第四款是 2011 年纳帕山谷石阶（Stepping Stone）黑标的品丽珠，这是款有着成熟的红色浆果、均衡易饮的果味红葡萄酒。

　　第五款是 2010 年纳帕山谷白标赤霞珠，有较为成熟的深色浆果香气和些许辛香料的气息，单

宁比较涩重，酒体中等，有回味。

　　第六款是豪威尔（Howell）山的赤霞珠，这应该是他们的旗舰赤霞珠，有着成熟度恰到好处的深色浆果的果香混合辛香料的气息，单宁质地如丝绒一般，酒体较为饱满，是款优雅细腻的优质赤霞珠。

　　第七款是他们混合的红葡萄酒，果香和辛香料气息较为丰富和浓郁，单宁细腻，酸度突出，酒体中等偏上，回味长。

　　品了他们的系列酒后，我个人觉得他们豪威尔山上的赤霞珠出乎意料地出色，然而其价格却比他们混合的干红低。

评分

2011 Napa Valley Sauvignon Blanc······91 分

2011 Willamette valley Chardonnay······91 分

2010 Willamette valley Pinot Noir······90 分

2011 Napa Valley Cabernet Franc······88 分

2010 Napa Valley Cabernet Sauvignon······90 分

2010 Howell Mountain Cabernet Sauvignon······95 分

2010 Napa Valley Bold red wine······92 分

酒 厂 名：Cornerstone Cellars

产　　量：10，000 箱

电　　话：707-6964420

地　　址：6505 Washington St.Yountville，CA94599

网　　站：www.cornerstonecellars.com

E-mail：tastingroom@conestonecellars.com

品 尝 室：对外开放

第二十二节

达拉·瓦勒酒庄
(Dalla Valle Vineyards)

这是纳帕著名的膜拜酒庄之一，酒庄坐落在奥克维尔（Oakville）的西亚瓦多之路（Silverado Trail）旁的山坡上，这里的海拔有 400 英尺，站在葡萄园中能俯视整个山谷，这里不仅是酒庄也是酒庄主的家。

1982 年，出生于意大利葡萄酒世家的古斯塔维·达拉·瓦勒（Gustav Dalla Valle）和他日本裔的太太奈绪子·达拉·瓦勒（Naoko Dalla Valle）在橡树山谷的山坡上购买了 2 公顷的葡萄园，1984 年又种植了赤霞珠和品丽珠，1986 年他们将葡萄园的房子改建成了有意大利风格的别墅

▽庄主

和酒庄，他们第一个年份的酒也是在 1986 诞生的。

1988 年，他们请到了纳帕著名的女酿酒师海蒂·彼得斯·巴雷特（Heidi Peterson Barrett）做酿酒顾问，一直到 1996 年。

1995 年 12 月，古斯塔维·达拉·瓦勒逝世，酒庄的事务则由奈绪子负责，她在酿酒师安迪·艾瑞克森（Andy Erickson）和葡萄园经理方斯托·桑切斯（Fausto Sanchez）的帮助下酿酒，并聘请国际著名的飞行酿酒师米歇尔·罗兰（Michel Rolland）做酿酒顾问，这使他们的酒依然保持在高水平。

他们的葡萄园主要位于东边的山坡上，光照好，这样的地理位置使得他们的葡萄成熟度好，即使是 2011 年纳帕较凉的一年，他们葡萄的成熟度都挺好。葡萄树的间距比较宽，通风性也不错，土壤则是由红粘土、火山碎石以及粘土组成，土壤的排水性好，产量基本控制在每亩 1-1.5 吨，如此低产，葡萄果实更加地精粹。

今年他们还添置了一种新的葡萄粒筛选设备，即通过机器筛选去掉大粒的葡萄，我以前见过酒厂有筛选掉小果粒的设备，筛选掉大粒葡萄的设备倒是第一次看到。一般来说过于大粒的葡萄皮相对薄，水分多，所含的内质少，相对品质会差一些，酒厂的这种做法无疑是追求精益求精了。

他们只做两种酒，一款是达拉·瓦勒赤霞珠（Dalla Valle Cabernet Sauvignon），此酒一直是由赤霞珠混合少量的品丽珠酿造的。他们混合的葡萄品种比例每年都不一样，这款酒是他们的主要产品，年产量在两千箱左右，价格在150美元。

另外一种就是他们的旗舰酒玛雅（MAYA），这个名字也是他们女儿的名字，让人联想起印第安的玛雅。听奈绪子说，她女儿这个名字很国际化在日语、法语、意大利语里都有解释的，她女儿也在学酿酒，在我访问酒厂的时候玛雅还在阿根廷酿酒。玛雅葡萄酒有自己专属的葡萄园，产量一般在五百箱左右，价格在300美元。

这家酒厂美酒的知名度也可以说是罗伯特·派克造就的，尤其是他们的玛雅红葡萄酒，1990年得了派克给出的96分，1991-1994年都得了98-99的高分，1995-1999年的分数也都在95-99分之间，2000年的分数则低到91分，2002年92分，2003年93分。达拉·瓦勒园赤霞珠的评分也一直在90分以上。

我这次访问他们酒厂的时候，有幸得到了酒庄主奈绪子的接待，我品尝了他们6款酒，3款

成品，3款是他们2013年不同酒园的3个品种的酒样。

2011年达拉·瓦勒（Dalla Valle）赤霞珠，酒色深樱桃红色，散发出成熟甘甜的深色浆果的果香和辛香料气息，单宁成熟，酒体饱满，有回味。

2012年的达拉·瓦勒（Dalla Valle）赤霞珠则明显地比2011年壮实，酒色深浓，有着丰富的甜美成熟的果香和多种香料气息，酒体饱满，甜美，单宁成熟，回味长。

2012年的玛雅（MAYA）园红葡萄酒，酒色深浓泛紫色，有着更为丰富和成熟的深色浆果如黑加仑子、蓝莓味道及香甜的辛香料气息、巧克力以及岩韵，入口单宁浓密细腻，酒体饱满，甜美，回味悠长，这款酒相当地壮实。

2013年的样酒第一种是来自玛雅酒园的100%赤霞珠，单宁细密，丝绒般的质地，酒体饱满，回味长。第二种2013年的100%品丽珠辛香料气息明显，有着甜美和紧实的单宁。第三种是2013年的100%小维尔多，此酒的烟熏气息明显，单宁酸高而强劲，不过单宁是成熟的。他们能采用小维尔多来调配他们的酒，这也将增加他们酒的

丰富和复杂性。

　　对这家酒的总体印象是有纳帕风范的、令人血脉喷张的壮实的红葡萄酒，尤其是玛雅酒，虽说这酒是女子名，然而酒本身更似一位壮实伟岸的男子！

评分

2011 Dalla Valle Cabernet Sauvignon ·· 93 分

2012 Dalla Valle Cabernet Sauvignon ·· 95 分

2012 Maya ··· 98 分

酒 庄 名：Dalla Valle Vineyards
土地面积：26 英亩
葡萄园面积：20 英亩
产　　量：2,500 箱
地　　址：P.O.box 329，Oakville CA 94562
电　　话：707-9442676

网　　站：www.dallavallevineyards.com
E-mail：info@dallavallevineyards.com
酒厂访问：不对外开放

第二十三节

当纳酒庄
(DANA Estates)

　　该酒庄是纳帕的膜拜酒庄之一。酒庄位于梅亚卡玛斯山脉（Mayacamas）的山脚下，该酒庄是韩国商人李海桑（Hi Sang Lee）先生投资的。他在韩国拥有一家名为那拉食品（Nara Food）的葡萄酒贸易公司，该公司是韩国知名的葡萄酒进口商。

　　李海桑于上世纪九十年代早期就开始访问纳

▽酒庄主

帕，之后跟当地的酒商建立了友好的关系，他访问了不少纳帕酒厂，经过反复的考察，2005年，他在纳帕罗斯福（Rutherford）地区购买了酒厂和酒厂周围的葡萄园。

　　"Dana"这个词是梵文的术语，意思为"慷慨的精神"！此外这个名字也是酒庄主孩子的中间的名字。他们酒标上的花纹有莲花的意思，酒庄主觉得莲花是轮回的花，这种花用在酒标上意味葡萄酒也是来自一年四季的轮回，从发芽、开花、展叶、结果、收获……而李海桑建这个酒庄的目的就是为了酿造世界顶级的葡萄酒。

　　李海桑在纳帕购买的是一处老的房产，其建于1883年，是德国的葡萄农赫尔姆斯（H. W. Helms）修建的，1997年曾被利文斯顿（Livingston）家族买下作为酒厂和住家，2005年李海桑从他们手中购买后聘请了著名的建筑设计师霍德华德·贝肯（Howard Backen）重新设计和改造，但保留了原来的石墙，可以展示这片地方的历史遗迹。

　　这家酒厂修缮得非常地现代、摩登，有着简洁而厚重的艺术风格，酿酒设备也是当今最流行的，尤其是水泥小罐，罐内有控温设施，封口的部分是不锈钢，酿造操作很方便。橡木桶和储存酒窖位于山洞内，里面充满了光、影、圆的设计元素。

李海桑聘请了行业内知名人士作为他酒厂的酿酒团队，比如聘请纳帕赫赫有名的葡萄园和酿酒专家菲利普·梅尔卡（Philippe Melka）做顾问，在这位专家的建议下，李海桑购买了赫尔希（Hershey）和莲花（Lotus）葡萄园。此外他还聘请到了纳帕谷备受人尊敬的葡萄园管理者皮特·瑞切蒙德（Pete Richmond）。酒庄的酿酒师卡梅伦·沃特（Cameron Vawter）曾在波尔多葡萄酒学院学习，所学的是酿酒和地质专业。

2008 年以后，他们的葡萄园基本上都是有机种植，葡萄都为手工采摘，再经过手工精选，采用 3 种容器发酵，一种是水泥罐，一种是大一些的橡木桶，还有一种是 225 升的小木桶。

他们酿造 3 种不同的赤霞珠，分别以不同的葡萄园来区分，这 3 种赤霞珠基本上都是采用 100% 的赤霞珠酿造而成。他们的副牌酒名为昂达（Onda），昂达红葡萄酒基本上采用不同品种的混酿。

赫尔姆（Helms）葡萄园酒位于酒厂的周围，有 6 英亩，葡萄园的名字以最早买下这里的德国果农的名字来命名。这片葡萄园位于缓坡上，早晚凉，下午热，土壤主要是多碎石的壤土，葡萄园排水性很好，葡萄成熟度佳。我品尝了此葡萄园 2011 年的赤霞珠，深色浆果混合着多种香草和烘烤的气息，单宁细腻而丝滑，酒体中等偏上，有回味，是款优雅风格的红葡萄酒。这一年的产量为 172 箱。

他们的赫尔希（Hershey）葡萄园位于豪威尔（Howell）山顶上，土壤多岩石，岩石种类为流纹岩，这里相对凉爽，葡萄的酸度好。这里的葡萄园面积达 35 英亩。我品尝了他们 2011 年的赤霞珠，此酒色泽深，有着成熟恰当的深色浆果香、岩韵、

△团队

香料气息，单宁紧实内敛，酒体饱满，酒味甘美。这个年份，此酒的产量为 304 箱，这个葡萄园由于有的葡萄树还年轻，所以只有少数用来酿造此酒。日后随着葡萄园树龄的增长，该葡萄园的葡萄产量和酿酒量会逐渐提高。

莲花（Lotus）葡萄园位于 1,200 英尺的瓦卡（Vaca）山脉的一处山谷的南面，这块葡萄园是他们最为温暖的葡萄园，土壤多砾石，面西的地块受到西晒，种植的葡萄树比较稀。我品尝了 2011 年莲花（Lotus）葡萄园出产的赤霞珠，此酒在水泥罐内发酵，酒色深浓，有着更为成熟的红、黑浆果和辛香料气息，入口有甜美的果味和少许辛辣口感，单宁细腻，有回味。2011 年的产量为 308 箱。

昂达副牌酒的葡萄有的是来自他们葡萄园，此外他们也购买一些葡萄，比如说他们 2011 年的昂达赤霞珠 46% 来自春山克里斯特尔（Crystal

Springs）葡萄园，29% 来自昂达葡萄园，25% 来自赫尔希（Hershey）葡萄园。2011 年的混合品种比例为 81% 赤霞珠，15% 的小维尔多，4% 的品丽珠。我品尝 2011 年昂达赤霞珠，此酒有着明显的红、黑色浆果混合着少许香料气息，有一定的

酸度，入口有生津感，单宁细腻，有少许辛辣口感，中等酒体，有回味。2011 年份的产量为 535 箱。

3 款正牌单一葡萄园赤霞珠的零售价格为每瓶酒 400 美元，副牌"昂达"零售价为 175 美元。他们的葡萄酒不少都被酒庄主进口到韩国销售。

评分

2011 Onda Napa Valley Cabernet Sauvignon ·· 91 分

2011 Helms Vineyard Rutherford Cabernet Sauvignon ·························· 94 分

2011 Lotus Vineyard Napa Valley Cabernet Sauvignon ························· 93 分

2011 Hershey Vineyard Howell Mountain Cabernet Sauvignon ·············· 96 分

酒 庄 名：DANA Estates

葡萄园面积：57 英亩

产　　量：1,300 箱

电　　话：707-9634365

地　　址：P.O.Box153, Rutherford CA 94573

网　　站：www.danaestates.com

酒厂访问：不对外开放

第二十四节

大流士酒庄
(Darioush)

大流士酒庄位于纳帕镇不远的西亚瓦多之路的边上，酒庄外面波斯殿堂情调的廊柱分外地醒目，这也为纳帕增添了一份异国情调。这个酒庄也充分体现了一个波斯人在葡萄酒行业实现的美国梦！

该酒庄是大流士·哈立迪（Darioush Khaledi）和太太沙波·哈立迪（Shahpar Khaledi）于1997年创建的，大流士·哈立迪出生于伊朗，从小学的是木匠，他的父亲就是酿酒师，他从小也耳濡目染葡萄酒文化。他移民到美国后通过在加州开

︽ 酒庄主

超市发家，在寻找新的商机的时候，他的目光瞄准了葡萄酒。在纳帕投资的葡萄酒庄也使得他取得了很大的成功，此外他还是个葡萄酒的收藏家。

在葡萄酒精神方面，大流士·哈立迪觉得他继承了波斯文化和传统（如今伊朗所在地以前称为波斯）。波斯可是有着几千年葡萄酒历史，在伊朗北部的扎格罗斯（Zagros）山脉地区有着古老的酿酒印迹，伊朗西南部有一个城市名为西拉子（Shiraz），这是与著名的红葡萄品种同名的城市。

他们认为葡萄酒应该有几个方面的意涵，即能够款待客人，能和诗歌、文化、技艺以及鼓舞人心的艺术结合，这样葡萄酒更具有生生不息的魅力，而他们类似波斯殿堂的酒庄建筑设计无疑也是与文化和艺术结合的一种对外展现吧！

1990 年大流士·哈立迪和酿酒师斯蒂夫·德维特（Steve Devitt）在纳帕选择购买葡萄园和为酒厂选址的时候，选择了纳帕山谷较为凉爽的橡

树丘（Oaknoll）地区，因为那个时候人们普遍认为纳帕山谷越往里面越出好酒，凉爽产区那个时候并不流行，而他们出人意料地购买了维德山（Mount Veeder）和橡树丘（Oak Knoll）这个地方，占地面积为 120 英亩。

该酒庄的酿酒师斯蒂夫·德维特是纳帕和索诺玛山谷凉爽产区的发现者之一，他出生于纳帕葡萄酒世家，很了解纳帕和索诺玛地区的葡萄园，他的酿酒理念是尽量少的人为干预，他相信好的葡萄酒来自于葡萄园，好的葡萄酒能凸显葡萄园的风土特征。酒庄主希望酿造出波尔多风格的葡萄酒。

他们酒的品种比较多，我访问酒庄时共品尝了他们 5 款葡萄酒。第一款是 2012 年维杰尼尔（Viognier），葡萄来自他们的橡树丘葡萄园，此酒很芬芳，有着花香、柠橙类和梨子的果香，酸度爽脆，酒体较为丰腴，有回味。

2012 年的霞多丽，葡萄来自卡内罗斯和橡树丘葡萄园，此酒属于清新风格，有苹果、栗子、绿色蜜瓜等果香，入口酸度爽脆，回味中带出少许香草和甘甜气息。酒酿造得很干净。

2011 年的品丽珠来自橡树丘地区，有着较为成熟的深色浆果和少许辛香料的气息，入口单宁成熟，酒体中等，有回味，此酒颇有波尔多右岸之风格。

2011 年希拉，来自橡树丘，有着较为成熟的果香和丰富的辛香料气息，如胡椒、肉桂等，入口单宁丰富而且柔顺，有胡椒带来的麻感，酒体饱满，回味长。

2011 年的赤霞珠，此酒一般采用波尔多式的混酿，但主要是赤霞珠，酿造此酒的葡萄来自维德山和橡树丘，有较为成熟的果香和绿色辛香料

的气息，单宁较为涩重，酒体较为饱满，有回味。

我访问这家酒庄的时候只是品尝了他们的签名系列，他们还有其他系列的葡萄酒，有些酒的酒标像掐丝珐琅的感觉，很漂亮。该酒庄也是纳帕旅游的热门酒庄之一，他们65%-70% 的葡萄酒都是在他们的酒庄店铺里销售掉的。

评分

2012 Signature Series Viognier·····················90 分

2012 Signature Series Chardonnay·····················90 分

2011 Signature Series Cabernet Franc·····················90 分

2011 Signature Series Shuraz·····················92 分

2011 Signature Series Cabernet Sauvignon·····················91 分

酒 庄 名：Darioush

葡萄园面积：110 英亩

产　　量：20，000 箱

电　　话：707.603-3919

地　　址：4240 Silveado Trail Napa，CA94558

网　　站：www.darioush.com

酒庄访问：对外开放

第二十五节

钻石溪谷酒庄
(Diamond Creek)

酒庄创始人艾·波斯腾（Al Brounstein）在卡里斯托加（Calistoga）寻觅到了钻石山，1967年购买了70英亩的土地，1968年种上葡萄，造就了后来世外桃源般的美丽酒庄。

在成为酒庄主之前，艾·波斯腾是南加州一位成功的药品批发商，那时他对葡萄酒已经有一定的兴趣。1966年，他曾经走私了波尔多两个一级酒庄的葡萄枝条，坐飞机转道墨西哥到了纳帕，当时这些枝条就是在圣海伦娜（St. Helena）育的苗。

钻石溪谷的名字据说是来自印第安人，这座山由于火山爆发和地震造就了非常多元化的土壤，山上的雨水往下冲刷，形成了自然的小溪，溪流上有一些透亮或者彩色的石块，也许印第安人看到这些都以为是钻石，所以给这座山起名为钻石山吧！钻石溪谷酒庄是一个非常美丽的地方，多数是森林、小湖、溪水、小桥、迷人的花园，到冬天下雨时还能形成小瀑布，这是一个人们躲避都市、修身养性的好去处。

也许是受勃艮第的启发，艾·波斯腾（Al Brounstein）将他的葡萄园根据土质的不同分为3块不同的葡萄园，并分别做成不同的酒。

如今他们有5块葡萄园，种植的主要是赤霞珠，还有一些梅乐，品丽珠和小维尔多。其中格拉夫利牧场（Gravelly Meadow）葡萄园有5英亩，湖边（Lake）葡萄园有3/4英亩，小维尔多（Petit Verdot）葡萄园有1英亩，红石阶地（Red Rock Terrace）有7英亩，火山岩山坡（Volcanic Hill）葡萄园有8英亩。不少赤霞珠老株，有一些是当年波尔多走私过来的葡萄种。

卡里斯托加总体来说是纳帕天气最热的地区，然而由于这家酒庄是处于左侧的山上，这里绿树繁茂，受海上冷凉的雾气和凉风的影响，午后也有少量的凉风通过钻石山过来调剂钻石溪谷葡萄园的温度，加上他们的葡萄园周围有森林、湖泊和溪流，也起到一定的温度调剂作用。

这次我品尝了他们2010年份3款酒。其中一款来自格拉夫利牧场（Gravelly Meadow）葡萄园，这是他们一个比较凉爽的葡萄园，这块园地原来是河床，含砾石多，排水性好，这里不少是老树，种得密度很低。2010年此酒园的酒颜色深浓，成熟深色浆果气息浓郁，另有明显的巧克力和辛香料气息，单宁成熟，酒体饱满，酒味甘美，均衡，有回味，是款重酒体的优雅之酒。年产四百箱左右。

红石阶地（Red Rock Terrace）葡萄园位于酒厂下方的坡地上，也有不少老株，这块葡萄园地相对比较热，土壤呈红色，含铁质。这个酒园2010年份的酒的酒体比格拉夫利牧场要瘦一点，但有岩韵带来的少许咸味，有着花香和红、黑色浆果气息，单宁柔美细密，均衡而甜美，有回味。此酒的年产量为 550 箱。

火山岩山坡（Volcanic Hill）是比较热的葡萄园，土壤顾名思义是火山土，那种灰白色的火山灰土。2010 年的这个酒园的酒品尝起来感觉就热，酒色深浓，酒精度高，有深色的成熟的浆果香和辛香料香气，单宁强，酒体饱满，甜美，有回味。此酒的年产量在 600-700 箱。

湖边的葡萄园是他们最为凉爽的葡萄园，以湖为名的酒并不一定每年都有，自 1972 年以来只做了 10 个年份，此次我访问酒厂也没有能品尝到。小维尔多园是后来种下的，在这里也算是比较凉爽的葡萄园，估计这些葡萄也应该是作为调配用的。

他们主要出产 3 种常规酒，3 种酒的零售价都是一样的，200 美元一瓶。我对这家的酒的总

体印象是饱满壮实而不失优雅。

钻石溪谷酒庄也有三个"之一"：首先是在纳帕也是成名较早的酒庄之一，纳帕的膜拜酒之一，酒庄男主人也是美国商人在商业上成功后向往诗酒田园生活的典型代表之一。男主人艾·波斯腾（Al Brounstein）已于 2006 年过世，酒庄由他的太太和儿子菲尔·罗斯（Phil Ross）管理。

评分

2010 Diamond Creek Gravelly Meadow ·························· 95 分

2010 Diamond Creek Red Rock Terrace ·························· 94 分

2010 Diamond Creek Volcanic Hill ·························· 95+ 分

酒 厂 名：Diamond Creek
土地面积：78 英亩
种植面积：21.75 英亩
产　　量：1，700 箱
地　　址：1500 Diamond Mountain
　　　　　Road · Calistoga，California 94515
电　　话：707-9426926

网　　站：www.diamondcreekvineyards.com
E-mail：info@diamondcreekvineyards.com
酒厂访问：需要预约

第二十六节

卡内罗斯酒庄
(Domaine Carneros)

卡内罗斯酒庄位于卡内罗斯之路和度海格（Duhig）之路交叉处，在纳帕到索诺玛的必经之路的边上，从旧金山前往纳帕的一条路也经过此处，路的交叉口有一个独立的大门，显得格外地醒目。该酒庄是法国香槟区著名的泰亭哲（Taittinger）酒庄于1989年投资建成的。

卡内罗斯酒庄是当地一个地标性的建筑，它是仿照了香槟区的玛坤特瑞城堡（Chateau de la Marquetterie）的样子而修建的，酒庄位于葡萄园之中，地势比较高，坐在酒庄的观景台上可以欣赏丘陵起伏的葡萄园，它也是纳帕酒庄旅游的热门酒庄之一。

法国泰亭哲的主人克老德·泰亭哲（Claude Taittinger）也许是受到夏桐在纳帕投资建酒厂的鼓舞，上世纪七十年代末，他对纳帕和索诺玛进行了考察，最后选择了在凉爽产区的卡内罗斯建酒庄。他们种植的主要葡萄品种是霞多丽和黑比诺。

他们350英亩的葡萄园全部位于酒厂周围的卡内罗斯地区，他们只采用自己葡萄园的葡萄来酿酒，自2007年以后，他们的葡萄园全部采用有机种植，均获得了加州有机种植（CCOF）的认证。

该酒庄的葡萄园分为4个。名为侯爵（Pompadour）的葡萄园建于1991年，该葡萄园位于老的纳帕之路的南边，这里种的是黑比诺和霞多丽品种，用来酿造起泡酒。

假山（La Rocaille）葡萄园面积比较小，位于酒厂的东边，卡内罗斯高速公路的南边，这里种有一排松树，1995年种植了黑比诺品种，用于酿造起泡酒。

"地球的承诺"（La Terre Promise）葡萄园曾经是一个牛奶场，他们在2001年租下了这个地方种植黑比诺，2008年购买了这个地方。

图拉·维斯塔（Tula Vista）葡萄园是个新的葡萄园，刚种上葡萄树，位于拉梅尔（Ramal）路边上，与德南（Donum）为邻居，这是一块起伏的丘陵地，有的坡挺陡，葡萄园边上也有个小池塘。

该酒庄采用传统的香槟法来酿造起泡酒，选取多种不同的克隆葡萄品种以增强其复杂性。他们酿造起泡酒的调配和混合不仅仅是技术，更是一种艺术，他们的极干（Brut），粉红（Rosé），超干（Ultra Brut）和白中黑（Blanc de Noir）起泡酒的瓶陈时间一般都需要三年。除了起泡酒，他们还酿造黑比诺红葡萄酒。

负责酒庄运作的CEO是艾琳·克瑞尼（Eileen Crane）女士，她是酒庄创始时期的酿酒师，有着35年酿造起泡酒和管理酒厂的经验，她觉得"酿

酒好似杯中不停飞扬的泡泡一样，是一种激情，没有定量的细节，没有具体的公式，你要习惯葡萄的节奏，理解酒的脉冲"！酿造出优雅、细腻、复杂、平衡的起泡酒是她永恒的追求。

TJ埃文斯（TJ Evans）是酒厂酿造静止酒的酿酒师，他曾经在新西兰和法国的酒厂实习过，也曾在纳帕的罗伯特·蒙大维酒厂和法尔年特（Far Niente）酒厂工作过，之后又在俄罗斯河谷的克瑞玛（La Crema）酒厂和智利的凉爽产区比奥比奥（Bio Bio）的考坡拉（Corpora）酒厂工作过，他重点酿造的品种是黑比诺和霞多丽，2008年他加入了该酒庄一直到今天，他酿造的品种有黑比诺和霞多丽，还有一种他们命名为"克莱尔比诺"（Pinot Clair）的白色黑比诺。

该酒庄出产20种不同的葡萄酒，访问该酒庄时我共品尝了7款葡萄酒。

2010年的地产混合极干（Estate Brut Cuvée），这款酒有芬芳的花香和柠檬、苹果的果香，酒体适中，酸度爽脆，是款既清新爽致又芬芳的起泡酒。

2010年的粉红极干（Brut Rosé），有清新的红色浆果香和少许老年香槟的陈年气息，酸度足，脆爽愉悦。

2007年的梦幻白中白（Le Reve Blanc De Blancs），其色泽较深，有陈年香槟的气息，也依然有着清新的热带花果香气，酸度很舒爽，回味悠长。

2010年的维美半干（Verméil Demi-Sec），此酒有着清新果香和花香，有一些甜味，与酸度均衡。

2012年的前守卫（Avant-Garde）黑比诺，此酒有着丰沛的红色水果和少许辛香气息，酒体适中，均衡，有回味。

2005年的名门（The Famous Gate）黑比诺，这是采用多个克隆品种的黑比诺酿造的，有烘烤的水果派以及香料的气息，入口酒体中等，带有少许咸味，单宁柔顺，酸度适中，回味长。

2011年的"地球的承诺"（La Terre Promise），此酒有着成熟甜美的樱桃果香和辛香气息，酒体饱满，酸度足，生津，有回味。

去纳帕旅游这家酒庄是不能错过的，他们的起泡酒总体来说有美国的奔放和香槟区细腻和内敛的酿造技艺，而且性价比挺好，其黑比诺很出色。

评分

2010 Estate Brut Cuvée	90 分
2010 Brut Rosé	91 分
2007 Le Reve Blanc De Blancs	95 分
2010 Verméil Demi-Sec	91 分
2012 Avant-Garde Pinot Noir	91 分
2005 The Famous Gate Pinot Noir	95 分
2011 La Terre Promise Pinot Noir	94 分

酒 庄 名：Domaine Carneros

葡萄园面积：350 英亩（已经种植面积为 300 英亩）

产　　量：60,000 箱 -70,000 箱

电　　话：800-716-BRUT2788

地　　址：Domaine Carneros 1240 Duhig Road,
　　　　　　CA94559

网　　站：www.domainecarneros.com

E-mail：tours@domainecarneros.com

酒庄旅游：对外开放（上午 10 点 - 下午 5 点）

第二十七节
道明内斯酒庄
（Dominus Estate）

该酒庄属于葡萄酒行业知名的穆义（Moueix）家族，该家族在波尔多拥有著名的碧翠（Pétrus）酒庄。道明内斯是他们投资的一个美国酒庄，位于杨特维尔地区，与同样是法国投资的夏桐（Chandon）酒庄为邻。

吉恩-皮埃尔穆义（Jean-Pierre Moueixz）创建了穆义（Moueix）酒业帝国，他的儿子克里斯帝安·穆义（Christian Moueix）在巴黎学完农学专业后到加州戴维斯分校继续学习种植和酿造，在这期间，他到纳帕山谷访问不少酒厂也品尝了很多酒，他们看到美法酒厂合作的成功案例-第

一号作品，这可能对他们也起到了很好的示范作用，使得他萌生出在加州建立一个酒庄的梦想。

建酒庄首先是要挑选葡萄园，他去咨询罗伯特·蒙大维，想知道纳帕山谷的哪些地方葡萄园不需要灌溉，罗伯特提到了纳帕角落（Napanook）这片葡萄园。纳帕角落葡萄园在1836年就开始种植葡萄，当时的主人是这块土地最早的拥有者乔治·杨特（George Yount），这里也是纳帕山谷最早的葡萄园之一，那个时候的葡萄主要是用来酿造圣酒（Mission wine），因为乔治·杨特很喜欢喝葡萄酒。

1943 年约翰·丹尼尔（John Daniel）购买了这个葡萄园，当时这个酒园出产的葡萄都卖给了炉边（Inglenook）酒庄，约翰死后，葡萄园由他的女儿马西·史密斯（Marcie Smith）和罗宾·莱尔（Robin Lail）继承，克里斯帝安找到了这姐俩商谈合作，1982 年他们共同成立了道明内斯酒庄，1995 年，克里斯帝安买下了她们的所有股份。

道明内斯的建筑建于 1997 年，非常有特点，这是一种采用当地的玄武岩石块垒起并用电镀的钢丝固定起来的石笼建筑，中间是巨大的门洞，从外面看酒庄内部，宛如风景画一般！山、石头酒庄、葡萄园和谐一体的感觉，仿佛隐身于大自然之中，为此，该酒庄也有一个"隐身酒庄"的外号！酒庄的大门洞的一侧是酿酒设备，另外一侧分为两层，下面一层是橡木桶酒窖，上面一层做办公室，这里的通风和采光都很好，夏天也很阴凉。该建筑的设计者是瑞士赫索格和德梅隆（Herzog & de Meuron）建筑师事务所，据说 2008 年北京奥林匹克的鸟巢就是他们设计的。

角落葡萄园位于玛亚卡玛（Mayacamas）山脚下，纳帕山谷的西面，一条小溪环绕着葡萄园，葡萄园风比较大。这里的土壤主要是砾质黏土和壤土组成，葡萄园位于山谷内，土层较深，基本不用灌溉，除了新种的葡萄树需要 1-3 年的灌溉，之后完全是旱种模式。这里种植的主要是赤霞珠，此外还有一些梅乐、品丽珠以及小维尔多，一般来说，葡萄树年龄在三十来岁的时候他们要拔掉重新种，在我访问酒庄的时候，酒庄小溪里面一侧正在更新葡萄园，更新的葡萄园的朝向也在变，现在都是朝着玛亚卡玛山方向的竖向。

他们葡萄园也本着可持续发展路线，一般使用堆肥来给葡萄园施肥。他们还有一个与众不同之处，因纳帕毕竟是一个干燥之地，为了避免粉尘污染葡萄园，他们的葡萄园不用重马力的车，而是使用高尔夫球场的那种轻便电力车，尤其是在葡萄收获季的前两周，要避免葡萄果实被粉尘污染。

为了酿造优质的纳帕山谷葡萄酒，他们派遣了不少的葡萄种植和酿酒专家来纳帕，如法国种植方面的专家 Daniel H. Baron，酿酒大师 Jean-Claude Berrouet，此外他们还培养出了不少的人才，比如说在斯旺森（Swanson）酒庄的酿酒师克里斯·费尔普斯（Chris Phelps）以及纳帕山谷知名的酿酒顾问菲利普·梅尔卡（Philippe Melka）。

在葡萄酒的酿造方面他们采用的自然是波尔多式的酿酒理念。这里的主角是赤霞珠，而不像碧翠酒庄以梅乐为主，他们在葡萄种植方面注重控制糖度，糖度高自然酒中的酒精度也高。他们用法国橡木桶装酒，采用蛋白澄清，不过滤，葡萄酒采用波尔多式的混酿。

他们第一个年份的酒是 1983 年的，酒上市后得到了好评，他们的二军酒"纳帕角落"（Napanook）于 1996 上市，我品尝了这款 2011 年的酒，总体感觉酒内敛而精致，有纳帕成熟的果香和单宁，又有着波尔多式的精细和优雅。2011 年副牌 Napanook 已经有结合的酒香，单宁细腻丝滑，单宁适中，有一定的酸度，回味长。2011 年的正牌显然是品尝得太早，酒的香气并没有开放，单宁紧致，酸度高，酒体中等偏上，回味悠长，这款酒需要一定时间的陈年才能展现其风采。

目前，该酒厂不对外开放，连品酒室也没有建，他们的葡萄酒 80% 在美国通过酒商销售，20% 通过法国的酒商系统销售，他们没有建立消费者俱乐部。

评分

2011 Domiuns Estate Napanook···95 分
2011 Domiuns Estate···98 分

酒 庄 名：Dominus Estate
产　　量：7，800 箱左右（正牌 4，000 箱左右，副牌在 3，800 箱左右）
土地面积：124 英亩
已经种植的葡萄园面积：87 英亩
电　　话：707-9448954

地　　址：2570 Napanook Road,
　　　　　Yountville，CA94599
网　　站：www.dominusestate.com
E-mail：info@dominusestate.com
酒庄访问：不对外开放

第二十八节

达克豪恩酒庄
(Duckhorn Vineyards)

该酒庄位于圣海伦娜地区西亚瓦多之路的旁边，它是当·达克豪恩（Dan Duckhorn）和太太玛格瑞特（Margaret）创建的。该酒庄的一款长相思和一款黑比诺因被奥巴马在就职宴会上饮用过，后有了广泛的知名度。

当·达克豪恩毕业于伯克利大学，毕业后周游欧洲，在法国访问酒庄的时候被葡萄酒和其衍生的文化而吸引，回美国后于1976年创建了自己的酒庄。

然而，如果是为了挣钱的话，只是拥有酒庄，靠种植葡萄和酿酒，去除各种成本开销是挣不了多少钱的，该酒庄的老员工凯西·奥茨（Kathy

⊠酿酒师

Oates）说过："只有把酒庄卖出去的那天你才能真正变得富有。"

2007年，他们成立了私募基金，这使得他们很快成为美国富豪。如今，当和太太玛格瑞特依然在酒庄工作，他们的儿子戴维（David）则负责葡萄酒的出口生意，不仅达克豪恩葡萄酒的产量增加，还成立达克豪恩（Duckhorn）的葡萄酒公司，目前麾下有派瑞达克斯（Paraduxx），黄金眼（Goldeneye），移居（Migration），诱饵（Decoy），帆布背潜鸭（Canvasback）等品牌。

1978年，他们出产了首个年份的赤霞珠和霞多丽。长相思则是1982年才开始生产。早先，他们因梅乐而出名，酒庄主表示在上世纪七十年代末的时候人们一般只当梅乐是个配角，主要用来调配赤霞珠。但当·达克豪恩很喜欢梅乐，他看到波尔多右岸那些美妙的梅乐，觉得梅乐漂亮的颜色，柔和如天鹅绒一般的单宁以及丰富的果味很容易搭配食物。

自1980年起，他们开始在纳帕山谷购置葡萄园，如今他们拥有7个葡萄园，面积达200英亩，而1980年那个时候的葡萄园价格比今天要便宜许多，这些葡萄园如今也是一大笔财富。此外他们还有5个签约的葡萄园。

烛台山脊葡萄园（Candlestick Ridge Vine-

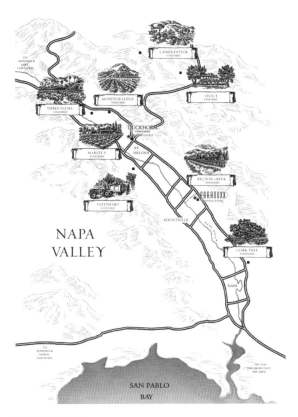

▲葡萄园地图

yard）位于豪威尔山的顶部，海拔 1，700 英尺，葡萄园朝向西南，有 28 英亩，主要种植梅乐、赤霞珠、希拉、歌海娜、梦德维尔（Mourvedre）和佳丽酿等葡萄品种。

坚实葡萄园（Stout Vineyard）位于豪威尔山AVA 产区，1998 年获得此酒庄，面积有 36 英亩，主要是赤霞珠、梅乐、品丽珠、金粉黛、小维尔多、歌海娜和希拉，此外这里还种有 300 颗橄榄树。

监测台葡萄园（Monitor Ledge Vineyard），1992 年获得此酒园，这里有 43 英亩，这个位置比较的热，葡萄园位于 Selby 小溪的冲积扇上，土壤是贫瘠的砂壤土，这里种有赤霞珠、小维尔多、金粉黛、品丽珠等。这个葡萄园的葡萄他们通常最早采摘。

马莉葡萄园（Marlee's Vineyard），这是他们 1976 年购置的葡萄园，位于纳帕河谷边上，土壤为肥沃的砂壤土，这里种植了长相思、赛美容。

雷克托溪葡萄园（Rector Creek Vineyard）购置于 1994 年，位于杨特维尔地区的西亚瓦多之路的边上，这也是他们另一个酒庄派瑞达克斯（Paraduxx）的所在地，土壤为多石块的冲击土，这里有 39 英亩，种植品种有梅乐、赤霞珠、金粉黛、小维尔多、希拉和品丽珠等。

帕茨马洛葡萄园（Patzimaro Vineyard）于 1989 年购置，有 15 英亩，位于春山，这里种有赤霞珠、梅乐、品丽珠。

栓皮栎葡萄园（Cork Tree Vineyard）于 2005 年购置，有 20 英亩，位于纳帕镇附近，西亚瓦多路边，这是他们最为凉爽的一个葡萄园，种有梅乐、小维尔多、品丽珠和马尔贝克。

此外他们还购买三掌葡萄园（Three Palms）的葡萄来酿酒，这个葡萄园所在地有百年历史，

位于卡里斯托加地区，是个温暖的葡萄园，1968年开始种植葡萄，1990年曾经受过根瘤蚜的侵害，1999年才完成更新种植。该酒庄自1978年起从这里购买葡萄，这里是这家酒庄出名的梅乐的重要来源。

该酒庄的葡萄酒品种很多，最突出的是他们的长相思和梅乐，长相思的年产量达五万八千箱，梅乐是他们的旗舰酒。

该酒庄还有个外号"鸭子酒庄"，这可能是酒庄主的姓氏里面带有DUCK（鸭子），他们的酒标上是各种鸭子图案，在他们的品尝室和店铺里面，有着各色各样的鸭子图案和木头鸭子等。该酒庄也是纳帕旅游的热门酒庄之一。

评分

2013 Sauvingnon Blanc Napa Valley	86 分
2012 Napa Valley Chardonnay	88 分
2011 Napa Valley Merlot	87 分
2011 Napa Valley Cabernet Sauvignon	87 分
2005 Three Palms Vineyard Merlot	90 分
2011 Three Palms Vineyard Merlot	90 分

酒 庄 名：Duckhorn Vineyard
葡萄园面积：200 英亩
产　　量：140,000 箱
电　　话：866-3679945
地　　址：1000 Lodi Lane St. Helena .94574

网　　站：www.duckhorn.com
酒庄旅游：对外开放（上午10点-下午4点）

第二十九节

艾蒂德酒庄
(Étude)

艾蒂德酒庄位于卡内罗斯，它是托尼·索特（Tony Soter）于1982年创建，2001年富邑集团公司拥有了这家酒庄。

"Étude"在法语里是学习的意思，创始人托尼想通过自己的酿酒技艺来满足对加州葡萄酒有识别力的消费者，他认为酿造黑比诺是对酿酒师技艺最大的挑战和磨练，对于如此挑剔和敏感的黑比诺品种来说，酿不好让人抬不起头来，酿好了则让人扬眉吐气。

艾蒂德的酿造哲学是好的葡萄酒从葡萄园开始，尽量少去人工干涉，让这块土地上的品种表现出它们的自然本色，而酿酒师则充当助产师的角色。

该酒庄自有的葡萄园怡园贝尼斯特牧场（Grace Beniost Ranch）位于卡内罗斯索诺玛

AVA 产区内，这里气候受到太平洋和圣·巴伯罗海湾（San Pablo bay）冷凉空气的调节，天气凉爽，自 2004 年开始，他们的黑比诺都是来自于他们自己拥有的葡萄园，他们的怡园贝尼斯特牧场葡萄园又分好几小块，葡萄的种植都采用可持续发展的模式。

第一块黑比诺葡萄园名为瘦高个（Laniger），这块葡萄园位于朝东的斜坡上，紧挨着鹿营葡萄园，土壤是排水性好的细砂壤土和名为"QTU"的冲击土，这块葡萄园风小，出产的葡萄酿造的酒较有深度，单宁柔和细腻。

第二块黑比诺葡萄园名为地震（Temblor），位于朝东的缓坡上，火山土和卵石的混合土壤，排水性好。受到佩特卢马（Petaluma）缺口的影响，早晨有来自海洋的雾气弥漫其间，这里的葡萄酿造的酒单宁柔和。

第三块黑比诺葡萄园名为鹿营（Deer Camp），这块葡萄园位于朝西的斜坡上，在

2004 年种植了黑比诺，土壤为基德岩（Kidd Stony）的石块混合壤土，这块葡萄园利水性好，葡萄成熟度好，葡萄园多较大，这里的黑比诺通常有深色浆果香，酸度也不错。

第四块黑比诺葡萄园名为传家宝（Heirloom），位于斜坡上，这里的土壤名为古尔丁图姆斯（Goulding Toomes），排水性好。这里种的黑比诺是来自卡内罗斯最早的克隆品种，这个品种果粒小，酿造出的酒内质也丰富。

他们的赤霞珠葡萄来自纳帕的多个不同的葡萄园，分布在卢瑟福、圣达·海伦娜、橡树村、卡里斯多卡等 AVA 产区，这些葡萄来自于其他种植户。

他们的种植和酿酒团队有着丰富的经验，其中弗朗西斯·艾什顿·德亚（Franci Ashton Dewyer）是经验丰富的葡萄园管理者，她在不少酒庄管理过葡萄园，2002 年加入艾蒂德酒庄，主管他们自有的索诺玛地区的葡萄园，同时监管他们购买葡萄的葡萄园。酿酒师乔恩·朴瑞斯特（Jon Priest）非常擅长酿造凉爽产区的葡萄品种的酒，特别是黑比诺和霞多丽品种。

艾蒂德葡萄酒的品种也比较多，我在酒庄和他们的游客一起品尝了 5 款葡萄酒。

第一款是 2013 年卡内罗斯灰比诺，香气芬芳，有着白色花香和荔枝、龙眼以及柠檬的香气，入口酒体圆润，酸度爽脆。

第二款 2011 年卡内罗斯地产霞多丽，有着热带水果的气息，如柠檬、香瓜等，入口酸度高，有些许矿物质气息，有回味。

第三款是 2010 年卡内罗斯地产黑比诺，这是款很典型风格的黑比诺，有红色果子如樱桃和覆盆子的果香和少许辛香，入口单宁柔和，酸度适中，

优雅风格的果香型干红。

第四款是 2009 年地震葡萄园黑比诺，有着丰富的典型的果香和辛香，入口单宁细腻，酸度适中，是一款精致和细腻风格的黑比诺。

第五款是 2009 年纳帕山谷的赤霞珠，有着丰富的成熟深色浆果的香气，入口单宁丰富，酒体饱满而紧实，酒味浓郁而甜美，回味长。

艾蒂德葡萄酒品种很多元化，他们的酒目前主要在美国销售，他们也开展葡萄酒俱乐部的生意，除了重大节日之外，酒庄基本每天开门迎客，如果想坐下来品尝需要预约。

评分

2013 Pinot Gris	90 分
2011 Chardonnay Estate	91 分
2010 Pinot Noir Carneros Estate	90 分
2009 Temblor Pinot Noir	94 分
2009 Cabernet Sauvignon Napa valley	95 分

酒 庄 名：Etude

产　　量：30，000 箱

葡萄园面积：600 英亩

电　　话：707-2575300

地　　址：1250 Cuttings Wharf Road，Napa，CA94558

网　　站：www.etudewines.com

E-mail：cs_etude@etudewines.com

酒庄旅游：对外开放

开放时间为上午10点到下午4:30

第三十节

法尔年特酒庄

(Far Niente)

酒庄的名字 FarNiente 是意大利语，大意是"啥事都不用管的闲情逸致的生活"！该酒庄的所在地创建于 1885 年，然而让它焕发出今天的迷人光彩和拥有广泛知名度的则是俄克拉荷马来的富人杰尔·尼克乐（Gil Nickel）。

该酒庄是美国淘金时期的印象派画家温斯洛·霍默（Winslow Homer）的叔叔约翰·本森（John Benson）创建的，他是 1849 年加州淘金热的移民，后来酒厂因美国禁酒令而废弃。直到 1979 年，杰尔·尼克乐和太太贝丝（Beth）购买了这个酒厂和附近的葡萄园，花了三年的时间修复，在修复过程中，他们发现了刻有法尔年特（Far Niente）的石碑，觉得这个名字很不错，于是以此来命名酒庄。如今，这个石碑在酒庄内陈列，而这里已经是在政府部门有登记的一处国家历史名胜。

1998 年，他们在马林（Marin）郡的私人酒窖里发现了早先酒庄出产 1886 年的麝香甜酒，酒瓶展现了完整的酒标、木塞、酒帽，这可能是加州现存的最老的葡萄酒了。

他们发现酒标是用乌贼的墨汁画的，显然这是温斯洛·霍默的作品，霍默的研究者，历史学家艾瑞克·陆克文（Eric Rudd）也证明温斯洛·霍默也创造一些商业用途的作品，还为朋友和家人也创作一些作品，如今这一艺术作品在他们的酒窖和他们的贵腐酒中都有展示。

该酒庄的酒标是汤姆·罗德里格斯（Tom Rodrigues）设计的，包括他们的姐妹酒厂杜罗西（Dolce），尼考 & 尼考（Nickel & Nickel）、旅途（Enroute）酒厂的酒标也都是他设计的，这些酒标都是根据早期的酒标风格来设计的，呈现出古典印象派和现代派相结合的艺术风格。

早先的酒厂是一栋石头盖起的房子，石头酒窖刚开始开凿的时候本森去世，紧接着禁酒令开始而终止。1980 年，新的酒庄主杰尔继承了本森的未尽事业，开始开凿地下酒窖，他们采用英国挖煤矿的机械设备来挖掘，进行了三次挖掘，总共花费了十年的时间，终于建成了如今这恢弘的酒窖。1991 年竣工的酒窖面积为 15,060 平方英尺，1995 年竣工的酒窖面积为 13,000 平方英尺，2001 年竣工的酒窖面积为 40,000 平方英尺。

该酒庄 CEO 是德克·汉普森（Dirk Hampson），他也是酒庄的股东之一，在法国受的教育，曾经在勃艮第耕王（Labouré-Roi）和波尔多的木桐酒庄工作过，经验非常地丰富。如今主要负责该酒庄酿酒的则是出色的女性酿酒师妮可·马基西（Nicole Marchesi）。

2014 年 6 月 23 日访问他们的时候我品尝了他们 4 款葡萄酒。第一款是 2012 年霞多丽，有着清新的花香和果香，酸度较高而不激，酒体适中，回味长，是款有深度的霞多丽，陈年后会更佳。

2011 年的阔里（Quarry）葡萄园赤霞珠，新鲜浆果与绿色辛香料气息，入口单宁较为涩重，酸度比较高，酒体中等，有回味。

2009 年酒窖（Cave）精选赤霞珠，有果香和橡木结合的酒香，入口单宁感强，酸度高，酒体中等，回味长，酒依然年轻。

2007 年的杜罗西（Dolce）贵腐甜酒，"Dolce Far Niente" 是意大利语，意思是 "慵懒的快乐"，简约一点是 "悠闲"，此酒香气芬芳，有着橙蜜和花蜜的香气，酒体丰腴而甜美，回味干净。

个人觉得，他们的酒更倾向于旧世界风格，霞多丽追求苗条型的，而红葡萄酒偏精瘦型，好似书法中的瘦金体。

该酒庄是风景迷人的花园酒庄，花园非常地漂亮，他们是唯一一家在池塘上安装太阳能的纳帕酒庄，此外由于杰尔是古董车的爱好者，酒庄设有古董车收藏馆，如果预约好了参观酒庄品酒，他们经常是准备酒与小食品的搭配，比如说搭配不同的奶酪等，总之这是一家很值得访问的纳帕酒庄。

评分

2012 Estate Bottled Chardonnay	93 分
2011 Estate Bottled Cabernet Sauvignon	91 分
2009 Cave Collection Cabernet Sauvignon	95 分
2007 Dolce	95 分

酒 庄 名：Fer Niente
葡萄园面积：130 英亩
产　　量：3 万箱左右
电　　话：707-9442861
地　　址：Post Office Box327, Oakville, CA94562

网　　站：www.farniente.com
酒厂旅游：对外开放，但需要预约

第三十一节

花溪酒庄
(Flora Springs)

该酒庄位于纳帕山谷的中心区域罗斯福葡萄酒产区，玛亚卡玛（Mayacamas）的山脚下，酒庄成立于1978年，该酒庄由库梅斯（Komes）家族拥有，历经三代人，目前是纳帕山谷知名的葡萄酒庄。

"花溪"之名的"花"源于创始人福罗拉（Flora）的名字，而"溪"来自流过酒庄的溪流。该酒庄著名的奶奶福罗拉·科莫斯（Flora Komes）出生于夏威夷檀香山，1931年她从麦金利（Mckinley）护士中学毕业后到旧金山的圣达·玛利亚医学院学习护理，在这里她遇见了她的丈夫杰瑞·科莫斯（Jerry Komes），在她毕业后两人结婚。杰瑞是旧金山一位成功的商人，1977年，他们想为自己购买一处退休后的休养之地，他们和儿女们相中了一处废弃多年的十九世纪的石头建筑的老酒庄，在他的儿子约翰·库梅斯（John Komes）的建议下开始复兴酒厂。杰瑞在89岁时过世，福罗拉在2012年过世，她是位幸福长寿的老太太，活到101岁，逝世的时候身边有儿孙和亲朋好友。

约翰·库梅斯对葡萄酒的兴趣来源于他太太送给他的一个葡萄酒课程的礼物，这个课程使他对葡萄酒入了迷，在他的父母寻找养老之地的时候来到纳帕，使他萌发建立家族酒庄的想法。他

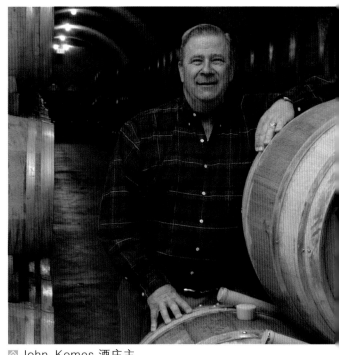

△ John_Komes 酒庄主

是位很有说服力和影响力的人，他动员全家，包括他父母、他妻子嘉丽（Carrie）、他妹妹朱莉·库梅斯·贾维（Julie Komes Garvey）和她的先生帕特里克·贾维（Patrick Garvey）到纳帕来发展家族的酒庄。约翰在旧金山原本有一家建筑公司，之后他将公司搬到了纳帕，开始修复和扩建酒庄，在他的引领下，他妹妹朱莉负责酒厂的市场和公

关，为了家族的生意，他妹夫帕特里克也从一位心理学咨询的专业人士变成了葡萄园总管。

如今约翰的儿子奈特·库梅斯（Nat Komes）成为了酒厂的总经理，他从小在酒庄帮家里人干各种各样的活，少年时他曾经觉得纳帕是个乡下地方，当他出外上学才知道纳帕的重要性，方知他家族从事的事业赋予了他们珍贵的财富。他在大学里学的是英国文学专业，还曾发表过一首诗歌，名为"夜间的旋律"，在他父亲的影响下，他开心地继承和发展家族的事业，他同样认为葡萄酒的事业需要代代相传，他娶了位法国女孩安娜为妻，育有一儿一女。

肖恩·贾维（Sean Garvey）是朱莉和帕特里克的儿子，他继承了他父亲的工作，管理酒庄的葡萄园，他从小跟随他的父亲，对葡萄园的管理可以说是耳濡目染，他是位敏感而有悟性的人，他说自己从他祖母福罗拉那里继承了敏感。他觉得自己的灵魂跟这片土地有着某种链接，他管理这里的葡萄园，充分理解葡萄树。他爱好音乐和作曲，他的太太是位摄影师，他们已经育有一子。

由于是家族的产业，因此天人合一，保护环境，可持续发展成了大家的共识。在帕特里克的精心管理下，从2008年开始，他们有些葡萄园就获得了加州的有机农业认证，到2010年有机认证的葡萄园已经达到了352英亩。此外在2007年，他们安装了6,500平方英尺的太阳能发电设施。

他们这560英亩的葡萄园分布在纳帕不同的产区，他们80%的葡萄出售给纳帕山谷其他生产优质葡萄酒的酒厂，余下的则酿造自己品牌的葡萄酒。

在葡萄酒的酿造方面由酿酒师保罗·斯特耐尔（Paul Steinauer）负责，他毕业于戴维斯分校的酿酒专业，曾经在多家酒厂工作过，有丰富的酿酒经验，他与葡萄园总管帕特里克协同作业，完全手工采摘葡萄，采用目前最为通行的做法酿造葡萄酒，他们的葡萄酒品种很多，多为平易近人的美味的葡萄酒，个人喜欢他们的长相思、灰比诺和他们的三部曲（Trilogy）葡萄酒。

该酒庄在第二代人手里发展壮大，第三代人接手已经是很大的酒庄产业，后代们在享受上辈的福荫的时候肩上同时也担着经营好酒庄的责任，目前该酒厂既做葡萄酒批发生意，也经营游客和俱乐部的生意，他们在29号公路边有一个醒目的品酒屋，对于有着650英亩葡萄园的酒庄来说，他们可以酿更多的葡萄酒。

评分

2012 Soliloquy Vineyard Sauvignon blanc·······················89 分

2012 Chardonnay Napa valley Barrel Fermented·················88 分

2013 Pinot Grigio··89 分

2012 Napa valley Merlot····································89 分

2011 Napa Valley Cabernet Sauvignon··························88 分

2011 Trilogy Napa Valley red wine···························91 分

2011 Rutherford Hillside Reserve····························90 分

酒 庄 名：Flora Springs

葡萄园面积：650 英亩

产　　量：50,000 箱

办公室电话：707-9635711

酒庄地址：1978 West Zinfandel Lane
　　　　　St. Helena，CA94574

品酒室电话：707-9678032

品酒室地址：677 St. Helena Highway 29 St.
　　　　　Helena CA94574

网　　站：www.florasprings.com

E-mail：info@florasprings.com

第三十二节

福星酒庄
（Franciscan）

　　福星酒庄位于圣·海伦娜镇和罗斯福镇之间，29号公路旁，该酒庄是纳帕较早的酒庄之一，创建于1973年，1999年被星座集团收购。福星酒庄也是纳帕优质酒的代表酒庄之一。

　　1972年，酿酒师贾斯丁·迈耶（Justin Meyer）和雷蒙·邓肯（Raymond Duncan）种植了奥克维尔的葡萄园，此二人也是银橡树酒庄的创始人。

　　1973年酒厂建立。1975年贾斯丁·迈耶购买了该酒庄。贾斯丁是纳帕山谷葡萄酒的改革者之一，他是最早酿造奥克维尔地区赤霞珠同时也是最早采用精细法酿造葡萄酒的酿酒师之一。他将不同葡萄园的种植区分别对待，分开采摘，分开酿造，这样每个地块酿造出来的酒就能体现自己独有的风味，他根据酒庄想要的风格来勾兑，这种酿酒法在当时的纳帕是很罕见的。

　　他们在1985年推出颂歌（Magnificat）品牌的葡萄酒，这是纳帕山谷第一款采用波尔多品种的调配方式酿造的酒，1987年，他们采用野生酵母酿造霞多丽，此酒名为"野生混合"（Cuvée Sauvage）。

　　福星酒庄有240英亩的葡萄园，他们主要的葡萄园位于银橡树酒庄的边上，奥克维尔十字路和纳帕河的交叉处，此地处于纳帕山谷的中间地带，圣巴勃罗（San Pablo）海湾的凉爽气流也能影响到这里，使得这里不会过热。他们以土壤和地形将葡萄园分成很多小块。这里的土壤主要是肥沃的冲击土，种植的品种主要是赤霞珠和梅乐，此外还有小维尔多、马尔贝克、品丽珠、长相思等品种。纳帕最早的优质赤霞珠也是出自这里。

他们的霞多丽葡萄园有 17 英亩，位于凉爽的卡内罗斯产区，这里的土壤是带砾石的粘土。他们的梅乐葡萄来自纳帕镇旁边的橡树丘产区。

该酒庄的酿酒哲学一直秉承贾斯丁·迈耶那种精细酿酒法，他们的酿酒团队比一般的酒厂要付出更多的工作量。目前掌管酿酒的是珍妮特·迈耶（Janet Myers），她是贾斯丁·迈耶的女儿，是位自立自强的有个性的女子，她放弃人类学博士的学位后去了伦敦，在伦敦的餐厅打工，当时她住在葡萄酒专卖店的楼上，耳濡目染使得她对葡萄酒产生了浓厚的兴趣，这使得她联想到她家族的生意，随即决定回加州戴维斯分校学习种植和酿造。毕业后她先是到罗伯特·蒙大维酒厂实习，之后到了她母亲的故乡意大利，在意大利名酒厂安蒂诺里（Antinori）酒厂实习，2003 年她到了

福星酒庄当酿酒师，2005 年成为福星的酿酒总工，对于这个位置，她的确是最好的人选。在父亲创建的酒庄，从小受父亲的言传身教，对葡萄园很熟悉，她对探索纳帕的赤霞珠有着浓厚的兴趣。

他们的品尝室的酒也比较多样化，我在他们酒庄品尝了他们经典的 4 款葡萄酒。第一款是 2012 年的长相思，酒酿造得清新，很干净，酒体圆润，酸度适中，回味中带有甘甜的感觉。

2012 年的野生酵母发酵的霞多丽，此酒是桶内发酵，有着清新的花香、果香、岩韵、香草的气息，入口酸度适中，酒体轻盈，回味长，酒很干净，是款有深度的霞多丽。

2011 年纳帕山谷的梅乐，有成熟的樱桃和李子的果香以及些许香料气息，入口单宁成熟柔顺，酒体较为丰腴，酸度适中，易饮的美味之酒。

2011 的颂歌（Magnificat），这是他们的旗舰酒，每年的混合品种的比例都不一样。2011 年的酒是采用 79% 的赤霞珠、12% 的梅乐、6% 的小维尔多、3% 的马尔贝克混合酿造的，这款酒有成熟有度的红、黑色浆果香和辛香料的气息，单宁细腻丝滑，酒体中等，回味悠长，是款精细而风格优雅的干红葡萄酒。

该酒庄是"星座"生产高端葡萄酒的酒庄，通过此次品尝我发现他们的葡萄酒确实挺出色，尤其是他们的梅乐，我认为是纳帕山谷性价比最好的梅乐之一。此外，"星座"近期收购了意大利的鲁芬诺（Ruffino S. R. L）的 40% 的股权，"福星"的销售团队也会销售鲁芬诺（Ruffino）品牌的一些酒。

评分

2012 Napa Valley Sauvignon Blanc·······89 分

2012 Cuvée Sauvage.Chardonnay·······91 分

2011 Napa Velley Merlot·······90 分

2011 Magnificat·······94+ 分

酒 庄 名：Franciscan

葡萄园面积：240 英亩

产　　量：不清楚

电　　话：707-9673830

地　　址：1178 Galleron Road at Highway
　　　　　29 St. Helena，CA94574

网　　站：www.franciscan.com

酒庄旅游：对外开放（上午 10:00 - 下午 5:00）

第三十三节

威廉山庄酒庄
(William Hill Estate Winery)

1878 年，威廉·黑尔（William Hill）在目前的酒庄所在地开拓了葡萄园并建立了酒庄，并以自己的名字来命名。2007 年盖洛（Gallo）酒业集团购买了该葡萄园和酒厂。

该酒庄位于纳帕山谷南边的西亚瓦多之路边上，位于阿特拉斯峰（Atlas Peak）的山上。他们 140 英亩的葡萄园就在山中一块谷地上，葡萄园位于西南面的斜坡上，这里采光充足，园中有池塘，景色非常地优美。葡萄园中多石块火山土，土壤贫瘠，在这里种出的葡萄果粒小，色深，酸度够，内质丰富。

葡萄园之中是他们非常现代化的酒厂，对于酿酒师拉尔夫·霍尔登利特（Ralf Holdenried）来说，他的葡萄酒是直接从身边的葡萄园开始的，他了解自己葡萄园里的葡萄，知道那块地的葡萄的具体情况比如该如何修剪，何时采摘，分类酿造等等，这为他酿造优质酒提供了非常多的便利。

威廉山庄品牌的葡萄酒品种比较多，也有来自纳帕山谷之外的葡萄酿造的酒，这里我主要关注他们纳帕山谷的威廉山庄地产葡萄酒，我在 2012 年的时候访问过这家酒庄。2014 年 8 月在我纳帕的居所里品尝了他们 2012 年的霞多丽和 2010 年份的赤霞珠。

2012 年的地产霞多丽，酒色金黄，有甜美的果香和香料气息，入口酸度结实而锐利，有类似白胡椒的麻感和甘甜的水果气息，有回味。

2010 年的地产赤霞珠葡萄酒色泽深浓，有丰富的深色浆果和干果、香草的气息，入口单宁细腻浓密，酒体饱满，回味长，是款大酒。

个人很喜欢纳帕位于海拔高的山上的葡萄酿造的酒，海拔高，葡萄的单宁通常更加地细腻，葡萄成熟度恰当，不大会过熟，能保持好的酸度，加上山上的土壤相对山谷的谷地来说更加的贫瘠，葡萄果实小，酿造出的酒内质更加地丰富。盖洛酒业集团购买这个酒庄无疑是个很好的选择，他们的赤霞珠是纳帕的优质赤霞珠之一。

✉酿酒师 Mark

盖洛酒业购买该酒厂后，使用了原酒厂的名字，在酒标上也没有见到有盖洛（GALLO）的任何标记，尽管凭盖洛的技术和实力，酿造任何优质酒都是易如反掌的事情，然而盖洛（GALLO）这个名字的酒不少人依然认为是大众酒的品牌，而威廉山庄葡萄酒显然是盖洛家族生产中高档酒的酒厂之一。

我此次在纳帕没有访问他们的索诺玛酒厂，只是品尝到了他们的酒，这些酒都是吉娜·盖洛（Gina Gallo）酿造的。我也将他们索诺玛的酒的评分放在下面。

威廉山庄是对外开放的酒厂，如果想看纳帕山上迷人的葡萄园美景和品尝他们的葡萄酒，大家可以和他们预约访问。

评分

2012 William Hill Estate Napa Valley Chardonnay···91 分

2010 William Hill Estate Napa Valley Cabernet Sauvignon·····························94 分

2012 Gallo Signature Series Russian River Valley Sonoma County Chardonnay·············92 分

2012 Gallo Signature Series Santa Lucia Highlands Pinot Noir····························94 分

2011 Gallo Signature Series Napa Valley Cabernt Sauvignon····························91 分

酒 庄 名：William Hill Estate Winery

葡萄园面积：140 英亩

地　　址：1761 Atlas Peak Road Napa, CA94558

电　　话：707-2653024

网　　站：www.williamhillestate.com

E—mail：tastingroom@williamhillestate.com

酒厂旅游：对外开放（早上 10:00 - 下午 5:00）具体休息日请查看网站

第三十四节

加奎罗酒庄
(Gargiulo Vineyards)

该酒庄位于奥克维尔地区，在 29 号公路和西亚瓦多之路之间的一个小山丘里面。酒庄创建于 2000 年，是杰夫·加奎罗（Jeff Gargiulo）和太太瓦莱丽（Valerie）一起创建的。

杰夫曾是一位成功的农夫，他和瓦莱丽一直梦想有自己的酒庄。1980 年他们来纳帕看望他们的表亲，他们的表亲于上世纪六十年代来纳帕种植葡萄，表亲觉得如果懂得农业的杰夫来纳帕就可以合作酿造杰出的纳帕葡萄酒。在表亲的帮助下，杰夫和瓦莱丽在 1992 年购买了在橡树村一块名为"钱路"（Money Road）牧场，2000 年他们又购买了名为 5750vx 这块地。

钱路农场坐落在奥克维尔的核心地区，葡萄园面积有 40 英亩，这里的土壤土层深，分层多，土壤有砂壤土和多碎石的冲击土，透气性和排水性都不错，这块地也是纳帕出产好的赤霞珠的葡萄园之一。

5750vx 这块地就是他们酒厂和家的所在地，处于山谷内的小丘陵地带，他们的葡萄园是纳帕山谷内最优美的葡萄园之一，位于波澜起伏的坡地上，土壤是含铁质的带碎石的粘壤土。这里主要种的是赤霞珠，此外还有一些品丽珠、小维尔多等。这块地面南，距离钱路牧场葡萄园也很近。

杰夫认为选地很重要，如果没有好地根本不可能有好葡萄！尤其是对于纳帕的赤霞珠来说，种它如种金子一般，而奥克维尔可算是纳帕的核心地区。杰夫除了会选地还会选择邻居，他的邻居一边是"银橡树"，另一边则是"啸鹰"。

该酒庄固定的酿酒师是克里斯托夫·安德森（Kristof Anderson）先生，他认为好的葡萄酒 90% 是来自于葡萄采摘前，此外还需要精挑细选果实，不同地块的葡萄分开酿造，之后再进行调配，他们只使用法国橡木桶。为了更好地保证出好葡萄和酿优质酒，他们还请了酿酒顾问安迪·埃里克森（Andy Erickson）以及葡萄种植顾问保罗·斯金纳（Paul Skinner）。

该酒庄主要的葡萄酒都是赤霞珠品种酿造的，此外也酿造一些霞多丽、灰比诺以及梅乐，我在该酒庄访问的时候品尝了 5 款酒。2013 年的灰比诺来自钱路牧场葡萄园，酒清新圆润，甘美。

2012 年的霞多丽是购买别人的葡萄酿造的，此酒有着苹果和橙桔的清新果香和香草气息，酸度适中，酒体适中，有回味。

2011 年的梅乐来自钱路牧场葡萄园，此酒果香丰富，单宁丝滑，酸度好，均衡，美味。

2011 年赤霞珠来自钱路牧场葡萄园，有绿色辛香料的气息和黑加仑的果香，单宁结构感较强，酒体适中，有回味。颇有波尔多红酒的风格。

2011 年的 575OVX 葡萄园的 G 大 7 书房（G Major 7 Study）赤霞珠有红色浆果和辛香料的气息，单宁强，酸度突出，酒体中等，有回味，此酒有意大利中部的韵味。

杰夫和瓦莱丽也很热衷于公益事业，2014 年的纳帕葡萄酒拍卖会他们也做了很多辅助工作，这一年拍卖成交额他们排名第四位，成交金额 51，400 美金，这些善款都捐献给了社会健康和儿童教育非营利性组织机构。

评分

2013 Pinot Gigio ·· 89+ 分

2012 Frank wood ranch Chardonnay ·················· 91 分

2011 Money Road Ranch Merlot ······················· 93 分

2011 Money Road Ranch Cabernet Sauvignon ······ 92 分

2011 575 OVX Major 7 Study Cabernet Sauvignon ······ 94 分

酒 庄 名：Gagiulo Vineyards

葡萄园面积：30 英亩

产　　量：4，500 箱

电　　话：707-9442770

地　　址：Fine Seventy Five Oakville Crossoad Napa，CA94558

网　　站：www.gargiulovineyards.com

酒厂旅游：需要预约

第三十五节

恩泽家族酒庄
(Grace Family)

恩泽酒庄是纳帕著名的酒庄之一，这是一个小巧玲珑的酒庄，酿酒设备小而精致，酒厂周围是自家的葡萄园，这里不仅是酒庄，也是酒庄主的家。

酒庄主李查·格雷斯（Richard Grace）是位传奇人物，他曾经是位酗酒者，当过海军，从事过股票市场的生意，在史密斯·巴尼（Smith Barney）公司工作了35年，是公司顶尖的销售员之一，2000年退休时他已经做到了高级副总裁。

《酒庄主

他的父亲出生在上海，这是他奶奶与一位名为派克（Parker）的男人第一次婚姻所生，他奶奶的第二任丈夫名为约翰·格雷斯（John Grace），这也是他家族姓氏的来源。

李查在中学的时候就认识了他的太太安（Ann），22岁就当了父亲，他与安育有三个孩子，大儿子柯克（Kirk）对管理葡萄园有兴趣，之后与当地女子结婚，如今已经是纳帕地区令人尊敬的葡萄园管理者；另外一个儿子马克（Mark）从事财富管理方面工作，也挺成功。女儿可恩（Kim）已经嫁人。

1975年的12月，李查和安来纳帕旅游，在福瑞马克修道院（Freemark Abbey）酒厂品酒，当时该酒厂有位名叫迈克·里奇满（Mike Richmond）的人请他们来参加酒厂每年一月份的金粉黛品尝晚宴。1976年1月他们如约而至，当他们在所住酒店早上喝咖啡的时候，有位名叫Ned Smith的人跟他们讲在半英里远的地方有一处1881年的维多利亚式的房子出售，问他们有没有兴趣看看。当时这房子已经几年没人居住，房子外观还不错，里面一团糟，有老鼠和鸟窝，窗玻璃也碎了，不过他对这房子有感觉，之后他们决定买下来。

李查的新朋友迈克·里奇满建议李查在房子边的地里种上葡萄树，并告诉他葡萄树像人，相互竞争才会有好品质，让李查增加葡萄树的种植密度，少浇水。迈克·里奇满还介绍福瑞马克修道院酒厂的葡萄园经理洛里（Lorrie）与李查认识，洛里建议他们种上了名为博士（Bosche）的赤霞珠克隆品种。1976年3月在他们0.4公顷的土地上种上了1，140棵葡萄树，到1994年他们每公顷的种植密度达到了3，460棵葡萄树。

1978年9月他们开始他们第一次的葡萄收成，全家和几个朋友齐上阵采摘，原本李查想将葡萄卖给他的朋友查利·瓦格纳（Charlie Wagner），此人在卡慕斯（Caymus）酒厂工作，有着丰富经验的查利品尝了葡萄，认为他们的葡萄品质很好，建议他在卡慕斯酒厂酿好后自己保留。李查第一年的收成酿成的酒装了两个橡木桶，装瓶后共50箱。

李查1978年的酒于1981年开始销售，当时第一个年份的酒想卖给旧金山的葡萄酒公司，当他开车去旧金山的路上，对于酒商得50%的利润他一直很不爽，他心里算了一笔帐：今天酿成的成品酒，他的付出是买地、整理地、买克隆的赤霞珠苗木、种上葡萄，最起码两年、采收葡萄、将葡萄运到卡慕斯酒厂、酿成酒、买新桶、照顾这些酒、装瓶、贴标、申报、装箱、再亲自开车运到酒商那里，而酒商只不过卖掉酒就能得50%的利润，凭什么?!所以他决定他的酒没有批发价，只有一个价，当年李查的酒价格是25美元一瓶，而那家旧金山的酒公司品尝了他的酒觉得很出色就全部买走了。今天，李查的酒基本上都是直销给客户，即使他们卖给批发商也都是一个价，正牌每瓶225美金，副牌每瓶150美金。

对于李查来说，他的成功是在于他尽最大的努力酿造优质酒，无论是葡萄园的管理还是酿造葡萄酒方面必需的硬件，他都要求最好的，他也给他们的酿酒师加里·布鲁克曼（Gary Brookman）最大的权限。

我这次品尝了他们正副牌的酒，个人感觉他们的风格属于较为传统的优雅风格，我说的传统指的是偏向波尔多风格的纳帕酒，追求酒精度不高，单宁酸相对高的内敛优雅的葡萄酒。他们正牌酒的年产量一般在 450-500 箱之间。副牌酒的年产量也在 450-500 箱之间。

2010 年的地产（Estate Grown）赤霞珠正牌酒闻起来有一些绿色辛香料气息，单宁酸突出，酒体中等，内敛紧致，回味长，酒显然还年轻，起码有十年以上的陈年潜力。2010 年的副牌"黑牌"（Black）有着成熟的深色浆果气息，酒味更加的甜美，单宁细腻，酒体相对饱满，也较为紧致，有回味，此酒有一定的陈年潜质。而 2011 年的正牌则可以早饮。

李查和安夫妻俩可是大善人！李查每年将卖葡萄酒的所有的利润所得都用来做慈善，这些钱能帮助上千名儿童，因为他们有一种帮助世界各地的孩子的使命感，尤其是西藏的孩子们，不少人得到他们的帮助。在帮助孩子们的过程中他们体会了生命的意义，看着他们夫妻俩的眼神，感觉他们就是上天派到人间的天使！所以我觉得这家酒庄翻译为恩泽酒庄是很贴切的。

评分

2010 Grace Family Cabernet Sauvignon·····································96 分
2010 Blank···94 分

酒 庄 名：Grace Family
自有葡萄园：3 英亩
产　　量：1,000 箱左右
酒厂地址：1210 Rockland Drive St. Helena，CA94574
电　　话：707-9630808
酒厂访问：不对外开放

第三十六节

哥格山酒庄
(Grgich Hills Estate)

　　该酒庄是由迈克·哥格（Miljenko Grgich，又名 Mike Grgich）与奥斯丁·希尔斯（Austin Hills）以及 Marry Lee 于 1977 年创建的，该酒庄位于罗斯福地区的 29 号公路边上，是纳帕酒庄旅游的热门酒庄之一。

　　迈克·哥格（Mike Grgich）成名且带动了后来的哥格山酒庄成名主要是因为所酿造的 1973 年的蒙特丽娜城堡酒庄(Chateau Montelen)霞多丽，此酒在 1976 年的巴黎评比中荣获霞多丽干白的冠军，这不仅改变了纳帕的命运，同时也给他带来了之后的好运。

　　在巴黎评比之后，咖啡商人奥斯丁来找迈克，奥斯丁表示，他对葡萄酒有兴趣，曾经有自己贴牌的葡萄酒，他卖掉了咖啡公司，现在有钱，他和姐姐想找酿酒师酿造世界顶级葡萄酒，而迈克已经是知名的酿酒师并有着丰富的酒厂管理经验，他们一拍即合，1977 年 4 月 7 日他与奥斯汀·贺尔（Austin Hills）建立了哥格山酒庄。

　　迈克·哥格和罗伯特·蒙大维是同一时代的人。他 1923 年出生于克罗地亚，他的家族拥有自己的葡萄园和小酒厂，1949 年，他到南斯拉夫的萨格勒布（Zagreb）大学就读葡萄酒的种植和酿造专业，1954 年获得联合国奖学金到西德学习，几经转折，他在一家纳帕酒厂得到一个工作机会，这使他拿到了美国签证，1958 年，他鞋里踹着 32 元美金来到纳帕。1962 年，他在圣海伦娜与塔提亚娜·基斯米兹（Tatjana Čizmić）结婚，1965 年他的女儿维奥莱特（Violet）诞生，到了 1968 年，他到罗伯特·蒙大维酒厂从事酿酒工作，1972 年正式成为酿酒师。后来他到了蒙特丽娜城堡酒庄酿酒。

　　自 1977 年开始，该酒庄陆续买进葡萄园，如今葡萄园的面积达 366 英亩。他们非常重视环境保护和葡萄园的可持续发展，使用太阳能，他们

▽酒庄主

的葡萄园自 2000 年开始完全是有机种植，不使用任何的化肥、农药、除草剂，此外他们使用天然的酵母发酵葡萄酒。

他们的葡萄园共有 5 个。在美国佳运（American Canyon）产区的葡萄园，比卡内罗斯还要凉爽一些，这里的土壤主要是砂壤土和带板岩的粘壤土，这是他们面积最大的一个葡萄园，种有 99 英亩的霞多丽、50 英亩的长相思，11 英亩的梅乐。

他们在凉爽的卡内罗斯的葡萄园种有 73 英亩的霞多丽，还有少许梅乐、长相思、品丽珠。他们位于杨特维尔地区的葡萄园主要种植的是红葡萄品种，这里有 1959 年种植的 54 英亩的赤霞珠、5 英亩的梅乐、5.4 英亩的小维尔多。卢瑟福地区的葡萄园有 17.3 英亩的赤霞珠，1 英亩的小维尔多，这里的土壤主要是带碎石的粘壤土。

1997 年，迈克在卡里斯托加购买了一块有百年树龄的老金粉黛葡萄园，并以他克罗地亚的名字迈克（Miljenko）来命名，还将自己的家建在这里。

他们的霞多丽自 1981 年开始多次被白宫用于招待国宾。他的霞多丽和金粉黛屡次获奖，同时也得到了酒类媒体的高度评价。

作为一名东欧裔的酿酒技术人员，迈克在美国获得了很大的成功，不仅衣锦还乡，还在自己的家乡克罗地亚建立了哥格·维娜（Grgić Vina）酒厂，在他 72 岁的时候，他最早学习种植和酿造的南斯拉夫的萨格勒布（Zagreb）大学给他补发了毕业证书。2013 年，已经 90 岁高龄的他在纳帕安享幸福晚年。

迈克的女儿维奥莱特学习音乐，又在加州戴维斯大学学习过生物、化工和酿造，她父亲教她

从事葡萄酒的生意，1988 年她正式成为酒庄员工，如今是酒厂的副总裁，主要负责酒庄的管理和销售。

酒庄的另一位得力干将是迈克的侄子伊沃·杰拉玛兹（Ivo Jeramaz），他出生于克罗地亚的葡萄农家庭，在 Zagreb 大学学过酿酒，1986 年，迈克将他带到梦寐以求的美国，他到叔叔的酒庄后从酒庄的车间干杂活开始，几乎干遍了酒庄的各种活，他勤奋好学，之后又在加州戴维斯分校进修，而更多的是跟他的叔叔学习种植和酿酒技术和经验，如今他是酒庄的副总裁，负责葡萄园和酿酒工作，他和他的家人也住在纳帕。

他们的霞多丽干白采用野生酵母发酵，两款酒都是两个葡萄园不同的克隆品种。他们的霞多丽分两种，一种是纳帕山谷的霞多丽，此酒是他们的主要产品，产量在两万五千箱左右。

我品尝他们 2011 年的霞多丽，有热带水果、香草以及少许矿物质气息，入口有愉悦的酸度，酒体较为饱满，有回味。另一款霞多丽标有迈克肖像，这款为 2011 年份，没有做苹果酸乳酸发酵，此酒的香气要更为丰富和成熟，酒体也更加地饱满，酸度锐利，纳帕山谷经典的霞多丽风格，此酒的年产量在五百箱左右。

此外，长相思也是他们重要品种，他们也是纳帕山谷最早做长相思的酒庄之一，他们 2012 年份长相思干白品种香很典型，圆润的，酸度很爽脆。

金粉黛也是他们重要的产品，2010 年的金粉黛有着成熟甜美的浆果和熟李子的香气，单宁成熟，入口酒体偏重但不失优雅，有一定的酸度来均衡。此酒的年产量在七千箱左右。

他们梅乐的风格饱满而精细，2009 年的梅乐单宁丝滑，酒体较为饱满，酸度较高，酒很紧实，

有回味。此酒的年产量在四千箱左右。

　　他们的赤霞珠有两款，第一款是纳帕山谷 2010 年份的酒，果香丰沛，单宁紧致而细腻，酒体中等偏上，均衡感不错，此酒产量在一万四千箱左右。另一款赤霞珠是他们杨特维尔精选酒，更多的成熟的深色浆果和香料气息，酒体重，回味长。

　　该酒厂还有更多其他的葡萄酒，有的酒可能只在他们酒庄的店铺里有销售。我所品尝的酒他们基本上是可以做出口的。

评分

2011 Napa Valley Chardonnay ··· 91 分

2011 Grgich Hills Estate Paris Tasting Chardonnay ······················· 95 分

2012 Napa Valley Fumé Blanc ··· 90 分

2010 Napa Valley Cabernet Sauvignon ·· 91 分

2009 Napa Valley Merlot ··· 93 分

2009 Yountville Selection Cabernet Sauvignon ······························· 95 分

酒 庄 名：Grgich Hills Estate

产　　量：65，000 箱

葡萄园面积：366 英亩

电　　话：（800）532-3057

传　　真：707-9638725

地　　址：1829 St. Helena Hwy Post Office
　　　　　Box 450 Rutherford，CA94573

网　　站：www.grgich.com

E-mail：info@grgich.com

酒厂访问：对外开放

每天开放时间：上午 09:30 - 下午 4:00

第三十七节

殿堂酒庄
(Hall)

殿堂酒庄位于纳帕的核心地带圣海伦娜地区，29号公路边上，该酒庄除了路边有醒目的"HALL"的名字，更让人过目不忘的是葡萄园中一个巨大的银色兔子的雕塑。

该酒庄是凯瑟琳·瓦尔特·霍尔（Kathryn Walt Hall）和她的先生克雷格·霍尔（Craig Hall）创建的，克雷格是美国的企业家和投资人，在地产和酒店业的投资很成功。而凯瑟琳·瓦尔特更是了不起，她精通法语和德语，在政商两界都非常地成功，1997年-2001年她曾经担任美国驻奥地利大使一职，在这期间她就积极地在欧洲推广美国葡萄酒。

凯瑟琳建立殿堂酒庄，跟她出生的家庭有着密切的关系。早在1972年她家就在门多西诺县（Mendocino）拥有自己的葡萄园，他们出售葡萄给纳帕别的酒厂的同时也少量酿造"沃尔特葡萄园"（Walt Vineyards）标签的葡萄酒，尽管她后来从商和从政，葡萄酒一直是她生活中重要的一部分，她嫁给克雷格后育有两个孩子。

殿堂酒庄于2005年才全面建成，酒厂内原来有一处1885年的名为伯格菲尔德（BERGFELD）的老建筑被他们修缮一新，里面改造成了品酒室或者举办大型活动的场所。酒庄入口处有田园牧歌式的羊群、骆驼、枯树枝编制的房子，这些与纳帕当地的茅草相映成趣，别有风味。

在花园的另一侧还有各式各样的雕塑，最有风水意味的是葡萄园边上的涌水池，池边是一排排遮阳伞，伞下可供游人休闲和品饮美酒，看着水池对面的葡萄园和纳帕绿意盎然的山色，很有诗意。他们酒厂内部也有形形色色的艺术品，布置得美轮美奂。

他们在纳帕山谷的罗斯福、圣海伦娜、阿特拉斯峰（Atlas Peak）、索诺玛以及纳帕山谷的其他地方都拥有自己的葡萄园，葡萄园的面积有五百多英亩，主要种植的品种有霞多丽、赤霞珠、黑比诺。此外，他们在葡萄克隆品种方面非常的重视，通常一个品种有多个不同的克隆，其目的也是增加酒的丰富性。

他们也和纳帕山谷不少优秀酒厂一样重视葡萄园可持续发展，有的葡萄园完全是有机种植，在葡萄的采摘方面也是精挑细选，成熟、没有破损的干净的葡萄对于酿造优质酒是很重要的。此外他们追求葡萄低产，在品尝他们的葡萄酒的时候我觉得他们对产量控制几乎到了苛刻的地步。

他们的酿酒师总工是斯蒂夫·莱韦斯克（Steve Leveque），他曾经在罗伯特·蒙大维酒厂工作16年，得到过提恩（Tim Mondavi）这样的名师指点，也曾在索诺玛的白垩山酒厂做过酿酒师，他的酿酒哲学是做出反映葡萄本色的葡萄酒。他们酿造有的酒采用天然酵母。我通过品尝他们的酒，觉得他们酿造酒相当严谨。

该酒厂的品种很多，我在该酒厂品尝了7款来自纳帕和索诺玛葡萄园的葡萄酒，总体感觉他们的葡萄酒浓稠、饱满、甘美、柔顺。他们沃尔特（Walt）品牌"圣丽塔山的丽塔的皇冠"（Rita's Crown，St. Rita Hill）的黑比诺几乎是我品尝过的最为浓郁的黑比诺。HALL品牌的红葡萄酒普遍都浓稠，饱满，甘美，单宁成熟。

该酒庄尽管成立时间不算长，但却赢得了不少好名声，他们的酒也被白宫当成了招待国宾的用酒之一，也曾经招待过我们国家的领导人，这些主要应该归功于酒庄女主人的长袖善舞，当然他们的酒也很给力。对于游客来说，这个酒厂是个度假休闲的好去处。

评分

2012 WALT "La Brisa" Sonoma County Chardonnay ······················ 91 分

2012 "La Brisa" Sonoma County pinot Noir ························· 90 分

2012 WALT "Rita's Crown" St·Rita Hills Pinot Noir ··············· 93 分

2011 HALL Napa Valley Cabernet Sauvignon ···························· 92 分

2011 HALL Napa Valley Merlot ······································· 90 分

2011 HALL Craig's Cuvée red Wine ·································· 89 分

2011 HALL "Jack's Masterpiece" Cabernet Sauvignon ············· 95 分

酒 庄 名：Hall

葡萄园面积：500 英亩

葡萄酒产量：80，000-90，000 箱

电　　话：707-9672626

地　　址：401 St.Helena Hwy South
　　　　　St.Helena，CA94574

网　　站：www.hallwines.com

E-mail：info@hallwines.com

酒庄旅游：对外开放

第三十八节

海德·维伦酒厂 HDV
(Hyde de Villaine)

这家酒厂建于2003年，它位于纳帕市的北边。酒厂是大名鼎鼎的罗曼尼·康帝的掌门人奥伯特·维兰（Aubert de Villaine）和帕梅拉·维兰（Pamela de Villaine）夫妻俩与纳帕的海德（Hyde）葡萄园公司合资的，酒厂名是两家的姓氏。

奥伯特·维兰娶了海德（Hyde）的表亲姊妹帕梅拉，这家酒庄也缘于这种姻亲关系建立，这同时也意味着美国产地葡萄与法国勃艮第最优秀的酿酒知识和经验的结合，他们的酒也应该是美法合资的结晶！

▽酒庄主

拉里·海德（Larry Hyde）出生于加州一个农民家庭，三十年前他来到了纳帕，先是在纳帕的一些优秀的酒厂做学徒，等掌握了当地的行情之后，1979年，他非常有先见之明地在纳帕的凉爽产区卡内罗斯（Carneros）购买了葡萄园，如今他的海德葡萄园已经是卡内罗斯地区赫赫有名的葡萄园了，纳帕和索诺玛一些有名的酒庄也从他们葡萄园购买葡萄，如派真豪（Patz Hall），斯蒂伍·凯斯特勒·（Stive Kistler），雷米（Remey），世酿伯格（Schramsberg），罗伯特·蒙大维（Robert Mondavi），约瑟夫·菲尔普斯（Joseph Phelps）等等酒厂。也可以说是拉里的带动提升了卡内罗斯地区葡萄的品质，同时也提高了葡萄园的含金量。

他们的酿酒师斯特凡·维维尔（Stéphane Vivier）是位法国人，在大学里学的是种植和酿造专业，2002年加入他们酒厂，他有着丰富的管理葡萄园和酿酒的经验和阅历，曾经在法国的波玛（Pommard）、默尔索（Meursault）、霞桑尼·蒙和邂（Chassagne-Montrache）以及新世界的新西兰和索诺玛海岸酿过酒，他的学识和丰富的经验使得他们在葡萄种植管理以及酿造方面更加地协调和精准。如果他不在葡萄园，他就在位于纳帕的小酒厂里，酒厂阁楼是他的办公室，还有一

☒ Charles AJ Fairbanks

☒ 酿酒师

条忠诚的狗陪伴他。

如今酒厂的总裁是两家的亲戚查尔斯 AJ 费尔班克斯（Charles "AJ" Fairbanks），他既是海德家的堂弟，又是奥伯特和帕梅拉·维兰（Aubert and Pamela de Villaine）的侄子，大学里学市场营销专业，有数年广告和营销的从业经验，2006年加入酒厂，主要是管理和协调酒厂的运营。

海德葡萄园已经是卡内罗斯标志性的葡萄园，位于古老的河床上，表土是浅浅的肥沃的壤土，这里也是纳帕有名的凉爽产区，受圣·巴勃罗海湾（San Pablo Bay）冷凉的空气和雾的影响，造就了这里非常适合于种植白葡萄品种和黑比诺的环境。在葡萄种植方面，他们不使用化学肥料和除草剂，因为化学药剂杀死有害的微生物和细菌的同时也杀死了有益的微生物和细菌；他们允许葡萄树有少量的病虫害，让葡萄树凭自身的抵抗力去抵抗病虫害，鼓励健康的微生物生态系统和自然平衡；发展永续经营的农业则是他们管理葡萄园的哲学。

他们的葡萄酒酿造哲学是尽量少用人工和机械干涉葡萄酒的酿造，一般来说，他们都是人工采摘，葡萄进厂经过严格的手工分拣，打循环的时候用重力不用打泵机器，不同葡萄园区块的酒进入不同的容器，使得不同地块的葡萄酒有自己鲜明的特色，最后的调配由酿酒师斯特凡（Stéphane）来做决定。

HDV 的葡萄酒分两类，一类是公开出售的，一类是只供应会员的葡萄酒，HDV 的主要产品则是 HDV 霞多丽，他们出名的也是这款酒，如今30% 的酒直销，40% 的酒出口，酒的价格在网上都是公开的，一般进口商可以有 20% 的折扣。

我这次品尝了他们 4 款葡萄酒。基本款的霞多丽格（De la Guerra），2012 年份，说是年轻的葡萄树，他们管 17 年以下的葡萄酒都称为年轻的树，此酒有着清新愉悦的柠橙和岩韵气息，酸很有力度，酒体圆润，有一定的回味，是让人流口水的酒，此酒零售45元一瓶，是款有性价比的优质干白。此酒的年产量一般在两百多箱。

第二款是HDV霞多丽，产量在1,920箱，2011年海德（Hyde）酒庄的霞多丽酒还真让人误以为是勃艮第干白，有着丰富的香气，有来自葡萄园的丝丝农庄气息、柠橙、杏、香草等混合气息，入口酒体饱满，酸度铿锵，酸甜均衡，回味悠长。

第三款是加州希拉（Califormio Syrah），2010年的产量为323箱，希拉在纳帕一直是被忽视的品种，其实该品种在纳帕的表现很不错，而这家的希拉无疑也是优质希拉的代表之一，有着少许花椒和胡椒以及尤加利的辛香混合着深色浆果气息，单宁细腻柔顺，酒体丰润，有美好的果甜气息，有回味。

第四款美丽的表妹（Belle Cousine）红葡萄酒是赤霞珠和梅乐混酿的，年产量为567箱，2010年的酒色泽深浓，有着成熟恰好的新鲜的深色浆果香和辛香料气息，单宁细腻，酒体饱满，回味中带出少许果甜味，是款优雅的干红。

评分

2012 De La Guerra Chardonnay ·· 94 分

2011 Hyde Vineyard HDV Chardonnay ·· 98 分

2010 Belle Cousine Hyde Vineyard ··· 96 分

2010 Califormio Hyde Vineyard Syrah ·· 95 分

酒 庄 名：HDV（Hyde De Villaine）

种植面积：150英亩，自用70英亩

产　　量：3,500箱

地　　址：Hyde de Villaine Wines,
　　　　　588 Trancas Street Napa, CA 94558

电　　话：707-2519121

网　　站：www.hdvwines.com
E-mail：generalmanager@hdvwines.com

酒厂旅游：不对外开放

第三十九节

贺滋酒窖
(Heitz Cellars)

  这是一家重视传承的家族葡萄酒厂，我在不同的场合品尝过他们的酒，感觉他们的酒的品质一直平稳而出色，他们的酿酒哲学和酒也折射出了葡萄酒业的一种精神，即在家族中传承，持之以恒地酿造优质葡萄酒，追求可持续的发展！也正是这种精神，让他们赢得了同行业和消费者的尊敬和爱戴！

  该酒厂是乔·贺滋（Joe Heitz）和他太太爱丽丝·贺滋（Alice Heitz）创建的。乔在美国著名的加州大学戴维斯酿酒分校（U.C.Davis）获得了硕士学位，毕业后曾在中央山谷一带的酒厂做过酿酒师，1951年他来到了纳帕，他曾经做过著名酿酒师安德烈·切列斯切夫（André Tchelistcheff）的助手。1961年，他们夫妻俩在圣海伦娜购买了8英亩的葡萄园，开始小规模地酿造了自己的葡萄酒，乔当时革新的酿酒方法使他的酒得到了葡萄酒品鉴家的赞誉，事业进展顺利。

  1964年，他们在春山山谷中又购买了160英亩葡萄园，乔开始重点酿造赤霞珠这个品种。那个时候纳帕其实没有多少家葡萄酒厂，具有新的酿酒技术和丰富经验的乔已经是其他酿酒师的老师了。

  乔和爱丽丝偶然发现了奥克维尔地区的汤姆（Tom）和玛撒（Martha）葡萄园的葡萄很出色，与他们签订了购买葡萄的长期协议，并在酒标标出玛撒（Martha）葡萄园的名字。1966年，乔酿造出了玛撒葡萄园的赤霞珠葡萄酒，这款酒取得了空前的成功，这种葡萄园拥有者和酿造者同时出现在酒标上确实开创了纳帕谷一种合作的先例，出色的酿酒师采用优质葡萄酿造出好酒，双方都受益，而他们也一起合作了已经有48年了。

  现如今，他们拥有的土地面积在1,000英亩，其中葡萄园有400英亩，这些葡萄园都分布在纳帕的各个AVA产区，他们的葡萄园基本都是有机种植，获得了加州有机农业（CCOF）认证，出产

▼酒庄主 Kathleen Heitz Myers

的葡萄部分自己用，部分卖掉。

乔于 2000 年 12 月逝世，爱丽丝住在酒厂旁边，还时不时过问酒厂事务。他们育有一子一女，孩子们 1970 年已经开始介入酒厂的工作，儿子大卫·贺滋（David Heitz）主内，主要负责酿酒，女儿凯思琳·贺滋·迈尔斯（Kathleen Heitz Myers）主外，负责市场和销售。

我访问他们的时候有幸得到了凯思琳的接待，她曾经在瑞士上过学，走过不少的国家，这些经历充分拓展了她的视野。如今她是公司的总裁和CEO，对于父母开辟的葡萄酒事业她一直持有继往开来的思想，她说，她的父母实现了他们的美国梦，也鼓励子女们去实现自己的梦想，父母希望他们在继承家族的生意之前，到纳帕外面去单飞，磨练自己翅膀，将来面对复杂的事情的时候，才能独当一面。她一直教育和鼓励下一代在继承家族的优秀传统的同时要敢于创新，尤其是葡萄酒产业，在农业技术和酿酒技术日新月异的情况下，他们也要赶得上时代的发展。

对于酒厂的规模，大卫曾说过，他们的酒厂和产量一直保持在中等规模，这对于他们的可持续发展来说这是安全的。葡萄酒是每年都生产的，这就需要协调好葡萄种植、酿造、消费者之间的关系，因为葡萄酒是永续的生意，他们时刻将品质放在第一位，因为这酒标上标的是他们家族名字。

他们酿造的葡萄酒品种有 8 种，其中赤霞珠有 3 种，其它的干白有长相思、霞多丽，格利尼奥利诺（Grignolino）粉红，金粉黛以及波特酒，我这次共品尝了他们 5 款葡萄酒。

第一款是 2013 年的长相思，年产量在一千五百箱左右。葡萄是来自他们豪威尔（Howell）山的油墨级（Ink Grade）葡萄园，这里的气候是早上凉，下午温暖。此酒的品种香典型，此外也带有一些热带水果如蜜瓜、少许香蕉的气息，入口圆润，酸度活泼愉悦，有回味。

第二款是 2013 年的霞多丽，此酒年产量为 5,000 箱，酿造这款酒的葡萄来自纳帕的多个葡萄园，有各种不同的克隆品种，此酒香气浓郁而丰富，充满了苹果、柑橘和蜜瓜的香气，入口酸度颇为铿锵又愉悦，酒体平衡，回味长。

第三款是他们 2009 年的纳帕山谷赤霞珠，采用100% 赤霞珠酿造，年产量在15,000-20,000 箱，这是他们的主要产品，酿造这款酒的葡萄来自于纳帕山谷的多个葡萄园。此酒色泽为中深酒红色，果味与橡木味已然结合，酒香已经呈现，混合着香草和辛香料和成熟的果香，入口单宁结构感不错，有一定的酸度，酒体较为饱满，有回味。

第四款是 2007 年产自他们的知名葡萄园山径边（Trailside）葡萄园的赤霞珠，这是他们相当重要的葡萄酒，酒香十足，有着深红色浆果香和辛香料气息，入口甜美，单宁细腻，有一定的酸度，有架构感，酒体颇为饱满，回味长，是款美味的酒。

第五款为1997年的玛莎（Martha's）葡萄园的赤霞珠，也许是为了让我感受他们葡萄酒的陈年能力，他们拿出1997年份的老酒，此酒的色泽深红透着黄色边缘，有着成熟的红色浆果和香草的气息，入口的单宁细腻，有一定的酸度，酒香四溢，口腔内有口水涌出，此酒的酒体依然较为饱满，有回味。

总体来说，他们的酒是那种纳帕经典风格的，讲求适中的酒体，不是那么过分的浓缩，具有一定的陈年能力，是能在餐桌上愉快享用的酒。

评分

2013 Sauvignon Blanc ·· 90 分
2013 Chardonnay ··· 94 分
2009 Napa Valley Cabernet Sauvignon ···················· 93 分
2007 Trailside Vineyard Cabernet Sauvignon ············ 96 分
1997 Martha's Vineyard Cabernet Sauvignon ············ 96 分

酒 庄 名：Heitz Cellar
种植面积：400 英亩
产　　量：35,000-40,000 箱
通讯地址：500 Taplin Road St. Helena, California 94574
品酒室和零售地址：436 St. Helena Highway St. Helena, California

电　　话：707-9633542
网　　站：www.heitzcellar.com
品酒室和零售店开放时间：每天开放
早上11点－下午4点

第四十节

炉边酒庄
(Inglenook Vineyard)

炉边酒庄是纳帕历史悠久的酒庄之一，"INGLENOOK"这个词在苏格兰语里面有"舒适的角落"的意思。它是1880年由芬兰船长古斯塔夫·费迪南德·尼布姆（Gustav Ferdinand Nybom，后结婚时改名为Gustave Niebaum）创建的。他太太的外孙女的儿子约翰·丹尼尔（John Daniel）继承产业后将他们的葡萄酒销售到了海外，上世纪四十年代他们的赤霞珠红葡萄酒已经广为人知。

1975年，著名的电影导演弗朗西斯-福特-科波拉（Francis Ford Coppola）和太太埃莉诺（Eleanor）买下这个酒庄，经过四十年的努力，恢复和修建了今天的迷人酒庄，该酒庄是纳帕旅游的最热门的酒庄之一。

炉边酒庄的历史其实也是纳帕葡萄酒历史中一个重要的内容。酒庄创始人古斯塔夫·尼布姆（Gustave Niebaum）于1842年出生于芬兰的首都，他在学校里学的是海军，22岁当船长，当时主要是来阿拉斯加运毛皮，26岁他就在旧金山成立了自己的公司并拥有自己船，从事运输毛皮和三文鱼的生意，1973年他与加州当地女子Susan Shingleberger结婚。他的生意非常成功，在1880年，他的财富就超过一千万美元。

古斯塔夫·尼布姆非常喜欢葡萄酒，他本想到欧洲建立一个酒庄，但是他的妻子苏三（Susan）反对，苏三坚持要住在旧金山附近，这使得他决定到纳帕寻找合适之地。1873-1879年期间美国经济不景气，名为"炉边"的这块葡萄园最早是杨特维尔的发现者乔治·杨特的女婿威廉·C·华生（William C. Watson）买下后并命名的，1979年被卖给了加州大学黑斯廷斯（Hastings）法律学校的创始人克林顿·黑斯廷斯（Clinton Hastings）法官。隔年，古斯塔夫·尼布姆古买下了78英亩的"炉边"土地和另外一块440英亩的土地，并

请当时知名的设计师设计城堡，当年他去波尔多运回了一些苗木，如今的赤霞珠 29 号克隆又名尼布姆（Niebaum）克隆，就是他当时从波尔多引进的。1882 年，又从波尔多引进了梅乐，他是纳帕首个引进梅乐品种的人。

1882 年，他们在临时酒窖生产了三万三千多箱葡萄酒，这是他们第一个年份的酒，同年他们又购买了 712 英亩的地，同时开始挖掘酒窖，1883 年开始修建城堡，于 1888 年建成，这个建筑可能是当时新世界最宏伟的城堡酒庄了。

1886 年，他们的酒就被纽约的重要酒商采购并销售，一直到 1908 年古斯塔夫·尼布姆逝世之前，他们的酒已屡次在国际上得奖，葡萄酒被白宫当招待国宾用酒，酒也曾经卖到日本、墨西哥等地。在古斯塔夫·尼布姆逝世后，他们酒厂曾关门三年，1919-1933 年美国禁酒令期间他们更是不能生产葡萄酒，古斯塔夫·尼布姆的太太将葡萄卖给柏里欧（Beaulieu）酒厂用来酿造圣酒和制造医药用途的产品。

1934 年，古斯塔夫·尼布姆太太的外孙女的儿子小约翰·丹尼尔（John Daniel Jr.）参与了家族的葡萄酒生意，他带着炉边葡萄酒参加国际展览会，在"二战"期间，他将葡萄酒出口到法国、德国和意大利，1941 年他们的赤霞珠获得了《葡萄酒观察家》（WineSpectator）杂志的 100 分高分，炉边酒庄也是在他手里获得了更为广泛的知名度。

1960 年约翰创建了名为"桶"（Cask）的牌子，1964 年由于城堡的修缮和更新设备需要花钱，加上他已经快六十岁，他决定卖掉炉边的名字、城堡以及 94 英亩的土地，这 94 英亩中包涵 72 英亩的葡萄园。而他自己保留了他们自己的房子以及 1，500 英亩的土地。1970 年小约翰·丹尼尔死

后，他的遗孀和两个女儿卖掉了土地。

1972 年，美国著名的制片人弗朗西斯 - 福特 - 科波拉（曾制作过知名影片《教父》）在寻找一块家庭修养之地时看上了纳帕这片地产，他用制作《教父》电影的收益通过拍卖得到了炉边 1，700 英亩的土地。1978 年，他的第一个年份的葡萄酒尼布姆 - 科波拉（Niebaum-Coppola）牌波尔多式混酿的赤霞珠诞生。1983 年他们出产了名为"罗宾汉（Rubicon）1978"的餐酒。

1995 年他买回了城堡和原来酒庄一系列的酒标和牌子并重新设计，1997 年酒厂建立了博物馆，1998-2000 年期间恢复生产了小约翰·丹尼尔（John DanielJr）所创造的"桶"（Cask）赤霞珠和布兰克尼奥克斯（Blancaneaux）的白葡萄酒，2002 年他又购买了 J·J·科恩（J. J. Cohn）牌子，之后他将尼布姆 - 科波拉（Niebaum-Coppola）地产改为"罗宾汉（Rubicon）地产"。

2011 年，他高薪聘请了曾在波尔多玛歌酒庄做过酿酒师的菲利普·巴斯特布尔（Philippe Bascaules）做酒厂总管，科波拉希望他们葡萄酒的风格要有旧世界风格，低酒精度，不追求浓郁酒体，橡木味不浓重，追求平衡、复杂、优雅风格。Philippe 从葡萄的种植到酿造都都很精心，他表示："他必须了解葡萄园和葡萄的特性，如果只是买葡萄，要酿造出他要求的葡萄酒很难，纳帕不同于波尔多，他们在采摘葡萄的时候会稍微早一点采摘，他坚决反对葡萄过熟采摘的。"此外，炉边酒庄还聘请了波尔多的斯特凡·德勒农古（Stephane Derenoncourt）做酿酒顾问。

我品尝了他们 3 款酒。2011 年艾迪兹内·沛尼诺（Edizione Pennino）金粉黛，有着新鲜的红、黑色浆果香和尤加利、香草等辛香，入口单宁细

腻柔和，有少许甜美的感觉但也不失内敛，均衡有回味。

2011 年炉边赤霞珠，这是采用 86% 的赤霞珠、10% 的品丽珠和 4% 梅乐混酿的，有节制的果香和辛香，入口单宁强劲而细腻，酒体较为饱满，辛香气息突出，回味长。

2010 年的罗宾汉（Rubicon），这款酒是他们的旗舰酒，这款酒是赤霞珠、品丽珠、小维尔多和梅乐混酿，葡萄来自多个葡萄园，这是款结构感强、酒体丰腴的葡萄酒，有细腻而坚韧的单宁和浓密的口感。

经过他们三十多年的努力，炉边酒庄已经整体地恢复和更新了酒庄，葡萄酒的品质也列于纳帕顶级葡萄酒之列。

该酒庄除了有美味的葡萄酒、漂亮的城堡、古老的酒窖、迷人的喷泉、舒适宽大的花园外，还设有摄影器材博物馆、商品琳琅满目的商场，此外酒庄还提供酒配餐的服务，是很值得游玩的一个酒庄。

评分

2011 Edizione Pennino Zinfandel ··· 91 分

2011 Inglenook Cabernet ·· 93 分

2010 Rubicon ·· 96 分

酒 庄 名：Inglenook Vineyard

产　　量：25,000 箱

葡萄园面积：235 英亩

电　　话：707-9681161

地　　址：P. O. Box 208, 1991 St. Helena Hwy Rutherford CA94573

网　　站：www.inglenook.com

E-mail：reservations@inglenook.com

酒厂访问：对外开放

酒吧开放时间：上午 10 点 – 下午 5 点

城堡开放时间：上午 11 点 – 下午 5 点

第四十一节

贾维斯酒庄
(Jarvis Estate)

　　贾维斯酒庄位于纳帕镇东部四英里的瓦卡山的（Vaca）山洞里面，这里有一个四万五千平方英尺的地下酒窖，这是威廉·贾维斯（William Jarvis）与太太利蒂西娅（Leticia）共同创办的。

　　威廉·贾维斯（William Jarvis）出生于美国的俄克拉荷马州，服役海军才使得有机会他来到

▽少庄主

了加州，退役后他在加州的伯克利大学、斯坦福大学以及其他学校学习，之后他在硅谷开了一家通讯公司。

他们夫妻俩在结婚后双双来到了法国的综合大学学习法国文学，在学习期间，他们走访了法国不少地方，当然包括不少酒庄，他们对波尔多红葡萄酒和蒙哈谢（Montrachet）白葡萄酒最有兴趣，利蒂西娅是墨西哥裔的美国人，对西班牙文化有着浓厚的兴趣。他们在假期也带他们的儿子小威廉到西班牙的萨拉曼卡（Salamanca）学习西班牙文学，同时也品尝西班牙葡萄酒。

1980 年回到美国后，他们想在纳帕找个后花园，寻觅一番后，他们决定在目前他们酒窖所在地的这个地方购买了 1,320 英亩的山地，这个地方位于乔治山（Mt. George）和米利肯峡谷（Milliken Canyon）之间的崎岖不平的山地上，这里有两个湖，分别被命名为威廉（William）湖和利蒂西娅（Leticia）湖，之后他们学习种植葡萄和如何酿酒，他们当时并不知道种什么，怎么酿酒，他们最大的愿望是酿造自己的葡萄酒。

在建酒厂的时候，他们觉得不能将酒厂和酒罐放在外面破坏自然的山景，要将酒厂和酒窖建在山洞里面，这样既省电费又能保持自然的美景。通过丹尼尔·阿格斯蒂尼（Daniel D'Agostin）介绍，他得到了加州伯克利大学岩石工程技术工程师格雷格·科宾（Gregg Korbin）的技术支持，通过大型计算机的计算，采用两台英国采矿的挖掘机来挖掘，成功地建成了巨大的地下葡萄酒厂。这个山洞能容纳两个篮球场，酒窖的形状为漂亮的弧形，他们所有的酿酒设备、橡木桶储存都在山洞里面。此外山洞内还有品酒室、宴会厅、剧场等，为了调节湿度，酒窖内还有小瀑布，这是

纳帕颇为壮观的山洞酒厂。

在这片广袤的山地上他们仅种了 37 英亩的葡萄园，葡萄园基本在一千英尺的缓坡上，由于海拔高，这里的温度比卡内罗斯丘陵地带的还要凉一些，这使得这里的葡萄树的生长周期要长一些，这可能也是他们霞多丽如此出色的原因之一。

他们的葡萄树最早是 1994 年种下的，葡萄园分为 5 个地块，种植的品种有霞多丽、赤霞珠、品丽珠、梅乐、小维尔多、丹魄等。此外他们还有一块拥有 57 个品种的品种园，这里的土壤多火山岩石，土层浅，土层基本在 1.5-2 英尺之间，他们其中一个葡萄园是用挖酒窖的残渣和表土混合起来的。

我这次与其他游客一起品尝了他们的酒，感觉他们最有特色是霞多丽和品丽珠，梅乐也不错，对于赤霞珠，这里稍微凉爽了些。此次品尝的 2012 年的霞多丽很有蒙哈谢干白的韵味，此酒有着愉悦的栗子香，岩韵十足，酸度铿锵，酒体饱满，酒中的酸甘平衡，回味长，具有富贵而优雅的特征，此酒零售价为 115 美元一瓶，可能是纳帕价格最贵的霞多丽了，此酒年产量为 800 箱。

这次品尝的品丽珠是 2008 年份的，酒香馥郁，入口有辛香味和少许甘甜的果味，此外带有少许咸味，应该是矿物质所带来的，有回味。此酒也是酒庄主喜欢的红葡萄酒。

他们的 2011 年梅乐带有红色浆果气息，酸度比较好。2009 年的地产赤霞珠明显感觉是来自凉爽产区的赤霞珠。2006 年的珍藏级赤霞珠，有陈年的酒香，皮革、土壤、胡椒气息，单宁涩重，有回味。

他们还有一个名为"小酒商联盟项目"（Associate Vintners program），只要购买一定量的酒，

起步为购买半桶酒的量，装瓶为12.5箱（金额在一万八千美金的酒），你就可以体验整个自酿葡萄酒的过程，可以从他们5个葡萄园中精选葡萄，参加压榨和酿造以及调配、装瓶到贴标等等体验，当然有他们的酿酒师帮忙和指导大家如何来做。

此外贾维斯家族还为艺术提供发展的经费，尤其是西班牙的说唱剧，这显然是跟酒庄主所学专业和喜好有关。

评分

2012 Finch Hollow Chardonnay	95 分
2008 Cabernet Franc	90 分
2011 Merlot	89 分
2009 Cabernet Sauvignon	88 分
2006 Cabernet Sauvignon Reserve	91 分

酒 庄 名：Jarvis Estate
土地面积：1，320 英亩
葡萄园面积：37 英亩
产　　量：4，000 箱
电　　话：707-2555280
地　　址：2970 Monticello Road Napa
　　　　　CA94558

网　　站：www.jarviswines.com
E-mail：info@jarviswines.com
酒厂访问：需要预约

第四十二节

约瑟夫·菲尔普斯酒庄
(Joseph Phelps Vineyard)

该酒厂是成名较早的纳帕酒庄，早在 1974 年，他们的徽章（Insignia）红葡萄酒为他们赢得了好名声，如今，这里也是纳帕旅游的热门酒庄之一。

该酒庄是由约瑟夫·菲尔普斯（Joseph Phelps）创建的，他曾经是一个建筑商，也是葡萄酒的发烧友，收藏了不少旧世界的优质酒。1970 年他在纳帕承建了两家酒厂，这些经历也使他萌生了拥有自己的酒厂的念头，1973 年他买了圣海伦娜东边 600 英亩的牧场，并在这片土地上种植葡萄和建造酒厂，1994 年酒厂建成并投入使用。

让他们名扬酒行业的"徽章"（Insignia）这个名字是约瑟夫·菲尔普斯在剃须的时候产生的灵感，1974 年，他从别的农场购买了赤霞珠，当时纳帕的酒厂都想酿造波尔多风格的红葡萄酒，约瑟夫·菲尔普斯也不例外，在酿酒师沃尔特·斯库格（Walter Schug）的帮助下，徽章红葡萄酒诞生了！这款酒受到很高的评价，很快就有了知名度。此外，那一时期他们还酿了雷司令的甜酒以及 1977 年推出的单一品种的希拉红酒，他们还是加州最先采用希拉来酿造单一品种葡萄酒的，这些都为他们赢得了广泛的赞誉。

2005 年，约瑟夫·菲尔普斯将公司总裁一职交付给他的儿子比尔·菲尔普斯（Bill Phelps），比尔在大学里学的是法律，如今负责酒庄的经营，他为酒庄制定长期的战略规划，酒庄经营得有声有色，尤其是他们的葡萄酒俱乐部，他采用华尔街思维来运作，运行的非常成功。

1977 年以后，他们所有葡萄酒的葡萄都是产自自己的葡萄园，他们的葡萄园分布在纳帕和索诺玛不同地方，主要的种植品种有赤霞珠、希拉、黑比诺、霞多丽和长相思。

1999 年开始，他们的葡萄园开始采用生物动力法管理，如今他们已经有一半的葡萄园完全是用生物动力法来种植的。可持续发展的农业和酒厂，减少碳排放，建设真正的绿色酒厂是他们追求的目标。

从葡萄酒酿造方面来说，他们非常讲求团队协同作业，葡萄园的管理者菲利普（Philippe）是很有经验和阅历的专业人士，还有两名酿酒师和一位助理酿酒师，酿酒总管达米安·帕克（Damian Parker）工作了三十多年，在他的领导下，大家能协同一致酿好酒。

此次我访问他们酒厂是达米安·帕克先生的接待，共品尝了他们 5 款酒。第一款是 2012 年的长相思，这款酒年产量为 2，000 箱，葡萄来自他们的春山牧场葡萄园，有清新的柠檬果香和花香，入口酸度愉悦，也带有点圆润感，均衡感不错，是款清新的中等酒体的干白。

2012年霞多丽的酒用葡萄来自他们索诺玛海岸的毛石（Freestone）葡萄园，此酒有清新的花香和苹果气息，有岩韵，入口较为圆润，酸度适中，回味中带出少许香草气息。

2012年的黑比诺也是来自索诺玛海岸毛石葡萄园，有着美好的果香，如樱桃、覆盆子和少许香料的气息，入口单宁丝滑，酸度适当，是款优雅的果味型的黑比诺。

2011年的纳帕山谷赤霞珠有深色浆果和尤加利的辛香料气息，酒体中等，单宁结构感不错，有回味。

2005年的徽章（INSIGNIA）是采用92%赤霞珠、7%的小维尔多和1%的梅乐混合酿造的，葡萄精选自纳帕山谷不同的葡萄园。此酒有着成熟甘美的深色浆果香，混合着薄荷、甘草的气息，

单宁丝滑，酒体饱满，均衡，回味长，是款优雅绵长的红葡萄酒。他们的徽章酒每年的调配都不一样。

总体来说，该酒庄管理得不错，是纳帕知名的绿色酒庄之一。

评分

2012 Sauvignon Blanc ···································· 89 分

2012 Chardonnay Freestone Vineyards ·················· 90 分

2012 Pinot Noir Freestone Vineyards ·················· 92 分

2011 Napa Vally Cabernet Sauvignon ··················· 91 分

2005 INSIGNIA ··· 95 分

酒 庄 名：Joseph Phelps Vineyard

葡萄园面积：280 英亩

产　　量：70,000 箱

地　　址：200 Taplin Road, P.O.box1031 St. Helena, CA 94574

电　　话：707-9673741

网　　站：www.josephphelps.com

酒厂访问：对外开放

接待时间：周一至周五：上午9点至下午17点

　　　　　周六至周日：上午10点至下午16点

第四十三节

凳宗酒庄
(Kenzo Estate)

该酒庄是日本 CAPCOM 电子游戏公司董事长辻本宪三（Kenzo Tsujimoto）投资建立的，该酒庄位于纳帕镇右侧的山上，距离纳帕镇有一刻钟的车程。

著名的 1976 年巴黎品酒会上纳帕酒大获全胜的消息也传到了世界各地葡萄酒爱好者的耳朵里，作为波尔多葡萄酒的长期爱好者，这一消息无疑引起了有生意头脑的辻本宪三的注意，1980 年他开始在纳帕寻找合适之地，1990 年在乔治山（Mt. George）的斜坡上购买了 3，800 英亩的山坡和原始山林，这里有多条小溪和池塘，他们自己喝

的水都是来自他们土地上的矿泉水，此外这里还有野生动物如野猪、郊狼、鹿、山猫等。

他们的葡萄园位于山林下方较为平坦的小山谷里面，这里原本是个练马球的球场，2002 年开始种植葡萄树，这里的海拔在 1，500 英尺，加上距离海湾也比较近，葡萄园受到海雾的影响。这里夏天的气温通常比纳帕山谷内要低 10 华氏度，葡萄的采摘期也比纳帕山谷要晚一些。这里种植的品种主要有赤霞珠、品丽珠、梅乐、长相思等。

辻本宪三聘请了纳帕著名的葡萄园管理者戴维·阿伯（David Abreu）管理葡萄园，聘请纳帕赫赫有名的海蒂·巴雷特（Heidi Barrett）做酿酒师，他们的葡萄酒背标上都有这两位的签名。2005 年是他们第一个年份的葡萄酒。

该酒厂相当地现代化，适合酿造优质酒的小型不锈钢和水泥罐，建有山洞酒窖，山洞主要用来做橡木桶酒窖。该酒厂建设得非常摩登，酒厂在纳帕属于中等规模。

他们酿有 6 款不同的葡萄酒，我访问该酒厂时品尝了 4 款酒。他们迎客的酒是一款名为阿萨特苏余（Asatsuyu）的 2013 年的长相思，此酒有较为成熟的果香如柠橙、桃李等，以及少许奶油气息，口感圆润，酒体较为丰腴，酸度适中。

第二款 2010 年份紫铃（Rindo）干红，这是

他们的旗舰酒，是采用 46% 赤霞珠、24% 梅乐、26% 品丽珠以及 4% 的小维尔多混合酿造的，有明显的橡木的气息及辛香料、烘烤与深色浆果气息，入口酸度比较高，单宁柔和，酒体中等，有一定的回味。

第三款是 2010 年的紫（Murasaki），此酒采用 66% 的赤霞珠、25% 的梅乐、3% 的品丽珠以及 6% 的小维尔多混合酿造的，此酒的红色浆果香和辛香料的气息，已经呈现较为成熟的酒香，单宁细腻，酒体适中，有回味。

第四款是 2010 年的蓝（ai）赤霞珠，此酒是采用 80% 的赤霞珠、10% 的梅乐、4% 的品丽珠和 6% 的小维尔多混合酿造的，有着较为成熟的红、蓝色浆果以及辛香料的气息，入口单宁细腻，酒体中等，酒体平衡，有回味，是款具有优雅特征的葡萄酒。

该酒庄的干红葡萄酒在纳帕属于较为凉爽地区的干红的风格，他们的葡萄酒有 70% 都销往日本，其他的部分主要在美国销售。

评分

2013 asatsuyu Sauvignon Blanc······89 分

2010 rindo red wine······90 分

2010 Murasaki······91 分

2010 ai Cabernet Sauvignon······93 分

酒 庄 名：Kenzo Estate
土地面积：3,800 英亩
已经种植的葡萄园面积：145 英亩
产　　量：10,000-12,000 箱
电　　话：707.254.7572
地　　址：3200 Monticello Road Napa
　　　　　CA94558

网　　站：www.kenzoestate.com
酒厂旅游：只接受预约

第四十四节

拉克米德酒庄
(Larkmead Vineyard)

拉克米德酒庄位于卡里斯托加地区。拉克米德是纳帕葡萄酒的一个老牌子。这个牌子创建于1906年。

1937年"Larkmead"这个牌子的酒在加州和巴黎的会展上就曾经得过金奖，"Larkmead"这个名字是来自莉莉·希契科克（Lillie Hitchcock）住宅，1873年，希契科克（Hitchcock）家族在圣海伦娜购买了上千英亩的土地，1876年酿造了第一个年份的葡萄酒，牌子为莉莉（Lillie）的白葡萄酒。

1948年，拉里（Larry）和波莉·索拉里（Polly Solari）购买了拉克米德（Larkmead）酒庄，1952年他们出售掉了酒厂但保留了葡萄园。2005年，他们在1906年的石头地基上重新修建了房子。2012年他们2002年份的索拉里（Solari）葡萄酒获得罗伯特·派克评出的100分，2014年他们的橡木桶酒窖、酿酒间以及接待访客处才完全完工。

拉克米德酒庄的葡萄园位于酒庄的周围，地处纳帕河谷流域，这里的土壤主要是带有碎石的冲击土，是较为肥沃的壤土和卵石组成，这里的海拔接近300英尺，种有68.9英亩的赤霞珠，17.4英亩梅乐，12.4英亩的长相思，5.6英亩的小维尔多，3.8英亩的品丽珠，2.2英亩的马尔贝克以及1.1英亩的托凯·弗留利（Tocai Friulano）。

在葡萄种植方面，他们也秉承葡萄产量和葡萄树要平衡这一理念，该酒庄的葡萄园经理是内伯·卡纳瑞巴（Nabor Canareba）先生，种植专家顾问是凯利·马厄（Kelly Maher）。

在葡萄酒的酿造方面，他们采用小批量酿造法，根据土壤和克隆的不同来酿造，然后再根据需要进行调配。他们的酿酒师丹尼尔·佩特罗斯基（Daniel Petroski）先生，酿酒顾问是经验丰富的斯科特·麦克劳德（Scott Mcleod）先生。

波莉（Polly）的女儿凯特·索拉里·贝克（Kate Solari Baker）是个画家，他们的托凯·弗留利干白的酒标都是她的作品，他们其他的葡萄酒沿袭了"Larkmark"的传统的名字。该酒庄各个年份的不同品种也挺多，我在酒庄品尝了5款酒。他们最出色的葡萄酒是长相思和索拉里（Solari）的

干红葡萄酒。

2012 年的莉莉（Llillie）长相思有着黑加仑树芽的典型气息，又有着成熟柠檬和芒果黄色水果的果香，香气很芬芳，入口酒体丰腴，有些许奶酪气息，回味干净。

2010 年的索拉里（Solari）是采用 100% 的赤霞珠酿造的，有着成熟而丰富的深色浆果香气和辛香，入口单宁丝滑，酒体丰满，有甜美的果味，酒体均衡，回味长。此酒自派克评过百分后，一直供不应求，2010 年的产量为二千箱。

2011 年黑标的纳帕山谷红酒有温暖而甜美。2011 年的红标"火辣美女"（Firebelle）有着明显的烟熏气息，单宁重。2012 年的白标赤霞珠是他们主要的产品，此酒有着甜美的果味，单宁涩重，

辛香味突出，有回味。

总体来说，他们的长相思很有特点，红葡萄酒普遍比较温暖和甜美。

评分

2012 Lillie Sauvignon Blanc ······························ 90 分

2011 Napa Valley Red wine ······························ 88 分

2011 Firebelle ······························ 87 分

2012 Cabernet Sauvignon ······························ 90 分

2010 Solari Cabernet Sauvignon ······························ 94 分

酒 庄 名：Larkmead Vineyard

葡萄园面积：114 英亩

产 量：10,000 箱

电 话：707.942-0167

地 址：1100 Larkmead Lane,
Calistoga，CA 94515

网 站：www.larkmead.com

E-mail：info@larkmead.com

第四十五节

梅尔卡·门特伯酒庄
(Melka Montbleau)

这是纳帕酒行业一位知名人士，葡萄种植和酿酒方面的专家。这是一个法国人靠自己的努力和才华在美国实现自己成为酒庄主的梦想的真实故事。他的名字叫菲利普·梅尔卡（Philippe Melka）。目前他们的酿酒厂正在建设之中。

菲利普是波尔多人，在波尔多的大学里学过地质学，有农艺和酿酒学位。他刚工作就是在波尔多的奥比安酒庄，起点高，1991年他被拥有碧翠庄的穆义（Moueix）公司聘用到纳帕的道明内斯（Dominus）酒厂工作，这使得他有机会到了美国。之后他在意大利齐昂提（Chianti）和澳大利亚的酒厂工作过。

1995年，他回到了纳帕，此时他已经有15年的工作经验，开始从事酿酒顾问的工作，如今他的客户多达20家，其中有知名度的酒厂有29号酒庄（Vineyard 29），百英亩酒厂（Hundred Acre），当纳地产酒庄（Dana Estates），美玉酒庄（Gemstone Vineyard）以及美丽酒庄（Lail Vineyards）等。

也许是他的血脉中天生对葡萄酒就有悟性，特别是对于哪种风土（Terroir）种植的葡萄酿造什么样风格的酒有独到的领悟，他的经历和他酿出的酒的品质也使得他在纳帕获得了很高的知名度。

melka

1996年，他和他太太切丽（Cherie）开始拥有自己牌子的葡萄酒，切丽在大学里是学微生物学的，他们当时开发了两个牌子的酒——"混血儿"（Métisse）和CJ。之后他们增加了梅克拉（Mekerra）和玛家斯提克（Majestiqu）两个牌子。

他们的CJ红葡萄酒采用纳帕精选的葡萄酿

造，CJ 这个牌子来自于他们两个孩子名字克洛伊（Chloe）和杰瑞米（Jeremy）的缩写字母，这是他们的主要产品，是他们葡萄酒中价格最为实惠的酒。

我品尝了他们 2011 年份的 CJ，此酒的葡萄 100% 来自纳帕谷，采用了 75% 的赤霞珠、12% 的小维尔多、9% 的梅乐和 4% 的品丽珠混酿而成，年产量有 1,800 箱。此酒有着黑色浆果和少许辛香料和烘烤的气息，入口有着愉悦的酸度，单宁适中，酒体中等，是款美味可口的易饮的葡萄酒。

他们的 Melka 系列的葡萄酒有 3 种，分别是梅尔卡混血儿（Melka Métisse）；梅尔卡梅克拉（Melka Mekerra）和梅尔卡玛家斯提克（Melka Majestique），都是单一葡萄园葡萄酒。

其中梅克拉（La Mekerra）葡萄园是他们拥有的，这块葡萄园位于索诺玛的 Knights 山谷，这里的海拔在 2,300 英尺以上，2001 年，梅尔卡

那里购买了 8 英亩的葡萄园，土壤为火山灰土和壤土，这里种有品丽珠、梅乐、长相思和霞多丽。我品尝了 2011 年的梅克拉葡萄园的红葡萄酒，此酒采用 51% 的品丽珠、49% 的梅乐酿造而成，有着愉悦的浆果香和花香，少许辛香料气息，入口酸度好，单宁细腻，酒体中等，酒很平衡，回味长，是款美味的酒。2011 年的产量为 340 箱。

酿造混血儿（Métisse）红葡萄酒的葡萄来自纳帕山谷圣海伦娜地区的山羊跳葡萄园，他们酿造这款酒的葡萄是纳帕知名的葡萄园经理 David Abreu1999 年种下的赤霞珠、梅乐、小维尔多。我品尝的 2011 年的混血儿（Métisse）红葡萄酒是采用 45% 的赤霞珠、30% 的梅乐、25% 的小维尔多混酿而成。此酒的酒色深，具有丰富的深色浆果和香料香气，入口酒体饱满，有少许辛辣气味，单宁细腻，均衡平衡，回味长，是款优雅奢华风格的红葡萄酒。此酒 2011 年产量仅为 350 箱。

我品尝的最后一款是他们来自梅克拉（La Mekerra）葡萄园的长相思，此酒采用 97% 的长

相思和 3% 的白麝香混酿而成，年产量为 100 箱。
这款酒相当地特别，是酒体饱满，酸度铿锵的长
相思，尤其是香气非常地特别，有煮过的南瓜、
芒果、荔枝、龙眼的果香，回味很长。

　　我对这家酒的总体印象是风格精细而优雅，
对他们的长相思印象深刻。

评分

2011 La Mekerra Vineyard Sauvignon Blanc ···································· 95 分

2011 CJ Cabernet Sauvignon Napa Valley ······································ 91 分

2011 La Mekerra Vineyard Proprietary red ····································· 94 分

2011 Métisse Jumping Goat Vineyard ·· 96 分

酒 庄 名：Melka Montbleau

自有葡萄园面积：20 英亩

产　　量：3，000 箱

地　　址：P O Box Oakville，CA 94562

电　　话：707—9636008

网　　站：www.melkawines.com

E—mail：info@melkawines.com

酒庄访问：目前不对外开放，品酒需要预约

第四十六节

快乐溪谷酒庄
(Merryvale Vineyards)

快乐溪谷酒庄位于圣海伦娜镇，29 号公路边上，位于纳帕山谷有名的特拉瓦因（TraVigne）汉堡包餐厅对面，这里有漂亮的花园和醒目的喷泉迎接四方的来客！

该酒厂是 1933 年美国禁酒令结束后所创建的，当时酒厂的名字叫圣海伦娜阳光，这里曾经是蒙大维家族酿酒的练习场，1937 年，罗伯特·蒙大维、皮特·蒙大维以及罗伯特·蒙大维的父亲凯撒都曾是这个酒厂的合作伙伴，之后这个酒厂也几番易主，而"快乐溪谷"这个名字是当时酒厂的主人比尔·贺兰（Bill Harlan）（即今天贺兰酒庄主）命名的。

1992 年瑞士人杰克·肖特（Jack Schlatter）成为酒厂的合伙人之一，到了 1996 年，他的家族成为酒厂唯一的主人，同年，他们购置了葡萄园并请来了全球知名的飞行酿酒师米歇尔·罗兰做酒厂的酿酒顾问，而负责帮他们种植和管理葡萄园的是纳帕知名的葡萄园专家戴维·阿伯（David Abreu）。2007 年杰克的儿子瑞尼·肖特（René Schlatter）出任酒厂的总裁。

瑞尼和他太太劳伦斯的婚姻也颇为传奇，还真应了中国的一句古话：有缘千里来相会！他们俩虽然都出生在瑞士的日内瓦湖边的镇上，但从来没有遇见过，直到 1996 年，劳伦斯来到纳帕，在快乐溪谷酒厂的品酒室里遇见了瑞尼，劳伦斯出生于酿酒世家，到她这代已经是第六代了，她来纳帕本来是为了看望在纳帕酒厂做实习生的哥哥，不想巧遇了自己未来的夫婿，婚后，劳伦斯随瑞尼来到纳帕生活，同时她也加入到家族的葡萄酒生意的经营和管理中。

我访问他们酒厂的时候是他们的酿酒师西蒙·费尔里（Simon Faury）接待的，他毕业于波尔多种植和酿酒学院，尽管才 28 岁，但经验却极其丰富，他在不少产区的知名酒厂都工作和实习过，比如说纳帕的贺兰、罗伯特·蒙大维酒厂；波尔多骑士（Chevalier）酒庄；阿根廷的米歇尔·罗

兰酒厂以及意大利的酒厂等等。这些年轻的酿酒师非常了不得，他们同时学到了新、旧世界种植和酿酒的精华。

2013 年西蒙加入了快乐溪谷酒庄，无疑他会将新旧世界优势综合到这里来，他们的理念是要酿造出纳帕山谷的果味，兼有波尔多式的复杂和优雅。在葡萄采摘方面精挑细选，分开采摘，用定制的小的不锈钢罐酿造，将不同区块的葡萄分开来酿造。

该酒厂的葡萄酒品种也非常地多元，产量最大的是梅乐，他们的旗舰酒名为 Profile 干红，此酒用葡萄主要是来自于位于圣海伦娜山上自己的葡萄园，这里海拔在 900 英尺，有 25 英亩的葡萄园，土是火山石土，主要种了赤霞珠和少量的小维尔多。

我访问酒厂时品尝了他们 5 款葡萄酒。第一款是 2013 年的长相思，此酒是采用 89% 的长相思和 11% 的赛美容酿造的，有着白色花香、黑加仑子树芽、柠橙类的果香以及香草的气息，入口酒体圆润，气味芬芳，有回味。

第二款是 2012 年的剪影（Silhouette）霞多丽，带有热带水果的果香和橡木桶带来的香草气息，酸度适中，酒体丰腴，有回味。

第三款是 2011 年纳帕山谷赤霞珠，是采用多个红葡萄品种混合酿造，这也是他们的主要产品之一，此酒有较为成熟的深色浆果和些许辛香料气息，入口单宁比较细腻，酒体中等，均衡，有回味。

第四款为 2011 年圣达·海伦娜自己葡萄园的葡萄酿造的赤霞珠，此酒采用 89% 赤霞珠、11%的小维尔多酿成，有成熟良好的深色浆果和辛香料的混合气息，单宁丰富，酒体饱满，回味长，尽管 2011 年是纳帕较凉的一年，然而由于这块葡萄园能晒到午后的阳光，所以葡萄的成熟度好。

第五款是 2011 年的旗舰酒"简介"（Profile），此酒是采用 42% 赤霞珠、24% 品丽珠、15% 梅乐、19% 小维尔多混合酿造而成，这是他们挑最好的葡萄来酿造的，有成熟甜美的深色浆果和辛香料和巧克力的气息，酒体馥郁饱满，单宁结构好，回味长。

该酒厂是纳帕热门的旅游酒厂之一，有多样收费不同的品酒，老的橡木桶酒窖很有历史感，特别是他们将原来酿酒的大橡木桶容器做成了间品酒室，很有特色。

评分

2013 Merryvale Sauvignon Blanc, Napa Valley·······················90 分

2012 Merryvale Silhouette Chardonnay·····························91 分

2011 Merryvale Cabernet Sauvignon, Napa Valley···················90 分

2011 Merryvale Cabernet Sauvignon, St. Helena····················92 分

2011 Merryvale "Profile" Red Bordeaux Blend, Napa Valley···········95 分

酒 庄 名：Merryvale Vineyard

葡萄园面积：316 英亩

产　　量：100,000-150,000 箱

电　　话：707-9637777

地　　址：1000 Main Street St. Helena, CA94574

网　　站：www.merryvale.com

E-mail：tastingroom@merryvale.com

酒厂旅游：对外开放（上午 10:30 - 下午 5:00）

第四十七节

玛纳家族酒厂
(Miner Family Winery)

　　玛纳家族酒庄位于纳帕山谷热门的奥克维尔地区的西亚瓦多之道边上，这里名庄云集，该酒庄是纳帕旅游的热门酒庄之一，是由戴维·玛纳（Dave Miner）和太太艾美莉共同创建的。

　　戴维早期在硅谷工作，他的叔叔就是美国有名的甲骨文软件公司的创始人之一。1993 年他来到纳帕他叔叔的酒庄"奥克维尔牧场"（Oakville Ranch）负责打理酒庄，该酒庄就位于玛纳家族酒厂上方的山上，在这期间他遇到了在酒庄品酒室当经理的艾美莉，两人坠入爱河。

　　1996 年，戴维创建了自己的葡萄酒品牌"玛纳家族"（Miner Family），1997 年纳帕山谷知名的酿酒师盖瑞·布鲁克曼（Gay Brookman）开始为"奥克维尔牧场"酿酒，这位法国酿酒师曾经在纳帕有名的约瑟夫·菲尔普斯（Joseph Phelps）酒厂做过酿酒师，当时戴维依然在"奥克维尔牧场"当总裁，他也请盖瑞为他酿造自己品牌的葡萄酒，并成功地建立了自己的销售通路，1999 年他们两万平方米的山洞酒窖和酒厂建成，

▽酒庄主夫妻

▽酿酒师 Gay Brookman

同年戴维和艾美莉结婚，这一年，他们玛纳家族的葡萄酒正式上市。

他们 2001 年的甲骨文品牌的波尔多式混酿酒就曾获得媒体的好评，2006 年他们酒厂成为《葡萄酒和烈酒》评出的年度 100 家顶级酒厂之一，2004 年天然酵母发酵的霞多丽曾被白宫选中作为招待国宾用酒。

盖瑞·布鲁克曼一直为戴维工作，如今已经是酒厂的总经理和酿酒总工，我访问该酒厂时也是他接待的，他的酿酒理念为酒体平衡是第一要素！

该酒厂的葡萄酒品种有 25 种，我品尝了他们最具代表性的 5 款酒，总体感觉该酒厂的出品蛮出色的。

第一款是 2012 年的辛普森（Simpson）葡萄园的维杰尼亚（Viongier）干白，此酒相当地芬芳，似香水，有着丰富的杏、柑橘的果香，入口酸度也不错，酒体适中，是款芬芳型的干白。

第二款是 2010 年野生酵母发酵的霞多丽，此酒有着丰富的瓜果香混合着橡木桶带来的香草、奶油的气息，酒体饱满，酸度足，酒体平衡，回味长。

第三款是 2009 年的"甲骨文"（The Oracle），这是他们波尔多式的混酿葡萄酒，此酒有成熟的果香和辛香料的气息，单宁细腻柔和，酒体中等偏上，酒体平衡，是款具有优雅特征的红葡萄酒。

第四款为 2010 年关山飞渡（Stagecoach）葡萄园的梅乐，有着丰富的深色浆果的果香和辛香料的气息，入口酸度足，单宁结构感不错，酒体较为饱满，有回味。

第五款葡萄酒是 2009 年关山飞渡（Stagecoach）葡萄园的小希拉（Petite Sirah），此酒色泽深浓，有美好的果香，入口单宁丰富，酒体丰满，回味长。

戴维是长袖善舞的生意人，在他叔叔的酒庄的历练下开拓了自己的葡萄酒生意，他们酒厂的葡萄酒就有 25 种，他们的酒不单走酒商通路，也做俱乐部和游客生意。此外他们的酒厂还为别人代加工和装瓶等业务，葡萄酒旅游的生意也做得风风火火，有多种多样的酒厂品酒方式，比如是几种酒，配什么样的食物，在酒窖还是在品酒室品尝，季节不同样式也有不同。

评分

2012 Viognier Simpson Vineyad ·· 89 分

2010 Chardonnay Wild Yeast ·· 91 分

2009 The Oracle Napa valley ·· 90 分

2010 Merlot Stagecoach ·· 90 分

2009 Petite Sirah ·· 92 分

酒庄名：Miner Family winery
葡萄园：自有很少，主要是签约的葡萄园
产　量：30，000 箱
电　话：800-3669463 转 17
地　址：PO BOX 367, 7850 Silverado
　　　　Trail Oakville, CA 94562

网　站：www.minerwines.com
E-mail：info@minerwines.com

第四十八节

纽顿酒庄
(Newton Vineyard)

该酒庄创建于 1977 年，位于圣海伦娜的春山上。目前该酒庄归路易威登酩悦轩尼诗集团-LVMH所有，该集团在纳帕还拥有夏桐（Chandon）酒庄。

该酒庄是华裔林淑华（SU Hua Newton）和她的丈夫彼特·纽顿（Peter Newton）共同创建的。林淑华是虎门硝烟的禁烟功臣林则徐的曾孙

女，她不仅是酒庄主之一，还是位酿酒师和出色的营销专家，她坚信""天人合一"的酿酒理念，曾率先采用天然酵母酿酒，并采用不过滤的自然沉淀法。他们还聘请了飞行酿酒师米歇尔·罗兰（Michel Roland）当顾问来酿造波尔多风格的红葡萄酒。

彼特·纽顿是英国人，他和太太林淑华曾拥有纳帕的英镑（Sterling）酒庄，售出后一心来建设以他的姓氏命名的酒庄。彼特的儿子奈杰尔·纽顿（Nigel Newton）是成功的出版人，他创办的布卢姆斯堡（Bloomsburg）图书出版公司曾出版过哈利·波特系列的书。

该酒庄在林淑华的精心经营和打理下，很快在美国脱颖而出，成为纳帕的知名酒庄。然而酒庄后继无人，因为彼特的儿子也有自己的事业要打理，无暇顾及酒庄生意，于是 2006 年该酒庄被出售给了路易威登酩悦轩尼诗集团，2008 年彼得·纽顿逝世，之后林淑华也离开了酒庄，她没有自己的后代，但她热衷于慈善，帮助了很多的孩子，她还时不时地回酒厂看看。

纽顿酒庄所在地是一片山地，这里不仅是酒厂同时也是他们的家，他们知名的花园综合了英式和中国的风情，整体看来整齐有致，修剪成开酒器的螺旋型的松树很有特色，还有中国韵味的仙鹤的青铜雕塑及中式大门，这里蘑菇状的石头雕塑应该是最早的，这一创意后来也被其他酒厂和杨特维尔城镇的园林装饰采纳，总体来说，是一个非常有审美价值的花园。

纽顿酒庄地处海拔 500-1,600 英尺的春山上，他们拥有 560 英亩的土地，目前已经种植的葡萄园面积为 120 英亩，种植的品种有赤霞珠、品丽珠、梅乐、小维尔多。其他的则是天然的山林。

他们葡萄园被细分为 112 个小地块，每个地块分开种植、采收、酿造，这种做法就是为了体现不同地块的风土特征。酿酒师根据酒庄的意愿来调配或者混合酿酒。他们酿造霞多丽的葡萄来自卡内罗斯。

该酒庄早期以梅乐而闻名，这也与彼特·纽顿早期对梅乐的喜爱有关，如今这里种得最多的则是赤霞珠，春山上的气候比纳帕谷内相对要凉爽，这里种的葡萄因海拔、坡度的不同品质也有所不同。土壤主要由火山土、粘土和砂砾组成。他们的酒窖位于山洞里面，里面主要是他们的橡木桶酒窖和酒庄主的藏酒。

我记得是 2014 年的 6 月 30 日访问的该酒庄，共品尝了他们 4 款葡萄酒。第一款是白标的 2011 年不过滤的霞多丽，酿造此酒的酒用葡萄来自卡内罗斯和索诺玛的骑士山谷（Knights Valley），此酒属于富丽的铿锵版霞多丽，色泽金黄色，有丰富的黄色瓜果的香气和烤面包、香草气息，酸度劲足，酒体丰腴，有回味。

第二款是 2011 年不过滤白标梅乐，酒用葡萄来自酒厂周围的山地，有深色浆果的气息，单宁成熟柔顺，酒体中等，有少许辛香，有回味。

第三款是 2007 年不过滤白标赤霞珠，酒用葡萄来自酒厂周围的葡萄园，采用多品种混酿，其中赤霞珠的比例为 89%，其他的则是希拉、梅乐和小维尔多。此酒有深色浆果混合着香料的香气，另带有咖啡和雪茄的气息，单宁较为强劲，酒体较为丰满，成熟甜美，有回味。

第四款是 2005 年谜语（The Puzzle）红葡萄酒，酒用葡萄来自酒厂周围多个小地块的葡萄园，采用赤霞珠、梅乐、品丽珠以及小维尔多混酿的干红葡萄酒，酒香十足，带有成熟的深色浆果和辛香料的气息，酒体饱满而甜美，单宁架构感不错，且有一定的酸度，回味长。

纽顿酒庄是纳帕标志性的酒庄之一，不仅有美味的葡萄酒，景色也很优美，很值得游玩。

评分

2011 Unfiltered Chardonnay ·· 93 分

2011 Unfiltered Merlot ·· 90 分

2007 Unfiltered Cabernet Sauvignon ·· 91 分

2005 The Puzzle ·· 94 分

酒 庄 名：Newton Vineyard

自有土地面积：560 英亩

自有葡萄园面积：100 英亩

产　　量：40，000 箱

电　　话：707-2047423

地　　址：2555 Madrona Avenue
　　　　　St. Helena，CA 94574

网　　站：www.newtonvineyard.com

E-mail：winery@newtonvineyard.com

酒庄旅游：需要预约

奥克维尔牧场酒庄
(Oakville Ranch Vineyards)

该酒庄位于奥克维尔地区，纳帕山谷西侧的山上，从西亚瓦多之路入口，再沿着曲折的山路走好一会儿才到。酒庄是甲骨文创始人之一鲍勃·玛纳（Bob Miner）和他的太太玛丽（Mary MacInnes）创建的。

1989年他们购买这片山地的时候是想为他们自己找个度假和休养之地，这里不仅是葡萄酒庄园同时也是他们的家，如今鲍勃已经离开人世，玛丽有时住在这里，她基本上是旧金山和纳帕两边跑。她是英国人，早年在巴黎做同声翻译的时候认识了鲍勃，两人坠入爱河，她随鲍勃来到了

美国，当她来到纳帕的奥克维尔牧场就非常喜欢这个地方，在这里他们有自己的别墅，她有自己的温室花房、蔬菜和果树，她经常在葡萄园中漫步，如今她和儿孙们生活在一起。

奥克维尔牧场的年产量仅900箱，是产量相当小的酒庄，总经理希莉亚（Shelia Genty）总管酒庄事务，他们没有酿酒厂，他们的酒在纳帕葡萄酒公司酿造，但有专业的酿酒师为他们酿酒。而他们的葡萄园交付给葡萄园管理公司打理，产出的葡萄小部分自用，其他的都卖给别的酒厂。在纳帕，出售好的葡萄所挣的钱

并不比卖酒少多少。

奥克维尔牧场海拔1，400英尺，站在酒庄的花园里能够俯视纳帕奥克维尔这一段山谷，这片350英亩的山地上有葡萄园、森林、草甸，还有一些野生动物如野兔、鹰以及其他鸟类。

在葡萄的种植理念上，他们也越来越觉得可持续发展是最为重要的，尽量少地使用农药，保持农场动植物的多样性，与大自然和谐相处！

这里66英亩的葡萄园主要种植的是赤霞珠、霞多丽、品丽珠。这里的土壤主要是红色的火山土壤，我访问该酒庄的时候，发现他们葡萄园的通风好，葡萄果粒小，果子疏松，这些都是好品质的表现。他们新种植的多数是赤霞珠这个品种，显然这个品种在这块山地表现不错，当然赤霞珠葡萄的售价也是很不错的。

我在他们酒庄共品尝了4款葡萄酒。第一款是他们2012年的霞多丽，此酒有清新的热带水果和香草气息，入口酸度足，酒体中等，有一定的回味。此酒的年产量为228箱。

第二款是2012年的"农场混合"（Field Blend），采用金粉黛、小希拉和Primitivo混合酿的，此酒有较为成熟的果香和辛香料的香气，入口单宁柔和，酒体中等偏上，是很易饮的干红葡萄酒。此酒的年产量为150箱。

第三款是2010年的罗伯特（Robert's）的品丽珠，此酒是采用98%的品丽珠和2%的赤霞珠酿造而成，有着成熟的红色浆果混合烘烤和辛香气息，入口单宁柔和，有甘美的果味和辛香气息，酒体丰腴，有回味。这款酒这一年的产量仅为55箱。

第四款是2010年赤霞珠，采用100%的赤霞珠酿造而成，有成熟度恰到好处的深色浆果和辛香料气息，入口单宁细密而柔顺，结构感强，酒干，酒体中等偏上，有回味。这一年此酒产量仅为56箱。

奥克维尔牧场每年的产量不一样，这要根据客户需求，如果根据他们葡萄的产量来说，他们是可以酿造出更多葡萄酒的。

目前，他们的葡萄酒主要是在美国销售，他们俱乐部的成员也有几百位，他们也希望他们的酒有朝一日能卖到中国来。

评分

2012 Oakville Ranch Napa Valley Chardonnay ·······················89 分

2012 Oakville Ranch Field Blend ································88 分

2010 Oakville Ranch Napa Valley Robert's Cabernet Franc ···········90 分

2010 Oakville Ranch Napa Valley Cabernet Sauvignon ···············91 分

酒 庄 名：Oakville Ranch

土地面积：350 英亩

已种植面积：66 英亩

电　　话：707-9449665

地　　址：7781 Silverado Trail Napa
　　　　　CA94558

网　　站：www.oakvilleranch.com

E-mail：info@oakvilleranch.com

第五十节

一号作品酒庄
(Opus One)

一号作品酒庄位于奥克维尔地区，罗伯特·蒙大维酒庄对面，该酒庄是罗伯特·蒙大维酒庄与法国的木桐家族合资而建的酒庄。目前该酒庄一半属于木桐家族，一半属于星座公司，但酒庄独立运营。

一号作品酒庄可以说开启了美法酒庄合作的里程碑，一号作品葡萄酒是在中国最广为人知的美国名庄酒。

▽罗伯特·蒙大维、菲丽萍女爵和罗思柴尔德男爵

1979 年是一号作品的第一个年份酒，是由木桐庄的酿酒师卢西恩·西奥诺卢（Lucien Sionneau）和罗伯特·蒙大维的儿子提姆·蒙大维（Tim Mondavi）在罗伯特·蒙大维酒厂一起酿造的。

1980 年他们正式签订合资酒厂的协议，在 1981 年，在纳帕第一届慈善拍卖会上，一箱 1979 年的一号作品葡萄酒拍出了 24,000 美金的高价，这一年，罗伯特·蒙大维和太太玛格瑞特是这一年拍卖会的主席。

1982 年，他们设计出了以罗伯特·蒙大维和菲利普·罗思柴尔德男爵的头像为标识的酒标，并正式为葡萄酒取名"Opus One"。1984 年，他们第一个 1979 年的酒正式以一号作品（Opus One）的牌子面市。

1984 年，他们聘请了建筑设计师斯科特·约翰逊（Scott Johnson）设计一号作品酒厂建筑，1989 年酒厂破土动工，直到 1991 年酒厂完工。这栋建筑非常地现代化，在酿酒操作方面很方便，有旧世界的元素又有新世界摩登。酒庄内种有百年树龄的橄榄树。

1988 年，菲利普男爵逝世，享年 85 岁，他的女儿菲丽萍女爵接替了父亲的工作，这一年，她将 1985 年的一号作品葡萄酒通过法国酒商销售

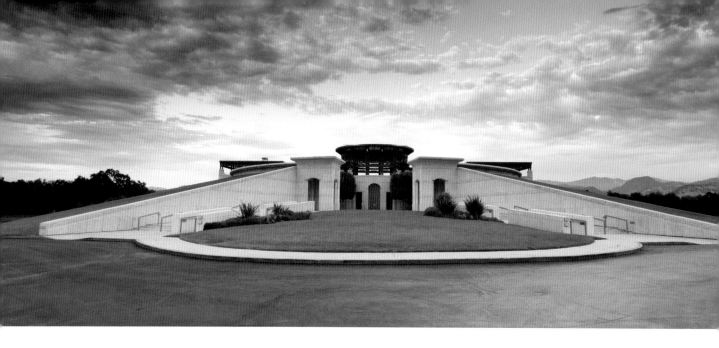

到了世界各地，如今一号作品 52% 的产品是通过法国酒商通路销售，酒庄零售大约在 10% 左右，其余的则是通过美国酒商通路销售。

酒庄也在世界各地举办多次品酒活动，在上海也曾举办过品尝酒会，我记得 2007 年的秋天，我和其他媒体同仁一起品尝了他们 1987、1997、2001、2004 年的酒。尽管他们的酒不愁卖，但他们希望媒体上经常有他们的身影，也许对消费者具有长期影响力是名酒庄最根本的诉求吧！

2004 年，曾在波尔多白马庄工作过的迈克尔·斯拉奇（Michael Silacci）到一号作品酒庄担任酿酒师，在酿酒的风格上，他曾经表示过，他们依然保持一号作品原先的风格，生产以法式酿酒为主导，充分表现葡萄园风土的葡萄酒。2005 年，随着"星座"收购罗伯特·蒙大维酒庄，一号作品的一半股份也归了"星座"，但一号作品在经营和管理方面都有自己的独立执行权利。

一号作品有 169 英亩的葡萄园，共分为 4 块，均分布在酒厂的周围，都是采用高密度种植法，每公顷葡萄树为 6，012 棵，这里种的品种有赤霞珠、品丽珠、美乐、马尔贝克及小维尔多，葡萄树基本上在二十几岁的时候要更新种植。一号作品的葡萄园工人都是自己雇用的，而且一直在酒庄工作了很长时间，酿酒师也非常熟悉这些工人，他们相互了解，这样在实际的管理和操作方面都

比较方便。

一号作品只酿造一款酒，在酿造方面自然是精益求精，采用小塑料框手工采摘，精心筛选，采用多种法国橡木桶，蛋白澄清，为了避免木塞味，他们实验室里严格测试软木塞，基本上，他们的酒需要桶陈和瓶陈的三年后才装瓶上市。

他们的酒每年品种调配的比例都会不一样，我在酒厂时品尝了两款酒，第一款是 2005 年的，这一年是采用 88% 赤霞珠、3% 品丽珠、5% 梅乐、3% 小维尔多、1% 马尔贝克酿造，有干果和辛香料的气息，入口单宁重，酒精度高，浓密辛香，酒体饱满，回味长。

第二款是2010年份的酒，是采用84%赤霞珠、5.5% 品丽珠、5.5% 梅乐、4% 小维尔多、1% 马尔贝克酿造，有着美好的果香，如黑色浆果和干花的香气以及多种香料气息，入口单宁细密丝滑，酒体丰腴，均衡雅致，酒味干，回味长。

如果来纳帕想访问这家酒庄和品尝他们的葡萄酒，一般来说，只要通过电话预约，或者在酒庄预约，通常都可以满足大家的愿望。

评分

2005 Opus One···96+ 分
2010 Opus One···98 分

酒庄名：Opus One

产　量：12，000-20，000 箱

葡萄园面积：169 英亩

电　话：707-9449442

地　址：7900 St. Helena Highway
　　　　P.O. Box 6 Oakville，CA 94562

网　站：www.opusonewinery.com

E-mail：info@opusonewinery.com

酒庄访问：需要预约

第五十一节

亨尼斯欧莎酒庄
(O' Shaughnessey Estate Winery)

该酒庄位于圣海伦娜的东北部，豪威尔山产区，安格温（Angwin）镇一侧的纵深处被葡萄园和森林围绕的一处山顶上，该酒庄是美国明尼苏达州房地产商人贝蒂·赫尔（Betty Hails）创建的。

贝蒂的孩童时代是在农业社区度过的，对农业有着天生的亲切感，她大学毕业后加入了房地产开发公司，对葡萄酒和美食很有兴趣，曾经在明尼苏达州办过烹饪学校。1990年她在纳帕的奥克维尔购置了一处房产，这个地方有葡萄园和她在纳帕的家。

上世纪九十年代，她在豪威尔山和维德山相

继购买了土地，陆续种上了葡萄，在这期间他们的葡萄基本都出售给别的酒厂。2000年，他们位于豪威尔山上的山洞酒窖建成，同年他们酿造了首个年份的葡萄酒，到2003年酒窖外的酒厂以及会客和办公处建造才真正竣工。

如今他们拥有的土地面积有500英亩，已经种植的葡萄园面积达120英亩。在他们酒庄的所在地，面积有42英亩，基本上是波尔多品种，这里除了葡萄园，最主要一部分是森林，还有其他的动物生活在此，时不时地还有黑熊出没。酒庄主对保护自然的地貌和生态非常关注。

在维德山，有名为贝蒂的葡萄园，这里的土壤较为贫瘠，葡萄果粒小，风味足，他们2010年的这个葡萄园的赤霞珠得到罗伯特·派克97[+]的高分。此外他们在奥克维尔还拥有27英亩的葡萄园，这里种的长相思和霞多丽也用来酿造他们的白葡萄酒。

该酒庄的酿酒师肖恩·卡皮奥（Sean Capiaux）是他们创始期的酿酒师，他毕业于加州的弗雷斯诺（Fresno）大学的酿酒和化工专业，毕业后在澳大利亚、索诺玛、纳帕的不少知名酒庄都做过酿酒师，有着丰富的酿酒经验。在该酒庄创建时他就来到这里，可以说是他造就了这家葡萄酒的风格，他宣称他们的葡萄酒是新古典主义，

▽酒庄主

︽酿酒师

有着成熟而丰富的深色浆果的果香，单宁成熟而细腻，酒体饱满，果味丰沛，有回味。此酒的年产量在三千箱左右。

2010 年维德山赤霞珠，这是采用 100% 的赤霞珠酿造而成，此酒有成熟度恰当的深色浆果以及橡木、辛香料的气息，单宁紧实，有一些岩韵气息，酒体中等偏上，回味长，是款很有陈年潜力的佳酿。

此外我在该酒庄也品尝到他们另外一个品牌"卡皮奥"（Capiaux），这个品牌基本上都是黑比诺，葡萄来自索诺玛产区，我品尝了他们两款黑比诺，表现都很不错。

该酒庄又是一个其他行业人士投资成功的案例，可以说酒庄主贝蒂很有投资眼光，她是一位精力充沛的成功女士，除了开拓自己家的葡萄酒产业，她还是位慈善家，曾经是纳帕银行董事会主席、纳帕皇后医疗中心的受托人等等。她和丈夫保罗（Paul）如今儿孙满堂，过着幸福美满的生活！

即采用现代化的酿酒设备和传统酿造的心法结合的产物，而且他很擅长于酿造来自山上葡萄园的赤霞珠葡萄酒，如今他是酒庄的总裁。

以该酒庄的名字命名的葡萄酒主要是赤霞珠，此外他们在奥克维尔种有 3 英亩的霞多丽，我在这家酒庄品尝了他们纳帕的 3 款酒。

2012 年奥克维尔霞多丽有着清新柠橙和绿色水果以及岩韵气息，有着圆润的口感，有一些夏布丽的风格。年产量在五百箱左右。

2010 年豪威尔山赤霞珠，此酒是采用 86% 的赤霞珠、7% 梅乐、3% 马尔贝克、2% 的小维尔多以及 2% 的圣马凯尔（St. Macaire）品种酿造的，

评分

2012 Oakville Chardonnay··90 分

2010 Howell Mountain Cabernet Sauvignon······················93 分

2010 Mount Veeder Cabernet Sauvignon·························95 分

2012 Capiaux Chimera Sonoma Coast Pinot Noir················90 分

2012 Capiaux Widdoes Vineyard Russian River Valley············93 分

2012 Capiaux Garys' Vineyard Santa Lucia Highlands·········94 分

酒 庄 名：O'Shaughnessy Estate Winery
土地面积：500 英亩
葡萄园面积：120 英亩
产　　量：5,000 箱
电　　话：707-9652898
地　　址：PO Box 923 Angwin，CA94508

网　　址：www.oshaughnessywinery.com
E-mail：info@oshaughnessywinery.com
酒庄旅游：需要预约

第五十二节

帕尔玛斯酒庄
(Palmaz Vineyard)

该酒庄的所在地离纳帕市不远的海根（Hagen）路的边上，是美国心脏搭桥支架的发明人之一朱里奥·帕尔玛斯医生（Julio Palmaz）和他的家族创立的。

朱里奥·帕尔玛斯是阿根廷人，1970年他在美国戴维斯大学做医学的实习生，这期间他和他太太阿马利亚（Amalia）来纳帕旅游，他们喜欢上了这个地方，之后他在德克萨斯工作了20年，与别人一起发明了心脏搭桥的支架，这一发明使他挣了不少钱，他一直非常喜欢葡萄酒，心里一直有一个建自己酒庄的梦想。

1992年开始他们就让房地产中介帮助寻找理想的葡萄园，当他们寻找到如今酒庄所在地的时候，这片地产并没有准备好交付，等了四年后他们终于获得了梦寐以求之地，这片地方占地面积600英亩，有山、有水、有适合于种植葡萄的缓坡和丘陵。朱里奥·帕尔玛斯医生和太太阿马利亚购买后，在破败的老房子的地基上重新修建了

▽酒庄主一家

帕尔玛斯家族获得这片土地后，1997-1998年重新种植了葡萄，这片土地山林的面积远远大于葡萄园面积，一条小溪贯穿这片地产，这条溪流在这里形成了一个天然的池塘。

朱里奥·帕尔玛斯医生的儿子克里斯丁·加斯顿·帕尔玛（Christian Gaston Palmaz）是酒厂的总经理，他在大学里学的是种植专业，他根据葡萄园不同的土壤、坡度种植不同克隆的葡萄品种以及橄榄树，葡萄园精细地分出了相对多的地块。他们的葡萄园主要分3个地块：一个地块是酒厂周围，这里的海拔在400米；第二个地块是海拔1,200米；第三地块是海拔1,400米。他们种植的品种主要以赤霞珠、霞多丽为主，也种植一些梅乐、品丽珠、雷司令等其他品种。

他们的酒厂位于名为乔治（George）的山峰下的山洞里面，这个酒厂完全是原生岩石上挖掘出来的，他们山洞内的酒厂设计得相当现代化，花了八年的时间才建成。他们的酒厂分为好几层，是不用泵的，采用的重力法，因为如今不少人认为泵的强烈抽动酒液会改变葡萄酒的分子结构。他们的红葡萄经过去梗和分拣后直接入下层的小型不锈钢罐中，而下层的有24个不锈钢罐围成圆形，罐底部是有滑轮的，一罐量够了开动滑轮就可以将下一个罐的罐口对着上层的机器接葡萄，葡萄酒的酒精发酵结束后，酒液通过重力流入下一层的罐中，葡萄酒渣经过气囊压榨机压榨后也入下层罐中。而酿造干白是直接气囊压榨后入罐发酵。酿酒车间的四周则是围成了舵手型的橡木桶，这个酒窖也是我见过的设计最新颖的山洞酒窖，湿度保持在75%，温度为华氏60度，通风很好，闻不到一丝霉味。

自己的住宅，他们的儿子和女儿也都在他们的土地上建有自己的住宅。

这片土地的拓荒者是亨利·海根（Henry Hagen），他是纳帕山谷早期的葡萄园种植以及酿酒的先驱之一，1876年他从德国银行贷款购买了这片土地，他购买土地的原则是要靠近水源，1881年他建立了自己的家和酒厂，他的酒在1889年巴黎博览会上曾经获得过银奖，尽管在纳帕最早的一次（1890）根瘤蚜虫害发作的时候他们葡萄园幸免于难，但禁酒令使得他失去酒厂和土地，这片土地被易主，使这片葡萄园和酒厂荒废了近八十五年。然而他的名字成了路名，此外他也被留在了纳帕葡萄酒的历史记忆中。

2014年6月1日我访问酒厂的时候品尝了4

款酒，我觉得他们的霞多丽表现蛮出色，酸度足，香气芬芳，是耐陈年的优秀干白。红葡萄酒有与其他品种混酿的，也有采用100%的赤霞珠酿造的，他们的赤霞珠除了有成熟度恰当的深色浆果气息以及辛香料的气息外，还有纳帕少见的尤加利的气息，此外他们采用白麝香酿造晚收成的甜酒表现也不错。

评分

2012 Palmaz Vineyads Chardonnay "Amalia"	91 分
2010 Palmaz Vineyards Cabernet Sauvignon	90 分
2010 Palmaz Vineyards Gaston Cabernet Sauvignon	93 分
2012 Palmaz Vineyards Muscat Canelli "Florencia"	90 分

酒 庄 名：Palmaz Vineyards
土地面积：610 英亩
葡萄园面积：57 英亩
产　　量：7,000 箱
电　　话：707-2877391
地　　址：4029 Hagen Road Napa, CA94558

网　　站：www.palmazvineyards.com
E-mail：contactus@palmazvineyards.com
酒厂旅游：需要预约

第五十三节

派瑞达克斯酒庄
（Paraduxx）

该酒庄距离他们的达克豪恩（Duckhorn）酒庄很近，位于西亚瓦多之路的旁边，这个地方原本就是达克豪恩的葡萄园，于 2005 年正式对外开放。

"Paraduxx" 这个牌子最早创建于 1994 年，这源于达克豪恩酒庄的一次酿造改革，让酿酒师自由发挥，以便酿造出不同达克豪恩风格的葡萄酒。达克豪恩葡萄酒一直采用波尔多葡萄品种来酿酒，为了避免影响到达克豪恩（Duckhorn）品牌，所以单独创造了派瑞达克斯（Paraduxx）这个牌子。

1994 年，他们采用纳帕科特（Korte）葡萄园 100 年老树的金粉黛在达克豪恩酒庄酿造了四吨酒，这些金粉黛与达克豪恩葡萄园的赤霞珠以及少量的梅乐、小希拉调配后正式以派瑞达克斯（Paraduxx）牌子亮相，这个年份酒出来后取得了一致的好评，自此，他们创造出了他们独特的品种调配的葡萄酒，这个品牌以易于搭配食物和符合大众流行口味为导向。

至于为什么要再另外成立派瑞达克斯酒厂，董事长当·达克豪恩（Dan Duckhorn）表示，创建这个酒庄源于他存在已久的一个梦想，就是他想有一个能让访客休闲的品酒中心，要和酿酒区分开，再加上派瑞达克斯（Paraduxx）品牌已经在市场上取得了成功，于是他们在雷克托溪葡萄园（Rector Creek Vineyard）建立了派瑞达克斯酒厂。

他们聘请旧金山的设计师鲍姆·索恩利（Baum Thornley）设计，具有纳帕地区传统而古老的农舍木制建筑风格，进门是室内的店铺和品酒的地方，室外的花园里，古树下可以休憩、品酒。

他们的酿酒车间是圆形的，是根据传统谷仓的形状设计的，四周是不锈钢罐，中间是橡木桶容器罐，整个车间通风和采光都很有创意。

▽酿酒师

该酒庄的酿酒师当·拉博德（Don Laborde）出生在美国，他毕业于澳大利亚的查尔斯·斯特尔特（Charles Sturt）大学的种植和酿造专业，曾经在澳大利亚的国家葡萄和葡萄酒产业中心做过助理酿酒师，回到美国后在纳帕的特雷费森（Trefethen）家族酒庄和索诺玛的考坡拉（Coppola）酒庄做过酿酒师，他在考坡拉酒庄学到了很多实践经验，尤其是关于酿造小批量的优质葡萄酒。

2011 年他加入达克豪恩（Duckhorn）公司做助理酿酒师，主要是监制采用索诺玛山谷葡萄酿造的 Decoy 品牌的酒，之后升为酿酒师。2014 年，达克豪恩公司很认可他的专业技术和能力，尤其是熟练的勾兑技术，于是公司决定让他掌管该酒庄的酿酒，而这个酒庄是小规模的，采用小罐来酿造，这给了他很大的自由发挥的空间，对于一位酿酒师来说，这是梦寐以求的事情。

采用本土特色的金粉黛和国际化品种的赤霞珠混合酿酒，显然共性中又有自己的个性特色，这一款酒的成功也使得他们创造出了一套自己的酿酒理念，即每一次混合别的品种酿造酒，必须有一种不是波尔多品种（关于什么是波尔多品种请参看品种章节）。

当·拉博德（Don Laborde）在酿酒的时候也将不同葡萄园的葡萄分开酿造和橡木桶陈酿，之后再根据需要进行调配或者不调配。该酒庄如今采用的一部分葡萄是来自母公司的校长溪谷（Rector Creek）、箴言暗礁（Monitor Ledge）、斯托特（Stout）、烛台山脊（Candlestick Ridge）等葡萄园，具体内容请参看达克豪恩酒庄介绍章节。此外他们也购买葡萄来酿酒。

我在这家酒庄品尝了他们 3 个品牌的酒，共有 6 款。他们"诱饵"（Decoy）牌系列酒走平民化和国际化路线的，这个品牌的酒都是现代流行的新风格的酒，明朗而易饮，性价比高。

"Paraduxx"品牌系列的酒很多，让人眼花缭乱，我品尝了他们 2011 年 Z 混酿和 C 混酿两款。Z 混酿，此酒采用 60% 金粉黛、40% 的赤霞珠酿造，深色浆果的果味丰富，带有辛香，单宁适中，有一定的酸度，酒体较为饱满，有回味。2011 年产量为 16，000 箱。

Migration 系列主要是来自索诺玛的黑比诺，中规中矩的商业化的葡萄酒。

"C"则主要是赤霞珠为主，金粉黛为辅，此酒富含果香和辛香料气息，酒体饱满，单宁丝滑，回味长。2011 年这款酒的产量为 600 箱。

总体来说，这家葡萄酒性价比比较好，此外也是纳帕休闲度假的好去处。

评分

2011 Paraduxx Napa Valley "Z" Blend···89 分

2011 Paraduxx Napa Valley "C" Blend···91 分

酒 庄 名：Paraduxx

葡萄园面积：采用部分 Duckhorn 葡萄园的葡萄

产　　量：未知

电　　话：866−3679943

地　　址：7275 Silverado Trail Napa CA94558

网　　站：www.paraduxx.com

酒庄旅游：上午 10:00− 下午 4:00

第五十四节

彼得·福瑞纳斯品牌葡萄酒
(Peter Franus)

彼特·福瑞纳斯是一位富有三十多年经验的酿酒师，他没有自己的酒厂，也没有自己的葡萄园，但他对纳帕产区葡萄园很了解，与一些葡萄种植者有良好的关系，他是租用纳帕山谷葡萄酒公司酿造自己品牌的葡萄酒。

彼特通过自己的努力实现了拥有自己葡萄品牌的梦想，这个成功的案例又一次告诉我，在美国，只要你方向选得好，并且努力了，人人都可以成为尧舜！我之所以要写这家既没酒厂又没葡萄园的葡萄酒品牌，有三方面的因素，一是受"人生而平等"意识影响，二是酿酒师酿造自己品牌的酒，他是有代表性的，三是他的酒也不错，在纳帕山谷是有性价比的，他的酒主要出口。

彼特·福瑞纳斯出生在康涅狄格州，在大学里学的是新闻媒体专业，他觉得这个专业不符合他的个性，来纳帕考察时觉得他的生活和生意应该是在葡萄酒里面。1978年他去加州的弗雷斯诺（Fresno State）大学学习酿酒学及葡萄种植专业，1981年在Mount Veeder酒厂做酿酒师，1987年他开始创建自己的品牌，1992年全身心地投入了自己品牌酒的酿造和生意运营。

他花费了十年时间探索纳帕葡萄园，了解哪些地块能产什么样的葡萄酒，也逐渐在纳帕也建立了自己的声望。对他来说他很喜欢维德山（Mount Veeder）山上的葡萄园，他很看好山上种植的金粉黛。

他觉得葡萄酒本来是很感性的，不可能精确地说这酒如何，跟分析精密仪器似的，喝酒调动的毕竟是我们的肉体感官，并不是机器，如果分析得那么精确的话葡萄酒都要发神经了！我很赞同他的观念。对于他的酿酒哲学，他表示："很简单，就是酿造出美味的葡萄酒！"他认为好的酒应该是丰富、复杂、平衡和谐的！

▽彼得

尽管产量不大，但他们也有十来种葡萄酒，我 2014 年在纳帕品尝了他们 6 款葡萄酒。第一款是 2012 年长相思，酒用葡萄来自凉爽的卡内罗斯地区，酒色淡青绿色，有着清新的热带水果气息，入口圆润，酸度适中，酒体中等，易饮。

第二款是 2013 年的阿巴丽侬（ALBARINO）品种干白，酒用葡萄来自卡内罗斯，该酒带有岩韵气息和水梨的果香，入口圆润，酸度适中，属于清新风格的干白。

第三种是 2011 年纳帕山谷赤霞珠，该酒的酒用葡萄来自两个葡萄园，一个是来自圣海伦娜，一个是来自豪威尔（Howell）山，此酒有较为成熟的红色浆果果香和辛香料气息，入口单宁柔和，有一定的酸度，酒体中等，这个年份的酒可以早点喝。年产量在一千箱左右。

第四种是他们 2012 年的蓝标金粉黛，来自罗斯福地区的有机葡萄园，有成熟的深色浆果气息，入口酒味甘美，酒体中等，是款果味丰富的金粉黛葡萄酒。

第五款是 2012 年份 90 年树龄的金粉黛，此酒有更为丰富浓郁的深色浆果果香，单宁柔顺，酒体中等偏上，酒体均衡，有回味。

第六款是 2007 年的纳帕红酒，是他们的顶级红酒，采用的是波尔多式的混酿，此酒有着丰富的酒香，单宁柔顺，酒体饱满，回味悠长。

彼得·福瑞纳斯和他的太太黛安（Deanne）共同打理他们品牌的葡萄酒生意，他们的葡萄酒主要出售给酒商，葡萄酒出口比例占到 30%，这样的比例在纳帕山谷的葡萄酒中算高的了！

评分

2012 Sauvignon Blanc Carneros Napa Valley·······················88 分

2013 ALBARINO Carneros Napa Valley·······························87 分

2011 Cabernet Sauvignon Napa Valley·······························88 分

2012 Zinfandel Napa Valley·······································87 分

2012 Brandlin Vineyard Zinfandel·································89 分

2007 Red Wine Napa Valley··92 分

酒品牌：Peter Franus
产　量：5,000 箱
电　话：707-9450542
网　站：www.franuswine.com
E-mail：Deanne@franuswine.com

第五十五节

菲利普·托格尼酒庄
(Philip Togni Vineyard)

菲利普·托格尼酒庄位于圣海伦娜地区的春山中部，大隐于春山的森林之中，酒厂入口处一般不容易找到。酒庄同时又是酒庄主的家，以前是菲利普·托格尼主内，负责葡萄园和酿酒，他瑞典籍的太太碧基达（Birgitta）主外，主要是负责葡萄酒的销售和市场。如今，主持酒厂的工作逐渐交给了他们的女儿丽莎·托格尼（Lisa Togni）。

菲利普·托格尼是英国人，在伦敦大学学习过地质专业，毕业后他到壳牌（Shell）公司的秘鲁和哥伦比亚分公司工作过，他曾经发现过石油。

他和葡萄酒结缘是源于一次他去西班牙度假，他在访问西班牙酒厂的时候发现自己迷上了葡萄酒和葡萄酒的酿造，此时，他在西班牙也有幸遇见当时著名的酿酒师梅纳德·阿梅林（Maynard Amerine），他介绍菲利普·托格尼到蒙彼利埃（Montpellier）酿酒学校去学习。一年后，他去智利工作了了一年，接下来又在阿尔及利亚工作了一段时间，之后他在波尔多的力士金（Lascombes）酒庄获得一个助理酿酒师的机会，这个酒庄1956年的酒也有他的劳动成果。

1955年-1957年他就读于波尔多大学的酿酒专业并获得了酿酒资格证书，他有幸跟随名师埃米尔·佩纳德（Emile Peynard）学习，学到不少实用的知识，之后他到了加州，在美国的多家酒厂工作过，比如说抑素（Chalone），盖洛（Gallo），查普利特（Chappellet）等。

1975年，他在春山购买了名为"被遗弃"的（Abandoned）葡萄园，这里的海拔在两千英尺左右，他最早种的葡萄树不抗根瘤蚜，之后他更新了葡萄园，种了10.5英亩的葡萄树，葡萄园就位于坡地上，土壤是底土为火山土，表土为粘土混合着小石块，种植的葡萄品种为赤霞珠占82%、梅乐占15%、品丽珠占2%、小维尔

▽ 酒庄主一家人

多占 1%，还有 0.5 英亩的黑色汉堡麝香（Black Hamburgh）。

他们的小酒厂位于葡萄园旁边，真是麻雀虽小，五脏俱全，酿酒车间很袖珍，酿酒的不锈钢罐和压榨机都在小房间里，小型的装瓶机和仓库在一起，而最大的就是他们的橡木桶酒窖，他们没有品酒室，一般也不对外，只接待跟他们生意有来往的客户和行业媒体，我这次的品酒就是在他们的橡木桶酒窖内进行的。

菲利普·托格尼一直以来都是酿造波尔多风格的葡萄酒，将葡萄品种进行波尔多式的调配混酿，在法国小橡木桶里陈酿，不加酸，不做机械的精细过滤，靠自然沉淀过滤葡萄酒。

他们第一个年份的葡萄酒是 1983 年。他们只做 3 款酒，干红葡萄酒分正牌和副牌，还有一款是甜酒。

我此次访问品尝了他们 3 款酒。2011 年份的正牌酒，酒色深浓，有着成熟的浆果和干花香和香料的气息，酒体饱满，甜美，单宁绵密细腻，回味长，是款内敛而优雅的葡萄酒，此酒 2011 年的产量为 1，000 箱，尽管 2011 年是个凉的年份，但他们的酒表现却很不错，此酒具有十年以上的陈年潜力。

2011 年他们的副牌早已销售一空，所以我没有品尝到，但是品尝到黑汉堡麝香的甜酒，酒色很深，酒体稠密，有地瓜干、葡萄干、干花和干果的丰富香气，都能让人联想到雪莉的 Cream 甜酒。

他们的正牌酒零售价格为 105 美金，副牌为 45 美金，甜酒也是 45 美金，每个年份价格都是一样的，除非通货膨胀因素才会统一地调整价格。他们葡萄酒销售有会员制，也有通过经销途径来销售。此外，他们也有一些老年份的酒，我之后品尝了他们 2005 年的酒，表现也相对不错。酒庄有一定的库存，因为有的年份好，他们的正牌酒的量会多一点，年份不好则会少。

这家酒庄也是很有知名度的纳帕酒庄，罗伯特·派克也经常品尝他们的酒。此外，在比利时举办的加州红酒 PK 波尔多同年份红酒的一次比赛中，他们 1990 年正牌红葡萄酒赢了"拉图"。

如今,他们的葡萄酒主要是丽莎·托格尼负责,她出生于 1969 年,获得过旧金山大学的 MBA,之后在法国和澳大利亚的酒厂学习和工作过,31岁时她回到家里的酒厂,跟她父母学习酿酒和经营管理酒庄,她也会遵从父母的意愿,继续经营一家酿造优质酒的小酒庄。

评分

2011 Philip Togni Vineyard cabernet Sauvignon ··96 分
2006 Sweet red wine Napa Valley ···95 分

酒 庄 名:Philip Togni Vineyard
土地面积:25 英亩
自有葡萄园面积:10.5 英亩
产　　量:2,000 箱
地　　址:3780 Spring Mountain Road
　　　　　P.O.Box81,St. Helena Napa Valley,
　　　　　CA94574

网　　站:www.philiptognivineyard.com
E-mail:tognivineyard@wildblue.net
酒庄访问:不对外开放

第五十六节

松之岭酒庄
(Pine Ridge Vineyards)

该酒庄位于鹿跃产区的西亚瓦多之路边上，属于美国深红（Crimson）葡萄酒集团公司，该集团麾下有4家酒庄。酒庄位于葡萄园之中，花园里设有葡萄品种园，酒厂里面有山洞酒窖和店铺，这里也是纳帕旅游较为热门的酒庄之一。

该酒庄创建于1978年，是加里·安德勒斯（Gary Andrus）创建的，1976年的巴黎品酒会上鹿跃（Stag's Leap Wine Cellars）红葡萄酒获奖，使越来越多的人相信纳帕能出世界顶级佳酿，而加里也是其中之一，他在鹿跃地区的陡峭的山坡上开辟了第一个葡萄园，种植了赤霞珠、品丽珠、马尔贝克和小维尔多等品种，还有些法国第戎（Dijon）克隆品种。由于他们精耕细作，酿造出来的酒品质不错，在市场上也获得了成功。

酒庄持续不断的发展，如今，已经在纳帕的5个AVA产区拥有葡萄园，分别是鹿跃区（Stags Leap District）、卢瑟福区（Rutherford）、奥克维尔（Oakville）、卡内罗斯（Carneros）和豪威尔山（Howell Mountain）产区，共拥有11个葡萄园，总面积达200英亩。

他们觉得葡萄园的种植和管理方面的细节对于产出好葡萄是很重要的，他们认为有几方面的细节是至关重要的。

第一点，筛选苗木。要根据土壤的特征种植适合的苗木，给苗木施的营养物要恰当，避免疾病，确保最佳的深度和排水。

第二点，无性系选种。从母树上剪枝嫁接到精挑细选的根茎上，种植多种不同无性系的嫁接苗，以产出多种不同特征的葡萄，这无疑会增加葡萄酒的丰富和复杂性。

第三点，关注气候。这是葡萄园管理中很重要的一个环节。记录葡萄园的温度和湿度，这些数据可以告诉管理者如何避免葡萄园的霉病和其

▽ 酿酒师与出口部经理

他病；测量风和雨，可以了解何时需要灌溉；此外还需要预测葡萄的成熟期。

第四点，注重不同葡萄园的葡萄树展架，因为展架方式对于采光和通风都有影响，从而影响到葡萄的品质。

第五点，修剪。冬季的树枝修剪和夏季的修叶以及疏果的绿剪对葡萄品质都很重要，他们的管理方法是少留一些芽眼，这样葡萄树能出产内质更佳的葡萄果实。

第六点，叶幕管理。从春天到收获季节，他们一直都很注意对叶幕的管理，因为叶幕管理对葡萄的产量和品质有着至关重要的影响，比如获得更多光能的叶幕能更好地光合作用，花和芽的分化度高，产量就会高，葡萄的多酚类物质也高。当然对于炎热的产区，也要避免过强的下午光。

第七点，收获。他们都是手工采摘葡萄，通常在晚上收获葡萄，采用25磅容量的小箱来运输，葡萄经过筛选和分类等。

第八点，可持续农业。种植和管理葡萄园方面，尽量采用不破坏环境的生物动力法，这也是他们酒厂的宗旨。

该酒庄的总经理和酿酒总工迈克·博拉克（Michael Beaulac）曾经在纳帕和索诺玛多家酒厂工作过，尤其是他在法资的圣·斯佩里（St. Supery）酒庄工作了7年，经常得到这家酒庄的顾问米歇尔·贺郎（Michel Roland）的指点，他

在 2009 年加入松之岭酒庄，是位实在而勤勉的人。

该酒庄葡萄酒品种也比较多元，一般分两类，一类是当前出售的新年份酒，也有一些老年份酒。他们主要的产品则是赤霞珠和霞多丽。此外，他们的红葡萄酒大都采用美国橡木桶，这也是他们的一个特点。

评分

2012 Pine Ridge Caneros Chardonnay ·· 88 分

2012 Pine Ridge Napa Valley Cabernet Sauvignon ·· 89 分

2011 Pine Ridge Stags Leap District Cabernet Sauvignon ······························· 90 分

2010 Fortis Napa Valley Cabernet Sauvignon ·· 90⁺ 分

酒 庄 名：Pine Ridge Vineyards

葡萄园面积：200 英亩

产　　量：135，000 箱

电　　话：800-4006647

地　　址：5901 Silverado Trail Napa
　　　　　CA94558

网　　站：www.pineridgevineyards.com

E-mail：info@pineridgevineyards.com

酒庄访问：对外开放

（开放时间为上午 10:30- 下午 4:30）

第五十七节

普里斯特牧场酒庄
(Priest Ranch Somerston Estate)

该酒庄位于纳帕山谷外围的山上，是 F·艾伦·查普曼（F. Allan Chapman）和克雷格·贝克尔（Craig Becker）共同创办的，他们在杨特维尔镇有一家名为 "Priest Ranch Somerston Estate" 的店铺和品尝室。

2004 年 F·艾伦·查普曼发现了纳帕山谷众山之外这片美丽的地方，他马上找到酿酒师克雷

☑克雷格

格·贝克尔（Craig Becker）一起购买了这个地方，这片土地的面积共有 1,628 英亩，而当时纳帕山谷的人们更关注山谷内的葡萄园，所以这块地的价格也是很具有吸引力，可以说他们购买的时间很好。

他们种植了 200 英亩的葡萄园，这里种有赤霞珠、梅乐、小希拉、长相思和白歌海娜以及其它品种。除此之外，这里更多面积是原始的山林，草场，橄榄树，如今这里如同世外桃源一般，有山有水，羊群满山坡，不仅出产葡萄酒，还有橄榄油、羊肉、奶酪、蜂蜜等。

克雷格毕业于加州戴维斯分校，他的专业学习项目有葡萄种植、酿造、植物生理学、水文科学，他曾经在加州不少优秀的葡萄园工作过，有丰富的种植和酿酒的经验。他追求自然和科学的结合，由于长期在葡萄园，他深知葡萄农和葡萄园工人的辛苦，在物质和精神上他都很关心他们。

在葡萄酒的酿造方面，他追求酿酒技术与科学的方法结合，把控好酿造的每一步。他们的酒采用本土酵母，不过滤，不同葡萄园的葡萄和品种分开酿造，他们这样做的目的是想葡萄酒能体现地域和品种特征。

他不仅仅是这个酒庄的总经理和酿酒师，还是位飞行员，是名副其实的飞行酿酒师，他自己

驾驶飞机巡航在加州的上空，对于有兴趣的葡萄园他可以从天空观察葡萄园的地形和地貌。他可以白天到飞到远方和葡萄种植园的团队开会，比如他去南加州的圣巴巴拉（Santa Barbara）和葡萄种植者开会，晚上回家吃饭。这种自由潇洒的酿酒师生活让人非常羡慕。

该酒庄的葡萄一半自用，一半出售。他们有3个品牌的葡萄酒，第一种是"普里斯特牧场"（Priest Ranch），第二种是"索梅斯通"（Somerston）品牌；第三种是酿造师自创的"高空飞翔的人"（Highflyer），这款酒的葡萄不只是来自这个酒庄，还来自数个其他产区的葡萄园。

该酒庄的葡萄酒品种很多，我在访问他们位于杨特维尔的品酒室时品尝了7款葡萄酒，白葡

萄酒酿造也不错，而最突出的是他们的红葡萄酒。

2011年索梅斯通（Somerston）赤霞珠干红，有成熟有度的红、黑色浆果的果香和些许辛香料的气息，入口酒体中等偏上，单宁丝滑，有浑然一体的均衡感，尽管2011年对多数纳帕酒来说不是个很好的年份，但他们2011年却表现不错，应该是地域不同的缘故吧！

2010年索梅斯通·斯托诺韦（Somerston Stornoway）红葡萄酒，此酒有成熟的深色浆果果香和岩韵气息，入口酒体饱满，单宁成熟柔顺，有少许咸味，回味甘美。

2011年份Priest Range有着红、黑色果香和绿色辛香料的气息，单宁涩重，有丝绒的质地，酒体丰满，回味悠长。

2010年高空飞翔的人（Highflyer）牌的中心线（Centerline）干红，这是采用45%的小希拉、30%的希拉、18%的丹魄、7%的金粉黛混合酿造的，此酒有着丰富浓郁的深色浆果辛香料的混

合气息，单宁成熟而丰沛，酒体饱满，是款浓郁的大酒。

2010 年的小希拉也很出色，酒色深浓，有成熟的深色浆果和胡椒的气息，浓密而成熟的单宁呈熟丝绒的质地，酒体饱满，回味长。

该酒庄是纳帕性价比较好的葡萄酒，目前出口量仅为 10%，而以他们葡萄园的出产量应该是可以生产更多葡萄酒，希望我们国人也能有机会品尝一下美国飞行酿酒师的佳酿。

评分

2013 Priest Ranch Sauvignon Blanc ···································· 88 分

2013 Priest Ranch Grenache Blanc ···································· 87 分

2011 Somerston Cabernet Sauvignon ·································· 90 分

2010 Somerston Stornoway Red wine ·································· 90 分

2011 Priest Ranch Cabernet Sauvignon ······························ 94 分

2010 Priest Ranch Petite Sirah ··· 93 分

2010 Centerline Napa Valley ·· 95 分

酒 庄 名：Priest Ranch Somerston Estate

土地面积：1，628 英亩

葡萄园面积：200 英亩

产　　量：10，000 箱

电　　话：707-9678414

品酒室地址：Priest Range Somerston
　　　　　　Estate Yountville Napa

网　站：www.somerstonestate.com

品尝室：对外开放

第五十八节

坤德萨酒庄

（Quintessa）

坤德萨酒庄位于罗斯福地区，西亚瓦多之路的边上，该酒庄建于1990年，它是智利酒商奥古斯丁·胡纽思（Agustin Huneeus）投资兴建的。

奥古斯丁·胡纽思是葡萄酒行业非常成功的商人，早在上世纪六十年代，他就曾在智利最大的酒厂"甘露"（Concha Y Toro）担任CEO，该公司在他的领导下发展成了今天这样巨大规模，1971年他来到美国发展，后来拿到了美国绿卡，他就业的美国酒公司业务遍及世界很多国家和地区，这使得他有了更为广阔的视野，他在加州做生意的时候敏锐地觉察到纳帕的潜力。最先他购买了Franciscan酒厂的股份，后来看上了现在的酒庄所在地，经过半年的谈判，在1989年，他和他太太瓦莱（Valeria）找到了这片美丽地方，建立了他们梦想的葡萄酒庄园坤德萨。他们有两个孩子，其中一个儿子管理坤德萨酒厂。

这家酒庄几乎是隐在西亚瓦多之路边上，他们酒厂的主体部分都是在小山的山体里面，深度有1，200英尺，面积有17，000平方英尺，里面容纳了所有的酿酒设备和三千个橡木桶，酒厂外围建成了半月弧形，与周围的小山和葡萄园交相呼应，相得益彰。

从酒厂边上拾级而上是一片山林，这是纳帕山谷内的小山，他们山上建有几处品酒室，站在山坡顶往里一看，让人豁然开朗，原来里面有小湖和丘陵，湖畔和丘陵地上则是郁郁葱葱的葡萄园，景色非常迷人。

他们的葡萄园分成很多小地块，根据土壤可分为4类，第一类是谷地，主要是白色火山灰和壤粘土以及淡红色火山土组成；第二类是小山顶，这里的土壤主要由红色火山土、砂壤土、白火山灰土、冲击性的沙土和卵石、沙砾等组成；第三类是台阶地，是红火山土、砂壤土、白火山灰土、冲击土组成；第四类是湖边，主要是冲击土。

他们的葡萄园种的都是红葡萄品种，主要是赤霞珠、梅乐、品丽珠、小维尔多和卡曼纳，他们在选择各品种的葡萄砧木方面也充分考虑到了土壤和葡萄园的地形因素，他们的主要品种赤霞珠就有7个不同的克隆。

可持续发展农业一直是他们的理想，1997年，他们开始采用生物动力法种植葡萄，比如说根据太阳、月亮、星星对地球植物生长的影响来种植葡萄树，其实也类似于中国的农时，但没有中国农历那么细致的划分。他们不使用化肥和农药，而是采用堆肥，此外他们也采用天然的洋甘菊、橡树的树皮、荨麻、缬草和其他草药茶泡的剂喷洒在葡萄树上。到2004年，他们所有的葡萄园都采用了生物动力法种植。

1994 年是他们第一个年份的酒，该酒厂只酿一种酒，我访问酒厂的时候品尝了他们 2005 年、2011 年份的酒以及 2013 年的桶装样酒，总体感觉他们的酒属于优雅风格的，不追求重酒体，而是追求既有成熟的果香和又有细腻单宁的均衡葡萄酒。

评分

2005 Quintessa ·· 94 分

2011 Quintessa ·· 92 分

酒 庄 名：Quintessa

土地面积：280 英亩

葡萄园面积：160 英亩

电　　话：707-2862730

地　　址：Quintessa PO Box 505
　　　　　Rutheford，CA94573

网　　站：www.quintessa.com

E-mail：info@quintessa.com

酒厂旅游：对外开放，需要预约。

第五十九节

雷蒙德酒庄
（Raymond Vineyards）

雷蒙德酒厂位于纳帕的圣海伦娜地区，属于法国葡萄酒业巨头博瓦塞（Boisset）集团，该集团的继承人让－查尔斯·博瓦塞（Jean-Charles Boisset）打理酒厂，他是吉娜·嘉露（Gina Gallo）的丈夫。

该酒庄是雷蒙德家族于1970年成立的，2009年，雷蒙德酒庄的葡萄园被法国博瓦塞集团（Boisset Family Estates）收购。

☑让－查尔斯·博瓦塞

该酒庄是纳帕旅游的热门酒庄之一，酒厂内外好似一幕幕的舞台布景，非常适合游客拍照留念，酒厂外围是名为"自然剧场"的生物动力法和有机种植的试验展示，这里将土壤、花草、蔬菜、不同的葡萄品种、牛羊、堆肥、水源等等跟葡萄种植相关的因素都展示给来宾。与众不同的是他们在园子里专门为访客的狗提供了休息的狗舍，这样带狗一起来参观酒厂的人可以安心地在酒厂内品酒和休闲了。

酒庄内部的剧场布景让人眼花缭乱，更让人惊叹不已！进门的墙上挂满了原酒庄主和现酒庄主让－查尔斯·博瓦塞在媒体报道的图片。他们的酿酒车间相当另类，张牙舞爪的狮子标本和穿着法国舞女服饰的衣服模特架子，似乎是将法国红磨房的布景搬过来一般。此外酒厂内还设有豪华的夜总会似的俱乐部，酒厂除了出售葡萄酒，还出售昂贵的宝石饰品和名牌包包等奢侈品。

酒庄里面还设有专门让会员尝试调配自己的葡萄酒的房间，会员可以根据自己的喜好调配不同的品种，酿造贴有自己酒标的葡萄酒。

该酒庄里面有不少场所都能接待游客品尝葡萄酒，如店铺、酒吧、不锈钢酿酒车间、橡木桶酒窖等等。酒厂的后面还有接待客人住宿的酒店和游泳池，敞开式的厨房，花园里还能举办大型的酒会，一个旅游酒厂所有能满足游客要求的他们几乎都能做到。而让我感到稀奇的是他们酒厂将触觉的质感采用布、丝、皮、毛等衣料呈现出来，展示在墙上。我访问过世界上几百家酒厂，还是第一次见到有体现触感的展示。

雷蒙德自有的葡萄园都位于纳帕山谷，分为3处，面积共有300英亩，具体位置是位于圣海伦娜、卢瑟福以及美国佳运地区，种植的葡萄品种根据不同葡萄园的土壤和气候来决定。此外，酒庄还与该产区的15家葡萄种植户签订了合同，精选该产区不同小气候条件下出产的优质葡萄酿造葡萄酒。

雷蒙德的酿酒总工是纳帕山谷知名的女酿酒师索梅斯通·帕特南（Stephanie Putnam），她毕业于加州戴维斯分校，曾经在法尔年特（Far Niente）做了8年的酿酒师，她很擅长酿造赤霞珠和霞多丽，她酿的酒也屡次获奖。

该酒庄的葡萄酒种类很多，我在酒庄的时候品尝了他们6款有代表性的葡萄酒。第一款是

2013年精选珍藏级的纳帕山谷长相思，酿造这款酒的葡萄来自两个葡萄园，一个是奥克维尔，另一个是凉爽的詹姆士·佳运（Jameson Canyon）葡萄园。此酒有典型的黑加仑子树芽和热带水果如柚子、龙眼、柠檬的气息，入口清新，酸度爽脆愉悦，酒体平衡感佳。

第二款是2013年精选珍藏级霞多丽，酿造这款酒的葡萄来自詹姆士·佳运葡萄园，此酒属于清新风格，没有奶油气息，有着清新的芬芳，可以联想到苹果、香梨、花蜜的香气，入口酸度爽脆，酒很干净。

第三款是2012年的"一代人"霞多丽，酿造该酒的葡萄来自詹姆士·佳运葡萄园和阿特拉斯山峰（Atlas Peak）葡萄园精选的葡萄，其酒是他们的旗舰干白，很有勃艮第的风格，有岩韵，酒很芬芳，入口酸度铿锵，回味长，是很有深度的霞多丽。

第四款是2011年精选珍藏级的梅乐，此酒有绿色辛香料的气息以及红色浆果的香气，酒体中

等，单宁较为细腻，酸度适中，是款具有优雅特征的梅乐。

第五款是 2011 年的赤霞珠，由于 2011 年是纳帕较凉的一年，因此这款赤霞珠酸度比较高，酒体中等，单宁也较为细腻，回味适中。

第六款是 2010 年一代人干红葡萄酒，此酒采用 100% 纳帕山谷精选赤霞珠葡萄酿造而成，是他们干红葡萄酒的旗舰酒。此酒色泽深浓，有丰富的深色浆果和香料的气息，有着丝绒一般的单宁，酒体饱满，回味长，属于优雅精细风格。此酒年产量仅 1，000 箱。

如果您访问纳帕山谷，这个酒庄是我想推荐给您的，不仅好玩，酒也很出色！

评分

2013 Napa Valley Reserve Sauvignon Blanc··································90 分

2013 Napa Valley Reserve Chardonnay·····································91 分

2012 Generations Chardonnay···96 分

2011 Napa Valley Reserve Merlot···90 分

2011 Napa Valley Reserve Cabernet Sauvignon·························90 分

2010 Generations··96 分

酒厂名：Raymond Vineyards

葡萄园面积：300 英亩

产　量：100，000 箱

电　话：707-9633141

地　址：849 Zinfandel Lane，St. Helena
　　　　CA94574

网　站：www.raymondvineyards.com

E-mail：customerservice@raymondvineyards.com

第六十节

罗伯特·蒙大维酒厂
(Robert Mondavi Winery)

罗伯特·蒙大维酒厂是葡萄酒行业的伟人罗伯特·蒙大维和他的子女们于1966年创立，目前该酒厂属于国际上最大的酒业集团星座公司所有。

1962年的欧洲葡萄酒乡之旅对他产生了深远的影响，"葡萄酒不只是生意，它更是一种艺术"这一思想已经根植于他的脑海，以至于后来"做好酒是技术，做美酒是艺术"成了他的座右铭。

1967年的时候，大多没有葡萄酒饮用习惯的人的味蕾是偏甜的，他重新缔造了长相思，以法国卢瓦尔河谷的长相思（Fumé Blanc）名字来命名此酒并在酒标上签署了自己的名字，此酒曾一度风靡美国。

罗伯特·蒙大维自建立自己的酒厂以来，一直以欧洲，尤其是当时葡萄酒界最富声望的法国为师，他觉得纳帕也一定能酿造出世界顶级的葡萄酒，他的酒厂从最初就以酿造优质酒为导向。1970年，他在夏威夷第一次遇到了菲利普·罗斯柴尔德男爵（Bar on Philippe de Rothschild），之后他频繁地出入欧洲。后来成为他第二任妻子的玛格丽特·毕维祖籍是瑞士，她在酒厂工作，会多种欧洲语，一直是他的翻译，她的想法对罗伯特·蒙大维产生了很大的影响，1980年她与罗伯特·蒙大维结婚。

1971年，他们采用著名的喀龙园（To Kalon）葡萄园的葡萄酿造了知名的罗伯特·蒙大维的珍藏级赤霞珠。1979年，罗伯特·蒙大维和菲利普·罗

斯柴尔德男爵建立了合资酒厂"一号作品"（Opus One），提姆·蒙大维（Tim Mondavi）和卢西恩·西奥诺卢（Lucien Sionneau）一起酿造了第一个年份即 1979 年的葡萄酒。

罗伯特·蒙大维也是纳帕慈善拍卖的积极推动者，他和玛格丽特担任了 1981 年的拍卖会主席。1982 年，他们开始呼吁教育消费者，倡导葡萄酒与美食的搭配，他说："我们要通过教育来销售酒，我们卖的不仅仅是酒本身，美酒实际上是和食物、艺术、音乐结合在一起的人生最美好的事物。"

上世纪九十年代，罗伯特·蒙大维开展了系列的国际合作，如智利拥有伊拉苏酒庄的查维克家族（Chadwick）、澳大利亚的罗斯蒙特酒庄（Rosemount）、意大利的弗莱斯可巴尔迪家族（Frescobaldi）等。

然而在八十年代末，九十年代初，加州根瘤蚜又一次发作，当时罗伯特·蒙大维在加州有差不多两千英亩的葡萄园，要重新种植葡萄园需要很多钱，这迫使他们上市筹钱。2004 年，美国星座葡萄酒公司（Constellation）用 10.3 亿美元购下罗伯特·蒙大维酒厂，并承担了 3.25 亿美元的债务。

罗伯特·蒙大维酒厂的葡萄园主要分 3 块，一块是酒厂周围著名的喀龙园（To Kalon），这块葡萄园也是纳帕最老的葡萄园之一，在 1868 年就曾经开始种葡萄树，1985 年他们采用高密度种植法，这一种植法能使得葡萄树之间形成竞争，这样葡萄产量少，葡萄颗粒小，酿造出的酒果味丰富。这块葡萄园主要种植的是赤霞珠、长相思，也有少许的梅乐、品丽珠、马尔贝克、希拉和赛美容。

另外一块葡萄园是位于鹿跃区的瓦坡（Wappo）山葡萄园，这块葡萄园是 1969 年购买的，主要种植的是长相思、梅乐、赤霞珠和麝香品种。此外在卡内罗斯也有一些葡萄园，这里主要种的是黑比诺和霞多丽品种。

在葡萄种植和酿造方面，他们依然恪守着酒厂的传统，酿造丰富而浓密且具有优雅而精细特征的酒，既有法式的优雅又有加州的果味。酒要能和食物搭配是他们一直所追求的。

目前酿酒团队是吉纳维芙·詹森斯（Geneviève Janssens）领导，她是法国人，毕业于波尔多大学酿酒专业，1978 年加入罗伯特·蒙大维酒厂，非常熟悉酒厂葡萄园和酿酒风格，尽管酒厂易主，但在葡萄酒的风格上依然保持罗伯特·蒙大维酒厂的一贯性。

2014 年我访问酒厂的时候品尝了 5 款酒，个人觉得他们的葡萄酒依然属于纳帕山谷高水准的葡萄酒之一，可以说是典型特征的葡萄酒。他们的霞多丽是橡木桶陈酿，属于纳帕传统而经典风格；黑比诺有甘甜的果味和愉悦的酸度，也很经典。珍藏级的赤霞珠具有波尔多式强劲的单宁和酸度，但也有成熟甜美的果味以及辛香料的气息，结构感强，酒体饱满。1999 年的珍藏赤霞珠也拥有非常迷人的酒香、辛香，结构感强，丰腴的酒体，依然可以再放十年。长相思的果香也浓郁而典型。

我与罗伯特·蒙大维在今生曾有一面之缘，他是位很有魅力的男人，热情、有活力、快乐并有着浪漫风情，人们总是亲昵地称他 BOB（ROBERT 的简称和爱称），我一直记得他说过："酒不单单是流于形式的液体，而是来优雅我们的生活方式。"他不仅自己如此，也感染着葡萄酒行

业的同业人，同样是过着富裕、开心的有着葡萄酒的美妙生活。罗伯特·蒙大维先生于 2008 年 5 月 16 日逝世，享年 94 岁，然而他的精神今天依然在酒厂传承！

评分

2011 Reserve Chardonnay Carneros ·· 90 分

2012 Reserve Pinot Noir Carneros ·· 90 分

2010 Reserve Cabernet Sauvignon Oakville ·································· 94 分

1999 Reserve Cabernet Sauvignon ·· 95 分

2012 Reserve To Kalon Fumé Blanc ·· 89 分

酒 庄 名：Robert Mondavi Winery

产　　量：1,500,000 箱

葡萄园面积：440 英亩

电　　话：707-9682202

地　　址：P.O.Box 106.Oakville，CA94562

网　　站：www.robertmondavi.com

E-mail：info@robertmondaviwinery.com

酒厂旅游：对外开放

开放时间从上午 10 点到下午 5 点

第六十一节

罗卡庄园
(Rocca Family Vineyards)

罗卡庄园是玛丽·罗卡（Mary Rocca）和埃里克·格里格贝（Eric Grigsby）医生夫妻俩于1999年创建的。

玛丽是一位牙科医生，埃里克是一位疼痛专科医生，原本他们在美国的明尼苏达州工作，1989年，他们决定带着四个孩子一起回到玛丽的家乡北加州发展，到加州后他们想从事农业，而纳帕和索诺玛是知名的葡萄酒产区，种植葡萄无疑是最合适不过了。经过十年的省吃俭用和仔细评估，他们在杨特维尔购买了21英亩的葡萄园并以埃里克的姓格里格斯比（Grigsby）来命名，几年后，他们又在纳帕市附近的库姆斯山谷（Coombsville）购买了11英亩的土地，自己种上了赤霞珠、品丽珠、小维尔多，他们命名这块葡萄为可林尼塔（Collinetta）葡萄园。

1999年，他们一方面出售自己葡萄园的葡萄给别的酒厂，一般自己尝试酿造葡萄酒，他们聘请了纳帕著名的女酿酒师西莉亚·韦尔奇·梅西捷克（Celia Welch Masyczek）酿造他们第一个年份的葡萄酒，这位酿酒师也为稻草人庄园酿酒。他们1999年的希拉酒得到了广泛的赞誉，而真正让他们有一定的知名度是在2007年，美国酒商俱乐部在波尔多的班卡塔内（Brane-Cantenac）酒庄举办2002年的12款加州赤霞珠盲品，他们

2002年的Grigsby赤霞珠得了第一名。

2008年，酿酒师保罗·科兰托尼（Paul Colantuoni）接替了西莉亚的酿酒工作，保罗的经历也颇为与众不同，他是意大利裔的美国人，在大学里本来学的是化工和分子生物学，本来毕业后要成为医生的，后来在他意大利认识了一些有葡萄酒厂的家庭，触发了他对葡萄酒的热情，他想成为一名酿酒师，他大学毕业后想找一份葡萄酒的工作，首选之地自然是纳帕。他给提姆·蒙大维（Tim Mondavi）写求职信，幸运地他获得了在罗伯特·蒙大维酒厂从事实验室技术人员和葡

▽酒庄主夫妇

萄酒教育者的工作，期间他学习酿酒技术，为其他的酿酒师做助手，之后又在法国和意大利的酒厂做酿酒师，于是有了新世界和旧世界的酿酒经验。

2008 年他到罗卡庄园负责酿酒工作，他的酿酒风格混合旧世界的精细和新世界的创新，在酿造方面，他们采取少干涉的态度，要他们的葡萄酒充分展现葡萄园的风采，他觉得葡萄酒的品质 90% 来源于葡萄。在酿酒方面他的理念是发酵时间长一些，尽量缓慢进行发酵，打循环的次数要多一些，压榨要温和，采用法国橡木桶。此外，他们的葡萄酒不经过下胶和过滤，因为保罗希望酒中有更丰富的果味和更为饱满的酒体，不想因为下胶过滤而影响酒的风味。

2011 年，他们购买了一处维多利亚时期的老宅，这栋老房子建于 1860 年，是当时知名的瓦雷荷将军（General Vallejo）为他女儿建的房子。

◥ 品酒室

目前罗卡家族买来后将其打造成了品酒室，他们接受预约品酒，一般可以提供 4-6 款不同的葡萄酒品尝，如果要品尝老年份的酒需要事先预约。

他们的 Grigsby 葡萄园是多砾石的壤土，这里的气候也能让赤霞珠品种很好地成熟。他们这里的 21 亩葡萄园大部分都是赤霞珠，还有 2.5 英亩的希拉，1 英亩的梅乐。目前这块葡萄园他们只使用三分之一的葡萄酿成自己品牌的酒，其他的葡萄都出售。

可林尼塔（Collinetta）葡萄园位于小山丘上，这块葡萄园上有一个石头烟囱的标志建筑物，此地虽然比较凉爽，但葡萄园从早到晚都能晒到太阳，土壤也是多砾石。这块 11 英亩的葡萄园里主要种植的是赤霞珠，此外还有一英亩的品丽珠和半英亩的小维尔多，这里葡萄园的采摘期一般比他们杨特维尔的葡萄园要晚两周。

我访问他们时共品尝了 5 款红葡萄酒，普遍都不错，2010 年的酒 Vespera 美味易饮，属很友好的日常酒，适合绝大数人的口味。此酒的葡萄来自 Grigsby 葡萄园，这一年的产量在 215 箱。

2010 年的格里格斯比（Grigsby）葡萄园赤霞珠是采用 100% 的赤霞珠酿造的，有成熟的浆果果香和绿色辛香料如薄荷的气息，酒体饱满，单宁的架构感也不错，均衡，回味长。这是他们的主打产品，年产量有 500 箱。

2010 年库姆斯山谷（Coombsville）葡萄园赤霞珠也是采用 100% 的赤霞珠酿造的，此酒有成熟恰当的浆果混合着辛香料的气息，单宁细密，酒体较为饱满，酒紧致内敛，回味长，这一年的产量为 182 箱。

他们的 2010 年的小宝藏（Tesorina）葡萄酒，此酒不是每年都做，有丰富的深色浆果和辛香料、

巧克力的气息，入口酒体圆润饱满，
单宁细腻丝滑，回味长。

我之所以只列出他们庄园的命名，
是因为他们拥有自己的葡萄园，但没
有酿酒厂。在纳帕有不少拥有葡萄园，
自己酿造少量的精致酒的酒庄，他们
是其中之一。

评分

2010 Grigsby Vineyard Merlot···88 分

2010 Vespera···89 分

2010 Grigsby vineyard Cabernet Sauvignon····················91 分

2010 Collinetta vineyard Cabernet Sauvignon···············92 分

2010 Tesorina···94 分

酒 庄 名：Roca Family Vineyards

产　　量：2，000 箱

种植面积：30 英亩

电　　话：707-2578467

地　　址：129 Devlin Road Napa，CA94558

网　　站：www.roccawines.com

酒庄旅游：不对外开放

葡萄酒品尝：需要预约

第六十二节

西尔瓦斯特瑞酒庄
(Salvestrin Winery)

该酒庄位于圣海伦娜地区，29号公路边上，他们除了有自己的酒庄还设有一家小旅馆。

理查（Rich）的爷爷约翰（John）和奶奶艾玛（Emma）来自意大利，他们在1914年来美国寻求发展，在1920年来纳帕拜访朋友的时候开始喜欢上了这个地方，1932年他们购买了一个古老

▽酒庄主理查

的名为"鹤"（Crane）的农场，包括农场内的维多利亚式的房子，恰逢1933年禁酒令废止，他们开始种植酿酒葡萄并出售葡萄给当地的酒厂。

理查的父亲继续在上辈留下的土地上耕耘，种植葡萄、果树，对他这一辈的人来说葡萄也只是一种水果，一种很适合于酿造葡萄酒的水果。

直到1987年，在大学里学习种植专业的理查回到了老家，从事家族的葡萄种植，同时他开始酿造葡萄酒，1994年以家族名字"Silvestrin"命名的赤霞珠诞生了，2001年他在他们农场的所在地建起了酿酒厂，采用自己农场的葡萄来酿酒。

他们酒庄周围拥有的这片葡萄园面积为26英亩，这块土地也是纳帕最早的葡萄园之一，1860年乔治·克兰（George Crane）医生就开始在这里种植葡萄了。早期纳帕的葡萄园基本上都是旱地种植，因为那个时候没有滴灌技术，而土层较深，有地下水的基本上也是在山谷里面。

如今他们这块葡萄园里主要种的是赤霞珠，树龄在二十五岁左右，葡萄的展架方式主要是棚架式的，这也是因为他们这里属于纳帕山谷最中间的地带，气候温暖，这种棚架式可以避免葡萄受到过多的午后阳光的直射。

我在酒庄访问的时候品尝了他们5款葡萄酒，这里主要讲讲他们有特色的4款酒。第一款

是 2013 年圣海伦娜地区春山勒布朗水晶（Leblanc Cystal Springs）葡萄园的长相思，这款长相思有含笑花、柠檬的气息，入口酸度也较强、酒体中等，有回味。

第二款是 2012 纳帕山谷的名为传奇（retaggio）的干红，意大利式的混合法，此酒是采用 44% 桑乔维亚、32% 梅乐、21% 的赤霞珠、3% 的品丽珠混酿的。此酒有着成熟甜美的果香，如黑樱桃、深色浆果等等，单宁成熟，酒体中等、平衡，回味适中。

第三款是 2011 年用酒庄周围葡萄园的赤霞珠葡萄酿造的干红，采用 89% 的赤霞珠、6% 的梅乐、3% 的品丽珠以及 2% 的小维尔多混合酿造的。此酒有成熟有度的深色浆果、香草以及辛香料的气息，单宁细腻，酒体中等、均衡，是款内敛和优雅的干红葡萄酒。尽管 2011 年是凉爽的一年，然而因他们葡萄园的所在位置的缘故，葡萄的成熟度还是挺好，反而不会过热。

此外他们酒庄还少量酿造一些名为 3D 的赤霞珠葡萄酒，据说需在木桶内陈酿 35 个月。此酒的年产量一般在 100-200 箱之间，喜欢西班牙传统氧化风格的人应该会喜欢这款酒。

理查是很有福气的一代意大利人的后代，祖先留下的土地如今已经是寸土寸金，知名度日益提升的纳帕也为他们带来了如潮水一般的游客，他们 65%-70% 的葡萄酒都是俱乐部和游客消费掉的，他们的小旅店也成了游客钟爱的纳帕酒庄旅馆。理查有三个女儿，将来应该会将家族的事业进一步地发扬光大！

评分

2013 Estate Sauvignon Blanc ·· 89 分

2012 retaggio ··· 89 分

2011 Estate Cabernet Sauvignon ·· 92 分

酒 庄 名：Salvestrin Winery

葡萄园面积：37 英亩

葡萄酒产量：4，000 箱

电　　话：707-9635105

地　　址：397 MainStreet, St. Helena, CA 94574

网　　站：www.salvestinwinery.com

第六十三节

稻草人庄园
(Scaregrow Vineyard)

稻草人（Scarecrow）庄园是纳帕著名的膜拜酒之一，是由布雷特·洛佩斯（Bret Lopez）和他的太太米米·德布拉西奥（Mimi DeBlasio）创建的。他们的庄园位于卢瑟福（Rutherford）支路的尽头，酒庄主夫妇和两条狗就隐居在他们的赤霞珠老葡萄园的一个庄园里面，他们没有酿酒厂，他们的酒都是在纳帕的酿酒公司里酿成。

布雷特·洛佩斯的爷爷 J·J 柯恩是美国著名的电影制片人，他导演的美国著名的电影《绿野仙踪》《金粉世家》《叛舰喋血记》等可谓家喻

▽酒庄主

户晓，也让为我当司机的美国女大学生肃然起敬。

J·J 柯恩出生于 1895 年，是苦孩子出身，18 岁出来打工，22 岁开始成为制片人，将自己所有的钱投入了制片，后来他取得很大的成功。他的太太跟他说她需要一个周末可以休闲度假的地方，J·J 柯恩有一位银行家的朋友提及纳帕这里有一处房地产出售，J·J 柯恩和他太太来看了以后觉得很满意，就决定购买这栋建于 1875 年的老宅和土地，面积有 195 英亩。听布雷特·洛佩斯说："我奶奶看完房子后回到洛杉矶开始购物，共装了 7 辆卡车的东西运到纳帕的房子，4 小时内就将房屋布置妥当了！"

1942 年，当时"炉边"（Inglenook）庄主小约翰·丹尼尔（John Daniel Jr.）开始种赤霞珠这个品种，那个时候纳帕山谷多数种的还是意大利的品种。J·J 柯恩受到邻居小约翰·丹尼尔的启发，先开始种了 2 英亩的赤霞珠，亲自管理，并让人酿成了酒。1945 年起又开始种植更多的赤霞珠，加起来共种了 80 英亩的赤霞珠。1945 年他们种植了名为圣约翰（St. George）的根茎，这个根茎是可以抵抗根瘤蚜虫害的，而其它的葡萄园在 1960-1980 年期间都不同程度地受到根瘤蚜虫害的毁坏。

他们的喀龙园（To Kalon）葡萄园 1945 年种的赤霞珠今天依然保留着。葡萄园的葡萄一直出

售给作品一号（Opus One）、罗伯特·蒙大维（Robert Mondovi）以及周围的其他酒厂。1996年J·J柯恩在一百岁时过世，这时面临家产分割，85英亩的葡萄园被公开拍卖，虽然布雷特·洛佩斯原本也有意保留全部的葡萄园，但无奈没有足够的资金，7年后，电影《教父》的导演弗朗西斯·科波拉（Francis Coppola）以33,600,000美元的价格购得J·J·科恩地产（Cohn Estate）。

如今，庄园主只有24英亩的葡萄园，23.5英亩种的是赤霞珠，其他的是小维尔多，其中2英亩是1945年种的老赤霞珠，其他的则是1980年种上的。这些老藤赤霞珠就位于他们房子的旁边，像一颗树那样自然生长着。这块葡萄园是他们的骄傲和酿造好酒的秘诀，在我访问他们庄园的时候首先是引我去他们这片两公顷的六十来岁的老赤霞珠园。

对于种植葡萄和酿酒来说，布雷特·洛佩斯和他的太太米米都是外行，但他们得到了专业人士的帮助，尤其是葡萄园经理迈克·L沃尔夫（Michael L. Wolf）和女酿酒师西莉亚·韦尔奇（Celia Welch）这样优秀的专业人士。

他们第一个年份的酒是2003年，当时只酿了480箱，这一年的酒仅靠口头传播，6个月内销售一空，这一年份得到了罗伯特·派克98分的高分，这一分数也震惊了行业和葡萄酒爱好者，24小时内，他们的邮件名单从原本的1,500名猛增到了6,000名以上。2004年份有330箱，派克评分95分，16个小时内销售一空。2007年派克给了他们100分。他们的酒80%直销，如今有五千人左右在他们的购买候补名单上。这家庄园的酒还真是派克品评出来的名庄。

稻草人的名字来自他们爷爷J·J·柯恩（Joseph Judson Cohn）导演的《绿野仙踪》中的稻草人，布雷特·洛佩斯表示，这个名字也是纪念他爷爷，因为这是他创造的形象，这个电影也是誉满全球，而且这个名字跟农业有关。稻草人这个名字确实很独特，像拉菲一样很容易让人记住。他们的副牌标"锡制人"（Monsieur Etain，法语），这款酒2008年才开始酿造，也是百分百采用自家葡萄园的赤霞珠，由于米米是珠宝设计师，有时候会给这瓶酒设计条项链。

我访问这家庄园时有幸得到了庄园主布雷特·洛佩斯和他的太太米米的接待，米米在早上8点就打开他们2011年份的正牌酒醒酒，我到的时候是下午1点钟，瓶塞已经开了足足5个钟头了。此酒酒色相对地深浓，有浓郁的成熟浆果如黑家仑子、蓝莓、乌梅、覆盆子、黑樱桃等香气，以及香草、焦糖、辛香料、巧克力的气息，入口单宁成熟甜美，酒体浓郁饱满，回味长，真是款浓烈稠密的大酒。而2011年的副牌"锡制人"（Monsieur Etain）品尝的时候才打开，酒也相当地浓郁，花香和果香丰富，单宁细腻，没有正牌那么地甜美，酸度好，回味长。2011年对于纳帕来说是个困难的年份，他们的正牌酿造了700箱，副牌估计有一千箱，副牌酒不一定每年都做，正牌的价格250美元一瓶，副牌125美元一瓶。他们近年来的好年份有2003、2005、2007、2009。

如今布雷特和太太已经退休，而他们的女儿和女婿已经开始接手葡萄酒方面的经营和管理。

评分

2011 Scarecrow···98 分

2011 Monsieur Etain··96 分

酒 庄 名：Scarecrow
公 司 名：J. J. Cohn Estate
种植面积：24 英亩
产　　量：1，000 箱左右（视年份而定）
地　　址：Post office Box 144.Rutherford
　　　　　CA 94573

网　　站：www.scarecrowwine.com
酒厂旅游：不对外开放

第六十四节

世酿伯格酒厂
(Schramsberg Winery)

该酒庄隐于圣海伦娜和卡里斯托加之间的钻石山上，这里草木葱茏，森林环绕，从 29 号公路进来，经过几重山道，才发现这家以起泡酒而闻名于世的酒厂。

这家的起泡酒见证了中美建交，当年美国总统尼克松与我们敬爱的周恩来总理举杯庆贺中美建交，世酿伯格（Schramsberg）酒的名字也由此开始被传播开来。当然，这家的起泡酒不仅仅因为国家领导人喝过才有美誉，事实上，酒本身也相当地出色，就我个人的品尝过的美国起泡酒来说，我认为这家的起泡酒可能是美国最好的。

该酒厂也是纳帕有着悠久历史的酒厂之一，早在 1862 年，德国移民雅各伯·施拉姆（Jacob Schram）就从当地政府手中购买了 200 英亩土地并种上了三万株葡萄树，1870 年他们建成了纳帕第一个山洞酒窖，这个酒窖是由中国在美国修铁路的那批劳工开凿挖建的。到 1880 年，酒厂已经有了 50 英亩葡萄园，年酿酒量达到了八千多箱。

▼雅各伯与朋友们

▼酒窖内品酒

从 1881 年到 1891 年，葡萄酒的产量也逐年增加。1905 年雅各伯·施拉姆过世，酒庄由儿子继承，这期间，由于葡萄根瘤蚜病害和禁酒令的打击，1912 年酒庄结束运营并出售。之后酒庄经过几次转手。1957 年，该酒庄被认定为历史遗迹。

直到 1965 年，杰克（Jack）和杰米·戴维斯（Jamie Davies）购买了这个拥有 200 英亩的地产。杰克原本在洛杉矶从事化工行业，他的太太杰米在旧金山有一个画廊，他们购买了世酿伯格的地产后也带着他们的儿子比尔（Bill）和约翰（John）移居到了纳帕。在他们拥有这个酒庄之后，他们的第三个儿子休·戴维（Hugh Davies）出生了，如今，休不仅仅是酒庄主之一，也主持家族的葡萄酒事业，同时他还是酒厂的酿酒师。

杰克和杰米拥有酒厂之时，遇到了葡萄酒行业的革新时期，他们以酿造优质起泡酒为酒庄的发展方向，采用香槟法酿造起泡酒。1967 年他们采用黑比诺品种酿造出了黑中白的年份起泡酒，之后也多次创新酿造出美国少有人酿造的酒款，比如说粉红的极干型起泡酒、半干型起泡酒等。

1972 年 2 月 25 日，他们 1969 年的白中白起泡酒被当时的美国总统尼克松带到了北京的名为"为和平干杯（Taste of Peace）"的晚宴上，一直到今天，该酒庄的起泡酒仍被白宫作为国宾酒之一招待各国政要。

1980 年，他们的珍藏级（Reserve）起泡酒面市，他们这个级别的酒在瓶内发酵和与酒泥陈酿的时间为 4 年，之后再去渣打塞，这一做法为美国酿造珍藏级的起泡酒创造了先例。

1994 年他们在酒厂周围种上了赤霞珠以及波尔多其他的红葡萄品种。1996 年，他们酿造第一个年份的波尔多式的混酿干红葡萄酒，同年，休·戴维获得了戴维斯分校的酿酒专业的学位，2005 年成为酒庄的 CEO。

对于酿造优质的起泡酒来说，好品质的葡萄一定是来自凉爽产区的。他们起泡酒的葡萄主要是来自纳帕和索诺玛的卡内罗斯、索诺玛海岸、安德森山谷以及马林沿海（Marin Coastal）地区，葡萄来自 90 个不同葡萄园，酿成做起泡酒的基酒有 200 种。

该酒庄的主要产品依然是起泡酒，坚持手工采摘，手工装瓶。他们共酿有 9 种不同的起泡酒：世酿伯格珍藏（Schramsberg Reserve），世酿伯格 J·施拉姆（Schramsberg J. Schram），世酿伯格 J·施拉姆粉红（Schramsberg J. Schram Rosé），世酿伯格白中白（Schramsberg Blanc de Blancs），世酿伯格白中黑（Schramsberg Blanc de Noirs），世酿伯格极干粉红（Schramsberg Brut Rosé），世酿伯格起泡酒（Schramsberg Crémant），世酿伯格蜜拉贝尔（Schramsberg Mirabelle）和世酿伯格蜜拉贝尔粉红（Schramsberg Mirabelle Rosé）。他们顶级起泡酒的产量不多，如 Schramsberg J. Schram 的年产量大约为 1,500 箱；而世酿伯格珍藏（Schramsberg Reserve）的年产量仅仅为 1,000 箱。

他们的起泡酒普遍泡沫细幼，香气芬芳，酸度爽脆而有力度，珍藏级的起泡酒也有陈年香槟的气韵，耐陈年，很有深度，他们的顶级起泡酒也可媲美法国的优质香槟。他们的红葡萄酒目前有两款，一款出自酒庄所在地的葡萄园，这里更适合种植红葡萄品种，这里的赤霞珠品质也不错，此外从 2009 年开始他们也酿造一些黑比诺。此次访问酒厂，我共品尝了以下 5 款酒，下面是评分。

评分

2011 Schramsberg Blanc de Blancs Chardonnay ·······································95 分

2006 Schramsberg J.Schram ··97 分

2010 Schramsberg Brut Rosé ··95 分

2005 Schramsberg Reserve ···98 分

2011 Schramsberg Davies Cabernet Sauvignon ·····························92 分

酒 庄 名：Schramsberg

自有葡萄园面积：43 英亩

起泡酒产量：70，000 箱

干酒产量：4，000 箱

地　　址：1400 Schramsberg Road，
Calistoga，CA 94515

游客中心电话：707-9424558

传　　真：707-9425943

网　　站：www.schramsberg.com

E-mail：info1@schramsberg.com

酒厂访问：需要预约

红杉林酒庄
(Sequoia Grove)

红杉林酒庄位于纳帕山谷罗斯福地区的 29 号公路旁，该酒庄创建于 1979 年，酒庄名称来自于酒庄周围的红杉树林。

该酒庄所在地有 24 英亩的土地，这是块有历史的土地，最早这里是属于杨特维尔的拓荒者乔治·杨特（George Yount）。这片地方也是纳帕最早的葡萄园之一，1908 年这里就已经建了住宅和品酒室。

1978 年，詹姆斯·艾伦（James Allen）和太太芭芭拉（Barbara）购买了这 24 英亩的土地，他们家族种植了霞多丽、赤霞珠、小维尔多、品丽珠和梅乐，1980 年正式建立了酒厂。

在 1987 年美国赤霞珠的评选比赛中他们的赤霞珠被评选为最棒的美国赤霞珠之一，同年他们修建了地下酒窖。2002 年科普夫（Kopf）家族购买了这家酒庄。

该酒庄的酿酒总工迈克·特鲁希略（Michael Trujillo）毕业于美国科罗拉多的工程学专业，他在访问家庭朋友詹姆斯·艾伦的时候，詹姆斯·艾伦提供了一个在酒厂工作的机会给他，他边工作，边跟葡萄种植者和酿酒师学习，到了 2001 年他荣升为酒庄的总工。

如今该酒庄的酿酒师是莫莉·贺尔（Molly Hill），她毕业于戴维斯分校的种植和酿造专业，先后在美国和智利的酒厂实习和工作过，2003 年到该酒庄担任助理酿酒师，2008 年升为酿酒师，她的酿酒理念是做好酿酒的每一步，平衡才是最重要的。

该酒庄管理葡萄园的是斯蒂文·艾伦（Steve Allen），他是詹姆斯·艾伦的兄弟，是他催促詹姆斯·艾伦购买了这个地方，1979 年也是他种植了葡萄。他在大学里学文学专业，毕业后做过不少与专业无关的职业，而葡萄种植他一做就是三十来年，他很了解当地的风土和葡萄园管理的细节。

他们自己的葡萄园均位于罗斯福地区的酒庄周围，他们在托内拉牧场（Tonella Ranch）葡萄园租了 50 英亩的葡萄园，种植的主要是波尔多品种。

该酒庄的名字为红杉林，他们的酒庄四周的确有不少红杉树，尤其是酒厂前围成圆形的一组红杉，很有气势。他们和红杉树公园基金会（Sequoia Parks Foundation，SPF）结盟，经常组织保护红杉树的活动，比如说在活动期限内只要购买一瓶他们的赤霞珠，他们就将销售额的 10% 捐给红杉树公园基金。红杉有植物界"活化石"之称，北美红杉主要分布在美国的加州和俄勒冈州，纳帕和索诺玛也是红杉的常见区域。据说这

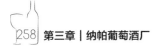

种树不单光合效率高，而且它们在受海雾影响的纳帕和索诺玛能化雾为水，在风吹的时候，树叶上的水分落到土里滋养根部，在干旱的夏季和秋季它们能为自己的根获取水分。

该酒庄的葡萄品种繁多，分成几个系列，分别是纳帕山谷系列酒；葡萄园系列，酿酒师系列以及季节系列，最为重要的是赤霞珠品种，其他品种的红葡萄酒表现也不错，而且性价比较高。

评分

2008 Lamoreaux Vineyard Cabernet ·······················90 分

2008 Stagecoach Vineyard Cabernet ·······················93 分

2008 Morisoli Vineyard Cabernet ·······················91 分

2009 Cambium ·······················91 分

2006 Sequoia Grove Cabernet Sauvignon ·······················91 分

酒 庄 名：Sequoia Grove winery
葡萄园面积：24 英亩
葡萄酒产量：20，000 箱
电　　话：707-9442945
地　　址：8338 St. Helena Hwy.,
　　　　　Napa CA 94558
网　　站：www.sequoiagrove.com

E-mail：info@sequoiagrove.com
酒庄访问：对外开放

谢弗酒庄
(Shafer Vineyards)

谢弗酒庄位于纳帕的鹿跃（Stags Leap）区，在西亚瓦多之路（Silverado Trail）的边上，该酒庄是纳帕赫赫有名的酒庄之一。

酒庄的创始人约翰·谢弗（John Shafer）曾是芝加哥的出版商，他放弃了从事23年的出版业和拥堵的城市生活，1972年移居到田园牧歌般的纳帕，购买了210英亩的土地，这片土地上有一处破败的房子和已经种上葡萄的葡萄园。开始的时候，他只是种葡萄卖葡萄的果农，但这位精明的出版商很快发现做果农是件很不花算的事情，

只有自己的葡萄酿成酒才能体现价值的最大化，这也使得他有了酿造自己葡萄酒的念头。

1978年，他们第一个年份的葡萄酒出来后获得了当地酒评家的好评，次年，他建立了自己的酿酒厂。

约翰·谢佛毕竟不是酿酒出生，好在他的儿子道格·谢弗（Doug Shafer）从小跟他从事葡萄园的劳作，对葡萄酒也有兴趣，道格在加州大学戴维斯分校（U·C·Davis）学习酿酒专业，学成后回自家酒厂酿酒，刚开始他缺乏酿酒经验，只

能照本宣科，所以酿出来的酒也没多大起色，经过几年的实践和摸索，1983 年之后，他们开始渐入佳境。自 1990 年开始，他们从山边（Hillside）赤霞珠葡萄园筛选出葡萄，采用新桶精心酿造，果然不负所望，他们酿出了精彩的酒并获得派克的高分，如他们 1997 年的酒获得了 99 分。

他们有两点是值得我们国人钦佩和推广的。第一点是使用无污染的绿色能源，2004 年，他们酒厂已经 100% 的使用太阳能，2008 年开始酒厂周围的葡萄园也使用了太阳能的供电系统，他们的太阳能电源除了自己使用还有剩余的贡献给电网。第二点，采用生物动力法种植和管理葡萄园，如今，他们不用化学的除草剂、杀虫剂、化肥，而是使用健康和可循环农业的方式和方法。比如说，自己做堆肥，在葡萄园为猫头鹰、美国红隼、红肩鹫这类猛禽建窝巢，用它们来对付地鼠和鼹鼠；他们搭建了鸣鸟和蝙蝠的窝，让他们来吃有害的昆虫，特别是叶蝉和蓝绿色枪手（blue-green sharpshooters）虫，尽管鸟类也会损害一些葡萄，但只要无大的损失，对葡萄园的健康和永续经营都是有好处的。此外他们在葡萄树的行间种上了三叶草、箭舌豌豆、燕麦等植物，一是为益虫如蜘蛛、瓢虫提供粮食，这些虫子能吃害虫如叶蝉和蓝绿色枪手，此外这些植物也为葡萄园提供绿肥。

他们最为出名的是山边（Hillside）葡萄园，这片葡萄园在酒厂的后面，是个类似剧场坐位的小山坡上，这片山坡的土壤为风化的火山石土，砾石多，土壤相对贫瘠而干燥，山坡上光照好，葡萄成熟度高，赤霞珠果实小，风味浓。这里种了 54 英亩的赤霞珠。

他们在鹿跃区南边还有一块 25 英亩的名为边境线（Borderline）的赤霞珠葡萄园，这片葡萄园在山坡上，利水性好，葡萄成熟度也很不错。LaMesa 葡萄园种植了 18 英亩的希拉和小希拉。岭背和校车葡萄园主要种植赤霞珠和梅乐，共有 42 英亩。他们的红肩牧场葡萄园面积有 66 英亩，位于卡内罗斯，主要种植的是霞多丽。

他们的酿酒车间相当干净，尤其是山洞酒窖的空气很清新，这跟他们注重通风很有关系，他们的另外一个橡木桶大车间设计得相当有特色，用轨道隔成 5 层，放上橡木桶，每层边上都有人行走道，整个房间通过空调调节温度，尤其在苹果酸乳酸发酵的时候，很方便操作。

我这次访问他们酒厂的时候共品尝了 7 款葡萄酒。2012 年的霞多丽，有着清新的柠橙、葡萄柚、苹果的果香和少许岩韵气息，入口酸度锐利，是款活泼精细的酒。

2012 年的梅乐有着红、黑樱桃和少许香料的气息，单宁细腻而适中，有一定的酸度，酒体中等，均衡有回味。

2011 年的 1.5（One Point Five）赤霞珠，闻起来有着深红色的浆果和绿色辛香料香气，单宁细腻，有一定的结构感，酒体较为饱满，有少许辛辣和烘烤气息，有回味。

2011 年的"坚持不懈"（Relentless）是采用 91% 的希拉和 9% 的小希拉混合酿造的，闻起来有成熟的黑色浆果和胡椒气息，入口单宁绵滑细腻，结构感好，酸度恰当，酒体浑圆，均衡、优雅、回味长。

最后是 3 款不同年份的山边葡萄园精选（Hillside Select）赤霞珠，2010 年的酒色深浓，丰富而成熟的深色浆果香、香料香喷涌而出，单宁浓密，精细如丝绒一般，酒体饱满，也有一定的酸度，回味中带出巧克力、烘烤和香料以及果味，是款富饶且带有优雅特性的大酒。2007 年的酒香四溢，单宁丝滑，酒体浓郁。1997 年份的酒是罗伯特·派克给了 100 分的酒，有成熟的酒香，酒体依然丰腴，有干果气息，易饮，毕竟是 17 年的酒了，难得。

这家酒庄是纳帕相对完美的中型规模酒庄，很值得同行学习。同时，这家酒庄是纳帕旅游休闲的一个好去处。

评分

2012 Red Shoulder Ranch Chardonnay ···················· 92 分

2012 Merlot ···················· 92 分

2011 One Point Five Cabernet Sauvignon ···················· 93 分

2011 Relentless ···················· 95 分

2010 Hillside Select Cabernet Sauvignon ···················· 99 分

酒 庄 名：Shafer
葡萄园面积：200 英亩
产　　量：30,000-32,000 箱
地　　址：Shafer Vineyards 6154 Silverado Trail Napa CA 94558
电　　话：707-9442877
网　　站：www.shafervineyards.com
酒厂访问：周一到周五的上午 10 点到下午 2 点 （周末和节假日休息）

第六十七节

赛利诺斯酒厂
(Silenus Winery)

该酒厂位于 29 号公路边，介于橡树丘（Oak Knoll）和杨特维尔镇之间，在知名的纳帕酿酒公司旁边。2010 年 9 月该酒厂被中国河南省美景集团有限公司收购。该酒厂除了酿造自己品牌的葡萄酒，同时也是葡萄酒酿酒商，为别人提供酿造葡萄酒的服务。

该酒厂的名字"Silenus"的本意是森林之神，他们将自己与森林之神、巴库斯（酒神）的手杖"圆锥花序"、底格里斯河等希腊神话联系到了一起，也许是想寓意他们的酒中有酒神精神吧！

关于森林之神，该酒厂用了一句惊人之语："如果哪个男人不爱喝葡萄酒那他就是疯子！"

在希腊神话里，森林之神一方面是酒神的老师和陪伴者，另一方面又是半人半羊的色情狂。该酒庄采用这一名字来命名，可能是觉得森林之神的寓意很形象地表现了男人一部分的本质吧！

第二个圆锥花序也是他们酒厂的酒标，据说跟随酒神的人将大的茴香茎的顶部绑上松球后蘸上蜂蜜做权仗，一路招蜂惹蝶，一路狂欢。该酒厂选择这个图案作为酒标和公司的标识可能是希望他们的葡萄酒传播到世界各地吧！

第三个是底格里斯河（Tigris），这是一个老虎拉车的画面，这里标识酒神在森林之神的陪伴下旅行到了亚洲传播葡萄种植和酿造知识，他们

通过了流过土耳其和伊拉克的底格里斯河，宙斯送了老虎来为酒神拉车。此外，他们还有一个酒标是老鹰头像，标名为赛鹰。

该酒厂所在地曾经是一片果园，1967 年后改种了赤霞珠葡萄品种，这里的葡萄也曾经卖给纳帕别的酒厂比如罗伯特·蒙大维酒厂和炉边酒庄，1980 年建立了新地（Newlan）酒厂后才开始酿造自己的酒。

1999 年新地家族和 Sato 家族成立了联合酒

▽ 酿酒师

厂，酿造少量的葡萄酒，2006 年威廉斯家族购买了这个地方后，建立了品酒室并添置了酿酒设备。2010 年美景集团收购了该酒厂，收购后他们保留了原来的酿酒团队，添置了新设备，聘请了富有经验的酿酒师。他们的品酒屋同时也销售纳帕山谷另外 11 家酒厂的葡萄酒。此外，酒厂提供设备和酿酒团队为别人酿酒，比如一些酿酒师或者农庄主采用他们的设备来酿造自己的酒。

他们的葡萄酒主要分 3 个牌子，分别是圆锥花序（Thrysus）、赛鹰（The Eagle）以及丹娜斯（Danais），他们赛鹰牌的葡萄酒主要销往中国市场。目前，他们的葡萄酒三分之一销往中国。

我在该酒厂品尝了他们 6 款酒，重点点评他们有特点的 4 款酒，第一款是 2012 年纳帕山谷霞多丽，有热带水果以及香草气息，入口酸度适中，酒体中等，回味适中。

第二款是 2010 年纳帕山谷梅乐，这款梅乐也混合一些赤霞珠和小维尔多，有着愉悦的深色浆果和辛香料的气息，单宁适中，酒体较为饱满，是款美味易饮的梅乐。

第三款是 2010 年纳帕山谷精选赤霞珠，酒色深浓，有着较为成熟的浆果香、香草以及其他辛香料气息，单宁成熟，酒体平衡，酒体较为饱满，有回味。

第四款是 2010 年来自酒庄周围自己葡萄园的赤霞珠，酒色深浓，有丰富的成熟的浆果香和巧克力、辛香料的气息，入口单宁成熟甜美，酒体浑厚，回味长。这是该酒厂的旗舰红葡萄酒。

俗话说酒如其人，这家的酒很实在，如同他们的酿酒师一般，这家的葡萄酒也能体现纳帕的特色，纳帕出产的酒就应该是这样的。

评分

2013 Chardonnay ·· 88 分

2010 Napa valley Merlot ·· 88⁺ 分

2010 Napa Valley Cabernet Sauvignon ·· 88 分

2010 Select Napa Valley Cabernet Sauvignon ······································ 90 分

2010 Reserve Napa Valley Cabernet Sauvignon ····································· 91 分

酒 庄 名：Silenus

自有葡萄园面积：10 英亩

产　　量：10，000 箱

电　　话：707-2993930

地　　址：5225 Solano Avenue Napa,
　　　　　California 94558

网　　站：www.silenuswinery.com

E-mail：tastingroom@silenusvintners.com

酒厂旅游：对外开放

　　　　　（开放时间上午 10:00-下午 4:00）

第六十八节

银橡树酒庄
(Silver Oak Cellars)

该酒庄坐落于奥克维尔（Oakville）地区，位于29号公路和西亚瓦多之路（Silverado Trail）之间，银橡树这个名字则是来自于"Silverado"的"Silver"，"Oak"则来自"Oakville"。该酒庄由雷蒙德·邓肯（Raymond T. Duncan）和贾斯丁·迈耶（Justin Meyer）于1972年创办。

上世纪六十年代末，雷蒙德·邓肯到纳帕谷访问并迷上了这个地方，他很有前瞻性地觉得葡萄酒是个朝阳行业。那时，他在纳帕和索诺玛的亚历山大山谷买了两块地种植葡萄，并聘请贾斯丁·迈耶（Justin Meyer）来管理葡萄园，贾斯丁·迈耶建议建立一个葡萄酒厂，1972年他们在奥克维尔购买了一个乳制品农场并种植了葡萄，同年他们收获了第一个年份的赤霞珠。

银橡树只有两款酒，都是采用100%的赤霞珠酿造而成，一款来自纳帕，一款来自索诺玛的亚历山大山谷，之所以他们只酿赤霞珠一个品种，是因为他们觉得要集中做好一件事情！

1981年，他们在奥克维尔的乳制品农场旧址建立了酒庄，然而2006年他们酒庄受到了一次火灾的袭击，造成60桶葡萄酒损失，那次火灾损失据他们说有百万美金。2014年8月24日纳帕地震，他们的酒窖也损失了一些葡萄酒，具体数量不详，好在损失不是很大。

他们火灾后翻修的酒庄于2008年对外开放，新的酒庄非常的漂亮，门前有醒目的白色水塔，也是他们著名的酒标上采用的标识。房子是采用大石块建筑起来的，酒庄里一侧的玻璃墙内有他们1970年到今天所有的葡萄酒的陈列，中间是他们品酒的酒吧和店铺，另外一侧是酒庄的大事记录。如果在秋天的时候访问酒庄，这里的门口会

◥少庄主

有不少在中国很难见到的大南瓜。

2001年，贾斯丁卖掉了他拥有的酒庄的股份，酒庄归雷蒙德家族全资拥有。雷蒙德的儿子蒂姆（Tim）负责酒庄的销售，另一个儿子大卫（David）出任酒庄的总裁兼首席执行官（CEO），负责监督酒厂的生产和管理。

贾斯丁在2001年退休前一直在为银橡树酒庄寻找后继的酿酒师，他找到了丹尼尔·巴伦（Daniel Baron），丹尼尔于1994年来到了银橡树，贾斯丁和丹尼尔一起工作了好几年，直到2001年贾斯丁退休。丹尼尔是纳帕山谷非常知名的酿酒师，他早期并不是学葡萄种植和酿酒的，他本来是要做海滩救生员的，但单核细胞增多症使他无法从事这一工作。他后来搬到了骑士（Knights）山谷，葡萄种植经理约翰·儒尔瑞（John Rolleri）雇用他做拖拉机驾驶员并教他种植葡萄。1974-1978年，他到加州戴维斯分校学习葡萄种植和酿造专业，毕业后在加州的酒厂工作了一段时间。1981年，他到了波尔多，在不同的酒庄打短工，终于他有机会认识了"碧翠"（Pétrus）的老板、酿酒师等人，使他有机会在碧翠工作，后被派回纳帕到道

明内斯（Dominus）酒庄工作。1982-1994年期间他在道明内斯酒厂一直做到了总经理的职位。

他们的葡萄园都坚持可持续发展路线。纳帕葡萄园分为3块，其中最大的一块是苏达·佳运（Soda Canyon）葡萄园，有113英亩，位于狭窄的谷地上，这里的气候受来自圣巴勃罗（San Pablo）海湾的凉风影响，采光好，下午有凉风，这里的土壤土层比较深，是带鹅卵石的火山土，主要种有赤霞珠、梅乐、品丽珠、小维尔多、马尔贝克。

跳岩（Jump Rock）葡萄园位于阿特拉斯山峰（Atlas Peak）的AVA产区，这里海拔有1,500英尺，土壤是红色的砾石土壤，采光足，酿造出的酒果香成熟丰富，单宁丰富。葡萄园有18英亩，种的都是赤霞珠。

纳欧内（Navone）葡萄园位于圣海伦娜，这里的土壤主要是卡拉维拉壤土（Cravelly Loam），此葡萄园在1980年-1990年种植了赤霞珠，这里也是赤霞珠的一个核心产区，有8英亩葡萄园。除了赤霞珠外还有一些小希拉。

他们在索诺玛的亚历山大谷有3块葡萄园，

最大的一块名为玛拉维尔（Miraval）葡萄园，这里气候温和，土壤主要是黏土和砾质壤土，葡萄树是 1987 年种植的，有 80 英亩，这里种的都是赤霞珠。这里的赤霞珠成熟度不错，葡萄糖度和酸度比例均衡。

Red Tail 葡萄园位于亚历山大谷的末端，靠近俄罗斯河，受河水带来的冷凉气流的调节，使得这个葡萄园的气候较为凉爽，葡萄的酸度好。这里葡萄园面积有 45 英亩，他们在 1988 年购买了园子重新种植了赤霞珠，也只种赤霞珠。

第三块葡萄园名为间歇泉山谷地产（Geyservill Estate）葡萄园，这里 12 公顷葡萄园种的全是赤霞珠。这块地位于亚历山大谷的西北边，土壤是黏土和黏壤土，他们于 1992 年买下这块地后在 2008 年重新种植了赤霞珠，这里的葡萄酸度也不错。

在葡萄酒的酿造方面，他们坚持采用美国橡木桶，我觉得这是非常自信的表现，因为不少酒厂都以采用法国橡木桶以示自己的葡萄酒质量好，个人觉得这是个误区，其实橡木的种类蛮多的，美国也有不少出色的橡木，而且银橡树酒庄也证明了美国橡木桶照样可以酿造出纳帕顶级酒。

他们与美国桶商有着紧密的合作，他们采用 80 年的美国白橡木，风化两年后做桶。他们的橡木桶为 59 加仑，在软木塞方面，他们的软木做过浸泡干燥法处理，尽量减少给酒带来不好的木塞味的可能性。

丹尼尔的酒业生涯使得他身上兼有美国和法国的特点，酿造优质酒，自然也是体现优势，避免弱点，如果用一句话来说，既有美国的成熟果味和单宁，又有波尔多式的优雅。此次我品尝了他们两个山谷的赤霞珠，个人觉得纳帕山谷赤霞珠更为甘美，而亚历山大谷的赤霞珠的单宁更为紧致。

2010 年亚历山大的赤霞珠有着成熟有度的果香和香草以及辛香料的气息，入口单宁紧致而细腻，单宁含量丰富，酒体丰腴，回味干。2009 年的纳帕山谷的赤霞珠，有成熟的甜美的果香和辛香料的气息，入口单宁细腻，酒体较为丰满，酸度适中，回味长。

评分

2009 Alexander Cabernet Sauvignon ··· 95 分

2010 Napa Cabernet Sauvignon ·· 96 分

酒 庄 名：Silver Oak
产　　量：100，000 箱，
　　　　　其中纳帕葡萄园 30，000 箱，
　　　　　亚历山大葡萄园 70，000 箱
葡萄园面积：350 英亩左右
其中纳帕 139 英亩，亚历山大 200 英亩。
也购买一些葡萄。

电　　话：707-9427026
地　　址：915 Oakville Crossroad Oakville
　　　　　CA94562
网　　站：www.Silveroak.com
E-mail：tours@silveroak.com
酒厂访问：对外开放
　　　　　周一到周六上午 9 点 - 下午 5 点
　　　　　周日：上午 11 点 - 下午 5 点

第六十九节

西亚瓦多酒庄
(Silverado Vineyards)

西亚瓦多酒庄位于纳帕两条著名道路之一的西亚瓦多之路（Silverado Trail）中间地段的小山顶上，该酒庄属于米勒（Miller）家族拥有，它是黛安娜·迪斯尼·米勒（Diane Disney Miller）于上世纪八十年代初创办，她是华特迪士尼公司的创办人沃尔特·迪斯尼（Walt Disney）的长女，酒厂一直都是她执掌经营，一直到2013年她逝世。

黛安娜·迪斯尼·米勒1933年12月18日出生于洛杉矶，她是沃尔特·迪斯尼唯一的亲生女儿。她在20岁的时候被介绍认识了21岁的足球运动员罗恩·米勒（Ron Miller），他们在1954年结婚。之后罗恩在岳父创办的公司里面当CEO，1984年他退出公司来到纳帕经营他们自己的西亚瓦多酒庄。

尽管沃尔特·迪斯尼只生了戴安娜一个女儿，但戴安娜却是儿孙满堂，她有7个儿女，众多外孙和外孙女。

黛安娜·迪斯尼·米勒跟葡萄酒结缘是源于她与母亲莉莲（Lillian）来纳帕旅游，当时她走访了不少酒厂，萌发了建立自己酒庄的愿望，而他们家族也觉得葡萄酒是很有前景的行业，具有投资价值。

1976年他们在杨特维尔购买了81英亩的土地，1978年又购买了93英亩的鹿跃区葡萄园。最初他们的葡萄都出售给当地其他酒厂，1981年才

酿造自己酒厂的第一批酒，那一年酿造了 1，200 箱霞多丽、600 箱长相思和 3，700 箱赤霞珠。他们 1981 年的干白葡萄酒在 1983 年上市，1981 年的干红在 1984 年上市。

1988-1989 年他们又购买了 29 英亩的卡内罗斯的火树（Firetree）葡萄园以及纳帕古老的乔治山（Mt. George）110 英亩的葡萄园，之后也一直持续购买葡萄园现在有四百英亩左右的规模。

黛安娜·迪斯尼·米勒的主要精力都用于葡萄酒庄的经营上，此外她是沃尔特·迪斯尼家族基金会的主席，投资了旧金山音乐会（San Francisco Symphony）和洛杉矶音乐会（Los Angeles Philharmonic）。她在纳帕谷做了很多慈善事业，帮助了很多病人、穷人，她是纳帕山谷有名的大善人。2013 年 11 月 19 日，她在家中去世，享年 79 岁。

西亚瓦多酒庄的建筑和彩绘玻璃很有意大利风格，酒厂的装饰和室内的卡通图片都显示了与迪斯尼的关联。该酒庄也是个旅游发呆的好去处，坐在酒庄的花园里，可以俯瞰纳帕山谷，还能看到以前罗伯特·蒙大维的住所——如今吉娜和她的丈夫 Jean-Charles Boisset 的家。

他们有 6 个葡萄园，最为知名的是鹿跃葡萄园（Stag's Leap Vineyard），同时也是他们酒厂的所在地。这里的葡萄园位于西边和北边，是他们赤霞珠的核心葡萄园，这里的赤霞珠的克隆品种是他们独有的，名为西亚瓦多遗产（Silverado Heritage），后被戴维斯葡萄酒学院

命名为（UCD30）。他们著名的 100% 赤霞珠酿造的 SOLO 红葡萄酒则来自这个葡萄园。这里的土壤是帕金斯砾质壤土、永乐（Yolo）沃土、基德沃土、清湖泥组成，葡萄苗是他们 1992-1996 年期间种下的，这里种有 83 英亩赤霞珠和 10 英亩的梅乐。

他们的米勒牧场（Mille Ranch）葡萄园位于杨特维尔的南边，是个相对凉爽的地方，在 1994-1995 年期间种下的葡萄苗，有长相思 57 英亩，赛美容 2 英亩，霞多丽 22 英亩。

圣乔治（Mt. George）葡萄园是纳帕的老葡萄园，是纳帕最早的拓荒者之一亨利·哈根（Henry Hagen）开辟的，这里的土壤多石块，这也是他们酒庄重要的红葡萄品种的葡萄园，1989 年 -1990 年期间由他们重新种植上了葡萄树，有 56 英亩的赤霞珠，34 英亩的梅乐，4.5 英亩的小维尔多和 3.5 英亩的品丽珠。

苏达溪牧场（Soda Creek Ranch）葡萄园，这里的土壤多卵石，1993 年种了 11 英亩的桑乔维亚和 3 英亩的金粉黛，此外他们也有一些橄榄树，酒庄也做一些橄榄油在酒庄的店铺里出售。

火树（Firetree）葡萄园位于凉爽的卡内罗斯的东部地区，1989 年 -1990 年期间他们在这里种了 29 英亩的霞多丽。此外他们在索诺玛镇也种有 29 英亩的霞多丽，葡萄树是 2000 年种下的。这个葡萄园位于老河床上，土壤为砂质砾石。

我在该酒厂品尝了 5 款酒，他们的白葡萄酒都十分地纯净。2013 年的长相思清秀而清新，酸度爽脆。2012 年的霞多丽也属于苗条型的，很清雅。

2010 年的梅乐有着饱满的酒体、柔顺的单宁，回味悠长。2010 年的地产赤霞珠是具有经典风格的纳帕红葡萄酒，葡萄来自 3 个不同的葡萄园，由赤霞珠为主再混合其他品种酿成的，此酒有着黑红色浆果、甘草、少许辛香料的气息，单宁较为细腻，有结构感，酒体中等，有回味。

索罗（SOLO）的赤霞珠是他们的旗舰酒，葡萄来自酒庄周围的鹿跃葡萄园，2010 年的这款酒酒色深浓，有着成熟的浆果香和辛香料气息，有着丰富、质地细密的单宁，酒体饱满，回味长。

目前该酒庄的产量在纳帕山谷属于中等规模，他们的葡萄酒均来自自己的葡萄园，也出售一些葡萄。此外，该酒庄地理位置优越，环境优美，是纳帕酒庄旅游的一个好去处，这里能也能感受到一些迪斯尼的文化气息。

评分

2013 Miller Ranch Sauvignon Blanc ··· 89 分

2012 Chardonnay Vineburg Vineyard ··· 91 分

2010 Merlot Mt.George Vineyard ·· 92 分

2010 Cabernet Sauvignon Estate Grown ··· 92 分

2010 Solo Cabernet Sauvignon Stags Leap District ··· 96 分

酒 庄 名：Silverado Vineyards

土地面积：700 英亩

葡萄园面积：400 英亩

产　　量：65，000 箱

地　　址：6121 Silverado Trail Napa
　　　　　CA94558

电　　话：707-2571770

传　　真：707-2571538

网　　站：www.silveradovineyards.com

E-mail：retail@silverodovineyards.com

酒庄访问：对外开放

第七十节

春山酒庄
(Spring Mountain Vineyard)

　　春山酒庄是纳帕历史悠久的酒厂之一，早在1870年期间，这里就已经种植了赤霞珠。这里的葡萄园也是欧洲人最早在纳帕的荒蛮的岩石和灌木中开辟的古老的葡萄园之一。这块地方曾经是很多家族想在新世界酿造旧世界风格的葡萄酒的实践之地，至今，当我们品尝到春山的酒时，能分明地感觉到这是新世界里的旧世界风格的葡萄酒。

　　春山是一个面积庞大的酒庄，葡萄园分布在酒厂外围海拔在400-1,600英尺的山上，春山酒庄总占地面积有845英亩，葡萄种植面积为225英亩，其他部分是森林和灌木。主要分布在三大葡萄园，其中米拉瓦耶（Miravalle）葡萄园257英亩、骑士城堡（Chevalier）葡萄园120英亩、德雷珀（La Perla）葡萄园435英亩。这些葡萄园又分出了135个小区块，这里种植的主要品种是赤霞珠，其他的红葡萄品种有梅乐、品丽珠、小维尔多、希拉，白葡萄品种有长相思、赛美蓉、密斯卡岱和维杰尼亚。

　　提起春山酒庄，他们的三大葡萄园在当地是赫赫有名的，原本各自都属于自己的酿酒厂。三个葡萄园都有自己长久的历史，限于篇幅不一一

表述。1992 年，春山酒庄被瑞士投资人雅各伯·伊莱·萨福拉（Jacob E. Safra）购买，他是犹太银行家的后裔，著名银行家埃德蒙·萨福拉（Edmond Safra）的侄子，他的目标是酿造一款国际上顶级的赤霞珠，这款酒的名字叫艾里维特（Elivette），由他名字中间的 Eli 加上维特（vette），这让人联想到了《少年维特的烦恼》这本书。

春山葡萄园基本位于山坡上，这里的气候属于纳帕山地气候，靠纳帕山谷的左边，这里的山林植被明显比右边要繁茂，晚上冷凉，早上有雾在海拔低的山谷里流转，下午温暖，葡萄园因朝向、坡度、海拔不同，其特点也各不相同，一般来说，好的葡萄园都在雾线之上。春山葡萄园的土壤也是多样化的，春山南边的维德山（Mt. Veeder）大部分是老的沉积土，北部的钻石山则是火山土，多数葡萄园都是这两种土壤的混合土。

1992 年以后，春山的葡萄园开始走可持续农业的发展路线，这种可持续从某种程度上来说是生物动力法，即避免使用除草剂和杀虫剂，采用自然的一物降一物的做法，比如说让益鸟吃虫，让羊去吃草等，这种做法在纳帕已经颇为流行。对于春山的葡萄园来说，这种做法的好处多多，因为他们的葡萄园多位于山坡上，他们葡萄园与山上的树木和灌木是一体的，防止水土流失，就不能过分开发葡萄园，要维系一个自然的生态平衡。

新资本的注入，使得的春山开始旧貌换新颜，也开始进行专业的公司化运营，团队成员也都是行业中的优秀人物。他们聘请了行业内两名知名的葡萄酒顾问。其中 Patrick Léon 来自波尔多，曾经在木桐酒庄（Chateau Mouton Rothschild），一号作品（Opus One）酒庄，蝶之兰（Chateau d'Esclans）酒庄和阿尔玛维瓦（Almaviva）酒庄做过酿酒师，他的名言是：春山的风土能量在酒里面，我的目标是将能量和优雅融合在一起！另外一位酿酒顾问是来自勃艮第的伯纳德·哈维特（Bernard Hervet），他是经验丰富的酿酒师和管理者，他主要监管霞多丽和黑比诺的种植和酿造。这两位顾问都是自 2010 年开始加入春山酒庄。

该酒庄另外一位重要人物是他们的葡萄园经理罗恩·罗森布瑞德（Ron Rosenbrand），他出生于纳帕的酿酒家庭，曾经在法国学习过种植，后在加州大学戴维斯分校学习葡萄栽培，曾经管理过纳帕知名的葡萄酒厂的葡萄园，2003 年加入春山酒庄，他和他的家人也住在春山酒庄。他是无公害农业的积极倡导者和实践者，与加州大学伯克利分校和加州大学圣克鲁兹分校均有合作。在他们的葡萄园里能看到不少木头的鸟巢，这种蓝色知更鸟吃葡萄园的害虫。

春山酒庄有很多古迹，如酒厂的山洞酒窖一部分曾经是中国的工人挖的，还有以前的酒庄主留下的马厩和各式的老酒瓶子。他们酒厂的品酒室的别墅是维多利亚式的，建于 1885 年，有十九世纪的彩绘玻璃、精致的镶嵌地板和华丽的装饰线条，别墅外是美丽的花园以及蔬菜园和果园，这些使得春山不仅仅是个酒庄，也成了一个观光的胜地。

他们的主要产品是赤霞珠，此外他们还酿造一些长相思、黑比诺和希拉等品种酒。我此次品尝了他们 4 款酒。第一款是长相思，年产量为 1,000 箱，这是采用 95% 的长相思和 5% 的赛美容混合酿造的，酒很芬芳，有热带水果气息，同时也有较为激昂的酸度。

第二款是 2008 年的赤霞珠，这一年的产量为 3，215 箱，此酒采用 78% 赤霞珠、10% 的品丽珠、7% 的小维尔多、5% 的梅乐混合酿造，有着较为成熟的红、黑色浆果和辛香料气息，很舒服的酒香，入口酒体中等，单宁细腻，酒体平衡，有花椒的麻感，回味长。

第三款是 2010 年的艾里维特（Elivette），产量 1，018 箱，此酒是采用 64% 的赤霞珠和 36% 的品丽珠酿造，丰富的浆果香混合着香草、甘草和胡椒气息，酒体中等，单宁柔和细腻，酒体均衡，回味长。

第四款是 2005 年的艾里维特（Elivette），酒香很不错，这是已经成熟的葡萄酒，有干果气息，入口单宁滑润，有花椒的麻感。这一年份的酒酿造了 3，300 箱。

第五款是 2009 年的希拉，产量 470 箱，此酒有成熟恰当的果香与花香，入口单宁柔滑细腻，酒体中等，有回味。

总体上来说，他们的酒并不追求重酒体，而是追求优雅的旧世界风格的容易佐餐的葡萄酒，所以他们的红葡萄酒也瓶陈一段时间才上市，如果酒在酒厂每多呆一年，酒的价格每瓶会增加 10 美元。

评分

2012 Estate bottled Sauvignon Blanc ·· 90 分

2008 Estate bottled Cabernet Sauvignon ·· 94 分

2010 Elivette ·· 95 分

2005 Elivette ·· 96 分

2009 Estate bottle Syrah ·· 93 分

酒 庄 名：Spring Mountain Vineyard

土地面积：845 英亩

葡萄园面积：225 英亩

产　　量：10,000 箱

地　　址：2805 Spring Mountain Road

　　　　　St. Helena，California 94574-1775

电　　话：877-7694637

　　　　　707-9674188

网　　站：www.springmountainvineyard.com

E-mail：info@springmtn.com

酒厂访问：需要预约，品尝收费根据服务内容

不同而定，具体可上该酒厂网站观看预约

E-mail：reservations@springmtn.com

开放时间：周一－周五

电　　话：707-9674188；周六－周日

电　　话：707-9674186

第七十一节

圣·克莱门特十字酒厂
(St. Clement Vineyard)

　　圣·克莱门特十字酒厂所在地的房子建于1878年，如今，该酒庄为富邑国际酒业集团公司（Treasury Wine Estates）拥有。它位于圣海伦娜地区，29号公路边上的小山上，这里十分地幽静，在酒庄的花园里可以俯视山谷葡萄园，这是一个很适合假日休闲发呆的好地方。

　　该酒庄的房子是富有的家具商弗里茨·罗森汉姆（Fritz Rosenhaum）修建的，当时他们也在这里酿造一些雷司令和金粉黛葡萄酒，之后经过多次的转卖，直到1976年，当地的眼科医生威廉·凯西（William Casey）购买后将酒厂取名为St.Clement并采用箭头十字做标识，这个名字最早是罗马主教的名字，据说第一个圣诞节是圣·克莱门特（St. Clement）主教提倡举办的，威廉取这个名字和标识是为了纪念他的祖先发现了马里兰州，而马里兰地区的一个半岛当时被命名为圣·克莱门特（St. Clement），后来改为布莱克斯桐内（Blakistone），而马里兰州的旗帜上也有

箭头十字的图案。

该酒厂靠近马路的维多利亚别墅目前主要用来做葡萄酒售卖店铺和访客品酒处。穿过一条山径，走过一片橄榄树林，他们的石头酒窖位于半山腰里面，酒厂规模不大，里面也有几张对外开放的品酒桌，只要不是繁忙的酿造季节，酒窖里也可以落座品酒，而在酒厂服务的有些是退休的人，总是给游客带来亲切感。

1999 年，富邑集团购买了该酒庄。他们没有自己的葡萄园，但他们与葡萄园拥有者签订了长期的合作协议，他们的葡萄来自纳帕山谷 12 个葡萄园。

他们的葡萄酒也比较多元，我访问酒厂的时候品尝了他们 4 款葡萄酒，映象最深的是他们的梅乐性价比很好。

2011 年的霞多丽来自艾伯特（Abbott's）单一葡萄园，该葡萄园是凉爽的卡内罗斯地区。这款酒有清新的柠橙和绿苹果以及香草的气息，入口酸度爽脆，回味中带出少许矿物质气息，是款有质感的霞多丽。此酒的产量在三百五十箱左右。

2010 年的纳帕山谷的梅乐，有着愉悦的果香，入口单宁细腻，酒体中等偏上，有回味。是款均衡优雅的梅乐。此酒的年产量在四千箱左右，这款酒是纳帕山谷性价比很高的梅乐。

2010 年的欧罗巴斯（Oroppas）的赤霞珠干红，此酒是采用 77% 的赤霞珠、18% 的梅乐、3% 小维尔多以及 2% 的品丽珠混酿而成，有着丰沛的浆果香和辛香料的气息，单宁成熟而紧密，酒体较为丰腴，回味长。这款酒的调配比例每年都不一样。

2009 的赤霞珠来自施泰因豪尔牧场（Steinhauer Ranch）单一葡萄园，此酒颜色深浓，有成熟的深色浆果和多种辛香料气息，酒体饱满，单宁成熟丰富，均衡，回味悠长。

在纳帕山谷，该酒庄就品质和价格来说是蛮有竞争力的。

《 oroppas

评分

2011 Abbott's Vineyard Chardonnay···90 分

2010 St.Clement Merlot···90 分

2010 St.Clement Oroppas···93 分

2009 Steinhauer Ranch Singel Vineyad Cabernet Sauvignon·······················94 分

酒 庄 名：St. Clement Vineyard　　　　酒庄访问：对外开放

产　　量：22，000 箱 -24，000 箱　　　开放时间为上午 11 点 - 下午 5 点

葡萄园面积：购买葡萄　　　　　　　　节假日休息

电　　话：866-8775939

地　　址：2867 St.Helena Highway North

　　　　　St. Helena，CA94574

网　　站：www.stclement.com

第七十二节

圣·斯佩里酒庄
(St. Supéry Vineyards & Winery)

圣·斯佩里酒庄创建于1982年，是法国葡萄酒世家的第四代继承人罗伯特·斯卡利（Robert Skalli）先生创建的，该酒庄位于罗斯福地区，29号公路边上。

罗伯特·斯卡利祖上是阿尔及利亚人，父亲这辈来到法国，在朗格多克有自己的酒厂，据说他是朗格多克第一位在酒标上标注单一品种的人。

在上世纪七十年代他曾经多次到纳帕来考察，与罗伯特·蒙大维交流过并品尝过他们的酒，这对他投资纳帕加强了一份信心，他确信凭借他们家族在葡萄酒厂经营方面的技术与经验，也一定会让他们在纳帕成功。

为了找到理想的葡萄园，他在纳帕搜寻了八年，咨询了无数的葡萄种植者和酿酒人，他选择了购买葡萄种植者和酿酒师都认为能出优质葡萄但知名度不高的纳帕东北部的山上名为隐金牧场（Dollarhide Ranch）的地方，这确实是很有远见的投资。

1982年他们购买了隐金牧场（Dollarhide Ranch），这个地方土地面积有1，531英亩，早在1800年的时候这里就开辟成了牧场。这片土地上有陡峭的山坡、丘陵，也有平坦的地面，有7个池塘，他们在这里有500英亩的葡萄园，葡萄园的海拔在600-1，100米不等。这里除了葡萄园外就是天然的草场和树木，也形成了独特的小气候带，土壤类型也很多样化。他们根据不同的土壤、地形、朝向而种植了合适的品种，主要种植两个品种，其中长相思种植面积为224英亩，赤霞珠种植面积为181.4英亩，其他的则是霞多丽和其他波尔多品种。此外他们在29号公路的酒厂边上也拥有有35英亩的葡萄园，主要种的是赤霞珠和梅乐。

▽艾玛

有两位重要人物负责酒庄，一位是艾玛 J·斯温（Emma J. Swain）女士，她是酒庄的 CEO，毕业于戴维斯分校农学和经济管理学专业，她从事葡萄酒行业已经有二十来年的经验了，将酒厂打理得井井有条。另一位是他们的酿酒总工迈克·肖尔茨（Michael Scholz），他出生于澳大利亚巴罗莎地区的葡萄酒酿酒世家，毕业于澳大利亚阿德莱德大学的农学院，他在法国、南非、澳大利亚都做过酿酒师，有丰富的酿酒经验，他在该酒厂间断性地酿酒也有近十年的时间了。此外，2013年该酒庄聘请了著名飞行酿酒师米歇尔·贺郎（Michel Rolland）作为酿酒顾问，该酒厂与他们的酒也越来越多地被外人关注。

该酒庄的葡萄酒品种较多，我在酒厂访问的时候品尝了他们 7 款葡萄酒，整体感觉这家酒厂的酒非常国际化，是很符合当今国际流行趋势的葡萄酒。他们的 2013 年长相思，果香清新愉悦，酒体圆润，生津感强，这款长相思是纳帕性价比颇佳的一款长相思。他们是纳帕种植长相思最多的一个酒厂，约占纳帕山谷产量的 10%。

2012 年的维尔图（Virtú）干白，此酒是采用了赛美蓉和长相思混酿的酒，并在橡木桶里陈酿数月，酒香芬芳，有着柠橙、梨、杨桃等多种果香和些许香草气息，入口圆润甘美，回味爽洁。

他们 2011 年的地产赤霞珠也表现不错，这也充分体现了来自海拔高的山地葡萄的特征，单宁较为精致，酒体中等，均衡有回味。

2010 年的地产被选中人（Élu）干红，酒标是一位红衣女子，这是波尔多式的混酿酒，葡萄来自他们酒厂周围葡萄园和山上葡萄园，这是一款讨喜易饮的葡萄酒，果香和橡木桶结合得好，单宁柔顺，酒体中等，均衡有回味。

2010 年 100% 采用赤霞珠酿造的黑牌银标赤霞珠应该是他们的旗舰酒了，颜色深浓，有丰富的深色浆果香和香料以及烘烤的气息，入口酒体饱满，单宁细腻，酒体均衡，回味长。

该酒庄的所在地原来有一处建筑曾经是法国酿酒师爱德华·圣·斯佩里（Edward St. Supéry）的家，该酒庄的名字也是出自此处，酒厂周围环境优美，非常适合于休闲度假。

▽酿酒师 – 迈克

评分

2013 St.Supéry Sauvignon Blanc ··· 90 分

2012 Virtú ·· 91 分

2011 Cabernet Sauvignon 绿 标 ·· 90 分

2010 Merlot 黑标金字 ··· 89 分

2010 Elu ··· 91 分

2010 DOLLARHIDE ··· 94 分

酒 庄 名：St. Supéry Vineyards & Winery

葡萄园面积：500 英亩

产　　量：90,000 箱

电　　话：707-9634507

地　　址：8440 St. Helena Hwy.,
　　　　　　Rutherford, California, USA

网　　站：www.stsupery.com

E-mail：divinecab@stsupery.com

酒厂旅游：对外开放

鹿跃酒窖
(Stag's Leap Wine Cellars)

该酒窖创建于 1970 年，1976 年的巴黎品酒会时他们 1973 年份的用仅仅三年树龄的葡萄树结的果实所酿造的鹿跃酒窖 SLV 赤霞珠（Stag's Leap Wine Cellars SLV Cabernet Sauvignon）赢了波尔多的奥比安和木桐，从而名声大震，同时也造就了纳帕赤霞珠的知名度。该酒厂就位于鹿跃 AVA 产区的西亚瓦多之路边上。

鹿跃酒窖是一位在美国芝加哥大学教历史的希腊裔教授沃伦·维纳斯基（Warren Winiarski）创建的，他对葡萄酒有浓厚的兴趣，上世纪六十年代，他放弃了教授的工作来到纳帕，先是在纳帕不同的酒庄工作了一段时间，1969 年，他品尝了纳帕种植赤霞珠的先驱弥敦·费伊（Nathan Fay）采用鹿跃区的葡萄园所产的赤霞珠而酿造的红葡萄酒，非常惊叹其品质，认定这个地方能种出好的赤霞珠，于是 1970 年，他与人合伙购买了 44 英亩的土地，就在弥敦·费伊葡萄园的隔壁，这个地方原本种了西班牙品种和小希拉，他购买后换种了赤霞珠。1972 年，他在新购买的葡萄园中盖起了房子，在别人的酒窖酿造了一些酒，著名的 1973 年赤霞珠在他们当时盖的酒厂里酿造，这个建筑如今就是他们的 1 号房子。

1974 年，他们的酿酒顾问在品尝大橡木桶容器内的酒时，发现 23 号桶的酒明显好于其它桶，于是决定将其单独装瓶，并将此酒命名为"23 桶"（Cask 23），这就是后来为他们获得好名声的"23 桶"红葡萄酒。1976 年的巴黎品酒会使得他们名声鹊起，1983 年，他们 1978 年的酒被白宫用来招待国宾。

1986 年，他们购买了邻居弥敦·费伊的葡萄园，这里的赤霞珠最早种于 1961 年，为了表示对弥敦·费伊的敬意，他们将此葡萄园命名为费伊（FAY）。1989 年，这个葡萄园被认定为 AVA 产

☑酿酒师

区。2000 年他们建成了 34,000 平方英尺的酒窖，里面可以容纳六万个橡木桶。酒窖的中心是圆形，这个中心连接着各个通道，是由西班牙设计师哈维尔·巴尔巴（Javier Barba）设计的。

2007 年，美国华盛顿州最大的葡萄酒公司之一圣米歇尔酒业集团（Ste Michelle Wine Estates）与意大利酒商安提诺里侯爵（Antinori）合资，以 1.85 亿美元的价格，从维纳斯基（Winiarski）家族手中买下鹿跃酒窖。

他们的知名的 S.L.V. 葡萄园的土壤和费伊（FAY）不一样，前者以火山土为主，这块地的赤霞珠葡萄所酿造的酒辛香、结构感强，酒味浓郁；后者则是冲击土，产出的赤霞珠则单宁柔和，果味丰富。

鹿跃酒窖的一面墙上展示着很多石膏手印，这些手都是曾经或者现在在鹿跃酒窖工作过的工作人员的手印，是为了感谢这些人为鹿跃做出的努力和贡献。

我访问该酒厂的时候品尝了他们数款红葡萄

酒。2011 年的阿耳特弥斯（ARTEMIS）赤霞珠，闻起来有绿色辛香料气息，酸度比较高，单宁较为柔和，酒体中等，是一款偏瘦型的赤霞珠，明显是来自凉爽一些的年份。此酒年产量在五万箱左右。

2011 年 FAY 赤霞珠，有较为成熟的果香、烟熏和烤肉气息，入口单宁比较涩重，酒体中等，回味适中，此酒年产量为二千箱左右。

2011 年的 S.L.V. 赤霞珠，有成熟浆果的甘甜的香气以及些许辛香料气息，入口觉得酸度比较高，酒体中等，回味适中。此酒的年产量约为一千五百箱。

他们 2011 年没酿"23 桶"（CASK 23），我品尝了他们 2010 年的"23 桶"，有成熟甜美的浆果香和烟熏、咖啡以及少许辛香料的气息，入口单宁涩重，酸度高，酒体也较为饱满，有回味，此酒很有波尔多风格，也很有纳帕早期的酿酒师安德烈·切列斯切夫的风格。

此外，我还品尝了他们 2003 年份的 S. L. V.（Stag's Leap Vineyard，"鹿跃葡萄园"的简称）赤霞珠，酒香蛮好，有辛香料混合的深色浆果的甘甜香气，入口酒体也比较饱满，单宁强。他们更老年份的酒，还是我 2014 年在纳帕期间，派真豪（Patz & Hall）酒厂的老板唐纳德·派真（Donald Patz）拿出了他珍藏的 1976 年鹿跃的 S.L.V. 的赤霞珠，记得酒依然有活力，酒香已经很弱了，单宁依然感觉有些涩，酒体偏中等的样子，他们用年轻的葡萄树的果实所酿造的酒能存放那么久，实属不易。

总体感觉这家的酒还是很有波尔多风格的，他们葡萄园的所在地是出产优质赤霞珠的地方，之前虽然说对赤霞珠偏凉，但也是四十多年前的气候要比我们现在凉一些，但比波尔多还是要温暖，这里年轻的赤霞珠有较为涩重的单宁，但也有成熟的果香，这也许是 1973 年的赤霞珠赢了波尔多名庄酒的原因吧！

在纳帕，鹿跃酒窖（Stag's Leap Wine Cellars）就是我们目前写的这家酒庄，此外还有一个鹿跃酒厂 "Stag's Leap Winery"。这家酒厂跟他们没有关系。

评分

2011 Artemis Cabernet Sauvignon······88 分

2011 FAY Estate Cabernet Sauvignon······89 分

2011 S.L.V.Estate Cabernet Sauvignon······90 分

2010 CASK 23 Cabernet Sauvignon······92 分

酒窖名：Stag's Leap wine Cellars

产　　量：120,000 箱

葡萄园面积：160 英亩

电　　话：707-2616410

地　　址：5766 Silverado Trail, Napa,
　　　　　 CA94558

网　　站：www.cask23.com

E-mail：tours@cask23.com

酒厂旅游：对外开放

开放时间从上午 10 点到下午 4:30

第七十四节

斯旺森酒庄
(Swanson Vineyards)

斯旺森酒庄（Swanson Vineyards）位于纳帕山谷的罗斯福区，该酒庄成立于1985年，是美国著名的"冷冻食品之王"斯旺森家族建立的。

卡尔 A. 斯旺森（Carl A.Swanson，1879年5月1日出生，1949年10月9日过世）曾经与人合伙从事食品生意，1938年他成立了斯旺森独资公司，这家公司是美国最大的乳制品公司之一，"二战"的时候成了给美国军队供应家禽和鸡蛋的供应商。老斯旺森死后，他的两个儿子，吉尔伯特C（Gilbert C）和 W. 克拉克·斯旺森（W. Clarke

☑ 顾问酿酒师克里斯·费尔普斯

Swanson）继承了公司，随后公司也更名为C.A.斯旺森 & 儿子（C.A.Swanson & Sons）。

1952年，他们推出"斯旺森牌电视晚餐"的电视广告，其实这就是一种冷冻的快餐盒饭，1953年他们的电视晚餐卖出了一千万份，此外他们销售其他食品也都很成功。

斯旺森酒庄是克拉克·斯旺森（Clarke.Swanson）创建的，他1961年在斯坦福大学学习，专攻与历史和政治科学有关的学科，之后又在哥伦比亚大学获得硕士学位。克拉克·斯旺森投资过报纸、广播电视，在媒体业颇为成功，他还投资了银行业。上世纪八十年代，他涉足了葡萄酒业，在纳帕山谷的中间地带购买140英亩的土地，开辟了葡萄园并建立了酒厂。

他们的葡萄园位于奥克维尔区的山谷之中，这里的土壤主要是含砾石的冲击土和火山灰土，他们这里种有100英亩的葡萄树，该酒庄是最早种梅乐的酒庄之一，是奥克维尔种植梅乐面积最大的一家酒庄，也以梅乐而闻名。然而今天的纳帕山谷，赤霞珠颇受人追捧，即使同样分数的梅乐和赤霞珠，赤霞珠价格起码比梅乐高一倍。如今，酒庄在更新葡萄树的时候，种上了更多的赤霞珠。

斯旺森酒庄的酿酒师克里斯·费尔普斯（Chris Phelps）是酒庄的明星，他曾在加州大学戴维斯

分校（UC Davies）学习酿酒和法语，1981 年毕业后他又在波尔多大学酿酒学院学酿酒专业，1982年开始在波尔多的"碧翠"（Chateau Pétrus）酿酒，有幸得到了碧翠庄主克里斯蒂安·穆义（Christian Moueix）和他们的酿酒师吉恩-克劳德·贝鲁埃（Jean-Claude Berrouet）的指点，克里斯蒂安想派他到碧翠的姊妹酒厂——纳帕的道明内斯（Dominus）酒庄工作，为此专门培训了他 6 个月。在 1984 年 -1995 年期间他一直在道明内斯做酿酒师。1996 年 -1999 年他也曾在纳帕著名的卡慕斯（Caymus）酒庄做过酿酒师。2003 年他加入了斯旺森酒庄，一直到今天。如今他已经是酒庄的酿酒顾问，酒的风格定调为奥克维尔地区的法式风格葡萄酒，而斯旺森酒庄还是梅乐种得最多，由他来酿造法式风格的梅乐那真是易如反掌，也难怪该酒庄的酒频频赢得酒媒体的好评。

可能由于斯旺森是做食品的背景，因此非常讲究酒与食的搭配，他们也是纳帕山谷的酒庄中

酒食配对最棒的酒庄之一。他们采用各色不同的奶酪、坚果、鱼子酱、巧克力来搭配他们的葡萄酒，而他们用来装这些小食品的是大小不一的扇贝壳，给客人耳目一新的感觉。

斯旺森酒庄的葡萄酒品种也比较多样化，从干白、粉红到干红到甜酒都有酿造，我在他们酒厂访问的时候和一些游客一起品尝了他们 4 款葡萄酒。

第一款是他们 2012 年的霞多丽葡萄酒，此酒中规中矩，有热带水果和橡木桶带来的香草气息，酒体中等，回味适中。

第二款是他们 2005 年的梅乐，有着成熟的红色浆果的果香和酒香，入口果味愉悦，酸度和单宁撑起了酒的结构感，单宁细腻，酒体中等，平衡感佳，有让人流口水的迷人酸度，是款精致美味的酒。

第三款是 2010 年的亚历克西斯（Alexis）赤霞珠，有着绿色辛香料和清新的浆果香气，入口

单宁结构强，酒体中等，回味长，个人感觉这款酒很秀气骨感，很有波尔多风格。

第四款是 2009 年的小希拉，有较为成熟的深色浆果气息，入口有着密丝绒般的单宁，酒体饱满，辛香，回味长，是很棒的一款小希拉。

总体感觉他们的酒显然是带有些法国韵味的，酒酿造得很干净，很注重葡萄的酸度，不追求庞大的酒体，而是追求精细和优雅。

评分

2012 Chardonnay···89 分

2005 Merlot···95 分

2010 Alexis Cabernet Sauvignon···94 分

2009 Petite Sirah···95 分

酒 庄 名：Swanson Vineyards
产　　量：18，000 箱
葡萄园面积：100 英亩
地　　址：1050 Oakville Cross Road
　　　　　Oakville CA94562-0148
电　　话：707-7544021

网　　站：www.swansonvineyards.com
酒厂访问：需要预约

第七十五节

情人谷酒庄
(Terra Valentine)

该酒庄坐落在纳帕的圣海伦娜山谷，位于春山水晶（Crystal Springs）之路264号，从西亚瓦多之路转到春山水晶之路上就可以找得到。

这是一个酿酒师通过自己努力而建立酒庄的成功故事，酒庄的名字很浪漫，酒也很出色。

酒庄主萨姆（Sam）和安吉拉·巴克斯特（Angela Baxter）于2014年7月25日从安格斯（Angus）和玛格瑞特·沃特勒（Margaret Wurtele）那里购买了公司和品牌。他们之间的关系也颇有些渊源，情人谷酒庄是安格斯和玛格瑞特·沃特勒于1996年创建的，瓦伦提诺（Valentine）

✉ 酒庄主一家

这个名字其实是他们父亲的名字，这对夫妻当时在春山上购买了葡萄园并取名为沃特勒（Wurtele）葡萄园，1999年，他们购买了依佛登（Yverdon Vineyard）酒庄，这一年他们雇萨姆·巴克斯特（Sam Baxter）和他的父亲在依佛登酒庄酿酒，2013年"杰克逊家族酒业"（Jackson Family Wines）购买了依佛登酒庄，这里总共有77英亩面积，包括酒厂、别墅和一些葡萄园。但他们保留了沃特勒（Wurtele）葡萄园，该葡萄园海拔1,000英尺，萨姆依然购买这里的葡萄酿酒。

萨姆1998年毕业于加州戴维斯分校发酵专业，毕业后曾经在纳帕的英镑（Sterling）酒厂和澳大利亚的酒厂实习过，1999年跟随父亲到情人谷（Terra Valentine）酒庄种植葡萄和酿酒。2012年他着手酿造自己的酒，后来他们搬迁到现在的地方建立小酒厂，2014年4月才开始在他们的小酒庄接待客人。关于他的发展方向，萨姆觉得他不想只酿造固定的一块酒庄所在地的地产葡萄酒，他想打开更多纳帕之门，将纳帕不同地方不同特色的葡萄酿成美酒展示给世人，体现纳帕产区的魅力。目前他租用7个不同葡萄园，其中两个在索诺玛，其余的都在纳帕，此外他自己拥有的葡萄园面积达35英亩。

萨姆在大学里认识了他的太太安吉拉，她是

学习营养学专业的，他们在 2003 年结婚，目前育有两子一女。

我在他们小酒庄品尝了 7 款葡萄酒，感觉总体水平都蛮高。2013 年的粉红酒是采用 50% 的黑比诺和 50% 的桑乔维亚酿造的，有着多汁的红色浆果气息，酸度愉悦，美味可口，目前年产量为 100 箱。

他们的两款 2012 年的黑比诺都来自索诺玛地区，其中"俄罗斯（Russian）河谷"的果香更为成熟甘美，单宁细腻，酸度适中。索诺玛海岸那款黑比诺则酸度更为强劲。

2010 年的品丽珠的葡萄来自春山产区，是 100% 的品丽珠酿造，有着绿色辛香料和浆果气息，酒体较为饱满，有回味。

最出彩的是他们的赤霞珠系列葡萄酒，这些酒还是萨姆在以前的老酒厂酿造的，选取 2008 年的依佛登（Yverdon）葡萄园的赤霞珠，这里的葡萄园能晒到很好的上午的阳光。此酒采用 100%

的赤霞珠酿造，果香馥郁，单宁细腻浓密，酒体饱满，也有一定的酸度，回味长。

2008 年的沃特勒（Wuttele）葡萄园的赤霞珠也是 100% 赤霞珠酿造，这个葡萄园可充分地晒到下午的阳光，这款酒明显果香更为成熟，单宁浓密而庞大，酒体更为饱满，回味长。

2008 年的婚姻（Marriage）干红采用赤霞珠、梅乐、品丽珠和小维尔多混合酿造，葡萄来自沃特勒和依佛登两个葡萄园，此酒富含深色浆果混合辛香料气息，温暖甜美，单宁结构感撑起其饱满的酒体，口感复杂，回味长。

该酒厂也是纳帕新崛起的新秀酒厂，一位酿酒师靠自己的努力和辛勤工作而实现了拥有一个酒庄的梦想！

评分

2013 Rose··90 分

2012 Sonoma Coast Pinot Noir··90 分

2012 Russian River Pinot Noir··91 分

2010 Spring Mountain District Cabernet Franc··············90 分

2008 Wurtele Vineyard Cabernet Sauvignon··················95 分

2008 Yverdon Vineyard Cabernet Sauvignon················94 分

2008 Marriage···96 分

酒 庄 名：Terra Valentine

产　　量：5,000 箱

自有葡萄园面积：35 英亩

电　　话：707-9678340

地　　址：P.O.Box247, St.Helena CA 94574

网　　站：www.terravalentine.com

酒厂访问：需要预约

第七十六节

三位一体酒庄
(Trinitas Cellars)

该酒庄是提恩·布什（Tim Busch）和太太斯蒂芬（Steph）于2002年创建的，酒庄名字是拉丁文，"Trinitas"的意思是三位一体，该酒厂的三位一体包涵着太阳、土壤、人类。

提恩·布什是一位律师，拥有一家名为布什（Busch）的律师公司。他们家族是美国酒店业的大亨，拥有太平洋酒店集团（Pacific Hospitality Group，PHG），在纳帕拥有梅丽泰治水疗度假酒店（The Meritage Resort and Spa），他们的酒窖就位于酒店的后面，酒窖上方是他们的葡萄园。

提恩·布什出生于密歇根州，后来移居到了南加州，1985年与斯蒂芬结婚，育有一男一女，他是宗教和艺术的积极赞助人，因喜欢纳帕和纳帕葡萄酒，便在纳帕建立了梅丽泰治水疗度假酒店和酒窖，于2006年对外开业。目前他的儿子加勒特·布什（Garrett Busch）主管酒庄的生意，女儿麦肯齐（Mackenzie）主管酒店的生意。

加勒特·布什毕业于圣母大学工商管理专业，2010年加入三位一体酒庄，被任命为酒庄CEO，他对葡萄酒充满了热情，给酒庄带来了很多革新。2014年夏天他与贝特西（Betsy）结婚，贝特西和他毕业于同一个大学，学会计专业，目前她是酒庄的项目经理。

他们的酿酒师凯文·米勒（Kevin Mills）是一位有着丰富经验的酿酒师，自2007年加入这家酒庄，他主张酿造波尔多和勃艮第葡萄品种。此外，该酒庄也是麦瑞塔杰（Meritage）联盟的成员。

三位一体是个小酒庄，经营的主要目的不是为了做大，他们认为葡萄酒是生活，不同的场合要有不同的酒，他们酒庄的目标主要是做自己和他人喜欢喝的酒，他们的宗旨是通过种植和酿造人的手精工细作，酿造出具有纳帕山谷地域特色的不同品种的少量的葡萄酒，而这些酒要能给人

▽加勒特·布什

山洞酒窖 》

们带来愉悦感，能够佐餐，有的则可以放在酒窖里陈年。

该酒庄自有的葡萄园都位于酒窖旁边，其他从外面购买的葡萄来自 17 个不同的葡萄园，他们酿造的酒品种也很多元，常见的葡萄品种基本都具备，酒总体都不错，美味易饮。我访问该酒庄的时候品尝了他们 12 款葡萄酒，我认为最有特色的是他们的长相思和小希拉。

2012 年的长相思，有着典型的长相思的黑加仑子树芽和芬芳的花香，以及热带水果的果香，酸度爽脆愉悦，酒体中等，是一款酿造得很不错的长相思。此酒年产量 6,000 箱，也是他们的主要产品之一。

2011 年的老树小希拉，此酒的年产量为 500-700 箱，其酒颜色深浓，成熟有度的深色浆果香很馥郁，入口单宁细腻丝滑，酒体浓郁、内敛、饱满、回味甘美。

该酒庄有吃、有住、有喝、有玩，也是纳帕地区旅游的一个热门酒庄之一，酒的性价比也不错。他们在经营生意的同时也致力于慈善事业，成立了以酒庄名字 Trinitas 命名的慈善事业协会，这家人也是纳帕山谷的善人之一。

评分

2012 Sauvignon Blanc Napa Valley ·· 89 分

2012 Chardonnay Carneros ·· 88 分

2010 Pinot Noir Carneros ·· 89 分

2010 Old Vine Zinfandel ·· 89 分

2010 Meritage Oak Konoll District ··· 90 分

2011 Old Vine Petite Sirah ·· 93 分

酒庄名：Trinitas Cellars
产　量：23,000 箱
葡萄园面积：自有 7 英亩。也购买葡萄酿酒
电　话：888-9838414
地　址：875 Bordeaux way, Napa, CA94558
网　站：www.trinitascellars.com
E-mail：info@trinitascellars.com

第七十七节

金牛酒庄
(Turnbull)

该酒庄位于奥克维尔地区的 29 号公路旁，酒庄创建于 1979 年，是一位姓氏为"金牛"（Thrnbull）的美国知名建筑师创建的，该建筑师曾设计了纳帕的一些酒窖以及旧金山海边建筑"海范围"（Sea Range）。自然，这个酒庄的建筑也是他设计的。1988 年金牛酒庄被现在的酒庄主购买，他们保留了原来的名字。

金牛这个家族名字还有一个典故，话说十三世纪，苏格兰的国王打猎的时候，被一只牛顶杠上了，在千钧一发之际，一位男子跳上牛背，将牛扭转过去制服了牛，救了国王，国王深为感动，赐给这位男子姓"Turnbull"，字面意思是旋转公牛，而创建这个酒庄的人就是这个男子的子孙后代。

该酒庄标识是一只金牛，给人以富有的感觉。酒庄主拥有 4 个葡萄园，面积达 236 英亩，这在纳帕这块黄金山谷无疑是宝贵的财富。

他们的李奥波丁娜（Leopoldina）葡萄园有 62 英亩，位于奥克维尔地区的瓦卡范围（Vaca Range），在西亚瓦多之路一侧，西南朝向，这里的土壤是火山岩土。

财神（Fortuna）葡萄园有 59 英亩，这块葡萄园位于奥克维尔西面，西南朝向，葡萄园下午光照好，土壤是红色的火山岩土，毗邻瓦卡范围

Peter Heitz 和 Stephany Oettinger

（Vaca Range）葡萄园。

仙灯（Amoenus）葡萄园有 101 英亩，位于卡里斯托加，面朝圣海伦娜山，这里有多种火山土，这个葡萄园也受到海风和雾的影响，可以调节葡萄园的温度。

金牛（Turnbull）葡萄园位于酒庄周围，这里有 14 英亩，位于奥克维尔，29 号公路边上，这里的土壤主要是壤粘土。

我对这家酒庄印象最深的是一面巨大的国旗挂在酒庄的外墙上，我 7 月 1 日访问这家酒庄的

时候是酿酒师彼得·贺滋（Peter Heitz）和斯特凡尼·奥廷格（Stephany Oettinger）接待的，我品尝了他们4款葡萄酒。他们的葡萄酒品种很多，而这几款酒应该具有一定的代表性。

第一款是2013年的长相思，来自酒庄周围的葡萄园，有着典型的黑加仑树芽以及柠檬、柚子等果香，香气较为芬芳，酒体适中，酸度爽脆，有回味，是款清新明朗的长相思。酿酒师表示他们采摘长相思是在夜间，用手工采摘，为了保持酸度会稍微早一些采摘，采用天然酵母发酵，不做苹乳发酵，低温发酵2个月。

第二款是2012年的纳帕山谷赤霞珠，这是他们的主要产品，年产量有一万箱。这款葡萄酒主要是赤霞珠和其他葡萄品种混合酿造的，酿酒葡萄来自他们的多个葡萄园。此酒有深色浆果气息和些许辛香料的气息，单宁成熟，有一定的酸度，酒体中等偏上，结构感佳，有回味。

第三款是2010年奥克维尔赤霞珠，葡萄来自他们奥克维尔地区的葡萄园，有深红色和黑色浆果的气息以及辛香料的气息，单宁成熟，酸度适当，酒体中等偏上，均衡，有回味。

第四款是2010年黑标赤霞珠，有着成熟的红、黑色浆果和明显的辛香气息，入口有甜美的果味，单宁成熟，酒体较为丰腴，也有一定

的酸度，有回味。

音译是特雷布尔，我想这个音译并不容易抓住人

该酒庄位于纳帕的中心地带，酒庄也很漂亮，也是纳帕酒庄旅游一个好的去处。此外 "Turnbull" 的注意力，该酒庄的酒标上有设计得非常漂亮的金牛，不妨称之为金牛酒庄更佳。

评分

2013 Napa Valley Classic Sauvignon Blanc ·· 89 分

2012 Napa Valley Cabernet Sauvignon ·· 90 分

2010 Oakville Cabernet Sauvignon ·· 91 分

2010 Black Label Cabernet Sauvignon ·· 93 分

酒厂名：Turnbull

葡萄园面积：150 英亩

产　量：16,000 箱

电　话：707-3203575

地　址：8210 St. Helena Highway P.O.Box29

网　站：www.turnbullwines.com

E-mail：reservations@turnbullwines.com

第七十八节

白石酒庄
(White Rock Vineyards)

该酒庄位于纳帕镇北部的山里面，如果没有熟人带会很难找到，这个酒庄在纳帕山谷并不出名，但纳帕镇当地的不少人知道这家酿造的白葡萄酒很出色。他们不出名的原因可能跟纳帕镇周边有的酒厂一样，因为游客一般都顺着29号公路和西亚瓦多之路进纳帕山谷里面了，较少有人寻访纳帕镇周边山上的葡萄园。不过，近年来随着凉爽产区的葡萄酒越来越受关注，这里的访客也逐年增加。

该酒庄所在地早在1870年已经被人开垦成了葡萄园，当时是一位名叫佩廷（Pettingill）的牙医开辟的，他是个很懂得享受的生活家，热爱美酒美食，1871年曾经在此种下了雷司令和金粉黛，并建了酿酒厂。

1960年亨利·万德恩迪斯切（Henri Vandendriessche）从法国来到美国的伯克利（Berkeley）大学学习经济，他和她太太克莱尔（Claire）访问纳帕的时候喜欢上了这个地方，1977年，他们购买了佩廷的老酒庄，这里的总面积有64英亩，他们购买这块地除为了家族的生计外，也想恢复老酒庄昔日的荣光。他们将自己的家和酒庄建在了一起，重新种植了葡萄，挖掘了山洞酒窖，亨利管理葡萄种植和酿造，克莱尔负责葡萄酒的销售。

如今，酒庄的接力棒到了他们的下一代手里，他的大儿子克里斯托夫（Christopher）毕业于法国波尔多学院，在波尔多、勃艮第、里奥哈、阿根廷以及美国数家酒厂做过酿酒工作，经验非常丰富，1999年回到家族酒庄负责酿酒。二儿子迈

▼ 酒庄主夫妇

克（Michael）从1996年开始负责管理葡萄园。

他们的葡萄园所在的位置是一个独特的小山谷里面，是纳帕较为凉爽的产区，这片葡萄园海拔300米，土壤主要是火山灰土。他们在地势低的谷底种植了14英亩的霞多丽，有几种不同的克隆品种，树龄有三十来年；赤霞珠则是种在坡地上，主要是7号和337号克隆的赤霞珠。此外也种植了一些其他品种如梅乐、品丽珠、小维尔多希拉和马尔贝克以及维杰尼尔等。在种植管理方面，他们也是采用有机种植，不使用农药和除草剂。

白石酒庄的名字"白石"来自土壤，他们的酒窖外面可以清晰地看到石灰岩，他们甚至将岩石开凿成长凳，供访客品酒和歇脚之用。他们的酿酒车间、橡木桶、瓶陈间都在山洞酒窖里面。他们的酒窖是1987年挖掘的，面积有六千平方英尺，酒窖可储四万至六万瓶酒。他们除了酿造自己的酒，也为别人酿酒。

克里斯托夫的酿酒理念是要酿造出体现风土特征的平衡的葡萄酒，他觉得要尊重土壤，尊重自然所赋予的，不加酸、加单宁和过重的橡木味，采用天然的酵母酿酒。他们的红葡萄酒通常采用三分之一的新橡木桶、三分之二的旧桶，陈酿12-26个月，装瓶后再陈放2-4年后出售。

访问该酒厂时我品尝了他们4款葡萄酒，他们的干白葡萄酒岩韵足，有少许咸味，酒清新愉悦，酸度爽脆，颇有些夏布丽的韵味。他们的红葡萄酒基本打开就很好喝，酒香四溢，有岩韵，酒体中等或者中等偏上，他们的Laureate的红葡萄酒单宁细腻而精致，回味很不错。在纳帕的葡萄酒中，这家的酒是性价比高的优质酒。

评分

2012 White Rock Vineyards Chardonnay···90+ 分

2012 White Rock Vineyards Reserve Chardonnay··92 分

2010 White Rock Vineyards Claret···89 分

2009 White Rock Vineyards Laureate···93 分

酒 庄 名：White Rock Vineyards
葡萄园面积：35 英亩
产　　量：3，000 箱
电　　话：707-2577922
地　　址：1115 Loma Vista Dr.，Napa CA94558
网　　站：www.whiterockvineyards.com

E-mail：caves@whiteockvineyards.com
酒庄访问：需要预约

第七十九节

邦德酒庄
(Bond Estates)

邦德酒庄位于奥克维尔地区西亚瓦多之路西侧的山林之中，这里曾经是贺兰酒庄的旧址，离2001年新建的贺兰酒庄不远。该品牌是H.威廉·贺兰（H.William Harlan）于1997年创立的。

如果说贺兰酒庄以波尔多式的混酿法来酿造他们的正牌和副牌，那么邦德酒庄更像是以勃艮第方式（以葡萄园来分类）来酿造他们的特级葡萄园（Grand Cru）葡萄酒。邦德的葡萄酒都是单一葡萄园的单一品种赤霞珠，这样的目的是为了酿造能充分体现风土特征的葡萄酒。这也许就是H.威廉·贺兰创建邦德品牌的一个想法吧！

酒庄的执行总监魏东（Don Weaver）表示，品尝贺兰只是品尝一个地方，品尝邦德则是品尝5个地方，每个地方酿造一款酒。而他们的酿造团队与贺兰是同一个团队。

他们这5款单一品种赤霞珠是精选自纳帕山谷的5个葡萄园，他们和葡萄园拥有者签订长期合约，葡萄园根据邦德酒庄的要求来管理。

"万众合一"（Pluribus）葡萄园，这个词是拉丁文，包涵有太阳、土壤、气候的意思。酿造此酒的葡萄来自春山，这里的海拔在1,137-1,327英尺，葡萄园四周山林环绕，葡萄园面积有7英亩，山坡的北部、东部、东南均山势陡峭，土壤为火山岩的风化土。这个牌子的酒2003年开

⌂ 酿酒师

始发售。我品尝了2009年份的酒，有成熟的深色浆果、干果和辛香料的气息，入口单宁强而细腻，酒体丰满，有回味。

葵拉（Quella）葡萄园，这个名字是德语，有"古老的水源"的意思。此园有9英亩，位于纳帕山谷东部的山上，葡萄园面朝西南，这里的海拔在433-595英尺，此地曾是古老的河床，主要由鹅卵石和火山灰土组成。这个牌子的酒是2006开始发售的。我品尝了2009年的"葵拉"，此酒有成熟深色浆果和明显的辛香料气息，特别是胡椒和花椒的气息，单宁强劲，有岩韵，酒体中等偏上，

回味悠长。

圣·伊甸园（St.eden）葡萄园位于奥克维尔十字路口的北边，这是个法文名字。这里的海拔145-188英尺，葡萄园面积有11英亩，面朝北，土壤是红色的砾石土壤，此土来自瓦卡（vaca）山脉，这个牌子的首发年份是2001年。我品尝了2009年的圣·伊甸园红葡萄酒，此酒有着成熟而多汁的黑加仑子的果香和辛香料的气息，酒体浓密而饱满，单宁丰富，质感如细丝绒一般，回味长。

维西娜（Vecina）这个词是西班牙语，是"邻居"的意思。这是邦德酒庄东南边的葡萄园，地处火山土的梯田，奥克维尔西边的山麓上，海拔在221-330英尺，这里土地有11英亩，葡萄园朝东向。该牌子的酒首发年份是1999年。我品尝了2009年份的"维西娜"，有着花香和成熟有度的深色浆果以及绿色辛香料的气息，入口单宁强劲而坚实，有花椒似的麻感，回味悠长。

美尔伯瑞（Melbury）这个名字来自于伦敦的一个有历史的区域，这处葡萄园位于罗斯福东边山上的轩尼斯（Hennessey）湖的北坡上，有7英亩大，这里的海拔有348-522英尺，葡萄园朝向东和东南，这里的葡萄园可以晒到早上的阳光，

下午热的时候有来自湖方向的风调节葡萄园的温度。这里的土壤是远古的沉积黏土。这个品种的酒首发年份是1999年。我品尝了2009年份的美尔伯瑞，此酒有着红、黑色浆果和辛香料的气息，酒体饱满，单宁细密而甜美，回味长。

"邦德"的酒名几乎包涵了欧洲重要国家，如万众合一（Pluribus）的拉丁文可以寓意意大利；葵拉（QUELLA）是德语，寓意德国；圣·伊甸园（St.eden）是法语，寓意法国；维西娜（Vecina）是西班牙语，寓意西班牙；而美尔伯瑞（Melbury）显然是寓意英国。整体看起来，"邦德"的这几款酒是欧洲的一个"联合国"！

"邦德"的酒标看起来更是金贵，有着美元的特征，如有纹路、水印和防伪线等等，这是因为他们采用雕刻货币的版画艺术来设计的酒标，他们酒标上顶部写着："美利坚合众国"（United States of America），具有君临之势，当然他们的酒确实是最好的美国酒之一。

评分

2009 Pluribus ·· 96 分

2009 St.Eden ·· 96 分

2009 Vecina ·· 97+ 分

2009 Melbury ·· 95 分

2009 Quella ·· 97 分

酒 庄 名：Bond Estates

葡萄园面积：50 英亩

电　话：707-9449445

地　　址：426 Oakville Napa CA94562

网　站：www.bondestates.com

E-mail：info@bondestates.com

酒厂访问：需要预约

第八十节

贺兰酒庄
(Harlan Estate)

　　贺兰酒庄是纳帕山谷顶级的酒庄之一，它位于纳帕山谷奥克维尔西边的山上，是美国成功的房地产商人H.威廉·贺兰（H. William Harlan）先生于1984年创建的。

　　贺兰1991年份的酒罗伯特·派克给出了98的高分，1994和1997年份的酒得到了100分。罗伯特·派克的好评使他们迅速名扬四海。

　　H.威廉·贺兰又名比尔·贺兰（Bill Harlan），他上世纪七十年代末期到纳帕，拥有一家

▽ 比尔·贺兰

名为"太平洋联合"的地产公司。他也是"快乐山谷"（Marryvalle）的股东之一，当时"快乐山谷"是乡村俱乐部和银行家俱乐部。有一天，比尔接到罗伯特·蒙大维（简称鲍勃－BOB）的电话，鲍勃建议了两件事：一是建立酒农联合会；二是组织大家拍卖酒，将善款捐给当地的医院，这后来演变成纳帕谷葡萄酒拍卖会（Auction Napa Valley）。

　　而完全改变了比尔的人生方向，让他萌生建立纳帕一流酒庄的念头是源于他参加了由罗伯特·蒙大维组织的纳帕酒厂主去法国的葡萄酒考察团，他们在波尔多和勃艮第各考察两周，这四周时间里，他与这两地的酒庄主交流，品尝了他们酿造的精品酒，亲眼看到他们的经营模式和世代相传的产业，这些都深深地感染了比尔，他想，自己下半辈子要在纳帕寻找一块好地方，建立能传承给后代的美国顶级酒庄。

　　从法国回来后他开始寻找能出优质赤霞珠的葡萄园，他当时相中了奥克维尔东侧的这块山地，这里靠近有名的葡萄园如罗伯特·蒙大维的"喀龙园"（To Kalon）葡萄园和炉边酒庄的葡萄园。最早比尔买到的是目前邦德酒庄所在地的山地，在那里建立了最早的酒庄，几年后，他们购买后土地，酒庄才变为现在的规模。

贺兰酒庄这块 240 英亩的地主要是山林，葡萄园面积为 42 英亩，位于丘陵山坡地上，这些葡萄园主要有两种不同的土壤，山丘的东边是火山岩土，西边的斜坡上则是沉积岩的风化土，土壤贫瘠。因地形和土壤的不同也划分为不同的地块，有的葡萄园在梯田上，而有的葡萄园依山势而建。这里种植 70% 的赤霞珠、20% 的梅乐、8% 的品丽珠和 2% 的小维尔多，因种植时间不同其克隆的品系也有不同。他们种植葡萄树是采用低架，高密度，小产量。在上世纪八十年代，一般人家每英亩种植 454 株葡萄树，他们则每英亩种植 800 株，而到了九十年代他们种植的葡萄树密度更高，每英亩达 2，212 株。

鲍勃·利维（Bob Levy）是贺兰的酿酒师，他自酒庄创立时就加入贺兰，在著名的顾问酿酒师米歇尔·罗兰（Michael Rolland）的帮助下，1990 年他们第一个年份的葡萄酒就取得了不同凡响的成绩。

这也使得贺兰在上世纪九十年代就成了纳帕

☖ 葡萄园工人

顶级酒的标杆型酒庄，不少人以在贺兰酒厂工作和实习过为荣，而他们早期在酿造方面究竟有哪些与众不同之处呢？据鲍勃说："自八十年代他们就开始采用小型的发酵罐，这样有利于葡萄发酵时的控温和酚类物质的萃取，也很利于酿酒师更好操作和把控葡萄酒的酿造，使得这些酒更能表现出年份的特征。他认为酿造好酒最重要的是在好的设备条件下具有好的酿酒技能，而这些技能需要有多次的操作经验和酿造几个年份酒的练习，才能真正领悟，当然也要看人的悟性和对葡萄园的葡萄的理解，只有酿酒达到得心应手的境界方能称其为艺术，这是在大学里学不到的。尽管他已经是很多酿酒师的师傅，但他表示对于贺兰这块葡萄园，他依然在学习！

关于贺兰的酿造，用一句话来讲就是精耕细作，葡萄园的管理和种植非常地精细，每一块葡萄园得到很好的照顾；从酿造方面来说，葡萄园

☖ 酿酒车间

⟰魏东

就在酒厂周围，葡萄通过小筐送到酒厂，经过两次的筛选和分拣，轻柔地去梗，葡萄果实通过传送带到发酵小罐中进行 5-7 天低温浸渍，这样有利于稳定颜色和萃取高品质的果香味，之后罐内提高温度开始酒精发酵，葡萄汁喷淋过程尽可能地温和，发酵温度尽可能地不要过高。

贺兰酒庄依山而建，迎客处是石头建筑，庭院与自然非常地和谐。这里的水池和走廊，既摩登又现代，还有些中国的风水的意味。这里可以俯视纳帕山谷，该酒庄的执行总监魏东（Don Weaver）很多时候都会在这里开一支香槟迎接重要的客人。

他们的酿酒车间位于木制的大屋里，里面放

着他们的大橡木桶罐和不锈钢罐。穿过走道，一棵巨大的橡木树旁，往下一层则是他们的橡木桶酒窖，都是清一色的法国橡木桶。这个酒庄给人的整体感觉是古朴典雅，据说是著名设计师霍华德·贝肯（Howard Backen）设计的。

我品尝了他们的 2009 年正牌酒，此酒颜色深浓，有着红色的花香和成熟而新鲜的深色浆果香、胡椒、香草、烘烤等复杂的香气，入口时满口腔都有被酒抚摸的感觉，口感浓密，单宁如丝绒一般且含量丰富，酒体饱满、丰厚而内敛，有花椒般麻嗖嗖的感觉，回味悠长。此酒让我感觉纳帕山谷的干红做到极致也莫过于此。

自 1995 年开始，他们推出了副牌"少女"（The

Maiden）酒，和波尔多的特级酒庄有点类似，酒的品质达不到正牌的水准则用来酿造副牌酒，也许是这里阳光充沛的缘故，他们的副牌酒品质也一直都很出色。

　　贺兰酒庄的酒如此出色，我想主要有三方面的原因，一是老板愿意不惜成本酿好酒！二是他们的地选得好，葡萄认真种，种赤霞珠这样的红葡萄品种光照足很重要，而他们的位置位于纳帕山谷西侧的山上，光照足，土壤比纳帕山谷的谷地贫瘠，加上他们高密度种植，葡萄树相互竞争，葡萄粒小，产量少。三是酿酒团队的作用。三者缺一不可。对于他们的酒，我感觉是像是有着旧世界风度的美国绅士，文质彬彬，有着旧世界的涵养，又有新世界的奔放！如同他们的执行总监魏东给笔者的感受一般。

评分

2009 Harlan Estete ·································· 100 分

酒 庄 名：Harlan Estate
土地面积：240 英亩
葡萄园面积：42 英亩
产　　量：正牌年产 2,000 箱左右，
　　　　　副牌年产 1,000 箱左右
　　　　　（产量多少也取决于年份）
电　　话：707-9441441

地　　址：P.O.Box 352 Oakville，CA 94562
网　　站：www.harlanestate.com
酒庄访问：需要预约

第八十一节

啸鹰酒庄
(Screaming Eagle)

啸鹰，意为呼啸的猛禽，它高高在上，气势威猛，也正如啸鹰酒的名气，如雷贯耳，价格昂贵，往往一酒难求。您不喜欢不要紧，因为这世界上总有喜欢它的人。它可以说是最贵的美国膜拜酒，这是本书写到的酒庄中我没有品尝过酒就写了的，因为任何研究美国酒的人都无法忽视它的存在！

据说该酒庄的名字"Screaming Eagle"是采用了美国101空军的别号，这支军队曾经在欧洲和亚洲的战场上取得了辉煌的成就。而该酒庄的创始人采用此名字可见其雄心和霸气！

该酒庄创建于1986年，是房地产经纪人简·菲利普斯（Jean Phillips）与托尼·鲍登（Tony Bowden）创建。最初他们购买了半公顷葡萄园地产，本来他们购买葡萄园是出于投资目的，在这一期间葡萄园里出产的葡萄出售给别的酒厂。

当他们咨询了多个行业人士后发现葡萄酒行业是一个蒸蒸日上的朝阳行业，后来也证明了那个时期投资葡萄酒行业收益巨大。之后菲利普斯女士用简陋的设备做了一些自酿酒送给纳帕的领袖酒厂——罗伯特·蒙大维酒厂的人品尝，得到了赞许和肯定，并得到了罗伯特·蒙大维的指点和帮助，他们介绍酿酒师理查德·彼得森（Richard

▽啸鹰

Peterson）的女儿海蒂·彼得森·贝瑞特（Heidi Peterson Barrett）为他们酿酒，他们的第一个年份，即1992年的酒获得了罗伯特·派克99的高分，1997年得到了100分，其他的多个年份酒都得到了95分以上的高分，这些评分使得他们名声大噪，而酿造此酒的酿酒师海蒂自此成了纳帕山谷的金牌酿酒师。

做酒庄主对外是很风光，但是真正经营酒庄可不是件容易的事情，要付出金钱、精力、时间、爱心，总之有钱的同时还需要一门心思扑在上面。若是小规模的酒庄，即使酿出再贵的膜拜酒，如果不卖掉酒庄，除掉经营成本，所余并不多。而且在美国的商界也有一种比较流行的做法，即将

远眺酒庄

公司做起来或者将一种商业模式做起来后再将其卖掉。

言归正传，在2006年，该酒庄被出售给了美国富豪斯坦利·克罗内克（Stanley Kroenke）和"啸鹰"的财务规划员查尔斯·班克斯（Charles Banks）。据相关媒体报道："菲利普斯女士之所以卖掉酒庄主要有两个原因，一是购买酒庄的出价太好让她无法拒绝，二是酒庄的修缮需要大量

酒厂

的资金和时间，她因无力承担而不得不忍痛割爱。"

该酒庄位于 29 号公路和西亚瓦多之路之间的奥克维尔地区，我在加奎罗（Gargiulo）访问的时候远远看到他们的葡萄园和酒庄，酒庄后面有一座小山，酒厂位于山下的小丘上，周围是葡萄园。他们的葡萄园面积有 57 英亩，种植的都是波尔多品种，主要是赤霞珠、梅乐、品丽珠，这个地方种植红葡萄品种，气候是很适合的，不会过热也不会过凉。

关于这家酒的风格，该酒庄的创始人菲利普斯女士说过："更少就是更多。"其大意估计是"葡萄产量少，价格能更高"吧！这家酒庄的葡萄产量的确很少，可以想象其葡萄果实浓缩了精华，因此其酒自然丰厚浓郁吧！

该酒庄是采用邮单销售法，有时人们注册后等待几年都未能进入邮单目录，该酒的二级市场的价格很贵，据说每瓶平均零售价为 2，556 美元。其酒价在全球是数一数二的。

如今，该酒庄的酿酒师已经不是海蒂了，而且他们另建了一个姊妹酒庄名为奏鸣曲（Jonata）。访问他们酒庄网站的时候，都会显示这家酒庄的介绍。

我在纳帕逗留了三个月，帮我安排酒厂访问行程的是纳帕和索诺玛地区葡萄酒行业的知名公关人士，我想去哪家酒厂品酒基本上没有安排不了的，唯独啸鹰，他们是真的没有办法，估计在葡萄酒行业，只有造就他们名声的罗伯特·派克可以轻易地访问他们！

酒 庄 名：Screaming Eagle
产　　量：500-850 箱
葡萄园面积：57 英亩
电　　话：707-9440749
地　　址：P.O.Box 134, Oakville，CA94562
网　　站：www.screamingeagle.com
酒庄访问：不对外开放

第八十二节

姚家族葡萄酒
(Yao Family Wines)

据他们的酿酒师说，姚家族葡萄酒是在圣海伦娜镇一个小的空间里酿造的，今后这个酿酒的地方会扩大。如今他们在圣海伦娜镇有了自己的品尝室，可以接待访客。

姚明对葡萄酒的兴趣源于在美工作和生活期间，他曾经到纳帕游览和休闲，葡萄农那种简单、质朴、开心、放松的生活方式感染了他。我想如果打篮球意味着快，那葡萄酒则意味着慢，对于在运动场上拼搏的姚明来说，葡萄酒的慢可以让他很放松和休息。此外，他觉得葡萄酒和体育一样代表了一种健康和快乐的生活态度。

也许是姚明看到纳帕山谷那么多外行人也能做出知名的酒来，只要酒好，有罗伯特.派克评分，酒在美国成名并不算件难事，这种案例在纳帕也比比皆是。我猜想姚明创建姚家族葡萄酒也许是他喜欢葡萄酒的生活方式和看到了葡萄酒行业的前途的缘故吧！他应该觉得这事行得通。这也促使他找到了酿造好酒的关键人物，知名酿酒师汤姆·欣德（Tom Hinde）和经验丰富的葡萄园种植管理者拉里·巴德利（Larry Badley）。

汤姆·欣德（Tom Hinde）是经验丰富的酿酒师，他曾经在多家酒厂负责过酿酒和管理工作，尤其是他曾经在肯道杰克逊（Kendall Jackson）做过总经理，在这期间他领导团队开发酿造了纳帕山谷知名乐可雅（Lokoya）（百分百采用赤霞珠酿造的酒）和卡迪纳尔（Cardinale）品牌（以赤霞珠为主导）的红葡萄酒，这些酒品质均卓越超群。他还协助创办了真士缘酒窖（Vérité）酒庄，这家酒庄的酒可能是索诺玛地区最贵的优质红葡萄酒了。还有石通道酒庄（Stonestreet），出产优秀的红、白葡萄酒，这都是肯道杰克逊家族出高品质酒的酒庄（本书中均有单独的章节介绍）。由此可见，汤姆·欣德对于酿造纳帕和索

� 姚明

诺玛以赤霞珠为主导的优质红葡萄酒有独到经验，他的经历也使得他相当了解纳帕和索诺玛地区的葡萄园，对于那块地出什么品质的葡萄也可谓了如指掌。由他来担任姚家族葡萄酒的酿酒师，不管姚明想要什么品质的酒他应该都有能力做到。他的酿造理念是平衡，他表示：他们酒中的果味、酸度、橡木味和单宁都是和谐地融合在一起的！

姚明目前没有购买自己的葡萄园，他们租赁了48.1英亩的葡萄园，自己管理和种植，他们不从市场上购买葡萄。纳帕不少酒庄其实也是这么做的，即使不是自己拥有的葡萄园，只要是自己

管理，也能保证葡萄的品质。姚明租赁的葡萄园分布以下这几个地方：

面包山（Sugarloaf Mountain）葡萄园

此园位于纳帕山谷右侧的瓦卡（Vaca）山脉，这里石块多，土壤主要由碎石和排水性良好的冲击土和火山土组成，这种土壤种植出来的葡萄果味浓郁，单宁丰富。这里有17英亩位于西边的河滩地。

碧玺（Tourmaline）葡萄园

该葡萄园位于库姆斯维尔（Coombsville）产区的图卢西（Tulocay），此地距离圣巴勃罗（San

Pablo）海湾近，受到凉爽海雾和海风的影响，气候凉爽，使得这里的葡萄生长周期长，11 月才开始采摘。姚家族葡萄酒公司在其缓坡上精选了 8.4 英亩的葡萄园。

圈圈（Circle S）葡萄园

该葡萄园位于海拔 427 米的阿特拉斯峰（Atlas）山峰，高海拔的凉爽山地气候使得葡萄的生长周期长，这种葡萄酿造出来的酒更加地内敛。在这片贫瘠的火山土的葡萄园中，姚家族葡萄酒公司从中精选了 7.8 英亩的葡萄园。

碎石（Broken Rock）葡萄园

该葡萄园在索达佳运（Soda Canyou），位于陡峭的西向山坡上，这里距离海湾也近，气候凉爽，葡萄园能享受到下午的阳光。葡萄园的土壤为贫瘠的火山岩和花岗岩风化土，土壤排水性好，葡萄树扎根深，这里的葡萄酿出的葡萄酒更为浓郁、优雅而富于个性。姚家族葡萄酒公司从这里精选了 9.2 英亩的葡萄园。

西亚瓦多小山（Silverado Hill）葡萄园

位于橡树丘（Oak Noll）AVA 产区的杨特维尔（Yountville）地区，这里葡萄园的土质由冲击土和粘土组成，姚家族葡萄酒公司从该地的 3.1 英亩葡萄园。

喔雷克（Wollack）葡萄园

位于纳帕谷中心地带圣海伦娜（St. Helena）地区，姚家族葡萄酒公司精选了此地的 2.6 英亩葡萄园。

姚家族葡萄酒采用精细化酿造法，采摘时开始精选，葡萄进入酿造车间时经过严格的分拣，每个不同地块的葡萄分开发酵，根据需要的风格来调配，他们全部采用法国橡木桶来陈酿他们的酒。他们酿造纳帕地区的葡萄酒的品种共有 4 种，

其中赤霞珠是主角，配角有梅乐、品丽珠和小维尔多。调配比例每年都不一样，一般酿酒师会根据每年葡萄的状况来决定。

姚家族葡萄酒目前有 4 款，其中 3 款来自纳帕产区，一款来自 Lodi 产区，我在成都品尝 Lodi 产区金色山峰（Gold Peak）后觉得品质不错，性价比高。由于这里讲的主要是纳帕山谷，故只讲述一下我品了以下这两款酒的感受。珍藏级的酒

我没有品尝到。

第一款是姚明的 2012 年的纳帕勋章（Napa Crest），此酒呈中深樱桃红色，泛紫色光泽，有较为清新的蓝黑色浆果、少许葡萄干和混合橡木带来的香草和些许烘烤气息，酒体中等，酸度突出，丹宁较为细腻，酒干净优雅，酒体均衡，回味适中。2016 年属于饮用的顶峰期。此酒目前国内零售价560 元，由上海俊怡国际贸易公司代理销售。

第二款是 2009 姚明（Yao Ming）红葡萄酒，此酒的酒色深红，酒色浓郁，有着成熟的深色浆果气息，尤其是黑加仑子的果香以及多种辛香料的气息，如薄荷、胡椒、香草等，入口酒味浓郁，丹宁细腻，酸度适中，回味长。2016 年品尝时依然没到饮用顶峰期，此酒具有陈年潜质。此酒国内售价 1，500 元，目前由保乐力加代理销售。

姚明作为篮球明星进入葡萄酒行业，无疑会扩大葡萄酒在中国的影响力。最后祝福姚家族葡萄酒长长久久！

评分

2012 Napa Crest ·· 89⁺ 分

$$2012\ Napa\ Crest \cdots\cdots 89^{+}\ 分$$
2009 Yao Ming ·· 93 分

酒公司名称：姚家族葡萄酒（Yao Family Wines）
产　量：84，000 瓶
品尝室地址：929 Main Street St.Helena，Napa，CA94574
电　话：707-9685874
网　站：www.yaofamilywines.com

第·四·章

索诺玛葡萄酒

第一节

索诺玛的风土

索诺玛的土地面积有 1，000，000 英亩，其面积是纳帕山谷的十倍多。其中 49% 是森林，36% 是牧场，9% 是城镇，只有 6% 是葡萄园。索诺玛的葡萄酒产量仅占加州的 6%。

区内气候变化多端，葡萄种植地的土壤也是复杂多变。这是一片可供酿酒业的人探索和发现的好地方。

■地理位置

索诺玛位于旧金山的北面，与马林郡（Marin County）、纳帕（Napa County）和门多萨郡（Mendocino County）交界。

■地貌

索诺玛地区的形状像一个展开翅膀的蝙蝠。区内有高山，如与纳帕相隔的玛雅卡玛（Mayacamas）山脉和索诺玛海岸地区的一些高山，海拔最高有 2，600 英尺。此外有广袤的丘陵和平原，还有从博德卡（Bodega Bay）海湾到与门多萨接壤地区的漫长的海岸线。区内最主要的河流是俄罗斯河，它从门多萨郡进入索诺玛境内，经克洛弗德特（Cloverdate）呈倒 L 型流向詹纳

△葡萄园一角

△俄罗斯河

（Jenner）然后出海。

■气候

索诺玛总体而言属于地中海气候，夏季温暖，光照充足。5月-11月降雨量非常少。这里的降雨主要集中在11月-4月，降雨量在60厘米-250厘米。夏天这里白天最高温度在70-90华氏度，晚上的温度在40-50华氏度。这种气候很适合葡萄的种植。

索诺玛葡萄酒产区受海洋气候的影响巨大，一般来说，距离海岸100公里的地方都会受到海雾的影响，雾起和雾散时，温差相差约有40华氏度。总体来说，距离海的远近，山的海拔高度，河流等原因，使得不同地方的气温有一定程度的差异。

太平洋的冷凉气流和雾主要通过三条路径进入索诺玛境内。第一条路径是通过派特鲁马风口（Petaluma Gap），第二条是通过圣巴勃罗海湾（San Pablo Bay），第三条则是来自俄罗斯河。这种冷凉的气流和雾在夏天调节着产区的温度，凡是受这种太平洋气流和雾影响的地方，夏天温度都低，白天平均温度在71华氏度，白天最高的温度在84华氏度，晚上的温度在40-50华氏度。

在春天，这里因太平洋的影响温度不会太低，这里的葡萄树很少有霜冻的现象。这种气候非常适合于喜欢凉爽气候的白葡萄品种和黑比诺这样的红葡萄品种生长。

索诺玛有凉爽和温暖两种气候类型。太平洋好似一个巨大的空调，一般来说受到太平洋冷凉气流和雾影响的地方就凉爽，比如说索诺玛海岸地区，卡内罗斯、俄罗斯河谷、绿谷和罗斯堡等等，这些地方能出产优质的黑比诺、霞多丽以及其他喜欢凉爽气候的葡萄品种。

另一类为温暖产区，受海洋气候的影响微乎其微，位于山谷内的葡萄园，比如说干溪谷、亚历山大谷、索诺玛山谷等等，这些地方适合于种植赤霞珠、金粉黛以及其他红葡萄品种。当然如果葡萄园位于海拔高的高山上也会凉爽一些。

还有一些产区的气候介于凉爽和温暖之间，比如说贝内特谷、白垩山等产区。

■土壤

索诺玛郡在远古时期是内陆海，因板块运动形成了梅亚卡玛斯山脉以及太平洋海岸的群山和卡内罗斯丘陵以及山谷和平原。

索诺玛由于地域广阔，葡萄酒产区分散。一般来说河床和浅湾土壤厚，主要是冲击土。在高海拔的河滩、山脊，土壤比较薄。

索诺玛的土壤有11种构造类型，31种土系，每个土系包含无数种的排列。其土壤多样性据说比法国还多。

索诺玛主要有4种类型的土壤。一是法朗西斯复合岩（Franciscan Complex），这种土壤由海底的砂岩、粗砾石以及重黏土组成。这种土壤排水性好，葡萄生长周期长，能种出风味丰富和复杂的葡萄。

格伦埃伦型（Glen Ellen Formation），这是水冲击而成的土壤，由砾石和卵石组成。这种土壤排水性好，很适合种植酿酒葡萄品种。

索诺玛火山岩（Sonoma Volcanics），这种土壤由火山岩石和砾石组成，排水性好，土壤相对贫瘠，能出产优质葡萄。

威尔逊果园型（Wilson Grove Formation），是砂质黏壤土和金泥戈德里土壤，排水性好，据说很适合种植黑比诺。

第二节

索诺玛葡萄酒的历史

索诺玛葡萄酒的历史其实比纳帕要早，而索诺玛被世人广为关注则是在凉爽产区盛行，黑比诺和霞多丽品种风靡的时候。

■十九世纪

最早在索诺玛种植葡萄的是俄罗斯人，那是在1812年，俄罗斯毛皮商人创建了罗斯要塞（Fort Ross）。1817年船长莱昂蒂·安德里维奇·哈格迈斯特（Leontii Andreianovich Hagemeister）

⊠ 1865Buena Vista 酒厂酒标

⊼ 古董

从秘鲁引进了葡萄枝条，就种植在罗斯要塞，这里位于索诺玛海岸。

1923年，西班牙圣方基济各会的神父约瑟·阿尔塔米拉（Jose Altamira）传教到了索诺玛，创建了旧金山索拉诺（San Francisco De Solano）教堂，他组织种植了数千株葡萄树，因为传教总是需要葡萄酒来普度众生！

1834年，墨西哥政府划拨了传教基金，传教士们从索诺玛修道院的葡萄园剪了枝条种植到了北加州的其他地方。

1845年加州独立，索诺玛挂上了加州的熊旗。

随着美国的西进和淘金热的结束，越来越多的欧洲移民到北加州寻求发展，索诺玛也不例外。

1855 年，匈牙利的一位伯爵阿戈斯通·赫瑞塞斯（Agoston Haraszthy）来到了索诺玛，他创建了布埃纳·维斯塔（Buena Vista）酒厂，这是当时加州第一家商业化的酒庄。他从欧洲带来了十万株的欧洲葡萄品种，当时这些葡萄苗都是中国的劳工种下的，这些葡萄树为加州后来的葡萄酒业的发展起到了举足轻重的作用，因此，人们尊称这位伯爵为加州葡萄酒之父。如今这家酒厂在酒界明星吉恩-查尔斯·布瓦塞（Jean-Charles Boisset）的打理下又焕发出新的风采。

1856 年，赛勒斯·亚力山大（Cyrus Alexan-der）在今天的亚历山大谷种植了葡萄树，随着移民的增加，这里葡萄园种植面积也进一步的扩大。

1873 年，根瘤蚜爆发，毁坏了不少葡萄园。

1900-1955 年

到 1920 年，索诺玛地区已经有 256 家酒厂，葡萄园面积达到了 22，000 英亩。

⟰ Hanzell 酒庄早期的酒罐

⟰ 干溪谷路标

1920-1933 年禁酒令期间，每年每个家庭只允许生产 200 加仑葡萄酒。不少超量的酒都被倒入小溪中，尤其是红葡萄酒，造成了"血流成河"的惨状！葡萄酒产业受到重创。到禁酒令结束的1933 年，索诺玛地区酒厂的数量少于 50 家。

1933 年 -1945 年，由于"二战"的缘故，进口法国葡萄酒的通路被掐断，这促使索诺玛的葡萄酒产业得到了发展，不过那个时候主要是生产散酒出售。

1945 年 -1955 年，战后，葡萄和葡萄酒生产过剩，索诺玛的葡萄种植者和酒厂开始重新规划葡萄和葡萄酒的生意。

■ 1960 年 - 至今

上世纪六十年代，葡萄酒逐渐成了美国人生活的一小部分，人们对葡萄酒的需求也开始上升。到了七十年代早期，移民的第二代开始执掌家族的酒厂，葡萄酒产业开始蓬勃发展，美国的葡萄酒消费增长了 40%。

1975 年，索诺玛出产的葡萄酒的酒标上标注了索诺玛郡（Sonoma County）的地区名称，葡萄园面积达 24,000 英亩，可以说恢复到 1920 年前的规模。

到了八十年代，乳制品、谷物、水果、酿酒葡萄成了索诺玛 4 类主要的农产品，到 1989 年，酿酒葡萄成为税收最高的农产品。葡萄的种植技术和酿酒技术有了飞跃性的发展。1999 年，索诺玛地区葡萄的种植面积达 49,000 英亩，拥有750 位葡萄种植者和 180 家葡萄酒厂。

如今，索诺玛地区葡萄种植面积达 60,300英亩，酒厂的数量有 685 家，其中有 400 家对公众开放。区内拥有 15 个 AVA 产区，索诺玛的葡萄酒产业和观光业每年产值达 80 亿美元，占索诺玛 GDP 的 40%。

第三节

索诺玛 AVA 产区

索诺玛的 AVA 产区的分区容易让人混淆。第一处容易混淆的地方是有的产区从地图上看是将另外的更小面积的产区包含在内，但那些更小面积的产区依然是独立的，比如说索诺玛海岸地区，虽然在地理上包含卡内罗斯、俄罗斯河谷、绿谷、白垩山和罗斯堡垒 AVA 产区，但它们并非一体。事实上，除这几个小产区之外的葡萄园都可以称其为索诺玛海岸 AVA。

第二处容易混淆的地方是，索诺玛海岸 AVA 和索诺玛山谷 AVA 都包涵着卡内罗斯，那卡内罗斯 AVA 产区和 AVA 产区以外的葡萄酒是不是既可以笼统地称为索诺玛海岸 AVA 也可以称为索诺玛山谷 AVA，这一问题目前未得到确切说法。

在这里我将索诺玛的 AVA 产区分为两类，第一类是独立的 AVA，第二类是包含其他 AVA 子产区的更大范围 AVA 产区。

■独立 AVA 产区

1）亚历山大山谷（Alexander Valley）

种植面积：15，000 英亩；

成为 AVA 产区的时间：1984 年

亚历山大山谷其实是河谷，区内的俄罗斯河贯穿整个产区。该产区总长 22 英里，宽则在 2-7 英里之间。

这里的土壤主要是砾质土。气候总体来说干旱而温暖，很适合于种植赤霞珠、金粉黛以及梅乐品种，这里的赤霞珠品种表现很是出色，通常有着成熟而丰富的单宁以及丰沛的果味。一般来说这里山坡上种植的葡萄味道更加地复杂和浓郁，谷地里的则果味更加丰富。

尽管俄罗斯河在亚历山大谷没有在下游那么凉爽，但靠俄罗斯河谷近的地方依然会受到凉爽气流的影响，所以也挺合适种植霞多丽葡萄品种。

☒ 贝内特谷葡萄园一景

2）贝内特谷（Bennett Valley）

种植面积：650 英亩

成为 AVA 产区时间：2003 年

这是一个小的 AVA 产区，海风通过派特鲁马（Petaluma）风口可以毫无阻挡地吹到这里调节气温，使得这里的气候比较温和，不会过热，葡萄的生长周期比较长，也能保持自然的酸度。这里的土壤主要是火山土和多石的黏土。葡萄园海拔在 200-1，800 英尺之间。

这里种植的出色品种有梅乐，其他的则有希拉、歌海娜以及长相思。

3）卡内罗斯（Carneros）

种植面积：8，000 英亩

成为 AVA 产区时间：1983 年

这是非常知名的 AVA 葡萄酒产区。卡内罗斯

☒ 卡内罗斯葡萄园一景

AVA 又分为纳帕的卡内罗斯（Napa Carneros）和索诺玛的卡内罗斯（Sonoma Carneros）。其中索诺玛的葡萄园面积要比纳帕大。区内的不少人不提纳帕和索诺玛，而是直接称它们为卡内罗斯。

卡内罗斯（Los Carneros）在西班牙语里面有

公羊的意思，顾名思义这里应该是牧场才对，确实，这片波澜起伏的丘陵地带以前主要是牧场。当人们发现凉爽的卡内罗斯非常适合于种植霞多丽和黑比诺时，一时间，纳帕山谷的重要酒厂纷纷在这里买地种葡萄。

卡内罗斯距离旧金山仅 40 分钟的车程，这里紧靠着圣·巴勃罗海湾，在夏天，每天早上这里都被雾气弥漫，随着太阳升起，雾逐渐散去，阳光普照，温度升高，下午 3-4 点开始就有习习的凉风吹来，一直到晚上。如此周而复始。

卡内罗斯土壤的深浅不一，最浅为 3 英尺。黏土含量高。土壤的肥力从低到中等。这里的主要葡萄品种是霞多丽和黑比诺。此外希拉和梅乐在这里的表现不错。

凉爽的气候下种植出来的霞多丽和黑比诺尤其适合酿造起泡酒。1986 年，菲斯奈特（Freixenet）在卡内罗斯创建了格洛里亚·费尔（Gloria Ferrer）酒庄。1987 年，法国香槟区的泰廷哲（Taittinger）集团在纳帕创建了卡内罗斯酒庄（Domaine Carneros）。

4）白垩山（Chalk Hill）

种植面积：1，400 英亩

成为 AVA 时间：1983 年。1988 年经过修订

这个产区是俄罗斯河谷 AVA 的一个子产区，位于索诺玛产区的中间地带，在玛雅卡玛山脉的西部阶地上，葡萄园大多位于海拔较高的地方，这里气候温和，土壤主要是火山土和白灰土，土壤的肥力适中。种植的主要品种有霞多丽和长相思。这里最主要的酒厂是白垩山酒庄（Chalk Hill Estate）。

5）干溪谷（Dry Creek Valley）

种植面积：10，000 英亩

成为 AVA 时间：1983 年

干溪谷位于希尔兹堡（Healdsburg）城镇的北面，这是一个有一百多年历史的葡萄种植区，十九世纪欧洲移民就曾移居到此从事农业活动，有记录种植葡萄是在 1869 年。

这里的气候总体来说是干旱炎热的，但也受到来自太平洋的冷凉气流的一些影响，这里种植的主要品种有金粉黛、小希拉、佳丽酿以及波尔多品种。区内有不少老金粉黛葡萄树，干溪谷也是以出产优质金粉黛而出名。

6）罗斯要塞 - 海景（Fort Ross-Seaview）

种植面积：506 英亩

成为 AVA 产区时间：2012 年

罗斯堡位于索诺玛郡的西部，这里距离太平洋很近，站在山顶可以鸟瞰太平洋。这里的葡萄园海拔在 800-1，800 英尺之间，有的位于山顶，有的位于狭窄的山谷和坡地上。

太平洋的雾气弥漫期间，海边的森林对雾气也有一定的阻隔作用，驱车行走在此地，一会儿雾气弥漫，根本看不清一米开外的地方，一会儿阳光灿烂，行走其间犹如走入仙境一般。这里的葡萄园主要在雾线之上，主要种植的葡萄品种是霞多丽和黑比诺。这里最重要的酒庄就是罗斯要塞酒庄。（在酒厂章节中有介绍）

7）绿谷（Green Valley）

种植面积：3，600 英亩

成为 AVA 产区时间：1983 年

绿谷是俄罗斯河谷的一个子产区，该产区靠着塞瓦斯托波尔（Sebastopol）城镇，区内有不少优秀的葡萄酒厂。

绿谷顾名思义一定到处都是绿色的，而此地确实也是绿意盎然，这里受海洋气候影响大，

雾气弥漫，湿度高，气候凉爽，森林繁茂，这里 60% 的土壤都是金色山脊（Goldridge）土。黑比诺是这里的明星品种。

8）骑士谷（Knights Valley）

种植面积：2，000 英亩

成为 AVA 产区时间：1983

如果从纳帕的卡里斯托加沿着 29 号公路一直往索诺玛方向开去，遇到的第一个葡萄酒产区就是骑士谷，它从圣海伦娜的山麓地带一直到谷底，这里是索诺玛地区较为温暖的产区，很适合于种植红葡萄品种，赤霞珠在这里表现出色。

9）月山（Moon Mountain）

葡萄园面积：1，500 英亩

成为 AVA 产区时间：2013 年

这是一个新的 AVA 产区，位于 12 号高速公路边上，区内的土地面积有 17，633 英亩，葡萄园的海拔在 400-2，200 英尺之间，海拔的高低对葡萄品质影响大。这是一个比较凉爽的产区。

10）松山 - 克洛弗代尔峰（Pine Mountain - Cloverdale Peak）

种植面积：230 英亩

成为 AVA 产区时间：2011 年

该产区位于亚历山大谷北面的山区，该 AVA 产区有部分属于门多萨郡，海拔为 1，500-2，600 英尺。这里的葡萄园大多分成小块（5-20 英亩）位于山坡上，土壤多石块。据说这里的赤霞珠品种表现不错。

11）石堆（Rockpile）

种植面积：150 英亩

成为 AVA 产区时间：2002 年

该产区位于门多萨和干溪谷之间，这里是干溪谷的一个子产区，AVA 产区总面积有 16，000

英亩，目前只种植了 150 英亩。

这个产区位于山区，海拔从 800 到 1，900 英尺，海洋气候影响不到这里，因此这里气候温暖，阳光灿烂，葡萄成熟度高。这里的主要品种是金粉黛。

12）索诺玛山（Sonoma Mountain）

种植面积：800 英亩

成为 AVA 产区时间：1985 年

索诺玛山 AVA 产区位于索诺玛山谷和贝内特谷之间，这个产区从 Glen Ellen 镇西边的月之谷到海拔高达 2，400 英尺的索诺玛山，山上地势多变，造就了独特的小气候，人们根据不同的海拔、土壤、朝向，种植不同的葡萄品种，主要品种有赤霞珠、霞多丽，还有长相思、赛美蓉以及黑比诺等品种。

■包含其它 AVA 子产区的 AVA 产区

1）俄罗斯河谷（Russian River Valley）

种植面积：15，000 英亩

成为 AVA 产区时间：1983 年

俄罗斯河谷产区是索诺玛著名的凉爽产区，以酿造优质的黑比诺和霞多丽闻名。俄罗斯河谷的气候主要受到两大因素的影响，一是从 Jenner 小镇这个入口沿着俄罗斯河道过来冷凉的雾气，二是从 Petaluma 风口而来的冷凉气流，在葡萄的生长季节（5-10 月）调节着这里的温度，使得这里的葡萄生长周期长，葡萄既成熟度好又能保持酿酒所需的酸度。特别是 6 月 -8 月的气温比勃艮第都要低，这为喜欢凉爽气候的黑比诺和一些白葡萄品种提供了很好自然条件。

该产区包含着绿谷子 AVA 产区

2）索诺玛海岸（Sonoma Coast）

种植面积：2，000 英亩

成为 AVA 产区时间：1987 年

索诺玛海岸 AVA 产区面积从圣巴勃罗海湾到门多萨沿海的地方都称为索诺玛海岸。这些广大地区的降雨量比山谷内要高出一倍，葡萄园一般在雾线之上，葡萄成熟度好，酸度充足。这里种植的主要品种有霞多丽、黑比诺和希拉。

索诺玛海岸地区又包含着卡内罗斯、俄罗斯

▽俄罗斯河谷一景

河谷、绿谷、白垩山的部分、罗斯要塞 - 海景等
AVA 产区等。

3）索诺玛山谷（Sonoma Valley）

种植面积：14，000 英亩

成为 AVA 产区时间：1981 年

索诺玛山谷 AVA 中心在索诺玛山谷（也被称
为月之谷），它位于玛雅卡玛（Mayacamas）山
脉以东和索诺玛山以西。区内的子产区有贝内特
谷（Bennet Valley）、索诺玛山、卡内罗斯（索
诺玛山谷和索诺玛海岸在卡内罗斯这个地方有重
叠）。

这里是传统的酿酒区，历史较长，气候独特。
索诺玛山以西的山保护山谷避免过多的雨水。来
自太平洋的气流通过两个途径影响该区，一个是
卡内罗斯，一个是圣罗萨（Santa Rosa）平原，
每天都有凉风吹向这个产区，使得这里的葡萄成
熟周期长，葡萄糖酸比平衡。

4）索诺玛北部（Northern Sonoma）

种植面积：329，000 英亩

成为 AVA 产区时间：1990 年

这是一个大产区概念，也是一个笼统的称谓。
这个大产区又包涵着多个其他 AVA 子产区，比如
白垩山、骑士谷、亚历山大谷、干溪谷、俄罗斯河谷、
绿谷等。

第四节
索诺玛的葡萄品种

如今的索诺玛在人们心目中已是美国的勃艮第，黑比诺和霞多丽是这里的明星品种，当然广阔的索诺玛地区不仅仅有这两个品种，其他品种也有一定的种植。由于索诺玛产区是知名的旅游度假地，不少酒厂还特意酿造一些不常见的品种以增加品种的多样性和酒厂独特性，有的酒只在酒厂的店铺里可以品尝和购买。总体来说，索诺玛地区酿酒葡萄的品种有五十来种。

■白葡萄品种

索诺玛旗舰品种——霞多丽（Chardonnay）
种植面积：16,200 英亩

☑ 索诺玛海岸霞多丽

美国出色的霞多丽干白葡萄酒很多都是出自于索诺玛，霞多丽品种是索诺玛的领军品种，也是种植面积最多的一个品种。

霞多丽种植区和黑比诺可以说如影随形。出色的霞多丽大多数来自索诺玛海岸地区，主要集中在卡内罗斯和俄罗斯河谷地带，其他地区也有种植。

索诺玛的霞多丽采用的克隆品种很多，一般大家混合这些克隆品种的葡萄来酿酒以增加酒的丰富性和复杂度。索诺玛的霞多丽有多种风格，有铿锵玫瑰的铁娘子风格、雍容华贵风格、娟秀细腻风格、清丽脱俗风格以及其它风格的霞多丽，如果对这里的霞多丽和勃艮第地区的干白进行盲品，可能很难分辨出彼此了！

霞多丽的酿造法有法国橡木桶内发酵，也有完全不用橡木桶的，我更欣赏在橡木桶内发酵的霞多丽，这会使它的口感更加地丰富和复杂。

在卡内罗斯地区的霞多丽有爽脆的酸度和完美的成熟度，除了用来做干白，也可采用其酿造起泡酒。

俄罗斯河谷地带的霞多丽酸度充足，受海雾影响大的霞多丽葡萄酿造的酒有少许咸味。

△长相思

长相思（Sauvignon Blanc）

种植面积：2，700 英亩

长相思在美国日渐流行，它有爽脆的酸度，明晰的花香，柠橙类以及绿色水果的果香，其简单明朗的风格非常受人喜欢，逐渐成为索诺玛较为流行的一个品种，在很多酒厂的店铺里均有这个品种的干白酒，预计将来的种植面积很可能会增大。

长相思是白葡萄品种中少有的能适应温暖气候的一个品种，在索诺玛，长相思主要集中在干溪谷和俄罗斯河谷，通常来说，气候温暖地区出产的该品种有热带水果气息，凉爽产区的有绿色水果的气息。

其他白葡萄品种

白皮诺也是索诺玛比较受欢迎的一个品种，该品种在此地的表现是酒体较为厚实，通常带有一些香料气息。

灰比诺越来越引起人们的关注，该品种在索诺玛地区表现为芳香型品种，通常有着蜜香型花的香味以及热带水果气息。

此外这里常见的还有一些维杰尼亚（Viognier）、雷司令、麝香等葡萄品种。

■红葡萄品种

索诺玛王子——黑比诺（Pinot Noir）

目前种植面积：12，130 英亩

美国电影《杯酒人生》于 2008 年上映后带来了美国人饮用优质黑比诺的风潮，消费者更加亲睐索诺玛产区的黑比诺。黑比诺的种植面积因此进一步的扩大，估计将来的种植面积要比现在统计的更大。

索诺玛种植的黑比诺克隆种类相当多，有的酒厂种植的克隆种类超过15种，常见的黑比诺克隆有传家宝（heirlooms），查龙内（Chalone），翰泽林（Hanzell），马蒂尼（Martini），王妃（Roederer），天鹅（Swan），第戎（Dijon），115，667和777等。

黑比诺主要种植在凉爽产区的索诺玛海岸地区，特别是集中在卡内罗斯和俄罗斯河谷地带，由于其多种克隆品种的使用，从果味上区别两个产区已经很很难。

卡内罗斯的黑比诺总体而言果香清新，酸度充足，有的葡萄园产出的酒有岩韵，除了用来酿造静止酒也被用来酿造起泡酒。这里著名的葡萄园有海德（Hyde）、哈得孙（Hudson）、胜歌（Sangiacomo）等。

俄罗斯谷地主要受俄罗斯河的冷凉气流和雾气的影响，这种雾不仅能中和太阳的强度，避免葡萄受过长时间的光照，还为葡萄带来的海洋气息的咸味，在有的黑比诺葡萄酒里面明显能品尝到这种咸味，这主要是海雾附着在葡萄上的缘故。当然也不是说这里所有的黑比诺都有咸味，这要看雾气对具体的葡萄园的影响而定。

关于索诺玛地区黑比诺的风格可以说是多种多样，比如有美味多汁的丰满型也有清丽脱俗的清瘦型。从技术层面来说，由于多种克隆品种使用和根据土壤、朝向、海拔来划分葡萄园这种精耕细作，使得种出的葡萄的风味也开始多样化，酿酒技术更是没有什么秘密，在美国可以采用勃艮第老农做法酿酒，勃艮第也可采用最新的美国酿酒技术来酿造，这种酿造法的多样化也导致了黑比诺风味多元化。谁要再说美国黑比诺都是一个味那此人一定是对现在美国种植和酿酒技术对酒的发展和进步没有足够的认识。

有人说新世界的黑比诺没有勃艮第那么耐陈年，是因为新世界的阳光太强了，葡萄酒早熟，其实这也是一个误区。我在这里也品尝过数款老年份的纳帕和索诺玛的黑比诺，非常的精彩。

关于耐陈年，个人觉得第一葡萄的克隆品种很重要，而如今索诺玛这里采用的多种克隆，包括勃艮第的克隆品种也有种植；其二是产区温度，过高温度自然是出不了好的黑比诺，而索诺玛这里有冷凉的海洋气候的调剂，造就了适合黑比诺的好环境，加上雾气的中和，使得这里的葡萄生长周期长，酸度足。而充足的光照使得这里葡萄的酚类物质成熟度高。此外，要酿造出耐陈年的酒，也需要葡萄种植者和酿造者有酿造这类酒的决心，具备多年的实践经验，才能更好地理解这片土地和土地上的葡萄树，在优秀助产士（酿酒师）的帮助下酿造出佳酿。

赤霞珠（Cabernet Sauvignon）

种植面积：12,600英亩

其实索诺玛的赤霞珠也很出色，只是纳帕的赤霞珠早已名声在外，可能掩盖了索诺玛的赤霞珠的风采。

索诺玛的赤霞珠种植面积位于红葡萄品种之首，虽然说市场需求和经济利益是重要的考虑，

⌃金粉黛

但广阔的索诺玛地区的一些温暖的山谷产区也确实很适合赤霞珠的种植。

该品种主要种植于亚历山大谷、索诺玛山谷、索诺玛山，这里的赤霞珠通常成熟度好，色深而香浓，有深色浆果和辛香料的气息。

梅乐（Merlot）

种植面积：7,500英亩

梅乐也是索诺玛地区一个重要的品种，它经常混合赤霞珠一起来酿酒。其主要的种植区在贝内特谷和索诺玛山谷。

该品种在这里的表现很不错，通常有着成熟

☒希拉   ☒梅乐

的深色浆果的果香和柔顺丝滑的单宁，也是受到不少人喜欢的一个品种。

希拉（Syrah）

种植面积：1,820 英亩

在这里，人们很愿意称该品种为希拉，而不是澳大利亚的西拉子（Shiraz）。

这个品种其实在纳帕和索诺玛都有很出色的表现，只是赤霞珠和黑比诺太过出名而掩盖了其光芒。

该品种在索诺玛海岸、俄罗斯河谷、亚历山大谷、干溪谷均有一定的种植，它对气候的适应能力强，凉爽产区该品种风格内敛，果香新鲜愉悦，丝滑的单宁。温暖产区有成熟而浓郁的深色浆果的气息，胡椒是其标签式的香料气息。

金粉黛（Zinfandel）

种植面积：6,000 英亩

这是美国早期重要的葡萄品种，通过 DNA 分析证明该品种是来自克罗地亚的卡斯特拉瑟丽（Crljenak Kastelanski）品种，而不是来自于奥地利。

该品种也是第一批移民在索诺玛种植的主要品种，因其对根瘤蚜虫害有抵抗性所以得以生存了下来，这使得索诺玛和纳帕地区有不少的金粉黛老树，有的树龄超过百年。

该品种喜欢温暖的气候，目前索诺玛地区的金粉黛主要种植于干溪谷、索诺玛山谷，这里的金粉黛通常都有成熟的深色浆果香和辛香料的气息。

其他红葡萄品种

索诺玛的品丽珠主要是用来调配赤霞珠一起酿酒，此品种在这里通常有深色浆果和甘草气息。

桑乔维亚（Sangiovese），一些意大利裔的移民通常会种植一些意大利的葡萄品种，而亚历山大谷有不少的意大利裔的移民，该品种在这里通常用来酿造中等酒体果香型葡萄酒。

此外这里还种有一些小希拉（Petite Sirah），主要种植在俄罗斯河谷的山坡上。

第·五·章

索诺玛葡萄酒厂

第一节

阿纳巴酒庄
(Anaba)

阿纳巴酒庄位于纳帕到索诺玛的马路边上，如果从旧金山到纳帕和索诺玛也经过这里，本人曾多次路过这家酒庄。该酒庄有一个醒目的风车，风车的发电为酒庄电灯、葡萄园的灌溉提供电能。

酒庄的名来源于上升的谷风（Anabatic），因为此处是一个多风的地方。"Anaba"日语发音（あなば‐穴场），其意思是：一般人不知道的好地方，文学一点来说是"秘境"。

▽酒庄主

酒庄主约翰·斯维兹（John Sweazey）先生是一位见多识广之人，他甚至知道早期中国的土豪只喝波尔多和勃艮第名庄酒。他出生于美国的芝加哥，毕业于约翰西斯坦福大学的经济学专业，在一次大学生兄弟联谊会的活动中他来到了纳帕的圣海伦娜镇，品尝到了查尔斯·库格（Charles Krug）的粉红葡萄酒，这次经历在他心中种下了葡萄酒的苗子，大学毕业后他游历了法国的勃艮第和隆河产区，法国酿酒人那种与任何人分享他们的葡萄酒的态度以及勤勉工作的精神一直感染着他。

上世纪七十年代他在旧金山工作，在这期间，他经常参加葡萄酒课程和去法国葡萄酒产区走访和学习，他曾试着在家里酿酒，他心里有一个建立自己酒庄的梦想，不单单是为了生活方式，还因为这也是一项值得投资的事业。

经过长时间的思考和实地考察，2003年，他终于发现了目前酒庄所在的这个地方，此地位于卡内罗斯的西部，夏季每天有凉爽的风吹过，对于适宜在凉爽产区种植的黑比诺以及其他的白葡萄品种来说非常合适，而在当时，并无多少人知道凉爽产区的好处和潜力，而他的法国阅历帮助他与众不同地选择了性价比好、发展潜力很大的地方，尤其是位于十字路口，路过的人几乎都能

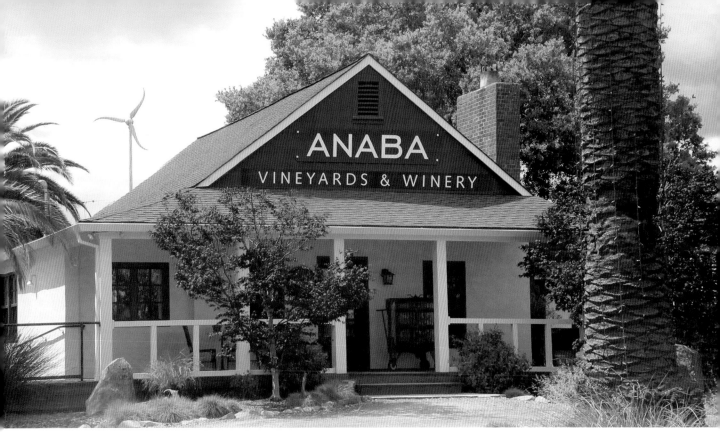

看见阿纳巴酒庄，堵车的时候，这家酒庄就成了路口的一道风景了！

　　该酒庄除了采用自己葡萄园的葡萄酿酒，还购买葡萄来酿酒，酒庄主组建了一个有成效的酒庄团队。酒庄负责种植葡萄和酿酒的总工是有着丰富经验的珍妮佛·玛丽恩（Jennifer Marion）女士，她非常熟悉索诺玛地区的葡萄园的状况，这也是为什么他们有那么多不同酒园的葡萄酒。如今罗斯·酷伯＆凯蒂·麦森（Ross Cobb & Katy Milson）两位酿酒师加入了这个团队。酒庄的市场部主管是米歇尔·霍根（Michelle Hogan）女士。

　　该酒庄虽小，但葡萄酒品种多到让人有些眼花缭乱，从干白、干红到甜酒以及酒精加强葡萄酒应尽应有，我在该酒庄访问的时候品尝了 12 款葡萄酒，对于酒庄主来说，他理想中的白葡萄酒和黑比诺要有勃艮第的风格，而希拉和小希拉要有隆河的风格，当然，酒也要有自己的地域特征才是。

　　该酒庄的雷司令、维杰尼亚以及涡轮

（Turbine）干白表现都不错，而霞多丽是他们干白葡萄酒中的旗舰酒，其酸度和丰腴度值得称颂。黑比诺的香气和果味很出色，均衡感很好，希拉和小希拉也表现出色，这家的酒，总体上来说都很不错，是索诺玛地区的优质酒，而且性价比很好。

　　这家酒庄依然处于发展的时期，他们在葡萄园一侧将要修建一个更大规模的酒厂。该酒庄目前直销的葡萄酒比例占据 50％，依然有酒可供出口，2015 年之前还未进入中国市场，我觉得这是一家值得推荐给国内进口商的酒庄。

评分

2013 Riesling Carneros Estate Vineyard	89 分
2011 Viognier Landa vineyard	90 分
2012 Turbine white blend	90 分
2011 Chardonnay Sonoma Coast	92 分
2011 Chardonnay Sonoma Coast Wente Clone	93 分
2011 Pinot Noir Las Brisas Vineyard	94 分
2011 Pinot Noir Sonoma coast	93 分
2011 Pinot Noir Soberanes Vineyard	90 分
2011 Syrah Bismark Vineyard	90 分
2011 Petite Sirah Teldeschi Vineyard	92 分

酒 庄 名：Anaba
自有葡萄园：10 英亩
产　　量：7，500 箱
电　　话：707-3634722
地　　址：60 Bonneau Road, Sonoma,
　　　　　　CA 95476
网　　站：www.anabawines.com

E-mail：info@anabawines.com
酒庄访问：对外开放

第二节

基岩酒庄
（Bedrock）

该酒庄是摩根·特温－彼特森（Morgan Twain-Peterson）于 2007 年创建的，他是索诺玛金粉黛之父琼·彼特森（Joel Peterson）的儿子，之后摩根的朋友克里斯·科特雷尔（Chris Cottrell）加入，成为公司的合伙人。酒庄名"Bedrock"乃是葡萄园的名字。

摩根是八零后，他出身于葡萄酒世家，从小就在父亲的熏陶下学习品酒，5 岁就能区别梅乐和金粉黛，还做过酿酒的游戏。他自哥伦比亚大学毕业后在葡萄酒和烈酒公司做销售员和买手，2005 年回到他父亲的"群鸦攀枝"（Ravenswood）酒厂工作，在这期间他走访了澳大利亚和法国，2007 年他组建了自己的葡萄酒公司。

该酒庄的葡萄酒的酿酒葡萄来自十几个葡萄园，从品种来看，金粉黛、希拉、赤霞珠、黑比诺均有，此外还酿造一些干白和粉红酒，然而他们的重中之重以及特色则是金粉黛，尤其是他们有着 150 多年历史的基岩老葡萄园，记得我访问该酒庄的时候顶着烈日和该酒庄的欧洲客人一起在这个百年葡萄园整整走了一圈。

基岩葡萄园位于索诺玛山谷里面，这块老葡萄园有 152 英亩，边上有一条小溪，土壤主要是带卵石的冲击土。葡萄树也都是采用像种一棵树般的独立种植法，该酒庄的 120 年树龄的葡萄酒

⌃ 酒庄主

就是来自此园。

早在 1854 年，这里就被早期的移民开辟成了葡萄园，1880 年中期这里曾发生过根瘤蚜虫害，1888 年重新种植了葡萄，种植人是乔治·赫斯特（George Hearst）参议员，此人被称为"早期加州之父"。1900 年乔治·赫斯特的遗孀将葡萄园出售给了加州葡萄酒协会，禁酒令结束后，1934 年，这块地方被做香肠的帕尔杜奇（Parducci）家族和月之谷酒厂购买，到 1953 年，帕尔杜奇家族和生意伙伴因不合而分开，帕尔杜奇家族获得小块

It takes a village to raise a wine

地和酒庄，这就是这 152 英亩的土地和区内的酒厂。2005 年，该家族将葡萄园和酒厂卖给彼特森家族，彼特森家族获得这块土地后对葡萄园进行了修整，他们采用可持续发展的方针，追求土壤与葡萄树的均衡，逐步做成可循环的有机葡萄园。

在基岩葡萄园的小池塘边的凉亭里我品尝了该酒庄的 6 款葡萄酒。第一款是 2013 年的老树金粉黛，金粉黛来自 80 年以上的老树葡萄，此酒主要是采用金粉黛以及多个红葡萄品种酿造的，其他红葡萄品种比例为 23%。此酒色浓，有着浓郁的深色浆果的果味和香料以及烟熏和橡木的气息，酒体饱满，单宁柔顺，有回味。

第二款是 2012 年洛迪的基尔申曼金粉黛（Kirschenmann Zinfandel Lodi），酿造此酒的葡萄也来自金粉黛老树，种植于 1915 年。酒色不浓，有着明朗的果香和辛香，单宁柔和，回味长。

第三款是 2012 年福音遗产（Evangelho Heritage），此酒是多个红葡萄品种混酿的，主要是佳丽酿和慕维得尔（Mourvedre）品种，此酒甜美而辛香，酒体中等偏上，是均衡易饮的酒。

第四款是 2012 年基石遗产（Bedrock Heritage），这就是用他们酒庄周围的基岩葡萄园的 19 种不同的葡萄品种酿造的，基本上都是老树葡萄。此酒有着成熟而甜美的果味和辛香气息，有胡椒的麻感，单宁细腻，酒体饱满，回味长。

第五款是 2013 年蒙特·罗斯金粉黛（Monte Rosse Zinfandel），葡萄来自金粉黛老树，此酒有着丰沛的果味，辛香，单宁柔顺，酒体饱满，回味悠长。

总体而言，对于想了解和品味美国金粉黛葡萄酒的人，该酒庄的酒是无法忽视的。

评分

2013 old vine Zinfandel	91 分
2012 Kirschenmann Zinfandel Lodi	92 分
2012 Evangelho Vineyard Heritage	89 分
2012 Bedrock Heritage	93 分
2013 Monte Rosse Zinfandel	94 分

酒庄名：Bedrock

自有葡萄园面积：33 英亩

产　量：8,000 箱

电　话：707-3431478

地　址：P.O.Box1826, Sonoma, CA95476

网　站：www.bedrockwineco.com

第 三 节

贝灵格酒庄
(Benziger Family Winery)

这是一个家庭人口众多的家族酒庄，酒庄创建于上世纪七十年代，是一家因以生物动力法来种植葡萄而远近闻名的酒庄。

麦克和玛丽·贝灵格（Mike & Mary）来到了北加州，1973 年他们在索诺玛山的格伦·埃伦（Glen Ellen）购买了土地，1980 年他们的兄弟姐妹也来到了这里发展。起初他们以种植葡萄出售为生，1986 年他们的葡萄园开始往生物动力法耕作过渡，2000 年他们的土地获得了生物动力法得墨忒耳（农神）协会的认证。1995 年他们第一个

▼麦克

生物动力法旗舰酒诞生，到了 2005 年，他们的酒用葡萄基本上都是来自可持续、有机或者生物动力法的葡萄园。

这家酒庄在酒厂边上专门开辟了一块介绍、解释和展示生物动力法的生态园，这里从西方生物动力法的教父鲁道夫·斯坦纳（Rudolf Steiner，1861-1925）讲起，他是奥地利哲学家和教育家，他提出：将土地视为一个生命体，提倡生物的多样性，减少人为的干预，根据宇宙规律及月亮和星座的周期确定农时来耕种，从而提高农作物的天然抗病、抗虫能力，改善土壤，使得农田能得以可持续发展。

关于生物动力法，国际上有多种说法。该酒庄获得的得墨忒耳（农神）协会（Demeter-Certified Biodynamic）的生物动力法认证是 1928 年起源于德国的一个国际生物动力法认证，他们是北美第一家获此认证的葡萄酒庄。总之，绿色、有机、可持续是他们的口头禅。

该酒庄也是索诺玛地区规模比较大的酒庄，他们除了种植自己的葡萄酿酒同时也购买其他葡萄种植农的葡萄，他们经常对这些种植农传授可持续种植的观念，并以经济利益来激励他们积极的参与有机农业的发展。

对于他们来说，可持续的主要目的是保护环

境，保持生物的多样性，为土壤提供活力，对于病虫害采取动植物相生相克的方法来治理，这种做法能使用种出来的葡萄酿造的酒有自己独特的风味。

有机对他们来说就是要避免使用人工合成的化肥，而是采用天然的堆肥；不采用除草剂来控制杂草，而是采用别的办法；不使用杀虫剂来灭害虫。如今他们购买葡萄的葡萄园基本带有CCOF（加州有机农场认证）。

生物动力法在这家酒庄的葡萄园里可以说得到了一个较全的展示，他们的葡萄园位于酒厂的周围，这里的地貌是数百万年前火山爆发形成的，海拔在800英尺，葡萄园位于山坡的梯田上，这里是他们展示葡萄种植生物动力法的一个巨大现场。

该酒庄的葡萄酒品种繁多，我访问该酒庄时品尝了酒庄富有代表性的葡萄酒，总体感觉其干白属于圆润、爽脆风格，黑比诺比较多样且有各自的特色，此外他们的Tribute红葡萄酒表现挺出色。

该酒庄可以说做到了自然生态的良性循环，采用自己收集的雨水，葡萄园肥料来自自己养殖的牛羊鸡，蔬菜和瓜果也自己种，除了自给自足，还有葡萄酒可以出售给众人。如果大家想体验葡萄酒庄的有机种植和循环农业，这家酒庄是值得参观的。

评分

2013 Russian River valley Sauvignon Blanc ··· 86 分

2012 West Rows Chardonnay Sangiacomo Vineyard ·· 89 分

2012 Je Coelo Sonoma Coast Pinot Noir ·· 92 分

2012 Je Coelo Arbore Sacia Pinot Noir ·· 90 分

2011 Tribute Benziger Estate ·· 93 分

酒庄名：Benziger Family winery

自有葡萄园：100 英亩

总产量：200，000 箱

电　话：707-9353052

地　址：1883 London Ranch Road,
　　　　　Glen Ellen，CA95442

网　站：www.benziger.com

酒庄旅游：对外开放

第四节

布埃纳·维斯塔酒厂
（Buena Vista Winery）

　　该酒厂创办于 1857 年，是索诺玛最古老的葡萄酒厂，也是加州最早的商业酒厂。该酒厂是美国最早大批量地引进欧洲葡萄苗木的，这个古老的酒庄在当今酒界明星吉恩－查尔斯·布瓦塞（Jean-Charles Boisset）的修整和打理下，焕发出别样的风采，在这里，既可以体验到悠悠的古意，又能品味到新古典风格的美酒。

　　该酒庄是阿戈斯通·赫瑞塞斯（Agoston Haraszthy）先生创办，他自称为布埃纳·维斯塔（Buena Vista）伯爵。出身于匈牙利的乡绅家庭，

1840 年他和家人从欧洲移民到了美国西部，通过《加州农民》（*California Farmer*）这份报纸了解到名为"玫瑰"的葡萄园（12 英亩）以及简陋的酿酒间和住宅的地产待出售。当时这里也开始少量酿造一些酒，而阿戈斯通正寻找一个地方建立葡萄酒厂，1857 年他花费了 11，500 美金购买了这处地产。此人是一位敢于创新的农民、酒商、冒险者、作家，对于索诺玛早期葡萄酒产业的发展起到了一定的作用，据说 1869 年他死于尼加拉瓜的丛林中一个鳄鱼出没的河边。

这个酒庄还与中国人有一定的关系，酒厂现存有中国工人的图片，据说这些中国工人来自广东，那个时期加州葡萄园和葡萄酒厂的工人80%是中国人，其中还有一张名为HOPO的穿着清朝服饰的广东人的图片，据说他是当时中国工人的工头。

2011年，布瓦塞家族产业（Boisset Family Estates）集团合作收购了该酒厂，收购后，对整个酒厂进行了修整和改造。

该酒厂的面积很大，位于索诺玛东部的山麓，进入这片浓荫密布的森林，古树参天，常见双手抱不过来的橡木树，通往酒厂的山坡上有类似电影中的人物布景以及一块块介绍酒厂的广告牌，有溪流，里面依小山而建的石头房屋内是他们的品酒室、店铺以及展示间，边上是露天休闲和品酒的地方，酿酒厂最里面的古老的石头房子则是他们的酿酒厂，里面有两个一百英尺深的山洞就是当年中国劳工开凿出来的。

如今酒厂没有自己的葡萄园，他们与多个葡萄农有签约，购买葡萄酿酒，由于地处索诺玛地区，他们重点的葡萄酒是霞多丽和黑比诺，此外，还有其他多个品种。他们的目标是要酿造出有索诺玛地域风土特点的葡萄酒。关于酿酒技术，像布瓦塞家族产业这样的国际化葡萄酒业集团，自然是尽最大的可能来做酒。

这家酒厂的葡萄酒非常地多元，有7个类型的多款葡萄酒，有的用来做贸易，有的只是在酒厂的品酒室品尝和销售。

　　我对于这家葡萄酒的总体感受是愉悦且优雅，强调舒服的酸度，恰当的结构感，成熟有度的果味和平衡的葡萄酒。

　　该酒庄是一个以旅游为导向的酒厂，在酒厂的工作时间内，游客可以随时来参观品酒，这种随时性的品酒可以在他们的吧台进行，此外他们还有各式各样的品尝和参观活动，如橡木桶参观和品尝，私人预定品尝，更高级别的品尝，服务不同收费也不同。访问完这家酒庄，我深感历史也是一种资源，当然，这种资源是能够创造财富的！

评分

2013 Count's Selection Pinot Gris ·· 91 分

2013 Count's Selection French Colombard ··· 93 分

2012 Ida's Selection Pinot Noir ··· 92 分

2012 Private Reserve Pinot Noir ·· 94 分

2012 Buena Vista Legendary Badge-limited ·· 91 分

酒 庄 名：Buena Vista Winery

产 　 量：100，000 箱

电 　 话：800-9261266

地 　 址：18000 old Winery Road
　　　　　Sonoma，CA94576

网 　 站：www.buenavistawinery.com

酒厂旅游：对外开放
　　　　　（从上午 10：00- 下午 5：00）

第五节

白垩山酒庄
(Chalk Hill)

　　白垩山酒庄是成名较早的美国酒庄之一，由于该酒庄的努力，索诺玛成立了白垩山（Chalk hill）的AVA产区，酒庄边的一条马路也被命名为白垩山之路。目前该酒庄属于福利家族葡萄酒业（Foley Family wines），简称为FFW集团公司。

　　该酒庄的所在地是在旧金山拥有律师事务所的佛瑞德·费斯（Fred Furth）和太太佩吉（Peggy）于1972年购买的，之所以购买这个地方，缘于佛瑞德是位飞行爱好者，当他的飞机飞过此地上空，他凭着直觉喜欢上这个地方，像许多在快节奏行

业如律师业、商界、高科技行业打拼的人一样，他们需要一个可以让他们慢下来的地方，而这片丘陵起伏、绿意盎然的地方蛮像他祖先的家乡，于是他购买了这片有1,400英亩的丘陵地，打算建成度假别院。

　　至于大面积土地的其他用途，他们决定种植葡萄，他们很认真地考虑怎样来种植，这里的山坡地让他们想起了德国的山坡葡萄园，他们照着摩泽尔河流域的垂直种植法，再根据土壤选择砧木，关于葡萄的行距和间距，葡萄园与地理环境

协调一致等等很多细节因素他们当时也都考虑到了。此外葡萄园中还建起了一个小教堂和一个巨大而罕见的木制建筑，原本这个巨大建筑是佩吉用来做马术运动的，如今是为举办婚礼和大型聚会而使用。

人们之前一直称他们为很大的小酒厂，就是说，土地面积很大，而产的酒很少，他们当时也遇到了很好的葡萄种植者和酿酒师，酿造出了白垩山的优质霞多丽，是索诺玛地区出名较早的酒庄。后来佛瑞斯和佩吉离婚，财产分割，酒厂和葡萄园卖给了FFW集团公司，听说他们在这里依然拥有自己的住宅。现如今负责该酒厂的是该家族酒业集团公司的威廉·P·福雷二世（William P. Foley II）先生。

2014年之前，我对于索诺玛优质霞多丽的印象，一款是凯斯特（Kistler），另一款则是白垩山（Chalk Hill）。记得我在2006年喝过白垩山2000年的霞多丽，处于盛年状态，这款酒的颜色为金黄绿色，香气浓郁，带有烤面包、香草、无花果、黄蜜瓜、矿物质等等丰富的香气，橡木和果味结

合得相当不错，入口柔滑，酸度爽劲，酒体丰满，回味长，香气持续达一个半小时，是款馥郁芬芳的白葡萄酒。此酒我一直记忆深刻。

白垩山因白垩山酒厂而成为一个独立的AVA产区，这个地方距离俄罗斯河谷不远，也受到一些太平洋冷凉气流的影响，区内由于地形的不同，有的地块适合种植白葡萄品种，有的则适合于红葡萄品种。白垩山酒庄这片土地上有350英亩的葡萄园，又细分为60个小地块，13种不同的土壤，这里种植的主要品种有霞多丽、长相思、白比诺、赛美蓉、梅乐和赤霞珠。

如今，该酒厂的葡萄酒品种也较多，葡萄酒庄越来越往旅游商业化的方向发展。

评分

2011 Sauvignon Blanc ··· 88 分

2012 Chardonnay ··· 88+ 分

2011 Russian River Valley Pinot Noir ························· 87 分

2010 Estate Red ··· 89 分

酒 庄 名：Chalk Hill

土地面积：1477 英亩

葡萄园面积：350 英亩

产　　量：40，000 箱

电　　话：707-6574837

地　　址：10300 Chalk Hill Road
　　　　　Healdsburg，CA95448

网　　站：www.chalkhill.com

E-mail：customerservice@chalkhill.com

酒庄旅游：对外开放（上午 9 点到下午 5 点）

第六节

圣·让城堡酒庄
(Chateau St. Jean)

该酒庄位于索诺玛12号公路边上，是索诺玛酒庄云集的地区之一，葡萄酒产量达四千吨，是索诺玛的大酒庄之一。

该酒庄于1973年创建，而城堡（Chateau）这个名字其实是一栋老房子的名字，这栋房子建于1920年，原本是欧内斯特（Ernest）和莫德·戈夫（Maude Goff）的度假别墅，他们是靠铁矿石和木材发家的商人。该家族早在1916年就购买了300英亩的地产，1920年建成别墅，边上的土地则种植了一些果树，如今这栋别墅已经被列入国家历史建筑保护信托，目前也对外开放，而以前的果园也被改造成了葡萄园。

1973年，圣华金（san Joaquin）的葡萄种植者罗伯特（Robert）和爱德华·梅卓安（Edward Merzoian）以及肯尼思·谢菲尔德（Kenneth Sheffield）、琼·谢菲尔德·梅卓安（Jean Sheffield Merzoian）等兄弟姐妹购买了这个地产；1974年，圣·让城堡（Chateau St. Jean）的第一个年份的葡萄酒面世；1978年该酒厂完成了葡萄园的种植工作；2000年品酒室建成；2003年，女酿酒师马戈·文·斯塔夫伦（Margo Van Staaveren）加入该酒庄，她一直主持酿酒到今天。

该酒庄除了采用自己的葡萄酿酒，还购买葡萄酿酒。他们购买葡萄的葡萄园分布在索诺玛的亚历山大山谷和索诺玛山谷的。

他们自有的葡萄园位于酒厂周围，这里种植的品种有霞多丽、维杰尼亚、赤霞珠、梅乐、品丽珠、马尔贝克、小维尔多，他们的旗舰酒辛格品种（Cing Cépage）的赤霞珠就是来自此葡萄园。

这家酒庄的葡萄酒品种非常多元，而品种

▽ Margo Van Staaveren

的重点则是霞多丽、黑比诺以及赤霞珠，我访问这家酒庄的时候有幸和该酒庄的酿酒总工马戈·文·斯塔夫伦女士一起品尝了他们具有代表性的6款葡萄酒。

第一款葡萄酒是2012年索诺玛海岸的霞多丽干白，此酒具有突出的热带水果、尤其是柠橙的气息的易饮霞多丽。

第二款是2011年亚历山大谷年轻的罗伯特（Robert Young）葡萄园的霞多丽干白，这是当地较为知名的葡萄园，此酒品种香突出，有岩韵。

第三款是2011年亚历山大谷Belle Terre葡萄园的霞多丽干白，此酒品种香典型，酸度较高，爽脆，有回味。

第四款是2012年索诺玛海岸的黑比诺干红，此酒为果香型，带有少许咸味，易饮。

第五款是2011年亚历山大谷的赤霞珠，此酒酸度较高，酒体中等，让人觉得是来自凉爽产区的赤霞珠。

第六款是2010年的辛格（Cing Cépage），这是该酒庄的旗舰酒，酒体较为饱满，单宁涩重，单宁也算细腻，酸度较高，有回味。

这家的葡萄酒，总体来说，是很适合人们日常饮用的，尤其是性价比也很不错。这家酒庄也应了一句话：产量大价格自然就好！

该酒庄是旅游休闲的好去处，他们有非常漂亮的花园，里面有修剪齐整树木和草坪、漂亮的喷泉、对外开放的葡萄酒吧和店铺，城堡外面老树环抱，树下可以会友、聊天、读书，在这里品品酒，度过慵懒的半天也是一种享受。

评分

2012 Chardonnay Sonoma Coast··86 分

2011 Robert Young Chardonnay··88 分

2011 Belle Terre Chardonnay··89 分

2012 Sonona Coast Pinot Noir···86 分

2011 Cabernet Sauvignon Alexander Valley··87 分

2010 Cing Cépage··90 分

酒 庄 名：Chateau St. Jean

自有葡萄园：100 英亩

产　　量：4,000 吨

电　　话：707-8334134

地　　址：8555 Sonoma Highway,
　　　　　　Kenwood，CA.95452

网　　站：www.chateaustjean.com

酒厂旅游：对外开放（从上午10点到下午五点）

第七节

都兰酒庄
(Deloach Vineyards)

2003 年法国酒商布瓦塞家族产业（Boisset Family Estates）集团收购了都兰酒庄，该酒庄位于圣达·罗莎(Santa Rosa)地区，俄罗斯河的边上，对该酒庄的收购可以说完善了该集团在索诺玛重要产区的商业布局。

当布瓦塞家族产业集团获得该酒庄后，他们首先做的是将酒厂周围的 17 英亩葡萄园全部改为有机和生物动力法种植，让土壤修养生息，经过十年时间将土壤改回原生态的能自我循环的健康状态。如今，这片土地重新种植葡萄，使得俄罗斯河边这块葡萄园表现出自己的风土特点，目前这里种植的品种有黑比诺、霞多丽和金粉黛。

▽ 酒庄酿酒师

▽ 酒庄

如他们在葡萄树行间种植红花（Safflower），这种草能调剂土壤湿度和改良黏土，还能吸收土壤中多余的水分，当土壤干的时候，将这种草埋入土中，能使土壤获得氧气和水分，如此反复，将土壤中的磷以及其他元素配合有机的堆肥配给，使得土壤很适合种植酿酒葡萄。

他们的堆肥在冬天开始做，从当地的奶牛场拉牛粪，将牛粪混合大麦的秸秆，再用麦秆将肥料盖起来以免水分和热量流失，他们使用角肥（就是将牛粪塞入牛角中，在冬天的时候埋入葡萄园的土壤中，经过半年的埋藏，牛粪已经不臭，像土似的），将这种肥料撒在葡萄园里，有益于葡萄树的微生物和营养物就进入了土壤。此外他们也根据时节给葡萄园喷洒花草茶，比如洋甘菊、蒲公英等。

第二年的开春，他们将冬季种在葡萄树行间的冬季大麦和豌豆翻耕覆盖，这样能增加土壤中的氮肥，接下来，他们开始根据生物动力法的天体、地球、月球运动以及星象，再根据酒庄周围的小气候总结出自己的一套果日、根日、花日、叶日等，然后根据这些农时来劳作。

2008 年他们已经获得了 CCOF（加利福尼亚有机农场认证）和得墨忒耳（Demeter）的生物动力法认证，他们表示，他们是土地的管家，有责任为后代留下一个清洁的环境和可持续发展的有活力的土壤，他们还引用了美国本土的谚语来表明他们的心态，即"我们不是从我们的祖先那里继承了这片土地，我们是从子孙那里借来的！"

该酒庄采用小罐小批量的酿造法，酿酒的容器中有不少橡木桶容器罐。他们采用勃艮第的手法，尤其是罐顶可以开合的发酵罐来酿酒。这种小批量做法更容易体现葡萄园的风土特征。此外，对于他们重视的葡萄园，会将葡萄园的照片和拥有者照片放在品尝室里面，以便消费者了解他们喝的酒是哪里的葡萄和谁种的，这样葡萄种植者也能出名。

该酒庄的葡萄酒分 7 个类型，以产地来分，可分为自己拥有的葡萄园的葡萄酒、不同地点的葡萄园的酒、酒庄的精选酒、俄罗斯山谷葡萄酒。此外还有品种酒，如霞多丽、黑比诺和金粉黛。其中最为重要的品种是霞多丽和黑比诺。他们的酒酒总体而言是不错。

该酒庄是一个适合于旅游和休闲的酒庄，还设有小旅馆。酒庄中一个女性雕塑非常醒目，她手上还擎着一个人，颇有大地母亲的意味。酒庄外围除了葡萄园，还有漂亮的花园、菜园子、羊圈以及展示生物动力法的图示等等，他们酒庄里面的装饰很有让‑查尔斯·博瓦塞（Jean-Charles Boisset）先生的风格，尤其是用小橡木桶做的骰子状灯具，非常地有特色。他们还经常搞各色各样的活动。总而言之，他们酒厂是想让人来了能喝好、吃好、玩好！

评分

2012 Russian River Valley Chardonnay	90 分
2011 OFS Chardonnay	92 分
2012 Estate Chardonnay	91 分
2012 Russian River Valley Pinot Noir	88 分
2011 OFS Pinot Noir	90 分
2011 Estate Pinot Noir	88 分
2011 Maboroshi vineyard Pinot Noir	91 分
2010 Zinfandel Forgotten Vines	90 分

酒 庄 名：Deloach Vineyards
自有葡萄园：22 英亩
产　　量：80，000 箱
电　　话：707-7553304
地　　址：1791 Olivet Road Santa Rosa,
　　　　　CA 95401

网　　站：www.deloachvineyards.com
酒庄旅游：对外开放（上午10点到下午5点）

第八节

德南酒庄
(The Donum Estate)

该酒庄位于卡内罗斯，具体位置是卡内罗斯酒厂一处葡萄园的边上，在一片广袤的丘陵地带之中，周边都是清一色的葡萄园。此处曾是牧牛或者牧羊的农场，如今被改造成了他们的品酒室和办公室，他们也将要在此建酒厂，目前他们的酒厂在俄罗斯山谷。

该酒庄的拥有者是温赛德（winside）有限公司，是五位丹麦人投资的，这些人都是葡萄酒的爱好者，该酒庄拥有的土地面积有 147 英亩，其中品酒室的周围已经种植了 47 英亩葡萄园；在俄罗斯山谷有 16 英亩；在安德森（Anderson）山谷有 11 英亩。

酒庄的掌门是安妮（Anne-Moller-Racke），她是位德国人，葡萄种植专家，上世纪八十年代就来到了加州，1983 年就在 BuenaVista 酒厂工作，1988 年担任葡萄园总管。她和行业权威一起工作过，还帮助制定了卡内罗斯的 AVA 葡萄种植管制。她葡萄种植经验丰富，对卡内罗斯以及索诺玛的不少葡萄园都了如指掌。2001 年她受邀加入德南酒庄管理这 74 英亩葡萄园。

该酒庄这些年以出产好的黑比诺而远近闻名，关于酿出好的黑比诺的诀窍，安妮表示："只要选择好的克隆品种、好的地点，葡萄园分小块种植，精细照顾葡萄园，采用小罐小规模酿造。"

他们卡内罗斯葡萄园的葡萄树都是安妮在 1989 年 -1990 年间种下的，分成非常多的地块。这里黑比诺的主要克隆品种有传家宝（heirlooms），查龙内（Chalone），翰泽林（Hanzell），马蒂尼（Martini），王妃（Roederer），天鹅（Swan），第戎（Dijon），115，667 和 777 等。

俄罗斯谷 11 英亩的葡萄园是 1997 年种植的，这里的黑比诺克隆品种是第戎，115 和 667，另外

▽安妮

的 5 英亩种的波玛（Pommard）地区精选克隆品种，种植于 2009 年。

安德森山谷葡萄园的名字是坎普天使（Angel Camp），有 11 英亩，种植的黑比诺品种是第戎 115、667 和 828 等克隆。

在该酒厂访问的时候我品尝了他们 4 款黑比诺葡萄酒。第一款是 2011 卡内罗斯黑比诺，此酒香气馥郁，有少许辛香气息，酒体中等，有回味。

第二款是俄罗斯谷 2011 年的黑比诺，此酒果香没那么地浓艳，但酸度较足，酒体适中且平衡感佳，回味较长。

第三款是 2012 年安德森山谷单一葡萄园的黑比诺，此酒香气馥郁，有辛香，酒体饱满，回味长。

第四款是 2012 年卡内罗斯西坡黑比诺，此酒香气浓郁，酸度足，有辛香气息，回味悠长，是款有深度的优质酒。

该酒庄目前集中精力酿造黑比诺，他们的黑比诺是索诺玛地区乃至美国最出色的黑比诺之一，很值得一品。

评分

2011 Carneros Pinot Noir Estate Grown ···92 分

2011 Russian River Pinot Noir Estate Grown ···93 分

2012 Anderson Valley Pinot Noir ···94 分

2012 west Slope carneros Pinot Noir ··97⁺ 分

酒 庄 名：The Donum Estate

自有葡萄园：74 英亩

产　　量：3，000 箱

电　　话：707-9392290

地　　址：PO BOX 154 Sonoma,
　　　　　CA95476

网　　站：www.thedonumestate.com

酒庄旅游：需要预约

第九节

达顿·戈德菲尔德酒庄
(Dutton Goldfield)

该酒庄创建于1998年，是斯蒂夫·达顿（Steve Dutton）和丹·戈德菲尔德（Dan Goldfield）联合建立的。

斯蒂夫出身农民世家，到他这一代是第五代，他父亲在上世纪六十年代中期就在俄罗斯河谷地带种植葡萄，当时凉爽产区这一概念并不流行，很多人都认为俄罗斯河谷地带对于种酿酒葡萄来说太冷了。父辈的先见之明，成了今天巨大的财富。斯蒂夫1987年加入家族的牧场工作，如今他勤勉地管理他们家族的生意，尤其是葡萄园的经营，由于他的努力，使得纳帕和索诺玛那么多酒厂有葡萄可以酿酒。他曾得过索诺玛地区年度农民奖，如果当农民都能当成他这样的，估计很多人愿意当这样的美国农民。如今他们在俄罗斯西部河谷地带，有超过一千英亩的土地和超过80个独立的葡萄园，供应给很多酒厂，包括一些生产优质酒的酒厂。

丹是一名酿酒师，他毕业于美国波士顿的布兰迪斯大学的化学专业，当他的兄弟开了一瓶1969年的勃艮第葡萄酒给他品尝后他便有了当酿酒师的梦想，随即到加州戴维斯分校学习葡萄酒专业。1986年他毕业后在罗伯特·蒙大维酒厂和世酿伯格（Schramsberg）酒厂工作，后来他发现自己对酿造黑比诺和霞多丽有浓厚的兴趣，于是

△ 酒庄主

他来到了主要酿造俄罗斯河谷霞多丽和黑比诺的克雷马（La Crema）酒厂担任酿酒师，他在克雷马酒厂期间就曾经购买斯蒂夫葡萄园的葡萄。

经过长时间的接触和了解，葡萄园拥有者斯蒂夫和酿酒师丹决定合作建立酒厂，致力于酿造凉爽产区葡萄酒。

他们的葡萄园位于俄罗斯河谷地区，尤其是绿谷这个地方，这个产区是太平洋冷凉的空气和临海的山区空气交融的一个独特的气候带，气候因地形变化也多样化，冷空气在这里有两条风口

通路，一条是通过俄罗斯河道到北部，另外一条是通过帕特鲁玛（Petaluma）风谷到南部，帕特鲁玛风谷被海岸小山阻隔后从酒厂湾（Bodega Bay）这个地方转向塞瓦斯托波尔（Sebastopol）。

　　长时间被冷凉的海雾弥漫而太冷的地方，自然种不出好葡萄，但如果部分时间有海雾，部分时间阳光明媚，也能种出好葡萄。此外，通过风口进来的冷风因地形不同气候也大不相同，有的地方尽管靠近冷风地带，但依然是好葡萄园，而有的地块种的葡萄质量就是不行，这自然是需要有经验的种植者来把控的。

　　绿谷顾名思义为绿色山谷，这里气候一般比别的产区要冷得多，两股冷空气都能影响到这里，可谓是俄罗斯河谷里面的凉爽产区，种植白葡萄品种和黑比诺，很容易获得好的酸度。

　　该酒庄的葡萄酒品种很多，不过酒庄的明星品种是霞多丽和黑比诺，他们的优势是自己的葡萄自己可以做主，哪个地方葡萄好先挑来酿造自己的葡萄酒。

　　我访问该酒庄品酒室的时候品尝了黑比诺和

霞多丽品种的6款酒。感觉凉
爽产区的特征很明显，酸度强，
有愉悦的果香，有深度，由于
受海雾影响，有的酒有咸味气
息，如他们Emerald Ridge葡
萄园的黑比诺和Rued葡萄园
的霞多丽就有明显的咸味，这
很有特点。

评分

2012 Dutton Ranch Pinot Noir ·· 92+ 分

2012 Fox Den Vineyard Pinot Noir ·· 94 分

2012 Freestone Hill Vineyard Pinot Noir ·· 95+ 分

2012 Emerald Ridge Vineyard Pinot Noir ·· 94 分

2012 Walker Hill Vineyard Chardonnay ·· 93 分

2012 Rued Vineyard Chardonnay ··· 91 分

酒 庄 名：Dutton Goldfield
葡萄园面积：1,000英亩
产　　量：10,000－12,000箱
电　　话：707－8273600
品尝室地址：3100 Gravenstein Highway
　　　　　　North, Sebastopol, CA95472

网　　站：www.duttongoldfield.com
酒庄访问：品尝室对外开放

第十节

法拉利卡诺酒庄
(Ferrari-Carano Winery)

该酒庄创建于1981年，是丹（Don）和郎达·卡拉努（Rhonda Carano）夫妇创建的，位于索诺玛最里面的干溪谷（Dry Creek Valley）地区的尽头，靠近索诺玛湖。

这是一个相当漂亮的酒庄，有迷人的花园，里面亭台楼阁，小桥流水，种有多种花花草草，里面一侧是酿酒厂，一侧是城堡，内部有他们的品尝室和地下酒窖。

这对夫妻当年怀着酿造索诺玛地区优质酒的梦想来到这里，经过数年的耕耘和努力，购买了19处葡萄园逐步建立了今天的酒庄，这又是一个通过自己的聪明才智实现了葡萄酒梦想的例子。

天人合一，不透支土壤，可持续发展也是他们的理念，丹表示："我们只是土地的管家，我们不仅仅是种植葡萄，我们还种植葡萄酒，土地是通过葡萄酒来表达它们自己的"。

▽酒庄主夫妇

▽酒庄

2006 年该酒庄因保护水源和频临绝种的鱼类而获得了加州土地管理协会鱼类和友善农耕项目的证书。如今他们索诺玛所有的葡萄园都已获得此证书。

他们养殖名为小布娃娃（Baby Doll）的绵羊，个小，高度两英尺左右，这种高度一般不容易吃到葡萄叶子，酒庄让它们去葡萄园吃草，它们的粪便也就排在葡萄园里面当肥料，这样就可以不使用化学的除草剂。此外他们还养肉牛，牛肉出售，牛粪肥田。

他们注重保护生物多样性，采用一环治一环的自然法则来种植和管理葡萄园，比如他们葡萄园的池塘边有鸭子栖息，放置木箱在葡萄园中以方便猫头鹰筑巢，葡萄园中还有鹰，这些动物可以捕捉损害葡萄幼苗的老鼠。他们不在葡萄园里设置捕捉动物的陷阱，让郊狼、狐狸、蛇处于自然状态。此外他们养殖蜜蜂和蝴蝶，以便传播花粉。

该酒庄非常注重节水，在加州生产一加仑葡萄酒需要 81 加仑水。为了节约用水，葡萄园的灌溉都是滴灌，而且都是在夜间灌溉，最后尽量做到不灌溉，让葡萄树从土壤里摄取水分。此外酿造过程中的用水也是尽量控制和节约。

该酒庄的 19 个葡萄园分布在索诺玛、纳帕郡以及门多西诺（Mendocino）郡的 6 个 AVA 产区，AVA 产区分别是俄罗斯河谷、卡内罗斯、干溪谷、亚历山大谷、安德森山谷、门多西诺（Mendocino Ridge）山脊等。

该酒庄的葡萄酒品种很多，有二十多种，我在他们城堡的一楼酒吧和店铺里品尝入门的葡萄酒，这类酒是游客品尝比较多的一种。在地下酒窖的一处酒吧我品尝了他们的珍藏葡萄酒，让我很惊叹其品质，这些酒数量有限，但很能体现该酒庄葡萄的品质和酿酒的水平。这里着重点评一下珍藏级酒。

第一款是 2012 卡内罗斯 100% 霞多丽，酒色金黄，酒香浓郁，酒体饱满，酸度充足，是款有索诺玛经典风范的霞多丽。

第二款是 2012 门多西诺郡高空牧场（Sky High Ranch）100% 黑比诺干红，此酒感觉产自凉爽产区，有清新的果香，酸度充足愉悦，酒体适中，有少许咸味，回味长。

第三款是 2010 亲爱的（Trésor）波尔多式混酿干红，酒色深浓，浓郁的深色浆果香与来自橡木的气息融为一体，单宁质地如丝绒一般，酒体中等偏上，均衡，回味长，是款有深度的红酒。

第四款是 2009 年亚历山大谷流行四十回（Prevail Back Forty）100% 赤霞珠干红，酒色深浓，果香馥郁，单宁结构大，酒体饱满，回味悠长，是款壮美的红葡萄酒。

第五款是2009年赛美蓉贵腐甜酒，此酒香甜美味，酒体均衡。

总体来说，这家酒庄的葡萄酒性价比好，有普罗大众消费得起的葡萄酒，也有精品葡萄酒，此外也是很值得休闲和游玩的酒庄。

评分

2012 Chardonnay Reserve Napa Valley Carneros ···93 分

2012 Sky High Ranch Pinot Noir Mendocino Ridge ···································93 分

2010 Trésor Bordeaux-Style Blend Sonoma Country ·······························95 分

2009 Prevail Back Forty Alexander Valley Cabernet Sauvignon ···········97 分

2009 Eldorado Gold Dessert Wine Botrytized Semillon ·························93 分

酒 庄 名：Ferrari Carano
自有葡萄园：1，300 英亩
产　　量：200，000 箱左右
电　　话：707-436700
地　　址：8761 Dry Creek Road PO Box
　　　　　1549 Healdburg，CA95448

网　　站：www.fcwinery.com
酒庄旅游：对外开放

第 十 一 节

繁花酒庄
(Flowers Vineyard&winery)

该酒庄创建于 1991 年，是琼（Joan）和沃尔特·繁花（Walt Flowers）创建的，位于索诺玛北部的山顶上，距离太平洋仅 2 英里，是最靠近太平洋的酒庄之一。如今该酒庄属于奥古斯丁·胡纽思（Agustin Huneeus），他还拥有纳帕坤德萨（Quintessa）酒庄。

酒庄所在地的葡萄园位于坎坡会山脊（Camp Meeting Ridge）之上，酒庄周围的土地面积有 321 英亩，位于海拔 1,150-1,400 英尺的地方，这里种植了 21 英亩霞多丽和 8 英亩的黑比诺。葡萄种植于 1989 年。

酒庄靠太平洋的一侧有更高的山和森林，如此阻隔了大部分冷凉的海雾，只有少量的海雾可以通过山谷的低矮处流转进山谷中，葡萄园和山林在雾中时隐时现。这里的土壤最起码有 6 种不同的火山土，土层深 6-18 英尺，所以这里种植的葡萄品种有一定的岩韵。

酒庄周围的葡萄园被命名为坎普会山脊，关于这个名字还有一个故事，据说十九世纪早期，一位俄罗斯毛皮商人从罗斯堡（Ft.Ross）来到这个山脊和卡夏亚（Kashaya）的印第安人做生意，并将他们会面的山顶命名为坎普会（Camp Meeting），据说这些印第安人也是从气候炎热的内陆移居到这凉爽的海岸山谷里来的。

我看到坎普会山脊葡萄园里，有一些葡萄树看得出是经过嫁接法更换的品种，有的葡萄园种植的葡萄树行间距离窄，采用的是高密度种植法，有的行距宽，个人觉得在这个地方葡萄园的通风很重要，行距宽可能更好！

另一块葡萄园位于海景山脊（Sea View Ridge），这里更靠近太平洋，海拔 1,400-1,876 英尺，由于海拔高，使得这块葡萄园位于雾线之上，而且能清晰地看到崎岖不平的海岸线和海边绿色的山谷。这里的土地面积达 327 英亩，1998 年种植了 43 英亩葡萄树，除了有 1.7 英亩的穆内皮诺

（Pinot Meunier）外，其他的都是黑比诺。这里的土壤主要是片岩、砂岩、杂砂岩、绿岩风化后的土，表层的土壤带有一些碎石的黏土和壤土。

说实话，在靠太平洋这么近的地方种植葡萄确实需要勇气，然而对于喜欢凉爽气候的黑比诺和霞多丽来说，这里的条件正合适。这里所产出的葡萄酸度比较愉悦和迷人，酿出的酒让人根本不敢相信这是产自美国的葡萄酒。然而，在这种地方，要防止因为雾气重湿度高而导致葡萄生霉病。

我在8月份的一个晴天坐车行驶在这片地方，一路上，时而雾气弥漫，两米开外都看不清楚，时而雾散云开，阳光明媚，尤其是行走在山林里面，天气一会儿一变。海边究竟能不能种葡萄？能种，但是要会选择葡萄园，要避开海雾滞留时间过长的地点来开辟葡萄园。当然，人们判断一地的气

候和土壤是不是能够种出好葡萄，需要日积月累的经验，包括好的和坏的经验。

我在该酒庄品尝了他们几款酒，霞多丽还是不错，爽脆而有岩韵，酸度好。黑比诺酸度也不错，回味中总是有点苦味，有地域的特点。

评分

2012 Sonoma Coast Chardonnay ·· 90 分

2011 Camp Meeting Ridge Chardonnay ································· 90 分

2011 Sonoma Coast Pinot Noir ··· 88+ 分

2011 Camp Meeting Ridge Pinot Noir ································· 89 分

2011 Sea View Ridge Estate Pinot Noir ······························ 89 分

酒 庄 名：Flowers Vineyard & Winery
自有葡萄园：80 英亩
产　　量：40，000 箱
电　　话：707-8473661
网　　站：www.flowerswinery.com
酒庄旅游：需要预约

第十二节

罗斯要塞酒庄
（Fort Ross Vineyard）

该酒庄建于1994年，是南非人莱斯特·施瓦兹（Lester Schwartz）和琳达·施瓦兹（Linda Schwartz）创建的。

罗斯要塞有着悠久的历史，其建于1812年，由俄美公司创建，当时，俄罗斯人在这里经营毛皮生意。而北加州引进和种植葡萄的历史是从这里开始的，1817年船长莱昂蒂·安德里维奇·哈格迈斯特（Leontii Andreianovich Hagemeister）从秘鲁引进了葡萄枝条，种植在罗斯要塞，这是纳帕和索诺玛第一次引进外来的葡萄品种。

酒庄主夫妇都是南非人，在上世纪六十年代他们都是开普敦大学的学生，莱斯特学习法律，琳达学音乐，他们于1967年结婚，9年后他们来到旧金山发展，莱斯特从事他的律师本行，琳达则成为艺术教授和非盈利艺术机构的咨询顾问。

1988年，莱斯特开始渴望过乡村生活，这一时期，罗斯要塞这片地产正待出售，他们看中了这个能俯瞰太平洋，周边森林环抱，有云雾在不远处时不时地流转的地方，也许这里能使他们联想起老家南非吧！夫妻俩决定在这里建一个南非风格的家。

1991年，他们订购了两打葡萄砧木试着在他们的土地上种植，初次种植取得成功后，增加了他们的信心，琳达开始到索诺玛的圣罗萨（Santa Rosa）学校和戴维斯分校学习葡萄种植。他们购买了一些旧的挖掘机和推土机等机械设备，开垦土地，开辟了葡萄品种种植试验园，种下16种不同的品种，多种多样的克隆，3种展枝系统，经过4年的实践，他们得出一个结论，就是这个地方适合种植黑比诺和霞多丽，于是1994年他们找出了7个地块种植这些品种。

接下来的十年，他们安装了地下排水系统，建立了水库和灌溉系统，修建围栏和葡萄园的支

架等，他们严格地选择砧木，嫁接苗木，根据地块不同种植适宜品种。

他们是南非人，自然忘不了南非的标志性品种皮诺塔杰（Pinotage），他们通过戴维斯分校的专业种植服务机构从南非引进了两个优秀的安诺塔杰苗木品种。如今，该酒庄葡萄种植面积已达50英亩，分布在30个小的地块上，其中黑比诺种植面积为40英亩，霞多丽为8英亩，还有2英亩的皮诺塔杰。平均每英亩的葡萄产量在1-2吨，产量确实蛮低的。

该酒庄距离太平洋很近，仅1英里，不过他们的海拔高，在1,200-1,700英尺之间，一般来说雾线海拔在一千英尺左右，如果海拔在800-1,000英尺以下则海雾弥漫时间长，不适合种葡萄，海拔1,000英尺以上，则很少有海雾。这里阳光好，加上气候凉爽，葡萄能缓慢地成熟，既能成熟又能保持很好的成熟的酸度。

访问该酒庄的时候我品尝了他们6款葡萄酒，其霞多丽和黑比诺娜成熟而深长的酸度，让人满口生津，如果盲品根本想不到这是来自美国的酒。这家酒庄也让我一直记忆犹新。

第一款是2012年霞多丽，酒色呈禾杆黄绿色，有着柠檬、绿苹果以及香草的气息，入口酸度愉悦而爽脆，口感圆润丰腴，回味悠长，带出少许

茶叶的气息。产量在五百箱左右。

第二款是2012年海斜坡（Sea Slopes）黑比诺，酒色在阳光下呈红丝绒色，有迷人的酒香，单宁丝滑而细腻，酸度高，酒体适中，回味长，是一款很美味的黑比诺。年产量在1,000-2,000箱之间。

第三款是2010年的黑比诺，是签名版的，年产量在一千箱左右，此酒有着丰富的成熟有度的黑比诺典型果味，单宁丝滑，酸度充足，饮后满口生津，有少许胡椒的麻感，回味悠长，是款有深度、耐陈年的黑比诺。

第四款是2007年的珍藏级黑比诺，有迷人的酒香，单宁细腻，酸度足，回味长，回味中带出茶叶的气息，是款细致苗条型的黑比诺。

第五款2009年的皮诺塔杰，有着樱桃和绿色辛香料的气息，入口单宁丝滑，酒体中等，有回味，酿造得很不错，明显是凉爽产区的好酒。

第六款是他们晚收成的霞多丽甜酒，酸甜均衡，也还不错。

总体来说，这家的葡萄酒很不错，展现了美国葡萄酒的另一面。该酒庄的黑比诺和霞多丽的风格很像勃艮第的，比起勃艮第，他们的酒可以早点喝，而且这家的酒性价比算高的。

评分

2012 Chardonnay···94 分

2012 Pinot Noir-Sea Slopes··94 分

2010 Pinot Noir Sonoma Coast···································96 分

2007 Reserve Pinot Noir··95 分

2009 Pinotage···91 分

2012 Late Harvest Chardonnay·····························92 分

酒 庄 名：Fort Ross Vineyard

土地面积：250 英亩

葡萄园面积：50 英亩

产　　量：5,000-6,000 箱

电　　话：707-8473460

地　　址：15725 Meyers Grade Road, Jenner, Sonoma CA95450

网　　站：www.fortrossvineyard.com

酒庄旅游：对外开放

（从上午十点到下午五点，夏天会到六点）

第十三节

加里·法瑞尔酒厂
(Gary Farrell Vineyard & Winery)

该酒厂位于俄罗斯河谷的小山之上，这里能俯视周边的红杉树森林和河谷，是索诺玛地区出产优质霞多丽和黑比诺的知名酒厂。

该品牌的创始人加里·法瑞尔（Gary Farrell）曾经是俄罗斯河谷 AVA 的促成者之一，加里·法瑞尔的酒厂和品牌创建于 1982 年，当时专注于酿造霞多丽和黑比诺，2004 年该酒厂被出售。如今该酒厂属于葡萄酒缔造集团（Vincraft Group），这是个葡萄酒投资集团，核心成员有三位：分别是皮特·斯科特（Pete Scott），他曾经是贝灵哲（Beringer）葡萄酒产业的首席执行官；第二位是沃尔特·克伦茨（Walt Klenz），他也曾经是贝灵哲葡萄酒产业总裁；另一位是比尔·普瑞斯（Bill Price），他是著名的德雷尔（Durrell）葡萄园的拥有者和凯斯特（Kistler）酒庄的合伙人。

该酒庄虽说没有自己的葡萄园，但他们和葡萄园拥有者签有长期的合约，他们的葡萄来自 32 个不同的葡萄园，主要集中在俄罗斯河谷地带，他们的主要葡萄酒品种是霞多丽和黑比诺。

他们生产的葡萄酒品种很多，通常是将不同地块的葡萄分开酿造，采用小罐来酿造小批量的葡萄酒，其目的是使得这些酒能体现葡萄园的风土特征。

该酒厂的葡萄主要来源于俄罗斯山谷 AVA 地区以及绿谷 AVA，这里气候凉爽，有来自太平洋的凉爽的微风和海雾通过河道进入山谷，海雾通常在早晨和晚上影响葡萄园。在夏天，葡萄园早晚的温差大，通常晚上要比白天温度低 35-40 华氏度，所以这里的葡萄生长周期长，从里到外都能够成熟且保持很好的酸度。这里的土壤主要由火山土、砂岩和冲击土组成，也很适合种植葡萄。

该酒厂的葡萄酒品种颇多，我访问该酒厂时品尝了他们 7 款具有代表性的葡萄酒。第一款是 2012 年俄罗斯河谷精选霞多丽，此酒的葡萄来自

✉ GFW Winemaker Theresa Heredia

俄罗斯河谷的多个葡萄园，该酒有热带水果气息，酸度柔和，酒体适中，有回味。

第二款是 2012 年洛溪奥利和艾伦（Rochioli-Allen）葡萄园的霞多丽，这两个葡萄园都位于俄罗斯河谷，园中有多个克隆品种，该酒厂自 1982 年以来就采用这里的葡萄酿酒，此酒有着成熟的青苹果以及柠橙类的水果气息，与橡木气息融合得好，酸度足，酒体适中，回味长。

第三款是 2012 年索诺玛山谷的 Durell 葡萄园霞多丽，酒用葡萄来自索诺玛山谷知名的迪雷尔（Durell）葡萄园，这里位于圣·巴勃罗（San Pablo）海湾北部，佩塔鲁马（Petaluma）风谷的东边，这里的土壤是火山土，多砾石，此处的葡萄种植于 1979 年。此酒香气馥郁，酸度铿锵，酒体丰腴，饮后满口生津，回味长，是款耐陈年的佳酿。

第四款是 2012 年俄罗斯河谷精选黑比诺，酒用葡萄采自俄罗斯河谷多个葡萄园，有着愉悦的

红色浆果的气息，成熟多汁，美味易饮。

第五款是 2012 年洛溪奥利和艾伦（Rochioli-Allen）葡萄园的黑比诺，此酒果香和酸度都很不俗，还有少许辛香气息，酸甜均衡，令人口内生津，有回味。

第六款是哈尔伯格（Hallberg）葡萄园的第戎克隆的黑比诺，也是来自俄罗斯河谷地区，此酒香气清雅而不浓艳，入口酒体丰腴，酸度高，带有泥土的气息，回味悠长。

第七款是 2012 年哈尔伯格葡萄园克隆 777，橡木容器发酵的黑比诺。此酒酒标是黑色的，是精选葡萄而酿制的酒。此酒香气隐幽，单宁含量较高，酸度铿锵，酒体丰腴，酒干，回味长，是款有深度的黑比诺。

总体而言，该酒庄是俄罗斯河谷有代表性的酒厂，其葡萄酒为大家展现了俄罗斯河谷的风土特征。

GF Winery

评分

2012 Russian Rivier Selection Chardonnay	90 分
2012 Rochioli-Allen Vineyards Chardonnay	93 分
2012 Durell Vineyard Chardonnay Sonoma Valley	96 分
2012 Russian River Selection Pinot Noir	90 分
2012 Rochioli-Allen Vineyards Pinot Noir	93 分
2012 Hallberg Vineyard-Dijon Clnes Pinot Noir	95 分
2012 Hallberg Vineyard Clone 777 Pinot Noir	96+ 分

酒 庄 名：Gary Farrell
产　　量：25，000 箱
电　　话：707-4732909
地　　址：10701 Westside Road Healdsburg CA95448
网　　站：www.garyfarrellwinery.com
酒厂旅游：对外开放（上午 10:30 - 下午 4:30）

第十四节

格洛里亚·费尔酒庄
(Gloria Ferrer Caves & Vineyard)

该酒庄位于凉爽的罗斯·卡内罗斯（Los Carneros）产区的121公路边上，这里距离旧金山不到一小时的车程，该酒庄是费尔（Ferrer）家族于1986年创建的，是这个产区最早生产起泡酒的酒庄。

该酒庄拥有西班牙著名的起泡酒菲斯奈特（Freixenet）品牌的费尔（Ferrer）家族投资创建的，该家族自11世纪就开始从事葡萄酒业，如今已经是一家拥有众多酒厂的酒业集团公司。

也许是纳帕"夏桐"的成功鼓励了他们，1982年他们来纳帕和索诺玛地区考察，发现卡内罗斯的凉爽气候很适合于酿造起泡酒的品种，于

是选择在这片丘陵缓坡的罗斯·卡内罗斯购买土地建立酒厂。

他们的葡萄园位于酒厂周围的缓坡上，之前这里和许多卡内罗斯的土地一样都是放牛和放羊的牧场，当人们发现这里的凉爽气候很适合种植白葡萄品种，而且也格外适合娇贵的黑比诺品种的时候，卡内罗斯开始了一场由牧场转变为葡萄园的运动，而该酒庄也是较早期的积极参与者之一。

他们所处的位置靠圣·巴勃罗海湾（San Pablo Bay）近，这里风大，受海湾影响也大，早上有雾，下午有凉爽的风，他们种植的葡萄品种主要是霞多丽和黑比诺，此外还有少量的灰比诺和梅乐。

为了获得风味丰富而复杂的葡萄酒，他们所种植的黑比诺和霞多丽的克隆品种众多，黑比诺主要种植在起伏的缓坡上，这里的土壤是灰黑色的火山灰土壤，而霞多丽则种植在较为低洼之处，这里的土壤主要是黏土。

该酒庄在葡萄种植方面也采用可持续发展路线，采用手工采摘，小批量酿造多种不同的酒，他们出产的葡萄酒中90%是起泡酒，10%是静止酒，对于像他们这样的欧洲老起泡酒厂来说，在这里尽葡萄本身的可能来酿酒是易如反掌，关键是需要酿造什么样的酒。他们既有产量大的亲民酒，也有瓶式发酵的精品酒。

他们的葡萄酒品种也比较多元，我在该酒庄品尝了他们8款葡萄酒，印象最深的是他们一些老年份的起泡酒，既有陈年的韵味又有清新的绿色水果气息，这可能就是他们说的西班牙的酿酒

技术与卡内罗斯的葡萄结合的成果吧！

　　他们是卡内罗斯旅游的热门酒庄之一，尤其是夏天，很多人从旧金山驾车过来，在酒厂的太阳伞下，葡萄园边上，一边与同伴漫谈，一边饮着凉爽的起泡酒，舒服地过过有葡萄酒的慢生活，整个身心都能放松下来，而起泡酒喝进去酒精走得快，喝个1-2杯起泡酒，一般来说坐个2-3小时酒意也就消散了。

评分

2003 Carneros Cuvee ··· 93 分

2008 Brut Rose ··· 91 分

2010 Blanc De Blancs ··· 90 分

2006 Royal Cuvee ·· 90 分

酒庄名：Gloria Ferrer Caves & Vineyard　　网　站：www.gloriaferrer.com

自有土地面积：220 英亩　　酒庄旅游：对外开放（上午 10:00- 下午 5:00）

自有葡萄园：135 英亩

产　　量：150,000 箱

电　　话：707-9667256

地　　址：23555 Carneros Hwy. 121,
　　　　　 Sonoma, CA95476

第十五节

翰泽林酒庄
(Hanzell Vineyards)

该酒庄创建于 1953 年，它位于索诺玛镇不远处的玛亚卡玛山脉（Mayacamas Range）的山坡上，曾是一位美国驻意大利大使创建的，如今属于英国人 Alexander de Brye 所有。

这家酒庄的创始人是詹姆斯·戴维·齐勒巴奇（James David Zellerbach），他是位了不起的人物，曾担任家族纸业公司的总裁，参与了马歇尔计划的设计，1948 年他被杜鲁门总统派往欧洲实施二战后的欧洲复兴计划，回到美国后，他在玛亚卡玛山脉的山坡上购买了 14 英亩的橡树森林，

之后又购买了周边的土地，一直到 200 英亩。这里可以俯瞰索诺玛镇。

之后，艾森豪威尔总统委派他担任美国驻意大利大使，在这期间他访问欧洲的葡萄酒产区，深度走访勃艮第，他迷上了勃艮第的葡萄酒，也萌生了建立自己酒庄的意愿。大使任命结束后，他回到美国，将这 200 英亩的山地更名为他太太的名字汉娜（Hana）和他的姓氏连在一起的翰泽林（Hanzell）。他们开辟了葡萄园，建起了酒庄，设计了风格类似伏旧园（Clos de Vougeot）酒庄的建筑。

为了酿造和勃艮第一样好的美国葡萄酒，他几乎请来了当时所有领域的最好专家，如最出色的种植者伊凡·肖赫（Ivan Schoch）来种葡萄，请来了曾经在盖洛酒厂工作，精通化工的酿酒师布莱福·韦伯（R.Bradford Webb），聘请安德烈·切列斯切夫做酿酒顾问，还请来了戴维斯大学的教授。他们采用勃艮第的酵母发酵，将酒放入小型法国木桶中成熟（当时加州大多用容积大的杉木桶和美国橡木桶），戴维斯大学的教授建议发酵时要降低温度，因为这里的葡萄收获季节的温度要比勃艮第高，而高温会使葡萄酒失去果香。为此詹姆斯定制了 12 个双层槽壁的不锈钢罐，每个罐能装 1 吨葡萄，发酵时用华氏 55-58 度的水喷

▽ 酒窖

淋。为防止白葡萄酒氧化而变色，他们在酒桶中灌入氮气。另外一项大贡献是他们发明了可控制的苹果酸乳酸发酵。如今这些设备虽然可以使用，但酒厂更愿意将老酒厂的设备作为博物馆的展品，这里可以说是记载了美国这一时期酿酒革新的历史。

1963年，大使过世，汉娜出售了瓶装酒和橡木桶装葡萄酒，不少酒卖给了赫滋（Heitz）酒窖，赫滋酒窖不少1961-1962年的霞多丽和黑比诺就来自这里。1965年该酒庄卖给了道格拉斯（Douglas）和玛丽·德（Mary Day），当玛丽·德（Mary Day）逝世后，他们家族于1974年出售了酒庄。

英国的伯爵夫人芭芭拉·布里（Barbara de Brye）购买了这个酒庄，这一期间，这里的葡萄园增加到了30英亩，1991年，伯爵夫人逝世，她16岁的儿子亚历山大继承了酒庄，由酿酒团队管理酒庄。亚历山大是艺术收藏爱好者，如今亚历山大每年的8月都会来酒庄，他的后代也开始了解和熟悉自己的酒庄。

该酒庄目前有46英亩的葡萄园，其中66%

是霞多丽。位于酒庄周围缓坡地带的葡萄园名为"大使"葡萄园，这里在1953年种下了霞多丽和黑比诺，此后也有更新种植的葡萄树，这里的老葡萄品种被独立出来命名为翰泽林（Hanzell）克隆的黑比诺和霞多丽品种。

更大的一块葡萄园位于玛亚卡玛山脉的山脊上，这里种有霞多丽、黑比诺以及赤霞珠，葡萄园分别朝向西和东。葡萄园名称为布里（De Brye）葡萄园、拉莫斯（Ramos）葡萄园和塞申斯（Sessions）葡萄园。该酒庄的葡萄种植也是以可持续的、有机以及生物动力法为指导方针。

该酒庄除了自己拥有葡萄园，还同时拥有自己的山洞酒窖和采用新的现代化酿酒设备的酒厂，拥有专业的种植和酿酒团队。这是一个产量虽小，但各方面都很完善的酒庄。

该酒庄的主要葡萄酒是霞多丽和一种黑比诺，有酒庄酒，也有多个单一葡萄园的葡萄酒，其赤霞珠也是种下不久，一年的产量也只可酿200-250箱酒。我访问该酒庄的时候品尝了他们3款代表性的葡萄酒。

第一款是 2012 年赛贝拉（Sebella）霞多丽，此酒相当于他们霞多丽的副牌酒，有着清新的苹果和柠檬的气息，酸度高，有少许岩韵，入口生津，酒体适中，有回味。

第二款是 2011 年翰泽林霞多丽，这类似于酒庄的正牌，有着清雅而悠远的花香和果香，酸度铿锵，回味悠长，是那种苗条型的有深度的霞多丽。

第三款是 2011 年的翰泽林黑比诺，此酒香气高，酸度也高，酒体为苗条型，酒很干，有回味。

品尝了这家的葡萄酒后，我很钦佩当时大使的眼光，他是真会选地方和葡萄品种，该酒庄所在地属于凉爽产区，非常适合于种植霞多丽和黑比诺，如此苗条和优雅风格的酒不禁让人想起勃艮第的夏布丽，不过，该庄的酒比夏布丽要丰腴一些。

评分

2012 Hanzell Sebella Chardonnay ·· 93 分

2011 Hanzell Chardonnay ·· 96 分

2011 Hanzell Pinot Noir ·· 93⁺ 分

酒 庄 名：Hanzell Vineyards

土地面积：200 英亩

自有葡萄园：46 英亩

产　　量：5500 箱 –7000 箱之间（年份不同产量不同）

电　　话：707–9963860

地　　址：18596 Lomita Aveune Sonoma CA 95476

网　　站：www.hanzell.com

酒庄访问：需要预约

第十六节

铁马牧场酒庄
(Iron Horse Ranch & Vineyard)

该酒庄位于索诺玛的绿谷，是奥德丽（Audr-ey）和巴里·斯大林（Barry Sterling）夫妇于1976 年创建的家族酒庄，该酒庄以起泡酒而闻名，其起泡酒曾多次被白宫选中作为招待国宾饮用。

这对夫妻这一生的经历也颇为传奇，他们俩都是土生土长的加州人，在斯坦福大学相遇到后来的结婚生子。巴里在洛杉矶开办了律师事务所，在一次欧洲旅行中他喜欢上了欧洲，1967 年他们全家搬到了巴黎，这也使得他们有机会接触到了葡萄酒，访问法国酒庄的经历使他们萌生了建立自己酒庄的梦想。回到加州后，他们一直寻找理想中的葡萄园，1976 年 2 月，他们在一次风雨天气中行驶到罗斯站（Ross Station）这条路的时候看到这片起伏的山坡地，觉得这就是他们梦寐以求的地方，当时这里只是少种植了一些葡萄，两周后，他们果断地买下了这片地产。

买下这片 300 英亩的土地后，他们曾经咨询过戴维斯分校的专业人士，当时的农业专家觉得此地不适合种植酿酒葡萄，因为气候冷凉葡萄容易霜冻，然而见多识广的夫妻俩在法国见识过类似气候下的葡萄种植，他们认为这里适合种植黑比诺和霞多丽。1983 年，绿谷成为 AVA 产区，离不开巴里夫妻二人的努力。

如今他们的子女掌管酒庄的运作。长女乔伊·安娜（Joy Anne）是酒庄的 CEO，她早年跟随父母在法国读书，之并一口流利的法语，回美

国后，她在耶鲁大学读历史和经济，曾经当过记者，在 ABC 工作过。她长袖善舞，1985 年就将他们的起泡酒推进了白宫。他们的儿子劳伦斯（Laurcncc）则是酒庄的运营总裁，小女儿巴丽（Barrie）在酒庄负责市场和销售。

他们的葡萄园位于酒庄周围，这里距离太平洋的直线距离不过 13 英里，葡萄园的面积有 160 英亩，种植的品种有霞多丽和黑比诺。这里的土壤主要是沙壤土，葡萄园分为 39 个小块，每个葡萄园的葡萄分开采摘和酿造，根据地块选择不同的克隆品种，葡萄园有专业人士丹尼尔·罗伯茨（Daniel Roberts）博士指导工作。2005-2012 年，他们更新了 82 亩上世纪七十年代种植的葡萄园树。他们本着可持续农业的发展路线运作他们的葡萄园。如今这里已经成了人们羡慕的凉爽产区。

该酒庄的酿酒师戴维·芒克斯噶德（David Munksgard）毕业于加州的州立大学，葡萄栽培和酿酒专业，1996 年加入这家酒庄，他有丰富的酿造起泡酒的经验。

该酒庄产量的一半是起泡酒，一半是静止酒，静止酒中的霞多丽和黑比诺各占一半，葡萄酒的种类很多让人眼花缭乱。

访问这家酒庄时我品尝了他们 9 款葡萄酒，其起泡酒可以说是索诺玛地区的代表作，其霞多丽和黑比诺表现也不错，酸度愉悦，酿造也挺细腻。他们的葡萄酒有的带有明显的咸味，应该是受海雾影响的原因，不过很有特点。

酒庄主选择这里种植霞多丽和黑比诺，尤其是与众不同地发展起泡酒，在这个地区是独树一帜的，这说明酒庄创始人非常有眼光，这也造福了他们的子孙后代。

评分

2009 Ocean Reserve Blanc de Blancs　起 泡 酒 ··92 分

2010 Wedding Cuvee ···90+ 分

2009 Brut "X" ···93 分

2009 Russian Cuvee ··90 分

2010 Heritage Clone Estate Chardonnay ···93 分

2011 Dear Gate Pinot Noir ··92 分

2012 Russian River Pinot Noir ···94 分

酒庄名：Iron Horse Ranch&Vineyard　　　　E-mail：info@ironhorsevineyards.com

自有葡萄园：160 英亩　　　　　　　　　　酒庄旅游：对外开放

产　　量：30，000 箱

电　　话：707-8871507

地　　址：9786 Ross Station Road,

　　　　　Sebastopol CA 95472

网　　站：www.ironhorsevineyards.com

第十七节

朱迪酒庄
(J Vineyard & winery)

该酒庄位于俄罗斯河谷边上，距离希尔德伯格（Healdsburg）镇不远。该酒庄于1985年由朱迪·乔登（Judy Jordan）创建的，酒庄的名字"J"来自朱迪（Judy）名字的第一个字母，J也有法语"Joie de vivre"（生活乐趣之意）。

朱迪毕业于斯坦福大学的地质学专业，毕业后在丹佛西部地理学公司工作一段时间后回到她索诺玛的家，在她父母拥有的乔丹（Jordon）酒庄工作，从葡萄酒生意到葡萄种植她都有涉及和体验，她的地质学专业使得她充分理解了风土。了解了酒庄的方方面面后，1986年，在父母的大力支持下，年纪轻轻的朱迪就创建了自己的酒庄，她的酒庄定位为以酿造起泡酒为主。

当她推出的起泡酒获得了成功后，1994年她推出了以她的大儿子尼库拉（Nicole）的名字命名的单一葡萄园黑比诺，此后她推出了第二款以她的二儿子罗伯特·托马斯（Robert Thomas）的名字命名的葡萄园的葡萄酒。之后她一直购买葡萄园直到今天的规模。

该酒庄目前在俄罗斯河谷的AVA产区拥有9个葡萄园，总面积接近250英亩，这里气候凉爽，土壤丰富多样，种植的主要品种是适合凉爽气候的霞多丽和黑比诺，他们根据气候与土壤的不同种植了多个不同克隆品种。

该酒庄非常重视环保、节约能源和可持续的农业发展，他们的葡萄园尽量减少使用化学制品，葡萄园种植覆盖草本植物，避免水土流失。在酒庄的消毒方面，他们不采用带有氯的消毒品，而是采用紫外线和臭氧消毒，采用节能灯，减轻酒瓶的重量，这样可以减少运输的能源消耗。他们推行在餐厅使用可循环的小桶装酒，此外，他们

▽ 酒庄主

⌃酿酒师

回收玻璃、纸板、塑料等等。该酒庄被"海湾地区绿色商务"（Bay Area Green Business）认证为绿色酒庄，同时也持有加州可持续葡萄种植的认证。

如今负责酒庄酿酒的是梅丽莎·斯塔克豪斯（Melissa Stackhouse）女士，她1998年获得了加州大学戴维斯分校的葡萄种植和酿造的学士学位，之后在罗伯特·蒙大维、皮特·蒙大维以及约瑟夫·菲尔普斯等知名酒庄工作过，有着丰富的酿造优质葡萄酒经验，2003年她搬到了索诺玛，先后在克雷马（La Crema）和杰克逊葡萄酒厂做过酿酒师，对于凉爽产区的葡萄园以及酿造有足够的认识，她尤其熟悉黑比诺。

该酒庄葡萄酒非常的多样，其起泡酒品种多，多为瓶式发酵，酸度高且相对地锐利，老酒客应该会喜欢，烈日炎炎的夏日饮这家的酒会感觉相当地爽利。

其静止酒品种也很丰富，以品种和葡萄园来划分，除了霞多丽和黑比诺，还有灰比诺、皮诺穆内、维杰尼亚以及皮诺塔杰等品种，普遍酸度高，其白葡萄酒的特点用一个字来形容的话就是"绿"，绿色水果的气息很明显。此外他们蝴蝶领结（Bow tie）葡萄园以及地层（Strata）葡萄园的黑比诺表现也不错。

该酒庄是当地热门的旅游酒庄之一，酒庄周围是溪水和葡萄品种园，酒庄内部属于摩登风格。游客可体验他们的葡萄酒搭配精致美食的收费体验活动，因酒、食品、时间的不同，收费也不同，其美食精美的程度可与米其林餐厅媲美。

评分

J Brut Rose Russian River Valley ·· 90 分

J Cuvee XB, NV, Russian River Valley ·· 92 分

2007 J vintage Brut, 25th Anniversary Russian River Valley ···················· 94 分

2012 J Bow Tie Vineyard Chardonnay ··· 89 分

2013 J Pinot Gris Cooper Vineyard ··· 89 分

2012 J STRATA Pinot Noir ·· 90 分

2012 Bow Tie Vineyard Pinot Noir ·· 92 分

酒庄名：J Vineyard & winery　　　　　网　站：www.jwine.com

自有葡萄园：244.4 英亩　　　　　　　　酒庄旅游：对外开放（上午 11 点 - 下午 5 点）

产　量：25，000 箱

电　话：888.584.6326

地　址：11447 Old Redwood Hwy

　　　　Healdsburg，CA95448

第十八节

乔丹酒庄
(Jordan Winery)

该酒庄是索诺玛成名比较早的酒庄，1981年份的酒被白宫选用当招待国宾用酒。该酒庄位于亚历山大谷之路的边上，是地质学家汤姆·乔丹（Tom Jordan）和太太萨利·乔丹（Sally Jordan）于1972年创建的，如今他们的第二代约翰·乔丹（John Jordan）负责酒庄的运营。

约翰·乔丹可以说是含着金汤匙出生的。他本人也多才多艺：于2002年在旧金山大学获得工商管理硕士学位，之后通过律师资格考试；他会开飞机，是帝国大学法律学院的教授，会说德语和俄语；除了酒庄外，他还有自己的公司，2012年他创建了自己的慈善基金，支助扫盲和技术学校的项目以及其他慈善活动。

酒庄的创办人对于葡萄酒的喜爱缘于他们对美酒和美食的热爱。1959年他们婚后游览法国，深深迷上了法国的葡萄酒和美食，也萌生了建立自己的酒庄的梦想。他们在一次晚餐的时候喝到了纳帕山谷柏里欧乔治斯·拉图尔（Beaulieu Vineyard Georges de Latour）酒庄的葡萄酒，恍然大悟，他们的梦想可以在美国实现。当时的纳帕也没多少家酒庄，索诺玛地区到处都是牧场和果园，葡萄园少，当他们夫妻俩来到目前酒庄所在地时，一眼就看中了这片1,300英亩的地产，1972年5月签定购买契约，在签约的同一天，他们的儿子约翰（John）出生了。

随后他们在谷地上种植了200英亩赤霞珠和梅乐品种，5年后种下了霞多丽，与此同时，他们聘请了启发了他们在北加州开辟自己酒庄的酿酒师安德烈·切列斯切夫（André Tchelistcheff）为酿酒顾问，此人早期有"加州赤霞珠之父"之称，这位酿酒师也坚信亚历山大山谷能够酿造优质葡萄酒，并着手准备酿酒设备，还在1976年招聘了

▼酒庄主约翰

年轻的罗伯·戴维斯（Rob Davis）作为助理酿酒师，罗伯在该酒庄工作至今。安德烈以酿造法式风格的红葡萄酒而著称，这里的法式风格指传统的波尔多式风格，如今该酒庄依然秉承此风格来酿酒。

种上第一批葡萄后他们开始设计和修建他们的城堡酒庄和住宅。1976 年，他们第一个年份的葡萄酒面世，1978 年酒庄的城堡完工。如今他们这片地产占地面积有 1，200 英亩，周边波澜起伏的山坡之上是原始的橡木森林和 18 英亩橄榄树，而酒庄附近更保持了原生风貌，随时都可以看到火鸡、鹿、土狼以及水鸟等野生动物。汽车沿着盘山公路而上，可见到有着很大面积绿色草坪的英式花园和法式的城堡，让人有点误以为走进了欧洲贵族的别院。

如今，该酒庄的葡萄园面积有 112 英亩，分为 70 个不同的地块，分布在亚历山大谷和俄罗斯河谷，其中亚历山大谷主要种植赤霞珠，这里的气候和土壤很适合此品种。凉爽的俄罗斯河谷种植的是霞多丽品种。

他们可以说是索诺玛地区绿色酒庄的典范，在葡萄种植方面都是本着有机和可持续方针来进行的。酿酒过程中也采用很多节能手法，废水也会再利用。他们 90% 的电能来自自己的太阳能发电，此外他们种植了 74 英亩的松树和杉树，为周边释放氧气，美化环境。

该酒庄与当地多数酒庄不同，他们只酿造一红一白两种酒，我访问该酒庄时和其他美国游客一起品尝了他们的一款霞多丽干白和 3 款不同年份的赤霞珠干红。2012 年的霞多丽干白香气典型，少橡木气息，酸度适中，有少许岩韵，干净。而他们的红葡萄酒确实很有上世纪七八十年代美国流行的波尔多风格，酒精度虽高，但收敛性也强，能陈年。

该酒庄非常重视酒与餐的搭配，1979 年就推出了葡萄酒与食物搭配的品尝项目，当时这一观念是当地闻所未闻的，这自然跟他们的商业头脑和切实为消费者考虑有关，尤其是他们波尔多式的赤霞珠红葡萄酒有涩重的单宁，这要让当时多数没有干红葡萄酒味蕾的美国人接受是件不容易的事情。后来随着酒庄旅游越来越盛行，他们也越来越注重配酒食物的精致性，每款酒都有特别配备的食物一起享用，让客人品酒时得到一种享受。此外，他们还使用漂亮的古董银器的瓶托、醒酒器、巴卡拉水晶瓶和法国装饰品等，给人以视觉的享受。

评分

2012 Jordon Chardonnay ·· 90 分

2002 Jordon Cabernet Sauvignon ·· 92 分

2006 Jordon Cabernet Sauvignon ·· 93 分

2010 Jordon Cabernet Sauvignon ·· 94 分

酒 庄 名：Jordan Vineyard & Winery   网　　站：www.jordanwinery.com

土地面积：1，200 英亩   酒庄旅游：需要预约

葡萄园面积：112 英亩

产　　量：100，000 箱

电　　话：800-6541213

地　　址：1474 Alexander Valley Road，
　　　　　Healdsburg CA95448

第十九节

肯道杰克逊庄园酒庄
(Kendall Jackson Wine Estate & Gardens)

肯道杰克逊的标志型酒庄中心就位于圣达·罗莎（Santa Rosa）地区的老红树高速公路（old redwood Hwy）边上，这是一个带有巨大蔬菜花园的中心酒庄。该庄园酒庄是他们1996年购买，是在鲍恩（Chateau De Baun）老酒庄的旧址上重建的。

杰西·杰克逊（Jess Jackson）律师出身，在旧金山拥有自己的律师事务所，他厌倦了律师生涯，1974年他在加州的湖郡（Lake County）购买了80英亩的果园，1977年他与家人一起将果园改造成了葡萄园，以出售葡萄给酒厂为业。上世纪八十年代初，有一宗大的葡萄订单被酒厂取消，他们不得已将自己的葡萄酿造成了酒，并标以肯道杰克逊（Kendall-Jackson）的牌子出售，那一年是1982年。

从此一发而不可收，如今，肯道杰克逊已成为美国知名的大型家族葡萄酒业集团，其在全球有三十个酒庄，在加州的葡萄园面积有上万英亩，产量达6，000，000箱，拥有橡木桶厂以及能容纳5，000，000箱葡萄酒的物流仓库。

▽酒庄主

▽酿酒师

他们在加州就拥有10，545英亩的葡萄园，其中在加州内陆约占85%，约有15%位于加州经典的海岸葡萄园，约有5%位于临海的山上，如山脊、山坡、高原等。

肯道杰克逊是家族性质的酒业集团，三十来年的时间发展到如此规模实属罕见。杰西放弃律师生涯而从事农业，本就是为了亲近大自然，享受真实的天人合一的生活，没想到发展到如此大的规模，可以说是他在葡萄酒行业的巨大成功！

葡萄酒从属于农业，土地是其可持续性发展的根本，他们认为酒业公司可持续发展，需要维持三方面的平衡：环境（能量、水资源保护、再循环和浪费、土地的使用）；经济（消费者的满意度、竞争和有利可图）；社会（福利、多样化、社区参与）。

他们的酿酒团队由兰迪·沃恩（Randy Ullom）先生带领，他1992年加入肯道杰克逊酒业，1997年成为葡萄酒大师。他上世纪七十年代在智利时开始对葡萄酒有兴趣，走遍了智利葡萄酒产区，他回美国后在俄亥俄州大学学习葡萄种植和

酿造，先后在俄亥俄州、纽约州以及索诺玛的一些酒厂工作过。加入该酒庄后，他与杰西磨合了15年，也为酒庄的产品风格定了型，如今他依然监管该集团所有的葡萄园和酿造。

2011年，杰西过世，他的太太芭芭拉·班（Barbara Banke）是酒业集团的主席和业主，他们育有五个子女，家庭生活幸福。他堪称葡萄酒行业的商业奇才，他之所以有如此的成就跟他的发展眼光、严谨的管理以及勤奋努力是分不开的。

他们的葡萄酒，品种实在是太多，无法用几句话讲清楚，但总的来说，他们注重凉爽产区、高海拔的葡萄园，他们总是尽葡萄园出产的葡萄品质的可能性酿酒，而他们成功的另外一个秘诀就是价廉物美，酒的性价比高。

如今这个庄园酒庄也是一个活动中心，庄园里有一个很大的蔬菜花园，经常举办大型活动，如番茄节。该酒庄是当地旅游的热门酒庄，人们除了可以品尝他们的葡萄酒，还可以参观他们的蔬菜花园，享用到的葡萄酒与餐的搭配等。

评分

2013 AVANT Sauvignon Blanc California ·· 86 分

2012 Grand Reserve Chardonnay ·· 88 分

2012 Camelot Highlands Chardonnay ·· 90 分

2012 Outland Ridge Pinot Noir ·· 90 分

2012 Grand Reserve Sonoma Country Merlot ······································ 89 分

2009 Mt.Veeder Napa valley Cabernet Sauvignon ································ 92 分

酒庄名：Kendall-Jackson Wine
　　　　Estate & Gardens
自有葡萄园面积：加州总面积 10,545 英亩
产　　量：未知
电　　话：866-2879818
地　　址：241 Healdsburg Ave
　　　　　Healdsburg, CA95448

网　　站：www.kj.com
E-mail：kjwines@kj.com
酒庄旅游：对外开放

第二十节

凯斯特乐酒庄
(Kistler Vineyards)

该酒庄是美国知名酒庄，以出产优秀的霞多丽和黑比诺而闻名于世。酒庄于 1978 年由凯斯特乐家族创立。

说起这家酒庄，葡萄酒的爱好者差不多都知道，尤其是他们的霞多丽早就闻名海内外，几乎是美国优质霞多丽的旗舰酒，就连罗伯特·帕克都曾经说过："如果凯斯特乐酒厂移到勃艮第的金丘去，很快就成为勃艮第知名的特级酒庄！"

该酒庄最初的小酒厂是在索诺玛镇附近的玛雅卡玛（Mayacamas）山这里，1979 年是他们第一个年份的葡萄酒，第一年产量为 3，500 箱，随着酒厂的发展，他们于 1992 年在俄罗斯河谷地带的葡萄树小山之路边上创建了设施和设备更加现代化的酿酒厂。

缔造该酒庄葡萄酒的有两位核心人物，第一位是来自该酒庄家族的斯蒂夫·凯斯特乐（Steve Kistler），他毕业于斯坦福大学，又曾在戴维斯分校学习过两年，在山脊酒庄做过 2 年助理酿酒师，之后回到自己的家族酒庄。另外一位是马克·比克斯勒（Mark Bixler），他在麻省理工大学获得学位后又在伯克利大学当了 7 年的化学老师，在费兹（Fetzer）酒庄工作两年后到凯斯特乐酒庄。

该酒庄以勃艮第的方式来酿造霞多丽和黑比诺，他们只采用本土酵母发酵葡萄酒，他们所有的酒都不过滤，而是通过自然澄清后直接装瓶。

酿造霞多丽的发酵间位于酒庄地下室的橡木桶房间，他们采用新的法国橡木桶发酵多数霞多丽葡萄酒，再与不在新桶中发酵的霞多丽进行混合，苹乳发酵在橡木桶中进行，发酵结束后将酒浆与酒泥培养 11-18 个月，期间不换桶，培养结束后通过澄清后装瓶。酿造黑比诺，葡萄在夜间采摘后去梗不破皮，将其放入敞开的发酵槽内，发酵前先冷浸，桶内苹乳发酵，桶陈 14-18 个月后装瓶。

　　该酒庄酿造 12 款霞多丽和 6 款黑比诺，他们的葡萄酒也跟勃艮第类似，以葡萄园来分类，基本上都是单一葡萄园葡萄酒。他们的葡萄园分布在索诺玛海岸、索诺玛山、卡内罗斯地区，他们大部分的葡萄来自于自己的葡萄园，也有来自签约葡萄园。他们葡萄园的平均葡萄产量为 2.5 吨。

　　访问该酒庄的时候我品尝了 9 款葡萄酒，其中霞多丽为 7 款，这里介绍他们几款单一葡萄园的葡萄酒。

　　葡萄树小山（Vine Hill）葡萄园，此园葡萄种植于1991年，该园位于酒厂周围，为旱地种植法，土壤为金岭土系列的沙壤土。我品尝了这个酒园 2011 年的霞多丽，此酒果香丰沛，与橡木气息协调，酒体丰腴，酸度铿锵，均衡，回味中带出坚果气息。

　　特伦顿·罗德豪斯（Trenton Roadhouse）葡萄园，葡萄种植于 1994 年，葡萄园跨越一个朝南的山顶，土壤为金岭土系列的细沙土。我品尝

了 2011 年此酒园的霞多丽，此酒风格很像夏布丽，有清凉的绿色水果气息，有一些农庄气息，酸度锐利，回味悠长。

胡德森（Hudson）葡萄园，葡萄树种植于1994年，此园位于纳帕郡西南地区，这里的土壤是火山土和海洋沉积土，此酒也有丰富多样的果香，有着钙质土的岩韵，酸度强劲，回味悠长。

凯斯特乐（Kistler）葡萄园，该酒园葡萄树种植于1986年，这处葡萄园位于海拔1,800英尺的玛亚卡玛（Mayacama）山上，这里的土壤是深红色的火山灰土，我品尝了2011年这个酒园的霞多丽，此酒有着成熟的热带水果的气息和香草气息，酒体丰厚，酸度锐利，回味长。

该酒庄黑比诺表现也不错，我品尝了他们两款黑比诺，其中一款是来自他们另外一个以酒庄Kistler的名字命名的葡萄园，这个葡萄园位于索诺玛山区的山脊之上，这里能看到海岸和俄罗斯河谷，土壤为砂岩和木化石的风化土。我品尝的2011年的黑比诺，成熟的果香混合着些许辛香，酒体适中，酸度高，回味长。

该酒庄霞多丽被称为美国霞多丽的旗舰酒一

点也不为过，而且其品质的稳定性远远超过了十年。我记得第一次品尝该酒庄的霞多丽是1997年份的，当时就被其丰沛的果味、饱满的酒体、铿锵的酸度以及耐久存的特质所吸引。我一直好奇他们霞多丽的酸度是怎样炼成的，这次访问酒庄才知道马克·比克斯勒精通化学，尽管很遗憾没有能见到他，不过我相信他对酒中自然的化学成分的变化一定非常有研究，而酿酒过程中对细枝末节的把控也正是酿酒艺术之所在，有时可能只能意会而不能言传吧！

对于这家的霞多丽酒，派克说过："3-5年会达到最佳状态，状态维系能达8-9年，之后才开始走下坡。"当然储存温度不同，这个时间也有不同，所以说他们家的霞多丽是值得收藏家购买的。关于如何购买到该酒庄的酒，可去他们的网站了解。

评分

2012 Le Noisetiers Chardonnay Sonoma Coast ···················· 93⁺ 分

2011 Trenton Roadhouse Vineyard Chardonnay ···················· 95 分

2011 Vine Hill Vineyard Chardonnay ···················· 98+ 分

2011 Kistler Vineyard Chardonnay ···················· 96 分

2011 Hudson Vineyard Chardonnay ···················· 97 分

2011 McCrea Vineyard Chardonnay ···················· 95 分

2012 Sonoma Coast Pinot Noir ···················· 93 分

2011 Kistler Vineyard Pinot Noir ···················· 96 分

酒 庄 名：Kistler Vineyards

自有葡萄园：200 英亩

产　　量：25，000 箱

电　　话：707-8235603

地　　址：4707 Vine Hill Road
　　　　　　Sebastopol，CA 95472

网　　站：www.kistlervineyards.com

E-mail：info@kistlervineyards.com

酒庄访问：需要预约

品尝室地址：7059 Trenton-Healdsburg
　　　　　　Road Forestville，CA95436

第二十一节
科宾·卡梅伦酒庄
(Kobin Kameron)

该庄园位于梅亚卡玛斯（Mayacamas）山脉的一处山顶之上，是美籍华裔米切尔·明（Mitchell Ming）和他的家族创建的，酒庄的名字来自他们二位子女的名字，这里目前只有葡萄园和住宅，以后将会在这里修建酒庄。

米切尔·明是香港裔的美籍华人，从小移民到了美国，他的太太詹妮（Jenny）是广东人，早在上世纪七十年代米切尔·明就喜欢喝葡萄酒，

那时他经常到酒乡纳帕和索诺玛来走访酒庄和品尝葡萄酒，也逐渐滋生了建立自己酒庄的愿望，经过寻寻觅觅，1999 年他购买了这 186 英亩的山脊之地。

▽酒庄主一家

科宾·明▷▷

这个地方海拔有 2,300 英尺，介于纳帕和索诺玛的分界线之间，他们地产的一小部分属于纳帕郡，多数属于索诺玛郡，葡萄园分别属于月之山（Moon Mountain）AVA 和蒙维德（Mt. Veeder）AVA。这里能鸟瞰索诺玛山谷的格伦·埃伦（Glen Ellen）一直到圣达·罗萨（Santa Rosa），天气好的时候能清楚地看到太平洋，往纳帕一侧能看到奥克维尔和罗斯福。由于海拔高，葡萄园处于雾线之上，既能有凉爽的温度，又能有明媚的阳光。

这里的土壤主要是海床风化土和分层的火山灰土，混合着一些壤土如古尔宁壤土。自 2000 年起，他们开始整地种植葡萄树，种植的都是波尔多的品种，包括赤霞珠品种，选择的是克隆 7 和 337；品丽珠选择的是克隆 4；马尔贝克选择的是克隆 586；小维尔多的克隆是 1 号；赛美蓉克隆是 1 号；长相思的克隆是 1 号。

葡萄的种植由当地的种植专家菲尔·科图里

（Phil Coturri）负责，如今他们的葡萄园也是坚持纳帕和索诺玛流行的有机、生物动力法的那种可持续的农业发展路线。

酿酒方面由酿酒专家蒂姆奥斯·米勒（Tim Othy Milos）负责，他毕业于戴维斯大学葡萄种植和酿造专业，曾在纳帕的鹿跃酒窖、一号作品以及澳大利亚的酒庄工作过，他致力于酿造高山赤霞珠，2014 年他加入该酒庄，目前他们的酒都在有着绿色屋顶的纳帕葡萄酒公司酿造。

如今酒庄的总经理是米切尔和詹妮的儿子科宾·明（Korbin Ming），酒庄的名字中第一个词是他的名字，科宾毕业于波士顿大学，获得了酒店管理学士学位。本来他是要和他父亲一样从事证券生意，后来喜欢上了葡萄酒这个行业，如今酒庄的运作和打理都是由他来负责。他们家还有两个女儿，一位叫克里斯汀（Kristin），据说酒庄的标识是她设计的。另一位名为卡梅伦（Kameron），酒庄名中也有她的名字，她现在是酒庄俱乐部的经理。

我记得是 2014 年 8 月 5 日上午访问的这家酒庄，寻寻觅觅很久才找到这里，当时品尝了他们三款酒，这 3 瓶酒不是当天开的，虽说是用那种最流行的抗氧化的开酒和倒酒器，但个人一直不觉得这样真能保持酒的风味不变，如果放几个小时不倒酒，我还是觉得有酒中金属氧化气味，果香也会受影响，我觉得他们家的酒不当天开瓶会影响酒本来的口感。

第一款酒是 2010 年的梅乐，此酒酒体中等，单宁适中，酸度较高，不过酒体平衡，回味长。

第二款是 2009 年的赤霞珠，此酒的酒体偏中等，有少许咸味，回味适中，是一款苗条型的赤霞珠。

第三款是 2010 年的混酿 Cuvee，酒体中等，有辛香料的气息，酸度强，回味长。

这家的酒确实给人以来自凉爽产区的感觉。他们敢于在海边如此之高的山脊上开辟葡萄园酿酒的勇气是值得赞扬的，本人很高兴见到有华裔美国人在这里建酒庄，建酒庄酿造好酒需要付出的心力和体力非常大，要顾及方方面面，希望他们一切顺利。

评分

2010 Korbin Kameron Merlot···89 分

2009 Korbin Kameron Cabernet Sauvignon··88 分

2010 Korbin Kameron Estate Blend Cuvee Kristin······································90 分

酒 庄 名：Korbin Kameron

土地面积：186 英亩

自有葡萄园面积：20 英亩（目前）

产　　量：1,700 箱（目前）

电　　话：707-9381882

地　　址：5420 Cavedale Road Glen Ellen，CA95442

网　　站：www.korbinkameron.com

酒庄访问：需要预约

第二十二节

科斯塔·布朗酒厂
(Kosta Browne Winery)

该酒厂是当·科斯塔（Don Kosta）和迈克·布朗（Michael Browne）两人创建的，这是两位餐厅工作人员从一点一滴做起的酒庄，这个酒庄也证明了在美国，只要有想法而且很努力，任何一个平凡的人都可以实现自己的梦想！

1997年，当和迈克曾在圣达·罗莎（Santa Rosa）城镇的约翰阿什（John Ash）餐厅打工，当是索诺玛本地人，从小在家庭受耳濡目染，所以他很喜欢葡萄酒，他一直从事餐饮业，是经验丰富的餐饮界人士。而迈克来自华盛顿州，他一直想当个建筑师，为了生计他也在约翰阿什的餐厅打工，作为同事他与当经常交流，他俩都对酿造自己的酒有兴趣，于是他们用8个月的小费购买了半吨黑比诺葡萄，买了旧桶和其他简单的设备第一次酿了葡萄酒。

到了2001年，他们2000年份的俄罗斯河谷的黑比诺还在橡木桶里，差不多有一百五十箱，然而两位要实现他们的梦想，需要发展资金，他们通过朋友找到了克里斯·科斯特洛（Chris Costello）和他的家人，克里斯是索诺玛本地人，他1997年毕业于加州大学洛杉矶分校，获得经济学学士学位，毕业后他随父亲从事房地产开发和经营管理工作，他和他的兄弟凯西（Casey）合作做一些并购、开发和管理等生意。在当和迈克找到他们的时候，克里斯被他们的创业故事和前景所吸引，随即加盟了他们，并为他们共同的葡萄酒设计了生意模式。克里斯一家也支持这次创业，不仅仅是资金，还有他父亲的经验和人脉关系。克里斯的加入使得该酒厂在战略、营销、财务方面有了很大的提升。

该酒厂目前只出产霞多丽和黑比诺两个品种的酒，不过有十几种不同的的葡萄酒，酿酒葡萄主要来俄罗斯河谷、索诺玛海岸以及圣达·露西娅高地（Santa Lucia Highlands）。他们的理念

✉ Kosta Browne-Founders-Dan Kosta-Chris Costello-Michael Browne

是要酿造浓郁、均衡的美酒，要能体现每个葡萄园的地域特征，当然，这也是很多想酿造优质葡萄酒的人的心愿。

他们 2013 年在绿谷的基弗牧场（Keefer Ranch）葡萄园购买了 20 英亩的葡萄园，这里位于俄罗斯河谷西南角，总面积有 50 英亩，地处丘陵小山的缓坡上。这里是俄罗斯河谷较凉的地区之一，早晨和晚上都有雾，下午阳光灿烂，有来自太平洋的微风吹过来。这里的土壤是金岭砂质壤土，种有多个克隆品种的黑比诺。

在该酒厂访问的时候，我品尝了他们几款具有代表性的葡萄酒。第一款是 2012 年"一十六"（One Sixteen）霞多丽，酿造此酒的葡萄来自俄罗斯河谷多个葡萄园，有着愉悦花香、热带水果以及少许蜜香，入口酒体丰腴，酸度爽脆。

第二款是 2012 年索诺玛海岸的黑比诺，有着成熟甜美的红、黑色樱桃及覆盆子的气息，香气芬芳，酒体适中，酸度生津，回味较长。

第三款是 2012 年基弗牧场（Keefer Ranch）葡萄园黑比诺，此酒没有香艳的香气，酒体适中，入口果味、酸度、单宁的均衡感好，有回味。

第四款是 2012 年索诺玛海岸的豁口冠（Gap's Crown）葡萄园的黑比诺，酒色较为深浓，有着成熟的樱桃、覆盆子的甜美果香，入口酒厚，酸高，回味长。

该酒厂的黑比诺在美国也是蛮有名气的，他们的酒 90% 都是通过直销，其他的通过餐厅和代理销售，其中餐厅销售掉 90%，剩余的也少量出口，包括出口到中国和日本。

评分

2012 One Sixteen Chardonnay···92 分

2012 Sonoma Coast Pinot Noir···93 分

2012 Keefer Range Vineayrd Russian River·······································94 分

2012 Gap's Crown Vineyard Sonoma Coast·······································95 分

酒 庄 名：Kosta Browne Winery

自有葡萄园：20 英亩（目前）

产　　量：25，000 箱

电　　话：707-8237430

地　　址：220 Morris Street Sebastopol
CA 95472

网　　站：www.kostabrowne.com

E-mail：kb@kostabrowne.com

酒庄旅游：需要预约

第二十三节

兰开斯特酒庄
(Lancaster Estate)

该酒庄位于亚历山大山谷白垩山（Chalk Hill）之路边上，最近才被福利家族葡萄酒（Foley Family wines）集团公司收购，该集团麾下有二十多家葡萄酒厂以及其他产业。

兰开斯特酒庄建于 1995 年，是泰德·辛普金（Ted Simpkins）创建的，围绕酒厂的葡萄园是以他父亲的姓氏来命名，此外还采用家族的狮子图案作为酒的标识，他们一直少量酿造波尔多品种的葡萄酒。

他们的酒庄位于葡萄园的边上，该酒庄是由

尤金·席尔瓦（Eugene Silva）建筑设计师所设计，该酒厂与周边的自然协调一体，常春藤环绕着酒厂并连接着树木葱茏的小山，而 9,000 平方英尺的橡木桶酒窖就坐落这小山的山体里面。在葡萄园的两座小山之间有一栋别具一格的别墅掩映在树木之中。葡萄园中用太阳能发电，这些电能基本上够整个酒厂使用，可以说这家酒庄非常注重环保和生态。

该酒庄位于亚历山大山谷的南部小山上，与白垩山（Chalk Hill）和骑士（Knights）山谷相连，形成了独特的小气候带。这里土壤较为贫瘠，气候较为温暖，很适合于种植波尔多的品种。他们这 53 英亩的葡萄园位于起伏的小山上，种植的葡萄品种主要是赤霞珠，此外还种有品丽珠、马尔贝克、梅乐、小维尔多等品种。

2004 年，知名的酿酒师大卫·雷米（David Ramey）就曾经给他们做过酿酒顾问，如今他们的酿酒师是杰西·卡茨（Jessie Katz），他是位出色的酿酒师，曾经在啸鹰酒厂、门多萨的保罗·霍布斯（Paul Hobbs）以及阿根廷酿过酒，他具备着目前全球最新的酿酒技术和酿造优质酒的经验。他 2010 年开始在这家酒厂酿酒，品尝了他酿造的酒后，我惊叹像他这样的年轻酿酒师的技术真是一日千里，他们年纪轻轻就周游世界学习酿酒，

▽酿酒师杰西·卡茨

跟着高手学习，迅速消化吸收成为自己的经验和技艺，而这家酒庄的酒能有今天这样的水平，跟他有着很大的关系。

该酒庄的葡萄酒品种并不多，我重点说说杰西酿造的3款酒。第一款是萨曼塔（Samantha's）长相思，采用100%长相思品种酿造，此酒有着馥郁的香气，入口酸度劲爽，酒体圆润而丰腴，有岩韵，回味长。

第二款是2010年索菲娅山边混酿（Sophia's Hillside Cuvée）的红葡萄酒，这一年采用的是83%的赤霞珠和17%的品丽珠酿造，此酒有成熟有度的深色浆果的果香和辛香料的气息，香气较为浓郁，入口单宁丝滑，酒体中等，均衡，有回味。

第三款是2010年蓝标的赤霞珠，这一年的酒是采用79%的赤霞珠、12%的梅乐、6%的马尔贝克、2%的小维尔多、1%的品丽珠酿造，有浓郁的深色浆果和辛香料的气息，单宁细腻而浓密，酒体丰腴，回味长，是一款优雅而精致风格的红葡萄酒。

他们的红葡萄酒每年调配品种的比例不一样。听杰西说，将来他们还要出酿酒师精选葡萄酒，相信随着酿酒师对葡萄园越来越熟悉和理解，他们的酒也会越来越精彩吧，让我们拭目以待。

评分

2010 Cabernet Sauvignon···95 分

2010 Sophia's Hillside Cuvée···91 分

2013 Samantha's Sauvignon Blanc····································91⁺ 分

酒 庄 名：Lancaster Estate

自有土地面积：120 英亩

自有葡萄园面积：53 英亩

产　　量：5，000 箱左右

电　　话：707-4338178 转 1

地　　址：1l5001 Chalk Hill Road,
　　　　　Healdsburg，CA95448

网　　站：www.lancaster-estate.com

酒庄访问：需要预约

第二十四节

里程碑酒庄
(Landmark Vineyard)

该酒庄属于拥有斐济矿泉水（Fiji Water）的美国亿万富翁斯图尔特·瑞斯尼克和琳达·瑞斯尼克（Stewart and Lynda Resnick）夫妇，他们于 2011 年收购了这家酒庄。

该酒庄位于索诺玛热门旅游区的索诺玛高速公路边上，这条路是索诺玛著名的葡萄酒之路，周边有着众多的酒庄，而里程碑酒庄就位于圣·索菲娅（St. Francis）酒庄和圣·让城堡酒庄（Chateau St. Jean）之间，它是索诺玛旅游的热门酒庄之一。他们除了有每天开门迎客的酒吧和店铺，还设有

可以住宿的小酒店，可以举办婚礼以及私人定制的聚会。

该酒庄目前的酒庄主是斯图尔特·瑞斯尼克和琳达·瑞斯尼克，他们位居 2013 年福布斯美国富豪榜第 400 位，全球亿万富豪榜第 138 位，其资产有 22 亿美金，他们最有名的投资产品可能是斐济矿泉水。2010 年他们开始收购酒庄，2010 年 12 月，他们收购了贾斯汀葡萄酒庄（Justin Vineyards and Winery），随后的 2011 年 8 月他们收购了索诺玛的里程碑酒庄，该酒庄规模适中，

便于运作且运营风险不大。

　　对于投资者来说，开酒庄本身是一门好生意，除了做酒庄旅游，他们也生产平易近人、价格不高的葡萄酒，比如说他们的"忽略"（Overlook）霞多丽和黑比诺产量较大，价格不贵，是可以供日常饮用的酒。当然，他们也有单一葡萄园的葡萄酒，有的表现也还不错。

　　该酒庄周围的 11 英亩葡萄园，除用自产的葡萄外，他们也购买葡萄酿酒，他们的酒种类也比较多，但最主要的品种依然是霞多丽和黑比诺。其白葡萄酒适合大众口味，有一些偏甜，此外罗杰斯溪（Rodgers Creek）葡萄园的霞多丽、单一葡萄园的大绕道（Grand Detour）和布拉斯李树（Mirabelle）葡萄园的黑比诺都有一些来自海洋的咸味。

　　我挺喜欢他们 2012 年的布拉斯李树葡萄园以及罗杰斯溪葡萄园的黑比诺，尤其是后者，辛香，厚实，回味长。

评分

2013 Overlook Chardonnay ·· 80 分

2012 Overllok Pinot Noir ·· 81 分

2012 Rodgers Creek Vineyard Chardonnay ·· 86 分

2012 Grand Detour Pinot Noir ··· 88 分

2012 Mirabella Vineyard Pinot Noir ·· 91 分

2012 Rodgers Creek Vineyard Pinot Noir ··· 92 分

酒 庄 名：Landmark Vineyard

自有葡萄园：11 英亩

产　　量：50，000 箱

电　　话：707-8330218

地　　址：101 Adobe Canyon Road,
　　　　　P.O.Box 340 Kenwood，CA95452

网　　站：www.Landmarkwine.com

E-mail：wmaddox@landmarkwine.com

酒庄旅游：对外开放
　　　　　（上午 10:00- 下午 5：00）

拉塞特家族酒庄
（Lesseter Family Winery）

该酒庄位于索诺玛高速公路左边的里侧，是南茜和约翰·拉塞特（（Nancy & John Lasseter）创建的的家族酒庄。该酒庄有一个非常鲜明的标志：玫瑰、蜜蜂和五粒葡萄。玫瑰代表南希，蜜蜂代表约翰，五个葡萄代表他们的五个孩子。

约翰和南茜 1985 年在旧金山一次计算机图形学会议上相遇然后相爱结婚，他们到酒乡索诺玛度蜜月时爱上了这个地方，1993 年，他们干脆就搬到了索诺玛的小镇上居住，在恬静的酒乡生育了五个子女，他们住在酒乡加上喜欢葡萄酒，因此结交了不少酿酒师朋友，进而开始定制自己的酒，1997 年他们装瓶了波尔多式混酿的酒作为圣

诞礼物。2000 年，他们在雷米·里奇（Remick Ridge）酒庄酿造自己的酒，在这期间，他们开始考虑建一个自己的酒庄。2002 年，他们获得了目前酒庄所在地这片有历史的地产，这是一个迷人的地方，不仅仅有葡萄园，还有原始的森林、小溪和湖泊。

他们在葡萄种植方面也是本着可持续的发展的原则。此处是索诺玛较为温暖的产区，他们主要种植的是法国波尔多和隆河地区的品种。他们的葡萄园分 3 块，第一块在上台阶地有 17 英亩，这是块河滩地，当地称之为格伦·埃伦·大亨（Glen Ellen Moguls），这里卵石多，排水很好，这里种有赤霞珠、品丽珠、梅乐、马尔贝克等品种。第二块位于酒厂的西部，这里更加地温暖，有 10 英亩的葡萄园，这里有百年树龄的金粉黛以及其他隆河地区种植的品种，如希拉、歌海娜、穆维多、神索等。第三块葡萄园在卡拉巴萨斯（Calabasas）小溪东边，有 7 英亩，位于谷地，这里的土壤是多石块的冲击土，也种植一些隆河的品种。

他们的酒有 6 款，每款酒都有不同的画面，是丹尼斯·兹米斯基（Dennis Ziemienski）根据他们的意图所设计和绘制的。我访问该酒庄的时候品尝了其中的 5 款酒，第一款酒是 2012 年的粉红，名为活泼（Enjoue），法语中有快乐和开怀

之意，画面是葡萄园与跳水女子，这是采用隆河的品种酿造，他们很热衷于酿造普罗旺斯和邦德（Bandol）风格的粉红酒，此酒芬芳，圆润，酸度愉悦，属易饮之酒。

第二款是 2011 年的铁路（Chemin De Fer）干红葡萄酒，酒标的画面是老式的火车头，此酒有成熟的深色浆果气息，香气馥郁，入口单宁柔顺，酒体中等，有回味。

第三款是 2011 年的智者的灵魂（L'Ame Du Sage）干红葡萄酒，画面是金粉黛老树，此酒所用的葡萄也来自金粉黛老树，有愉悦的果香，单宁柔和，酒体偏中等，回味适中，是款果香型的干红。

第四款是 2010 年的乡村景色（Paysage）干红，这是采用波尔多品种酿造，是有点波尔多风格，中等酒体，有着优雅特征的酒。

第五款是 2011 情人（Amoureux）干红，酒标的画面是蜜蜂与玫瑰，此酒是马尔贝克混合赤霞珠酿造的，应该是这家酒庄的旗舰酒，此酒的酒体中等，单宁柔和丝滑，果香愉悦，有回味。

这家酒庄的酒名全是法语，看起来酒庄主非常喜欢法国，他们的酒也是往优雅和苗条的方向去酿造。如果来索诺玛度假和休闲，这家酒庄确实是个好去处，可以到他们酒庄附近的湖边和森林里休憩和品酒。

评分

2012 Enjoue Rose······88 分

2011 Chemin De Fer······89 分

2011 L' Ame De Sage······89 分

2010 Paysage······90 分

2011 Amoureux······92 分

酒 庄 名：Lasseter Family Winery
土地面积：95 英亩
自有葡萄园：34 英亩
产 量：5，000 箱
电 话：707-9332814
地 址：1 Vintage Lane，Glen Ellen，CA95442

网 站：www.lfwinery.com
酒庄访问：需要预约

第二十六节

劳雷尔·格伦酒庄
(Laurel Glen)

这是个小酒庄，然而其葡萄园有着悠久历史，他们在格伦·埃伦（Glen Ellen）小镇有自己的品酒室。

他们的葡萄园早在1880年就已经种植了葡萄树，是由德国的拓荒者开辟的，当时这里种植的品类繁多，很多品种都杂在一起。1968年，卡门·泰勒（Carmen Taylor）获得葡萄园后重新种植了一些赤霞珠品种，并将此葡萄园命名为劳雷尔·格伦（Laurel Glen），这些赤霞珠是早期品种，如今依然种植在他们的葡萄园里，这个园子的葡萄也曾经卖给圣·让（St.Jean）酒庄。

1977年，帕特里克·坎贝尔（Patrick Campbell）开始购买这个地产，从3英亩开始，一直到今天的16英亩，目前他们的葡萄园除了有1880年种的葡萄品种，还有一部分的赤霞珠是1968年种下的品种，此外，还种有一些被加州戴维斯大学鉴定过的赤霞珠克隆品种。

他们的葡萄园位于海拔800-1,000米的面东的山坡上，这里能享受到很好的上午的阳光，避开灼热的下午阳光，晚上受到来自山谷的温暖气流的影响，此海拔也刚好在雾线之上，气候不冷也不热。

他们葡萄园的土壤是海床风化土混合火山土，土壤呈淡红色，多石块，土层深18-30英尺，土壤利水性好。此外，由于葡萄园位于茂密的森林边上，地下水源充足，成年葡萄树即使在夏天也可以不用灌溉。目前，他们的葡萄园也已经过渡到有机种植。如今葡萄产量控制在每英亩两吨。

该酒庄自1981年开始酿造自己的葡萄酒，如今执掌酿酒和管理酒庄的是酿酒师兰德尔·沃特金斯（Randal Watkins），他是索诺玛本地人，曾在索诺玛多家酒庄工作过，包括索诺玛的布埃纳·维斯塔（Buena Vista）酒庄，他跟随纳帕和索诺玛知名的酿酒顾问戴维·雷米（David Ramey）工作过，也曾经在智利做过酿酒师。他

来这家酒庄酿酒基于几方面的原因：一是了解到这家的葡萄园好；二是孩童时期他父亲跟酒庄主就是朋友，知根知底；三应该是靠家近。他酿的赤霞珠在当地也是较为知名的，曾被专业媒体评过高分。

访问该酒庄的品尝室的时候我品尝了他们 7 款酒，其中有 5 个不同年份的赤霞珠，这使得我对他们的赤霞珠有了一定的认识。

我品尝了 2013 年这款名为疯狂的老树（Crazy old Vine）的粉红，是采用 50% 的赤霞珠，其他的 50% 是混合的红葡萄品种，此酒有迷人的红色浆果果香，入口滋味十足，酸度好，均衡，回味长。

第二款是 2012 年对位法（Counterpoint）赤霞珠，此酒颜色深浓，有成熟有度的深色浆果气息，单宁酸突出，酒体比较饱满，有回味。

第三款是 2010 年劳雷尔格伦（Laurelglen）赤霞珠，此酒的酒色深浓似墨，有丰富的黑色浆果、巧克力、可可以及香料的气息，酒体饱满，果味丰沛，单宁成熟，回味长。

第四款是他们桂冠诗人（The Laureate）的多个年份的系列酒，有的酒本是酒庄主自己存了少量用于品尝用，2010 年的此款酒既有成熟甜美的果香、巧克力以及香料的气息，单宁酸也高，回味也长。2009 年的这款酒果味浓郁而丰厚，单宁质地如丝绒一般，还能感觉到岩韵气息。

总体来说，这家的酒很实在，他们应该是遵从每年葡萄的特点来酿酒，温暖的年份酒可以早些时候喝，凉爽一些的年份酒可以存放更久一些。他们的粉红很有特点，性价比也不错。

评分

2013 Crzay old Vine Rose ··· 90 分

2012 Laurel Glen Counterpoint CS ··· 89 分

2010 Laurel Glen Vineyard CS ·· 92 分

2010 Laurel Glen "TheLaureate" CS ·· 93 分

2009 Laurel Glen "TheLaureate" CS ·· 94 分

酒庄名：Laurel Glen Vineyard

自有葡萄园：16 英亩

产　　量：3，000 箱

电　　话：707-9339877

地　　址：969 Carquinez Avenue Glen
　　　　　 Ellen，CA95442

网　　站：www.laurelglenvineyard.com

E-mail：info@laurelglenvineyard.com

品酒室：对外开放

第二十七节

莱曼酒庄
(Lynmar Estate)

该酒庄是美国弗里茨（Fritz）快递公司的CEO林恩·弗里茨（Lynn Fritz）创建的，他们第一个年份的葡萄酒是从1990年开始的，该酒庄是索诺玛地区出产优质霞多丽和黑比诺葡萄酒的酒庄之一。

林恩厌倦了繁忙的快递工作而向往田园生活，1980年，他在俄罗斯河谷地区塞瓦斯托波尔（Sebastopol）附近购买了鹌鹑小山（Quail Hill）的这片地产作为他休憩的后花园，买下后，他们开始在这片园子里种植葡萄树、其他树木以及花草，1990年他们开始尝试酿造葡萄酒。

▽酒庄主

2001年1月10日，UPS以发行价值4.33亿美元新股的方式收购弗里茨（Fritz）集团公司旗下的加利福尼亚物流公司。2008年，林恩和安妮莎（Anisya）在这片地产上修建了他们的长期住宅，夫妻俩开始经营和管理葡萄酒庄的工作。

购买鹌鹑小山（Quail Hill）的一片地方后，他们又逐年购买了周边的6块地，如今他们的地产面积已经达到了100英亩，这些土地分为53个地块。酒厂周围这块地方有一片老葡萄园是1971年种植的霞多丽和黑比诺，1996年他们开始更新这片葡萄园，新选择的15个不同克隆的黑比诺、4个不同克隆的霞多丽，如今大部分已经更新完，园里有70%的黑比诺和30%的霞多丽，还有小部分的希拉。种植如此纷繁复杂的克隆品种，为的就是酿造丰富而复杂的葡萄酒。在葡萄种植方面他们也坚持可持续发展的路线。

这里的气候很独特，受到三个因素的影响，每天下午有来自西南方向的凉风，这是来自著名的帕塔鲁马（Petaluma）风口，这些风和圣罗莎泻湖（Laguna de Santa Rosa）的湿润气候相互作用下，使得这里傍晚开始起雾。其它两个因素是从俄罗斯河边Jenner小镇这个入口沿着河道过来的海风，以及西部高山上的冷空气，二者晨间在泻湖（Laguna）这个地区交汇，使得雾气消散，

让面东的葡萄园开始享受到早晨的阳光。晚上雾气重，但白天阳光明媚，气候干爽，使得葡萄得霉病的概率不高。

他们的酒厂位于距离品尝室不远的葡萄园的一侧，这是一个非常现代化的精致的酒厂，是现代酿酒师梦寐以求的酒厂，非常适合酿酒操作，只要有好葡萄，并且细致地对待都能在这里酿造出好酒。

该酒庄的主要葡萄酒品种是霞多丽和黑比诺，但种类却很多，此外还酿造一款希拉和一款粉红。在该酒庄访问的时候，我品尝了他们9款葡萄酒，其品质和美味感受让我记忆犹新。他们的霞多丽普遍有着铿锵而爽脆的酸度，酸与甘平衡，有一定的厚度，较为温暖的葡萄园出产的酒带有热带水果的果香，凉爽的葡萄园出产的酒则有绿色水果气息，有的有明显的岩韵。黑比诺表现也不错，果香好，但普遍都带有些咸味，这显然是受海洋气息的影响。总体来说，这家葡萄酒很具有俄罗斯河谷优质葡萄酒的典型特征，生长于凉爽的气候中，有海洋的气息，葡萄成熟有度，酸甜平衡。

该酒庄是当地一个热门的葡萄酒庄，倡导一种休闲的葡萄酒乡村生活方式，他们的品酒室外面有蔬菜园，自己还酿葡萄酒醋，在这里能享受到葡萄酒与美食的搭配，有的食材来自该酒庄的蔬菜园，在这里品饮他们的酒和食物确实是一种享受！

评分

2011 Russian River Valley Chardonnay···93 分

2011 La Sereinite Chardonnay··94+ 分

2011 Susanna's Vineyard Chardonnay···95 分

2010 Quail Hill Vineyard Chardonnay··96 分

2012 Russian River Valley Pinot Noir··91 分

2012 Terra de Promissio Pinot Noir···93 分

2012 Quail Hill Vineyard Pinot Noir···92 分

2012 Quail Hill old Vines Pinot Noir··94 分

2012 Quail Hill vineyard Summit Pinot Noir··93 分

酒 庄 名：Lynmar Estate

土地面积：100 英亩

葡萄园面积：45 英亩

电　　话：707-8293374

地　　址：3909 Frei Road, Sebastopol,
　　　　　CA95472

网　　站：www.lynmarestate.com

E-mail：info@lynmarestate.com

酒庄访问：对外开放（上午 10:00 - 下午 4:30）

第二十八节

梅里·爱德华兹酒庄
(Merry Edwards Vineyard)

该酒庄位于位于塞瓦斯托波尔（Sebastopol）城镇附近，是当地知名的女性酿酒师梅里·爱德华兹（Merry Edwards）建立的酒庄。要说跟中国有点关系，那就是她的儿媳妇是中国人，2014年，梅里的孙女诞生了，这使他们更加地关注中国了。

梅里可以说是加州最早的女性酿酒师之一，

▼ Merry Edwards

1973年，她毕业于戴维斯分校的食品科学和酿酒专业，毕业后在伊甸园山（Mount Eden）酒厂做了酿酒师。1975年她曾精选了这个酒厂葡萄园的黑比诺枝条去戴维斯分校做脱毒处理，这些苗木成了戴维斯分校的黑比诺37号克隆，它们今天在索诺玛地区也有种植。

上世纪七十年代中期梅里频繁地来索诺玛，得到了良师和好友乔·斯旺（Joe Swan）的指点，当她采用索诺玛的葡萄酿酒时发现了索诺玛葡萄园的潜力，当有朋友建议和她合资酿酒的时候，她于1977年搬到了俄罗斯河谷，同时被马坦萨斯溪（Matanzas Creek）酒庄聘为酿酒师，酒庄派遣她去法国考察，学习黑比诺的克隆与变异。她将不同的克隆品种在马坦萨斯溪酒庄的葡萄园实践种植，收获的葡萄分开酿造，这些不同克隆的区分和实践在当时可以说是很前位的。

1981年，她和家人购买了一处小地产，1984年梅里离开了马坦萨斯溪酒庄，建立了家庭小酒庄，同时从事葡萄酒酿造咨询的工作，之后由于行业不景气，资金问题导致1989年她的小酒厂关闭。然而她在酿酒咨询方面做得很成功。

这些年的酿酒实践让她对俄罗斯河谷的葡萄园有了充分的了解，经过仔细的勘察，她看中了塞瓦斯托波尔小山（Sebastopol Hills）这个地方，

购买了 24 英亩的葡萄园,这就是他们知名的梅瑞狄斯(Meredith)葡萄园,她在这里酿造了以她的名字命名的黑比诺葡萄酒。

接下来好运一直跟随着她,1997 年她认识了现任丈夫肯(Ken),1998 年他们结婚,同年,他们在梅瑞狄斯这块地产上种下了精心挑选的葡萄克隆品种。1999 年他们又购买了 9.5 英亩的库珀史密斯(Coopersmith)黑比诺葡萄园,并计划在这里建立酒厂;2008 年,酒厂建成。

2001 年,她酿造了后来知名的长相思干白葡萄酒。在这之后,他们陆续购买葡萄园,到 2015 年他们拥有的葡萄园达到了 86 英亩。

该酒庄主要葡萄酒是黑比诺,其种类很多,单一葡萄的葡萄酒也各有特点。这家的黑比诺给我的总体感受是葡萄的成熟高,果香好,但酸度也高,有深度。限于篇幅,我重点谈一下 6 个单一葡萄园的黑比诺。

2012 年奥利韦园地(Olivet Land)黑比诺,此酒有成熟而丰富的果香,有胡椒似的麻感,酒体丰腴,酸度高,回味长,是款很有深度的酒。

2012 年的库珀史密斯(Coopersmith)黑比诺,此酒颜色深,有成熟甜美的果香和辛香,单宁感比较突出,酒体较为丰满,酸度适中,有回味。

2012 年克洛普牧场(Klopp Ranch)黑比诺,此酒均衡感佳,是款具有优雅特征的黑比诺。

2012 年 Flax 葡萄园黑比诺,此酒明显来自凉爽产区,果香较为清新,酸度高,单宁感强,酒体适中,有回味。

2012 年梅瑞狄斯地产(Meredith Estate)黑比诺,此酒有着成熟甜美的果香,酒体饱满,酸度高,单宁细腻,回味悠长。

到 2013 年,梅里从事酿酒师职业已经有 40 年的时间了,她酿造的酒得过很多的奖项,她本人也获得了很多的荣誉,他们家的黑比诺也成为美国知名的葡萄酒之一。如今依然可在葡萄园和酿酒车间见到她的身影,不过,她现在已经可以自在地平衡工作和生活。她育有两子,和丈夫肯幸福地生活在一起。她喜欢烹调和打理花园,尤其喜欢玫瑰,她的人生可以说是葡萄酒的玫瑰人生!

评分

2012 Russian River Valley Sauvignon Blanc	90 分
2011 Russian River Valley Chardonnay	92 分
2012 Sonoma Coast Pinot Noir	92 分
2012 Russian River Valley Pinot Noir	92 分
2012 Georganne Pinot Noir	93 分
2012 Olivet Lane Pinot Noir	97 分
2012 Coopersmith Pinot Noir	95⁺ 分
2012 Klopp Ranch Pinot Noir	95 分
2012 Flax Vineyard Pinot Noir	94 分
2012 Meredith Estate Pinot Noir	96 分
2012 Late Harvest Sauvignon Blanc	96 分

酒 庄 名：Merry Edwards Winery

自有葡萄园：54 英亩

产　　量：25，000 箱

电　　话：888-3889050

地　　址：2959 Gravenstein Highway
　　　　　North Sebastopol，CA95472

网　　站：www.merryedwards.com

E-mail：order@merryedwards.com

酒庄访问：对外开放（上午 9:30- 下午 4:30）

第二十九节
佩里·佩里酒厂
（Papapietro-Perry Winery）

这是一家典型的车库酒厂，它是本·佩里（Ben Papapietro）和好友布鲁斯·佩里（Bruce Perry）创建的，位于干溪谷之路的边上，这里云集着好多家车库酒庄和品酒室。

本·佩里是酒厂主之一，同时也是酿酒师，他是有意大利血统的美国人，从小对葡萄酒耳濡目染，他爷爷就在地下室做过家酿葡萄酒，饮葡萄酒对于意大利裔的美国人来说是家庭的传统。这种家族传统使得他养成了喝葡萄酒的习惯，当时他饮用的多为波尔多酒和美国酒，有一次他喝到1956和1957年的勃艮第的葡萄酒，那种香气和味道彻底将他征服，使得他对葡萄酒产生了浓厚的兴趣，在葡萄收获季节自愿到索诺玛的朋友的酒厂去做义工。

本·佩里早期在旧金山是从事报纸发行代理工作的，他结识了美酒和美食的共同爱好者布鲁斯，两人兴趣相投。布鲁斯是第三代的旧金山人，尽管他的爷爷辈也是自己在家酿些家酿葡萄酒，但他从来没有想过自己去酿酒，后来本邀请他一起去他们共同的朋友位于索诺玛的酒厂帮忙采摘葡萄，这使得他对葡萄酒厂有了一定的认识，上世纪八十年代初，本邀请他合伙来酿酒。

本·佩里与布鲁斯自此开始酿造他们的车库酒，到了九十年代，他们发现他们酿造的酒与加

↑ 本·佩里

州一流的黑比诺相差无几，这增加了他们的信心。通过亲朋好友的帮助，他们购买了设备，在索诺玛干溪谷建立了一个小规模的商业酒厂。

当他们的第一个年份酒出售的时候，本·佩里的合作伙伴变成了布鲁斯的太太——瑞娜·佩里（Renae Perry），她是时尚的纽约人，擅长于与人打交道，她主外，负责销售，而布鲁斯继续做他的旧金山软件公司的销售总经理。本主内，负责酿酒，本的太太尤兰达（Yolanda）2009年

加入他们的葡萄酒生意，她主要是负责批发生意和酒厂活动。

他们没有自己的葡萄园，是购买葡萄酿酒，他们的酒有 90% 是黑比诺，其他的是霞多丽和金粉黛。

当我问本·佩里，你们的酿酒师理念是什么？他乐呵呵地说："我们酒厂的理念是让酒熟一点再卖！"他觉得，所谓酿造好酒，是要注意酿造的每一个细节，认真做好每一步，比如不要过度使用橡木，此外，葡萄酒发酵的温度和陈化的环境等细节也很重要。

我品尝他们多款黑比诺的时候确实感受到一些酒在最佳状态，酒香四溢，对于喝酒的人来说，喝的时候酒处于最佳的表现状态那是很享受的，从酒香来看，这些黑比诺只有比勃艮第更加地芬芳，之所以他们有的酒年份不长就有勃艮第十年以上陈年的酒香，自然跟葡萄和他们的酿造法有

关系。对于他来说，酿造所有品种的酒手段差不多，用的也是一样的酵母，葡萄采摘后通常冷浸泡 2-4 天，不同的克隆和品种分开酿造和陈化，采用同样的法国橡木桶，黑比诺一般在桶内陈化 11-12 个月，金粉黛则需要 12-17 个月，一般到春天的时候，通过品尝木桶内的酒后决定如何勾兑什么样风味的葡萄酒。他们觉得酿酒是通过葡萄去展示细微的不同之处，酿酒师只是葡萄酒的助产士。

本酿酒已经近三十年了，他觉得烹调和做酒一样，都要美味和享受，他不是在酒窖就是在厨房，他们俩喜欢旅游，如果不旅游的时候他们一般在索诺玛的酒厂或和他们的两个孙子在一起。而布鲁斯和瑞娜也逐渐习惯了索诺玛的乡村生活，这里来自世界各地的游客使得他们并不感到寂寞，他们和一条叫红宝石（Ruby）的狗幸福地生活在一起。

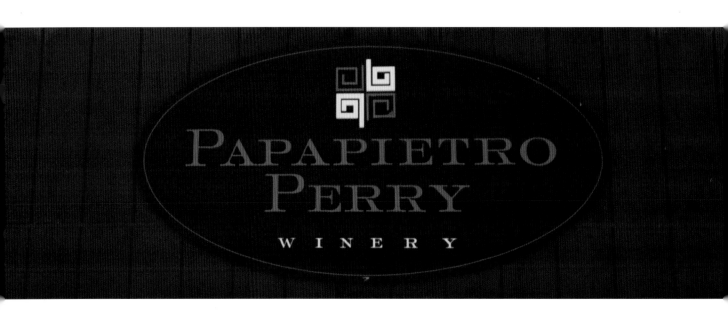

评分

2011 Russian River Valley Pinot Noir······························91 分

2011 Peters Vineyard Russian River Valley Chardonnay···········94 分

2011 Nunes Vineyard Russian River Valley Pinot Noir···········92 分

2011 Leras Family Vineyard Russian River Valley Pinot Noir·····92+ 分

2011 Pommard Clones Russian River Valley Pinot Noir···········93+ 分

2011 Charles Vineayrd Anderson Valley Pinot Noir·············93 分

2011 Peters Vineyard Russian River Valley Pinot Noir··········92 分

2012 Mukaida Vineyard Russian River Valley Pinot Noir·········94 分

酒 庄 名：Papapietro Perry winery

产　　量：8，000 箱

电　　话：707-4330422

地　　址：4791 Dry Creek Road Healdsburg，CA95448

网　　站：www.papapoetro-perry.com

酒厂访问：对外开放

第三十节

派真豪酒厂
(Patz & Hall)

派真豪酒厂成立于 1988 年，是唐纳德·派真（Donald Patz）、詹姆斯·豪（James Hall）、安妮·摩西（Anne Moses）、希瑟·派真（Heather Patz）一起创建的。

这家酒厂的创始人之一唐纳德是纳帕和索诺玛当地的知名人物，对当地相当熟悉。他出生于俄勒冈州，上世纪七十年代他在上大学的时候看了休·约翰逊（Hugh Johnson）写的《世界葡萄酒地图》（*World Atlas of Wine*）这本书后对葡萄酒产生了浓厚的兴趣，他品尝很多来自世界各地的葡萄酒，很快他成为当地葡萄酒之友（Les Amis du Vin）葡萄酒集团董事。他看好北加州葡萄酒发展的前景，1983 年移居到了索诺玛的圣罗莎（Santa Rosa），在一家葡萄酒销售公司做经理，主要是给北加州的餐厅供应葡萄酒。

1985 年他加入花溪（Flora Springs）酒庄做销售经理，在这期间，他越来越渴望有一个属于自己品牌的葡萄酒，他发现同在一个酒庄工作的酿酒师助理 James Hall 和他对葡萄酒有很多共同的观念，即都喜欢凉爽产区葡萄，觉得如果区分开具体的葡萄园地块，采用小批量的传统手法（勃艮第）酿造酒，将会得到具有风土特征的优质葡萄酒。由于志趣相投，到 1988 年，他们合作成立了酒厂和品牌。在酒厂成立的最初几年里，唐纳德还继续为花溪酒庄以及吉拉德（Girard）酒厂工作，直到 1995 年，他才全职经营他们合资的酒厂。

他们的葡萄酒是索诺玛地区知名的优质霞多丽和黑比诺之一，能有这样的知名度，唐纳德付出了很多的努力，他是一位葡萄酒发烧友、收藏家，喜欢老酒，愿意与人共享。如今他主管国际销售。

詹姆斯也是从葡萄酒的爱好者变成了酿酒师，他在上大学时认识了安妮，他们都对葡萄酒有兴趣，他本来是学文科的，在业余时间学习酿酒师的课程，后来他转校到戴维斯分校学习酿酒，1981 年开始到费尔顿帝国（Felton-Empire）酒厂工作，跟随该酒厂的酿酒师学到很多理论和实践

▽我的左则是唐纳德·派真，右侧是詹姆斯·豪

相结合的酿酒知识和经验，1983 年到花溪酒庄工作，结识了唐纳德，建立了合资酒庄，他一直掌管酒厂的酿酒。

安妮拥有戴维斯分校的种植酿酒专业和加州大学生物学双学位，她是一位有天份的酿酒师，曾在名庄法尔年特（Far Niente）、春山以及玛尔玛·桃乐斯（Marimar Torres）等其他一些酒厂做过酿酒师，之后又做过销售，1988 年–2005 年，她一直是酒厂的总裁，为合资的酒厂做出了很多贡献，如今她负责加州的市场和销售。

希瑟在酒厂主要负责行政工作，如办公室管理、财务，接待、俱乐部和品尝活动，她以她的热情为酒厂树立了友好和亲切的形象。

该酒厂之前并没有自己的葡萄园，但他们和葡萄园主签有长期的合作协议，他们将与他们有共生关系的葡萄园主的图片都挂在墙上，他们希望大家品尝到酒的时候也知道葡萄的出处，使得这些园主也能出名。最近他们才购买了一块葡萄园，并在葡萄园中建立了自己的品尝室和对外店铺。

派真豪酒厂虽说只做霞多丽和黑比诺两个品种的酒，但这两个品种因葡萄园不同而导致酒种也很多，限于篇幅，下面重点讲 5 款酒。

他们的喜洋洋山脊（Cheery Ridge）葡萄园位于俄罗斯河谷地区，这是个凉爽的葡萄园，我品尝了 2012 年的霞多丽，感觉挺不错，此酒香气芬芳，有多种热带水果的气息，酸度爽劲，有生津感，酒体丰腴，有岩韵，回味长。

2012 年哈得孙（Hudson）葡萄园霞多丽表现出色，此园位于卡内罗斯。此酒香气馥郁，果香和橡木气息结合得很不错，有一定的岩韵，酒体丰腴厚实，酸度足，回味长。

2012 年兹要牧场（Zio Tony Ranch）葡萄园的霞多丽，此园位于凉爽的俄罗斯河谷。此酒的风格接近夏布丽，有着成熟的绿色水果的果香和些许橡木桶的香料气息，入口酸度高，酒体则显得苗条，让人回味悠长。

他们的黑比诺中最令人瞩目的当数海德（Hyde）葡萄园，此园位于卡内罗斯，和该酒厂有着长期而紧密的合作关系，采用这个葡萄园的黑比诺酿酒也让他们一举成名。记得访问该酒厂品酒室的时候，唐纳德开了一瓶 2000 年此园的黑比诺，打开后，迷人的酒香和香料香飘散开来，这款酒酒体丰腴，酸度愉悦舒服，酒香丰富，优雅细腻，喝起来不亚于温暖年份的勃艮第特级酒园黑比诺。

豁口冠（Gap's Crown）葡萄园黑比诺表现出色，此园位于索诺玛海岸。此酒果香馥郁，带有些农庄气息，酒体饱满，味道甘美，回味长。

这家酒厂是索诺玛的优秀酒厂之一，其霞多丽和黑比诺也能体现索诺玛地区的风土特征，此外，他们的酒可以做出口。

评分

2012 Sonoma Coast Chardonnay··90⁺ 分

2012 Dutton Ranch Chardonnay··92 分

2012 Cherry Ridge Vineyard Chardonnay·························93 分

2012 Hudson Vineyard Chardonnay·····························95 分

2012 Hyde Vineyard Chardonnay································91 分

2012 Zio Tony Ranch Chardonnay·······························94⁺ 分

2012 Sonoma Coast Pinot Noir·································90 分

2012 Alder Springs Vineyard Pinot Noir·····················94 分

2012 Jenkins Ranch Pinot Noir································92⁺ 分

2012 Gap's Crown Pinot Noir··································95⁺ 分

2012 Hyde Vineyard Pinot Noir································94 分

2012 Pisoni Vineyard Pinot Noir·······························92 分

2000 Hyde Vineyard Pinot Noir································95⁺ 分

酒 庄 名：Patz & Hall

签约葡萄园：170 英亩

产　　量：未知

电　　话：877-2656700

地　　址：21200 Eighth Street East，
　　　　　Sonoma CA95476

网　　站：www.patzhall.com

E-mail：info@patzhall.com

访问品酒：需要预约

第三十一节

雷米酒窖
(Remey wine Cellars)

雷米酒窖位于索诺玛的希尔德布格（Healdsburg），是美国知名酿酒师戴维·雷米（David Ramey）和他的太太卡拉（Carla）于1996年创建的。

1979年戴维获得了加州戴维斯分校种植和酿造专业的学位，在学校里他重点研究了水解酯，也就是葡萄酒中香气的发展，如今水解酯依然被用来了解葡萄酒的年龄。他毕业后非常有幸受雇于穆义（Moueix）家族，到波尔多的碧翠（Pétrus）酒庄工作，其实更多的是学习和实践。回加州后，

⚑ 瑞米与他女儿

他学到的本事很快得到了展现，他成了道明内斯（Dominus Estate）酒庄的酿酒师和项目经理，也还帮助建立了白垩山（Chalk Hill），吉拉德（Girard）酒庄以及其他的一些酒庄，成为多家酒庄的酿酒指导和顾问。尤其是小批量的传统的酿酒法，他可以说是北加州最早的实施者之一，也造就了今天不少纳帕和索诺玛酒的形态。这种传统法以酿造霞多丽来说，采用完全成熟的果实，葡萄皮不接触葡萄汁，直接压榨后的汁水进入橡木桶内用本土天然酵母发酵，随后进行苹果酸乳酸发酵。红葡萄酒则采用不过滤的手法。如今，戴维除了自己酒窖的工作，还依然在为加州北海岸的一些酒厂做酿酒顾问。

他们的葡萄酒品种繁多，葡萄不仅仅来源于索诺玛地区，也有产自纳帕的，葡萄品种主要有霞多丽、黑比诺、希拉和赤霞珠，葡萄酒种类众多，主要是单一葡萄园的葡萄酒，跟勃艮第一般，主要突出的是风土特征。

他们的酿造理念是尊重自然，可持续发展，适地种植适合的克隆的葡萄品种，旧世界的传统手法结合新世界的创新，注重每一个细节，酿造具有地域风味的平衡的酒。

我在该酒厂访问的时候品尝了19款葡萄酒，这是我在美国访问时在同一家酒厂品尝最多的一

次，一下子尝那么多酒真有点不知道从何说起。这真有点像德国人做酒，不知道酿酒师要酿那么多不同的酒怎么能记得清楚，忙得过来，这需要花多少工夫呀！

总的来说，霞多丽品种最多，我品尝了9款，总体感觉都相当出色，各个不同的葡萄园之间虽有细微的差别，但还是能感觉到酿酒师的风格，酒普遍色泽明亮，香气馥郁，酒体丰腴，酸度铿锵，一些葡萄酒的有岩韵，尤其是2012年伍尔西路（Woolsey Road）葡萄园的霞多丽有类似花椒的麻感。而后品尝了他们2005年Hyde酒园和俄罗斯河谷的霞多丽，其色泽金黄，有成熟的黄色瓜果和果脯气息，酸度依然强劲，酒体丰满，还可以陈年，这也足以证明纳帕和索诺玛凉爽产区的霞多丽和勃艮第的霞多丽一样具有陈年潜质。

我这次还品尝了他们索诺玛海岸的3个年份的希拉，他们的希拉明显具有凉爽产区特征，表现也很好，其单宁浓密丝滑，酸度突出，单宁与酸作为其支架，果味成熟有度，尤其2012年的表现更出色。

黑比诺只有一款，表现也相当好。此外他们纳帕山谷的每年（Annum）赤霞珠的风格则像瘦金体的书法，瘦高而坚韧。纳帕山谷的佩杰格尔（Pedregel）葡萄园的赤霞珠，其风格也是玉树临风型的，坚韧而强劲，酸度高，单宁细腻，酒体中等偏上，回味长。

该酒窖的酒目前在香港的BBR有销售。如果想品尝和收藏纳帕和索诺玛的酒，这家的酒是很值得推荐的。

评分

2012 Sonoma Coast Chardonnay··93 分

2012 Russian River Valley Chardonnay··95 分

2012 Woolsey Road Vineyard Chardonnay··95⁺ 分

2011 Hudson Vineayrd Chardonnay···97 分

2011 Pitchie Vineayrd Chardonnay··94 分

2011 Hyde Vineyard Chardonnay···98 分

2011 Platt Vineyard Chardonnay··95 分

2005 Hyde Vineayrd Chardonnay···95 分

2005 Russian River Valley Chardonnay··93 分

2012 Platt Vineyard Pinot Noir··96 分

2010 Rodgers Creek Vineayrd Sonoma Coast Syrah·································92 分

2011 Sonoma Coast Syrah···93 分

2012 Sonoma Coast Syrah···94 分

2010 Annum Napa Valley Cabernet Sauvignon·····································92 分

2011 Annum Napa Valley Cabernet Sauvignon·····································91 分

2010 Pedregal Vineyard Oakville Cabernet Sauvignon·····························94 分

2011 Pedregal Vineyard Oakville Cabernet Sauvignon·····························94⁺ 分

2012 Napa Valley Claret···89⁺ 分

酒庄名：Ramey Wine Cellars

自有土地面积：75 英亩

自有葡萄园：42 英亩

产　量：40，000 箱

电　话：707-4330870

地　址：202 Haydon Street，POBox788，Healdsburg，CA95448

网　站：www.rameywine.com

第三十二节

拉姆大门酒庄
(Ram's Gate Winery)

该酒庄可能是靠圣·巴勃罗海湾（San Pablo Bay）最近的葡萄酒庄，它位于阿诺德驱动（Arnold Drive 之路，121 高速公路）边上，路过的人几乎都能看见他们酒厂的木头大门和酒庄，从旧金山出发只需要 35 分钟就能到该酒庄，这里可以说是进入卡内罗斯的大门。

该酒厂创建于 2011 年 9 月，它是杰夫·尼尔（Jeff O'Neill）和三位好友合办的，这三位分别是迈克尔·约翰（Michael John），彼得·马林（Peter Mullin）和保罗·瓦尔切（Paul Violich）。

杰夫是第三代的酒商，他是加州葡萄酒协会主席，是他首先发现了索诺玛和纳帕入口处的这块宝地，他们选择了在卡内罗斯这块丘陵起伏的牧场一处稍高的缓坡上建立自己的酒庄。

该酒庄是由著名的建筑设计师霍华德（Howard Backen）设计的，建在路边的灰色木制大门，像是一个画框，将酒庄和葡萄园框起来，使这片葡萄园和夏天金黄色的卡内罗斯草场显得格外醒目，此外这个门的设计也有中国风水的意味，也许可以理解为进财的大门，事实也是，大门是个招牌，吸引人们开车进入宁静的酒庄。

酒庄里面的建筑是现代和传统粮仓相结合的设计，采用灰色的木板为墙，每个地方都有一个轴心，里面的装饰都是精心设计的，充满了美学的意味。酒厂的入口处有一个巨大的壁炉位于广场花园之中，非常的有气势，里面的古董与葡萄酒的摆设，以及其内部的桌椅、门窗、灯、门廊等设计既古朴典雅，又摩登现代。

他们酒庄周围有 28 英亩的葡萄园，位于卡内罗斯南部的小山上，这里距离沼泽地很近。酒庄地势较高，葡萄品种试验园的一侧还有池塘，这里主要种植霞多丽和黑比诺以及白比诺，将来他们将种植歌海娜品种。从酒庄朝圣·巴勃罗海湾方向看，都是低矮的草场，这里早晚都受到海洋气候的影响，天气格外凉爽，不过在葡萄的生长

季节，这里阳光普照，葡萄可以缓慢地成熟。

该酒庄不仅采用自己葡萄园的葡萄酿酒，还购买周边一些知名葡萄园的葡萄酿酒，比如海德（Hyde）、哈得孙（Hudson）、迪雷尔（Durell）等葡萄园。他们酒庄的定位是以生产高档次小批量葡萄酒为准则，手工采摘葡萄，精挑细选，酿造过程尽量地轻柔，尽量少干涉，使葡萄酒能更多地体现风土特征。

该酒庄的葡萄酒品种很多，而酒标主要分红标和白标两种，一般来说白标品质更高一些，价格自然也更贵一些。在该酒庄访问的时候我品尝了他们4款葡萄酒。

2011年红标的霞多丽中规中矩，香气、酸度都适中，酒体均衡。2012年红标黑比诺，香气典型，酸度愉悦，有适度的单宁，有少些甜美的果味，有回味。2012年白标黑比诺是来自布什·克里斯波（Bush Crispo）葡萄园，此酒果香明朗，酸度爽劲，更有结构感，回味长。2011年白标的索诺

玛海岸迪雷尔（Durell）葡萄园霞多丽，此酒有明晰果香，有岩韵以及农庄气息，酒体中等，回味中带出烤面包气息。

该酒庄非常注重美食配酒，他们有很大的厨房。这里可以举办大型的酒会，对于访问酒庄的游客，只要预约好，都可以享用精美的美食搭配他们的葡萄酒。这家酒庄很适合那些想静静坐下来，与恋人、亲朋好友一起交流和休憩的人们。

评分

2011 Carneros Chardonnay ·· 90 分

2012 Carneros Pinot Noir ·· 90 分

2012 Chardonnay Durell Vineyard Sonoma Coast ··································· 94 分

2012 Dush Crispo Pinot Noir ·· 94 分

酒庄名：Ram's Gate Winery

自有葡萄园：28 英亩

产　量：12，000 箱

电　话：707-7218712

地　址：28700 Arnold Drive Sonoma，
　　　　 CA95476

网　站：www.ramsgatewinery.com

E-mail：concierge@ramsgatewinery.com

酒厂旅游：需要预约（从上午 10:00- 下午 6:00）

群鸦攀枝酒庄
（Ravenswood Winery）

该酒庄创建于 1976 年，是琼·皮特森（Joel Peterson）创建的，2001 年该酒庄被"星座"收购所有的股份。这家酒庄以酿造金粉黛而闻名，目前琼依然在该酒庄做酿酒师。

琼跟葡萄酒的关联源于他出身的家庭，他父母家位于旧金山湾的东部，父母都是葡萄酒爱好者，他们建立了葡萄酒俱乐部，琼从小跟随父亲品酒，当时加州酒并没有发展起来，人们喝的主要是欧洲的一些葡萄酒，这种生长环境使得他学到了不少的葡萄酒知识。他在俄勒冈大学学的是

药理学，毕业后他做药品市场调研，兼写作与葡萄酒有关的文章和做顾问。而使他这一生与金粉黛有密切关联是始于他成为约瑟夫·斯旺（Joseph Swan）的徒弟，约瑟夫是当时加州酿造优质金粉黛的酿酒师，当时他学到了酿造金粉黛的技术，如葡萄不能过熟，采用野生酵母，发酵时间加长，采用法国橡木桶，如今这些技术他依然采用。

而改变琼命运的时间在 1976 年，他购买了 4 吨索诺玛金粉黛葡萄，酿造了名为群鸦攀枝牌子的葡萄酒，在 1979 年旧金山葡萄酒的评比中，他的葡萄酒获得冠军，这次得奖使他获得了一些投资人的投资基金，这让他有机会建立了小的酿酒厂。1977 年他从旧金山搬到了索诺玛，一边在索诺玛的医院的化验室工作，一直到 1992 年，一边继续做自己的酒。1983 年，他的酒厂生产了上千箱的酒，这时他的资金已经不够酒厂的运转，他又找了一个投资者，几年后他的酒被罗伯特·派克评为高级葡萄酒，从而名声大震。1999 年酒厂上市。

该酒庄的图案商标很有名，曾被人当成刺青图案使用，它是圆形的，里面是三个渡鸦手拉手的图案，这个商标是戴维·兰斯·戈因斯（David Lance Goins）设计的，可能有人好奇为什么他们用渡鸦，渡鸦在欧洲总是和吸血鬼、魔鬼联系在

▽琼·皮特森

⚠️金粉黛老树

一起，不过美国的土著人认为大地是聪明而狡猾的渡鸦制造的，而且渡鸦会教授早期的男子生存的艺术。

而对于琼来说，采用渡鸦是因为他的一次经历，据说在一个下午，他开车去干溪谷收金粉黛葡萄，那时雷电交加，天空黑了下来，他独自一人将一筐筐的葡萄背到他的货车上，这时有两只渡鸦在葡萄园边上的树上呱呱地对他叫，他觉得像唱歌一样，之后下了点毛毛雨就放晴了，彩虹呈现，他和葡萄都安然无恙，他觉得渡鸦是在保护和鼓励他。这应该是他采用渡鸦做商标的原因。而酒庄的名字"Ravenswood"则是来自于他看了意大利的歌剧《拉美摩尔的露契亚》（*Lucia di Lammermoor*），主人翁是艾德加·冯·拉文斯伍德（Edgard von Ravenswood），其家族姓氏

"Ravenswood"这里面又有 Raven（渡鸦）之意。

该酒庄是索诺玛的大酒厂之一，他们和加州上百位种植农合作，管理种植的葡萄园有上千英亩，金粉黛是他们的主打产品，此外他们也酿造一些赤霞珠、希拉、小希拉、梅乐和霞多丽等。

他们的葡萄酒品种很多，分为偶像（Icon）、单一葡萄园、郡系列（Sounty Series）、混酿系列以及少量的对俱乐部会员销售的酒。单一葡萄园的老树金粉黛葡萄酒是他们的特色。

访问该酒庄时我品尝了 9 款金粉黛葡萄酒。其中 3 款单一葡萄园的金粉黛干红令我印象深刻，第一款是 2012 年的酒，酿酒葡萄来自索诺玛山谷的橡木（Barrica）葡萄园，这个葡萄园的金粉黛种植于 1888 年，此酒有成熟的深色浆果和辛香料的气息，单宁重而成熟，酒体饱满，有回味。

第二款是索诺玛干溪谷特尔德奇（Teldeschi）葡萄园金粉黛，此酒有成熟的深色浆果和薄荷的气息，入口后带有香料和咖啡气息，酒体饱满，单宁适中，有一定的酸度，有回味。

第三款是来自索诺玛山谷的老山（Old Hill）葡萄园金粉黛，此酒有着成熟馥郁的果香和多种香料气息，单宁丝滑，酒体较为紧致，回味长。

他们的图标（Icon）酒表现也挺不错。此外琼还开了一支 1999 年他做的俄罗斯河谷的贝罗尼（Belloni）葡萄园的金粉黛，此酒已经完全成熟，甘美多汁，中等酒体，是很好喝的酒。

琼不仅是酿酒师，还是葡萄酒的收藏爱好者。他是个聪明人，将酒厂卖给大公司，自己轻松享受他的酿酒师生活，开着很酷的跑车，俨然是群鸦攀枝酒庄的代言人。

评分

2012 Icon ···91⁺ 分

2012 Old Hill Zinfandel ···92 分

2012 Barricia Zinfandel ···90 分

2012 Teldeschi Zinfandel ···91 分

2012 Dickerson Zinfandel ···87 分

2011 Old Vine Zinfandel Sonoma County ···88 分

2011 Lodi Old vine Zinfandel ···87 分

酒 庄 名：Ravenswood
负责种植葡萄园面积：1，000 英亩
自有葡萄园：250 英亩
产　　量：800，000 箱
电　　话：866-5683946
地　　址：18701 Gehricke Road Sonoma,
　　　　　CA95476

网　　站：www.ravenswood-wine.com
E-mail：customerservice@ravenswoodwinery.com
酒庄旅游：对外开放（上午 10:00- 下午 4:00）

第三十四节

喜格士家族酒庄
(Seghesio family Vineyards)

该酒庄位于海德堡（Healdsburg）城镇边上，是一家有一百二十年历史的酒庄，其祖先1893年从意大利移居到这里并在此地酿酒，如今已经传承到第五代人了。该酒庄以出产优质金粉黛而闻名。

1886年，该酒庄创始人爱德华·喜格士（Edoardo Seghesio）从皮尔蒙特来到美国，那个时候意大利的侨民一般都来索诺玛北部地区发展，来自意大利酒乡的他在当时的葡萄酒庄找到了工作，凭着努力他当上了酿酒师，1893年他和侨民经理的侄女安吉拉·瓦考尼（Angela Vasconi）结婚，婚后，他们在亚历山大山谷购买了一处带住宅的牧场，这个地方占地面积有56英亩，他们在这里种下了金粉黛这个贯穿了他们家族生命线的葡萄品种。

1902年，他开始建造自己的小酒厂，酒厂建成后，他辞去了原来的工作，开始照顾自己的葡萄园和酿酒，安吉拉负责销售和照顾五个孩子。1910年，爱德华获得基安蒂（Chianti）火车站的一块地，他种植了10英亩的意大利品种，如桑乔维亚、黑卡内奥罗（Canaiolo Nero）、崔比诺（Trebbiano）、玛尔维萨（Malvasia），爱德华也是此地最早种意大利品种的种植者之一。

✉ Peter Seghesio

美国禁酒令期间是他们生活艰难的时期，他们依靠卖酒给教堂做弥撒酒以及出售葡萄给家庭酿造家酿葡萄酒为生，在禁酒令结束的第二年爱德华去世。他们的后代继续酿酒事业，1983 年正式推出自己的酒，有了自己的商标。

如今该家族酒庄是他们的后代在经营和管理，彼得·喜格士（Peter Seghesio）是酒厂的 CEO，特德·喜格士（Ted Seqhesio）是首席酿酒师，目前除了自有的 400 英亩的葡萄园，他们还与人签约 150 英亩葡萄园并自己管理。

该酒庄以金粉黛出名，目前其主要产品也是金粉黛，年产量在十万箱左右，有十种不同的金粉黛，其他的则是一些意大利的品种以及流行的品种如黑比诺、赤霞珠、梅乐等。

我在该酒庄共品尝了 7 款酒，下面重点讲述 3 款单一葡萄园金粉黛。第一款是 2011 年的科蒂纳（Cortina）金粉黛，来自干溪谷（Dry Creek Valley）葡萄园，葡萄树的树龄为五十多岁，此酒有着成熟的红、黑色浆果以及辛香料的气息，酒精度较高，单宁成熟，有一定的酸度，酒体较为丰满。

第二款是 2012 年家庭牧场（Home Ranch）金粉黛，这就是爱德华在住宅周围最初种下的金粉黛，已经有上百年树龄，此酒有成熟的深色浆果以及辛香料的气息，单宁有着丝绒般的质地，酒体饱满，甜美多汁，有回味。

第三款是 2011 年古藤（Old Vine）金粉黛，树龄在 50-80 年之间，此酒具有成熟果香和辛香，酒体饱满，酸度高，有回味。

该酒庄如今也是当地旅游的热门酒庄之一，他们注重美食与葡萄酒的搭配，尤其是带有意大利风味的美食。这里经常举办酒餐会，他们的庭院也是人们休憩、品酒、品美食的好地方，据说他们还要将老祖宗葡萄园所在的家庭牧场（Home Ranch）做成旅游点，也正是这个葡萄园的金粉黛使他们获得了今天的知名度，可以说该酒庄的后人是享受到了祖辈的福荫。

评分

2012 Home Ranch Estate Zinfandel ·························· 93 分

2011 Cortina Zinfandel ·························· 91 分

2011 Old Vine Zinfandel ·························· 90 分

2012 Sonoma Zinfandel ·························· 88 分

2012 Barbera ·························· 86 分

2011 Sangiovese ·························· 87 分

2013 Vermentino ·························· 87 分

酒 庄 名：Seghesio Family Vineyard

自有葡萄园：400 英亩

产　　量：120,000 箱

电　　话：707-4333579

地　　址：700 Grove Street Healdsburg
　　　　　 CA95448

网　　站：www.seghesio.com

酒庄旅游：对外开放

第三十五节
西杜里酒厂
(Siduri)

西杜里酒厂位于圣达·罗莎（Santa Rosa）城镇的一个仓库里面，该酒厂和品牌是亚当·黛安娜·李（Adam & Dianna Lee）创建的，他们1994年的第一个年份的黑比诺就获得罗伯特·派克的90分，这大大地鼓励了他们，从此一发不可收拾，如今他们已经是索诺玛地区出产优质黑比诺的酒厂之一。

亚当和黛安娜都曾在德克萨斯的内曼·库斯（Neiman Marcus）百货公司工作，亚当在葡萄

酒部门，戴安娜在食品部门，他们认识后恋爱，亚当带她参加了很多次的品酒会，认识了不少葡萄酒专家，他们一起来加州的葡萄酒产区访问，然后爱上了这个地方，俩人决定一起搬到索诺玛居住，两人在干溪谷的一个小酒厂工作。

上世纪九十年代早期，他们打算酿造自己酒，当时亚当手里只有3,000美金，黛安娜有21,000美金，他们打算拿这24,000美金酿造他们特别喜欢的威廉斯莱（Williams Selyem）风格的黑比诺葡萄酒，于是他们开始寻找葡萄，终于在安德森山谷找到了同意卖给他们1英亩的葡萄的种植户，他们参与了种植管理，减少产量，手工采摘和筛选葡萄，酿造时采用本土酵母发酵，使用法国橡木桶陈酿，这一年他们酿造了107箱葡萄酒。1994年的一个晚上，他们听说罗伯特·派克在纳帕品评葡萄酒，于是灌装了几瓶样酒送给派克品尝，获得90分，这对他们无疑是一种肯定和鼓励，1995年，亚当和黛安娜结婚，婚后育有三个孩子。

他们酒厂的名字来源于巴比伦的一个女酒神喜德瑞（Siduri），商标图案是举杯的飞天赤身裸体的女子，不过下身有蓝色飘带，据说商标上不允许出现赤身裸体的人物形象，所以才有了这蓝色的飘带，不过这样更显飘逸，有飞天的韵味。

尽管没有自己的葡萄园，但是他们监管种植，

▽酒庄主亚当

他们和种植户签订长期的合作契约，对于签约的每一小块葡萄园他们都是细心照顾，以便获得自己满意的葡萄。他们的葡萄不仅仅产自索诺玛，也来自于圣达·巴贝拉（Santa Barbara）和俄勒冈地区的葡萄园。他们的黑比诺葡萄也有来自索诺玛当地的顶级酒园和优秀种植者。

他们的主要产品是黑比诺，他们的酿酒理念是每款葡萄酒要反映每个地块的风土特征。他们分开地块，甚至有的不同的克隆品种也分开来酿造，分开桶陈酿，最后决定怎么调配。他们反对过度酿造，他们的黑比诺不过滤，而是采用自然的沉淀来澄清葡萄酒，这让葡萄酒的风味更加自然纯净。

我访问该酒厂的时候品尝了15款葡萄酒，除了他们众多的黑比诺，还有1款干白以及用黛安娜的母姓诺维（Novy）来命名的希拉和一款老树金粉黛，这些酒表现都蛮不错。

这家酒庄的黑比诺品种很多，限于篇幅很难讲全，还是看下面的评分更直观一些。总体来说这家的黑比诺是不错的，尤其是性价比也比较高。2014年肯道杰克逊（Kendall Jackson）家族收购了西杜里酒厂（Siduri）。

评分

2013 Four Mile Creek white wine··90 分

2012 Russian River Valley Pinot Noir···92 分

2013 Russian River Valley Pinot Noir···93 分

2012 Sonoma Coast Pinot Noir···92⁺ 分

2012 Santa Lucia Highlands Pinot Noir···92 分

2012 Sta.Rita Hill Pinot Noir···91 分

2012 Arbre Vert Vineyard Willamette Valley······································91⁺ 分

2012 Sonatera Vineyard Sonoma Coast Pinot Noir·································92⁺ 分

2012 Parson's Vineyard Russian River Valley Pinot Noir·····················94 分

2012 Sierra Mar Vineyard Pinot Noir··93 分

2012 John Sebastian Vineyard Pinot Noir··92 分

2012 Four Mile Creek red wine··88 分

2012 Novy Family Winery Zinfandel Russian River Valley·····················90⁺ 分

2011 Novy Santa Lucia Highland Syrah···90 分

2012 Novy Sonoma County Syrah··91 分

酒 庄 名：Siduri

产　　量：20，000 箱

电　　话：707-5783882

地　　址：981 Airway Court Suites E and F Santa Rosa CA95403

网　　站：www.siduri.com

　E-mail：point@siduri.com

酒厂访问：需要预约

第三十六节

石通道酒庄
(Stonestreet)

该酒庄属于肯道杰克逊（Kendall Jackson）家族，酒庄的名字其实该酒业集团已故总裁的全名杰西·石通道·杰克逊（Jess Stonestreet Jackson）先生中间的名字，而石通道山上的这片地产就是以他的中间名"Stonestreet"来命名的，他们的家也建在这里。

▽酿酒师

宝石街这片地产位于海拔400-2,400英尺的亚历山大山谷的玛雅卡玛（Mayacamas）山上，占地5,400英亩，这里有森林和葡萄园，目前有900英亩的葡萄园，根据海拔、地形、朝向、土壤，将葡萄园被分成很多不同的地块，再根据这些自然的风土条件，适地种植不同的克隆品种。这里种植的品种主要有赤霞珠、霞多丽、长相思等等。

葡萄酒园可以世代继承，因此保护环境，节约能源，可持续发展是他们的大方向，他们的土

地上有太阳能发电，尽量节约用水，尽力维护自然生态的平衡。

目前该酒庄的葡萄酒主要是霞多丽、赤霞珠和长相思品种，产量并不是很大。由于该集团麾下有数家酒厂，应该有些葡萄也供应给他们集团的其他酒厂。

宝石街酒庄的干白普遍都很出色，多款霞多丽能达到高端白葡萄酒的水平，而该品牌的赤霞珠则有着明显的来自凉爽地区的特点。我在该酒庄的葡萄酒店铺里品尝了他们10款葡萄酒，下面重点评价一下他们的一款长相思和几款霞多丽。

2012年黎明点（Aurora Point）长相思，此酒的酒用葡萄来自海拔900英尺的葡萄园，有着典型的黑加仑子树芽和芬芳的瓜果气息，酸度强，酒体适中，回味较长。

2011年颠簸路（Broken Road）霞多丽，此酒的酒用葡萄来自1，800米海拔的葡萄园，该葡萄园西南朝向，下午阳光普照此园。此酒色泽较深，

偏金黄色，有着热带水果和香草的气息，酸度强，回味较长。

2010年熊点（Bear Point）霞多丽，此酒的酒用葡萄来自海拔1，000英尺的葡萄园，此园曾经是个大牧场，由于有熊出没被命名为熊点。此酒色泽不如上一款霞多丽深，有明显的热带水果气息，香气馥郁，酸度足，有回味。

2012年红点（Red Point）霞多丽，此酒的酒用葡萄来自海拔850-1，000英尺的葡萄园，香气清幽，酸度高，是款有深度的清冽风格的霞多丽。

2011年上谷仓（upper Barn）霞多丽，此酒的酒用葡萄来自海拔1，800英尺的葡萄园，此酒有岩韵和蜜香，酒体较为饱满，酸度愉悦，回味长。

2012年砂砾牧场（Gravel Bench）霞多丽，此酒的酒用葡萄来自1，500英尺的葡萄园，此酒有岩韵，酒体丰腴，酸度铿锵，回味长。

尽管他们的干白葡萄酒挺出色，然而产量最大的却是他们纪念碑山脊（Monument Ridge）的

赤霞珠，这款酒的年产量有 8，000
箱，酒用葡萄来自 400-2，400 英
尺海拔的葡萄园。此外他们的红葡
萄酒除了单一葡萄园赤霞珠，还有
他们的遗产（Legacy）干红及波尔
多品种的混酿酒，这应该是他们红
葡萄酒的旗舰酒。

评分

2012 Aurora Point Sauvignon Blanc	91 分
2011 Broken Road Chardonnay	91 分
2011 Bear Point Chardonnay	91+ 分
2012 Red Point Chardonnay	93 分
2011 Upper Barn Chardonnay	93+ 分
2012 Gravel Bench Chardonnay	95 分
2010 Monument Ridge Cabernet Sauvignon	88 分
2010 Rockfall Cabernet Sauvignon	90+ 分
2010 Legacy	93 分

酒 庄 名：Stonesteet
土地面积：5，400 英亩
葡萄园面积：900 英亩
产　　量：15，000-18，000 箱
电　　话：707-4733377
品尝室地址：337 Healdsburg Avenue，
　　　　　　Healdsburg，CA95448

网　站：www.stonestreetwines.com
品尝室：对外开放

第三十七节
护身符酒窖
(Talisman Cellars)

　　该酒厂和品牌是斯科特＆马特·里奇（Scott & Marta Rich）夫妇俩创建的，该酒厂虽小，但他们的黑比诺在索诺玛地区小有名气。

　　他们第一个年份的酒是 1993 年，当初做了200箱，之后的日子里，他们一边在别的酒厂工作，一边慢慢地少量酿造自己的酒，直到今天。他们酒厂没有其他投资者，一直是夫妻俩独立经营，所以目前产量也很小。

　　该酒厂的名字起得很好，叫护身符，该酒厂的商标图案标识是印第安护身符，这是斯科特的印第安母亲给他的礼物，这个护身符是有法术的男子做的，法师给护身符祝福（类似佛教里开光），使它具有魔力。斯科特的护身符是一个巫医之轮，元素代表生命的循环和四个方向，提醒我们在宇宙中所处的位置，这种护身符能保护持有人的安全和健康。他们觉得，地球的生命能会带给他们的葡萄，葡萄是通过酿酒师的手变成葡萄酒的，他们的酒也就有将这些美好的祝福带给消费者。这为他们的酒更增添了一份意蕴。

　　斯科特小时候就在盐湖城的老家做过酿酒的游戏，他就读于戴维斯分校葡萄酒种植和酿造专业，毕业后曾在罗伯特·蒙大维酒厂以及其他几家酒厂做酿酒师，曾酿造了出色的黑比诺和赤霞珠，如今他专心酿造自己家的葡萄酒。

　　马特是明尼苏达州人，她曾在科罗拉多大学波尔得分校学习心理学，毕业后她到了纳帕，在罗伯特·蒙大维酒厂工作，先是从酒厂的调度做起，最后进入酒厂的销售团队，如今斯科特负责酿酒，而马特则负责销售和市场。

　　他们没有自己的葡萄园，都是购买葡萄酿酒，凭借斯科特多年来在纳帕和索诺玛的经验，他们跟葡萄园种植户和拥有者有着良好的关系，也了解葡萄园的优劣。而他们只酿造黑比诺葡萄酒，

▽ 马特

当然分不同的酒园。我在该酒厂访问的时候品尝了他们5款黑比诺。

2010年春天的小山（Spring Hill）葡萄园，此酒园位于索诺玛海岸产区。此酒有红色浆果、红茶气息和少许辛香，酸度愉悦，酒体虽说轻盈，但却紧致，是一款具有优雅特点的黑比诺。

2010年野猫（Wildcat）葡萄园，此园位于罗斯·卡内罗斯（Los Carneros）海拔600-700米的小山上，此酒感觉为冷艳风格，不是很香，但酸度足，酒体比上一款要丰腴一些，回味也更长一些。

2010年阿达斯特拉（Adastra）葡萄园也是位于罗斯·卡内罗斯产区，此酒有芬芳的果香和辛香，酒体丰腴，回味长。

2010年Red Dog葡萄园，此园位于索诺玛山的产区，此酒有成熟甜美的红色浆果的气息，有少许辛香气味，酒体相对饱满，酸度愉悦，有回味。

2010年Weir葡萄园，此园位于门多西诺（Mendocino）郡，明显感觉这酒来自比较温暖一些的产区，带有淡黄色，酒香愉悦，酸度适中，单宁强，有回味。

总体来说，这家的黑比诺蛮好的，很适合葡萄酒爱好者，如果到索诺玛走访酒庄，也可以到他们位于格伦埃伦（Glen Ellen）小镇的品酒室来品尝他们的酒。

评分

2010 Spring Hill Vineyard Pinot Noir ··· 91 分

2010 Wildcat Vineyard Pinot Noir ··· 92 分

2010 Adastra Vineyard Pinot Noir ··· 93 分

2010 Red dog Vineyard Pinot Noir ··· 91⁺ 分

2010 Weir Vineyard Pinot Noir ··· 90 分

酒　名：Talisman

产　量：1，500 箱左右

电　话：707-721-1628

品尝室地址：13651 Arnold Drive，Glen Ellen，CA95442

网　站：www.talismanwine.com

品尝室开放时间：周四 – 周日（中午到下午 5 点）

第三十八节

特伦特酒庄
(Trentadue)

该酒庄位于亚历山大谷的 Geyserville 这个地方，是意大利裔的艾文莉和里奥·特伦特（Evelyn and Leo Trentadue）创建的。

"Trentadue"在意大利语里面有数字"32"的意思，特伦特（Trentadue）家族之根在意大利的托斯卡纳，他们是酿酒世家，酿酒传承到第 32

代人的时候他们干脆将自己的姓氏改为 32- 特伦特。十九世纪，里奥的父辈移民到了美国，到美国后从事农业。

艾文莉和里奥曾在阳光谷从事樱桃和杏仁的果树种植业，1959 年他们离开阳光谷来到索诺玛的亚历山大谷购买了 208 英亩牧场，他们购买的

时机相当好，因为在1950年期间，亚历山大谷有大量的牧场出售，价格便宜，这个山谷很适合于种植果树和葡萄，他们选择购买了一块成形的土地，今天看来确实是很好的选择。

他们当年购买的这片土地就是今天特伦特酒庄的所在地。这个地方早在1868年就被法裔的植物学家开辟成了果树苗圃。里奥在这里种植上了酿酒葡萄品种。估计特伦特家族早有人移居亚历山大谷，他们在禁酒令前就种下了佳丽酿，1962年又种植了62英亩的佳丽酿，最老的佳丽酿至今已经有一百多年的历史了，这可能是美国最早种植的佳丽酿品种。1969年，他们创建了故事（La Storia）品牌的系列红葡萄酒。

1974年，他们开辟了半英亩的葡萄品种园，种植的8个葡萄品种都来自于托斯卡纳，在上世纪八十年代，他们的酿酒葡萄品种基本上都是意大利品种。1987年，里奥酿造了酒精加强葡萄酒，当小希拉波特酒酿造成功后，他相继又酿造了梅乐波特酒和金粉黛波特酒等，这使得他们酒厂成为远近闻名的波特酒的生产厂家，之后，他们发明了名为巧克力爱神（Chocolate Amore）的甜酒。

该酒庄是世代相传的家族酒庄，可持续发展农业一直是他们家族所秉承的。如今，他们酒厂周围有自己的180英亩的葡萄园，此外还租种了80英亩的葡萄园，总共种植有12个红葡萄品种，葡萄树龄在4-128岁。他们自有的葡萄园中种植了85%的金粉黛、6%小希拉、5%的佳丽酿、4%的希拉。

在他们酒庄周围的葡萄园里，我还见到少有的葡萄树的展架模式，是那种双层单干双臂的模式，这种架式是在同一行葡萄树中，一棵葡萄树主干矮，结果母枝朝下长，旁边一颗葡萄树的主

干高出，结果母枝朝上长，这种展架模式我也是第一次见到。

该酒庄的葡萄酒品种繁多，总共分为几个系列，分别是干白系列、干红系列、故事（La Storia）珍藏系列、甜酒系列、俱乐部专用葡萄酒系列。其中红色老补丁（Old Patch Red）的红酒系列几乎了占据他们红葡萄酒产量的一半。

我访问该酒庄的时候品尝了他们具有代表性的6款葡萄酒。第一款是2012年的"红色老补丁"（Old Patch red）干红，此酒是他们的主要产品，有成熟甜美的果香，少许辛香，酒体中等，单宁适中，均衡易饮，是款讨喜的干红葡萄酒，性价比佳。

第二款是2012故事混合32（La Storia Cuvee32），此酒采用多个品种混酿而成，有着红、黑色浆果以及多种香料的气息，单宁适中，酸甜平衡，酒体中等，是款美味易饮的干红葡萄酒。

第三款故事（La Storia）的金粉黛，此酒既有成熟甜美的果味，又有一定的酸度，有少许咸味，酒体比较饱满，易饮。

第四款是故事（La Storia）的梅乐，有成熟的红、黑色果子的果香和香草、辛香料的气息，单宁柔和，有少许咸味，有回味。

第五款是小希拉，此酒色深浓，有成熟的深

色浆果和干果以及辛香料的气息，有着丝绒般质地的单宁，酒体较为饱满，带有有少许咸味，有回味。

第六款是其巧克力波特甜酒，这款酒采用了他们自己的葡萄园的梅乐葡萄，发酵过程中加入葡萄白兰地终止发酵后，最后加入少量的天然巧克力混合，这款酒融甜酒与甜点为一体，很有创意。

该酒庄有规模很大的美丽花园，是索诺玛地区旅游的好去处，人们可以在这里休闲度假，享受美酒和美食，此外，还能举办婚礼和大型聚会活动。

评分

2012 Trentadue Old Patch Red ·················· 87 分

2012 La Storia Cuvee32 ·················· 89 分

2012 La Storia Zinfandel ·················· 88 分

2012 La Storia Merlot ·················· 89 分

2012 Petite Sirah ·················· 89 分

2012 Alexander Valley Cabernet Sauvignon ·················· 88⁺ 分

Chocolate Amore 波 特 甜 酒 ·················· 93 分

酒庄名：Trentadue

土地面积：260 英亩

自有葡萄园面积：180 英亩

租用葡萄园面积：80 英亩

产　　量：30,000 箱（其中产自自己酒园的产量为 20,000 箱）

地　　址：19179 Geyserville Avenue
　　　　　 Geyserville，CA95441-9603

网　　站：www.trentadue.com

E-mail：info@trentadue.com

酒庄旅游：对外开放

第三十九节
图米盖尔酒窖
(Twomey Cellars)

该酒庄位于索诺玛的干溪谷和俄罗斯河谷的交界处，靠俄罗斯河很近，是雷蒙德·邓肯（Raymond T. Duncan）和他的家族成员创办的，他们在纳帕山谷拥有著名的银橡树酒庄。

银橡树只酿造赤霞珠品种的葡萄酒，而这家酒庄酿造的品种有梅乐、黑比诺和长相思。他们以酿造易于佐餐的葡萄酒为导向。

酿酒师丹尼尔男爵（Daniel Baron）自他们创办图米盖尔酒窖时就在此工作，他对于酿造梅乐有着丰富的经验，上世纪八十年代早期他曾经在波尔多的圣达·米浓（Saint-Emilion）酿酒，

酿造的手法和理念也深受法国的影响，自邓肯家族获得苏达佳运牧场（Soda Canyon Ranch）这个葡萄园后，他选择了法国的克隆品种植于此，他的酒可以说是具有法式风格的梅乐。他们的梅乐是在他们卡里斯托加的酒厂酿造的，丹尼尔采用欧洲传统的换桶手法，尤其是西班牙和法国酒

▽ 酒庄主

厂。此法即将高处的橡木桶的酒通过管子换到下层的橡木桶中，而不是靠打泵，因为泵酒对酒还是有些损害。这种手法的好处是能让葡萄酒适当地呼吸，防止破坏原味，清除桶内的沉淀物，使得酒更加地清澈。他们的葡萄酒桶陈 18 个月，期间要经过 6 次的换桶。

他们拥有 4 个葡萄园，第一块苏达佳运牧场葡萄园面积有 113 英亩，是面积最大的，这里种植的品种有梅乐、赤霞珠、品丽珠，土壤主要是砾质壤土，由火山土和砾石混合。这里丘陵起伏，气候温和，由于靠海湾不远，这里受到冷凉的气流和海雾的影响，非常适合于梅乐生长，梅乐在这里成熟周期长，酸度好，酚类物质丰富。这块地是 1999 年购买的。

第二块是卡利斯托加葡萄园，有 11 英亩，种植的是长相思，克隆品种有加州也有法国的，这里的葡萄均为旱地种植，以砂壤土为主，长相思这个品种较为耐热，在卡利斯托加地区表现不错。

第三块是他们的纪念碑树（Monument Tree）葡萄园，这里位于安德森山谷的西部，距离海岸仅为 4 英里，这里种植的是法国第戎（Dijon）克隆的黑比诺，有 17 英亩，土壤为粘壤土，气候较为凉爽，很适合种植黑比诺。

第四块葡萄园是西品（West Pin），2000 年购买，有 9 英亩，这块葡萄园位于俄罗斯河谷地带，砂壤土，虽然地处温暖的地带，但有凉爽的海雾和凉风通过河道调节这里的气候，也适合于黑比诺品种生长。

我访问该酒庄的时候品尝了他们 4 款葡萄酒。2013 年的长相思，酒色呈麦草黄色，有着清新的黑加仑子的树芽和芬芳花香和香蕉苹果、鸭梨的果香，酸度足而爽劲，酒体圆润，回味长。

第二款是 2012 年安德森山谷的黑比诺，酒色深浓，果香典型，入口酸度足，单宁细腻，酒体中等，平衡感佳，回味较长。

第三款是 2012 年的俄罗斯河谷的黑比诺，此酒有成熟的果香，如樱桃，黑色浆果，酒体中等偏上，是一款较为温暖甜美的黑比诺。

第四款是 2010 年的梅乐，此酒颜色深浓，有着丰富的果香和辛香料的气息，如李子、樱桃、甘草、胡椒，入口单宁紧实而细腻，酸度好，酒体较为饱满，骨架大，回味长，是款耐陈年且有深度的梅乐。

该酒庄的长相思是有深度的，相对于其品质，价格较低在当地性价比很高。梅乐表现非常好，相较于当地赤霞珠，他们的梅乐性价比不错，是爱好者可以收藏的那种酒。此外，他们酿造 4 种黑比诺，这些黑比诺葡萄来自于索诺玛海岸，俄罗斯河谷，安德森山谷（Anderson Valley）和圣玛利亚山谷（Santa Maria Valley）。

评分

2013 Sauvignon Blanc ·· 90⁺ 分

2012 Anderson Valley Pinot Noir ·································· 93 分

2012 Russian River Valley Pinot Noir ·························· 91⁺ 分

2010 Merlot ··· 95 分

酒 庄 名：Twomey Cellars
葡萄园面积：400英亩（包括整个集团的酒庄）
产　　量：梅乐 6，000 箱，黑比诺 8，000 箱，
　　　　　　长相思 8，000 箱
地　　址：Healdsburg 3000 Westside Rd
　　　　　　Healdsburg，CA 95448
电　　话：707-9427122

网　　站：www.twomey.com
E-mail：tours@twomey.com
酒庄旅游：对外开放（上午10点－下午5点）
　　　　　　节假日请查阅网站通知

第四十节

玛尔玛酒庄
(Marimar Estate Vineyard & Winery)

该酒庄是西班牙著名的葡萄酒家族桃乐丝（Torres）的第四代玛尔玛·桃乐丝（Marimar Torres）于1986年创建的，她是米格尔·桃乐丝（Miguel Torres）的妹妹，该酒庄位于索诺玛绿谷产区，距离塞瓦斯托波尔（Sebastopol）镇不远。

玛尔玛出生于1945年，她毕业于巴塞罗那大学的经贸专业，之后在加州戴维斯分校学习过

葡萄种植和酿造，她聪明好学，懂得6种语言。她和美国的缘分源于她在北美推广他们家族的西班牙葡萄酒，1975年她定居加州，主要在加州进口西班牙桃乐丝的葡萄酒到北美销售，从最初的15，000箱到十年后的150，000箱，成绩斐然。

在北加州的酒圈里，她自然知晓纳帕和索诺玛葡萄酒，出身于葡萄酒世家的玛尔玛敏锐地觉察到索诺玛产区的潜力，她的目光瞄准了凉爽气候的俄罗斯河谷地带的绿谷，当时这个地区并没有如今这般广为人知，1986年她在绿谷购买了56英亩的葡萄园，种上了适合于凉爽气候的霞多丽和黑比诺。

如今，他们拥有两个葡萄园，第一个是以玛尔玛已故父亲名字命名的唐米高（Don Miguel）葡萄园，位于绿谷的丘陵山坡上，这里的土地面积为81英亩，距离太平洋有10英里，受到来自海洋的凉爽海风和海雾的影响。这里的土壤为砂质壤土，由火山灰和海洋沉积物组成，土壤排水性好。这里霞多丽的种植时间是1986年，有20英亩；黑比诺种植于是1988年，有20英亩；希拉的种植时间是1999年，有1英亩；阿尔巴里农（Albarino）种于2006年，有3英亩；丹魄种于2004年，有1英亩。

另外一块葡萄园是以玛尔玛母亲唐纳·玛

☑ 酒庄主母女

格丽特（Dona Margarita）的名字命名的，位于索诺玛海岸地区，这是他们 2002 年购买的，其位于伯黑满（Bohemain）高速公路边上，毛石（Freestone）和西方（Occidental）之间，这里距离太平洋较近，海拔在 435-625 英尺之间，有180 英亩的土地，其中 60 英亩拥有种植葡萄树的条件，他们于 2002 年种了 12 英亩，2008 年种了8 英亩，都是黑比诺品种。葡萄园位于缓坡上，面朝西南，该葡萄园俯瞰整个毛石山谷（Freestone Valley）。这里的土壤以火山灰和海洋沉积物的砂岩为地基，表层土为砂壤土，排水性好。除葡萄园以外的更大面积的土地上是山林，这些山林也是多种野生动物的栖息地。

自 2003 年开始，他们开始采用有机的方式种植葡萄，2008 年安装了太阳能系统，2010 年转为生物动力法种植。

他们的酒用葡萄都来自于自己的葡萄园，主要的葡萄酒是黑比诺和霞多丽，我 2015 年 3 月回上海后品尝了他们 3 款葡萄酒。

第一款是 2007 年唐纳·玛格瑞特（Dona Margarita）葡萄园的黑比诺干红，2007 年的酒已成熟，但依然可以陈放数年。此酒明显具有索诺玛海岸黑比诺的典型特征（既阳光充足，又凉爽，还有一些来自海洋的咸咸的气息），此酒既有成熟的果香也有植物气息，我品尝时明显品到了干菇气息，酒体丰腴，在黑比诺里面，此酒算很浓厚了，酸度和单宁也适中，此外带有海洋气息的少许咸味。

第二款是俄罗斯河谷的唐·米格尔（Don Miguel）葡萄园克里斯蒂娜（Cristina）黑比诺，有着浓郁的成熟红色浆果如樱桃的果香和多种辛香料的气息，入口单宁顺滑，酒体饱满，回味长。是款耐陈年的酒。

第三款是玛尔玛桃乐丝清雅霞多丽干白，这

是一款无橡木味的霞多丽，色泽呈明亮的禾杆黄色，有热带水果如柠檬、花苹果以及含笑花的花香，酸度适中，酒体比较饱满，有回味。

玛尔玛的葡萄酒事业也传承给了她的女儿克里斯蒂娜，看来，桃乐丝葡萄酒家族之树已经在美国成长起来。他们来美国，也将桃乐丝家族的优秀传统带到了这里，尤其是这个家族温文尔雅、与人为善的待人之道一直得到行业人士的称颂！

评分

2007 Dona Margarita Vineyard Pinot Noir Sonoma Coast ·································· 92 分

2009 Marimar Estate Cristina Pinot Noir ·································· 94 分

2012 Marimar Estate Acero Chardonnay ·································· 90 分

酒庄名：Marimar Estate Vineyard & Winery

自有葡萄园：65 英亩

产　　量：15，000 箱

电　　话：707-8234365

地　　址：11400 Graton Road Sebastopol, CA95472

网　　站：www.marimarestate.com

酒庄旅游：对外开放（中午 12:00 - 下午 6:00）
特殊品尝需要预约

第四十一节

真士缘酒庄
（Vérité）

该酒庄位于亚历山大山谷白垩山（Chalk Hill）之路边上，属于杰克逊（Jackson）家族，酒庄建于1998年。

上世纪九十年代中期，杰西·杰克逊（Jess Jackson）见到了法国知名酿酒师皮艾尔·赛洋（Pierre Seillan），杰西邀请他到索诺玛来酿造顶级葡萄酒，他们是想采用旧世界的酿酒经验与新世界的葡萄来酿造葡萄酒，而"Vérité"在这里的意思是通过他们的葡萄酒能展现出土壤的真实状况。

▽皮艾尔和他太太

如今他们的酒用葡萄来自索诺玛四十多个不同土壤的小地块葡萄园，他们称其为微观酒园（Micro-Cru），他们跟踪记录所有小地块葡萄树一年四季的生长过程，研究其细微差异，尽可能地将葡萄树在这一小片天地里的结晶——葡萄，通过酿酒师——助产师的帮助变成酒并告诉众人它们是谁！他们将葡萄树当成了人，体现了"天树合一"的理念。

皮艾尔是有四十年酿酒经验的酿酒师，酿造赤霞珠和梅乐这些品种更是经验独到，他在波尔多工作了二十年，为数家酒厂做过酿酒师和酿酒顾问。皮艾尔尤其信奉风土"Terroir"，对于法国人，"Terroir"意涵主要是土壤，有小部分才是气候原因，此外还有小气候，比如坡度，海拔气候，是不是靠海、湖、河等。

该酒庄出产的3种红葡萄酒分别是灵感（La Muse），以梅乐品种为主，主要体现波尔多右岸庞马罗（Pomerol）风格；喜悦（La Joie），以赤霞珠品种为主，想要体现波尔多左岸的波亚克（Pauillac）风格；希望（Le Désir），主要是以品丽珠品种为主，主要想有圣达·美浓（Saint-Emilion）的风格。这三种酒都采用波尔多式的混酿法酿造，除了以上的这3个品种，也有少量的马尔贝克和小维尔多用来做调配用。

访问酒庄时我品尝了5款酒。第一款酒是2002年的灵感（La Muse），此酒颜色依然深浓，已经有结合态的酒香以及辛香，香气馥郁，有岩韵气息，入口单宁成熟而柔顺，酒体丰腴，回味中的酸度意味深长，明显有波尔多庞马鲁（Pomerol）风格，只是果香更加地成熟。

第二款是2005年的喜悦（La Joie），此酒帕克曾给过100分。此酒有成熟甜美的果香和辛香料的气息，有岩韵，入口单宁细腻而浓密，酒体中等偏上，有少许咸味，回味悠长，带出少许苦味。

第三款是2010年希望（Le Désir），此酒有着成熟甜美的果香和辛香气息，入口单宁柔顺，酒体饱满，单宁与酸度共同支撑起了结构，有一些岩韵气息，回味长。

第四款是2010年的喜悦（La Joie），有着深色浆果、岩韵、胡椒、香草等香料气息，单宁结构感大，单宁细腻而浓密，酒体饱满，也有一定的酸度，回味长。

第五款是2010年灵感（La Muse），有成熟的果香和辛香气息，单宁丝滑，酸度高，酒体丰腴，回味长。

该酒庄的这5款酒数次获得罗伯特·派克评出的100分，这使得他们名声大震。而我是在纳帕的餐厅里看见这家的酒，我当时很诧异，为什么他们的酒这么贵，来访问酒厂才知其详。他们最好的年份酒主要是2002、2005、2010和2013。

评分

2002 La Muse ·· 95 分

2005 La Joie ·· 96 分

2010 Le D sir ·· 95 分

2010 La Joie ·· 97 分

酒庄名：Vérité

产　量：5，000 箱

电　话：707-4339000

地　址：4611 Thomas Road，
　　　　 Healdsburg，CA95448

网　站：www.veritewines.com

E-Mail：info@veritewines.com

酒厂访问：需要预约（上午11点－下午4点）

第四十二节

威廉斯莱酒庄
(Williams Selyem)

这是美国以酿造黑比诺而成名最早的酒庄之一，具有索诺玛的"啸鹰"之称，该酒庄率先指定了黑比诺的标准，是在美国享有盛誉的酒庄。

该品牌酒的创始人是艾德·斯莱（Ed Selyem）和伯特·威廉（Burt Williams）。早在上世纪七十年代，他们俩就在车库里酿金粉黛葡萄酒，1982 年设计了酒标的图案，1983 年第一个年份的酒发售，到 1984 年，威廉（Williams）&斯莱（Selyem）酒厂才正式成立并出现在了酒标上，1985 年他们标有 Rochioli 名字的单一葡萄园黑比诺发售。而真正改变他们命运的是 1987 年的加州博览会（California State Fair），通过投票表决，他们这款 1985 年单一葡萄园葡萄酒获票数最多，成为头等酒，这可是从 416 家酒厂的 2,136 款酒中脱颖而出获得的荣誉，而他们的酒庄也被评为年度最佳酒庄，这次获奖使他们名声大震，他们的酒开始供不以求。

他们的名声也吸引了纳帕山谷代理进口法国罗曼尼·康帝（Domaine de la Romanee-Conti）葡萄酒的酒商的注意，对比品尝后，酒商非常认同他们的黑比诺，这也使得他们的名气得到了进一步的提升。1989 年他们将酒厂搬到目前的所在

地西边之路（Westside），1995 年他们的酒被白宫采用做国宾酒。

1998 年，他们将如日中天的酒厂和品牌卖给了约翰＆凯西·戴森（John & Kathe Dyson）夫妇，约翰是一位政府官员，购买此酒庄是因为他们热爱饮用勃艮第红酒，凯西有一次品尝到该品牌的黑比诺大为惊叹此酒的品质，这改变了她脑海中那个加州没好酒的固有观念，她说服伯特将它列入酒厂的购买邮件名单中，要知道当时这家的酒很难买到，通常进入他们候补人购买名单还要等两年后才能买到酒，除了直销，他们希望他们的酒能出现在加州和纽约的高端餐厅里面。他们的产量从 1990 年的 4，000 箱增加到 1998 年的8，000 箱。

新主人购买了根维尔（Guerneville）这个地方的一块地产，这是酒厂的第一块地产，2001 年，他从 Litton 家族的后人手里买下了那块出产他们著名的黑比诺的斯莱（Selyem）葡萄园，为了表示对他们家族的尊重，他将这个葡萄园的名字命名为 Litton 葡萄园。2006 年，老的酒厂拆除重建。2007 年他们的利顿（Litton）地产的黑比诺酒《葡萄酒爱好者》（*Wine Enthusiast*）杂志给出的 100 分。2010 年，他们新的酒厂才完全完工。

他们的酿酒葡萄一半来自自己的葡萄园，另一半购买，酒的种类有三十来种，主要是黑比诺，也酿造一些霞多丽和金粉黛。其中黑比诺的品种最多。如今负责酿酒的是杰夫·玛格哈斯（Jeff Mangahas），他曾在华盛顿大学学习细胞和分子生物学专业，因对葡萄酒的喜爱而进入戴维斯分校学习酿酒专业，游历法国的葡萄酒产区，毕业后在多家酒厂做酿酒师，有丰富的经验，他遵从该酒庄一贯的风格来酿酒。

我访问该酒庄时品尝了他们 4 款葡萄酒。第一款是 2012 年无橡木味的霞多丽，此酒有清淡的花香和青苹果的果香，入口酸度清脆，有点岩韵气息，是一款清爽型的有些深度的干白。

第二款是 2012 年 Weir 葡萄园的黑比诺，此酒的酒用葡萄来自门多西诺郡海拔 1，000 英尺的葡萄园，有成熟度恰当的果香和泥土气息，酒体适中，酸度高，回味长。

第三款是 2012 年 Hirsch 葡萄园的黑比诺，此葡萄园靠近 Fort Ross 这个地方，靠海近，葡萄园位于 1，500 英尺处。此酒有红色浆果和菌菇以及辛香料的气息，酒体平衡，回味长。

第四款是 2012 年 Rochioli Riverblock 葡萄园，这个葡萄园位于距离 Healdsburg 城镇西南面 6 英里处的俄罗斯河谷边上，这里是比较温暖的产区，此酒的酒精度比较高，有一些干果和花椒的麻感，均衡，回味长。

该酒庄打响了索诺玛地区出产优秀黑比诺的名气，如今他们的黑比诺也来自多个葡萄园，其风格各异，均带有风土特征。

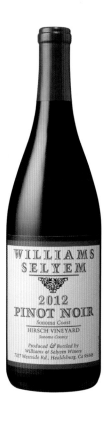

评分

2012 Unoaked Chardonnay ·· 93 分

2012 Weir Vineyard Pinot Noir ··· 96 分

2012 Hirsch Vineyard Pinot Noir ·· 93 分

2012 Rochioli Riverblock Pinot Noir ·· 95 分

酒 庄 名：Williams Selyem

自有葡萄园面积：110 英亩

产　　量：20,000 箱

电　　话：707-4336425

地　　址：7227 Westside Road,
　　　　　Healdsburg，CA95448

网　　站：www.williamsselyem.com

E-mail：tours@williamsselyem.com

酒庄访问：需要预约

第·六·章

资料篇

第一节

本书评分标准

本书的评分基本上采用了国际酿酒师工会（IUO）的百分制。由于纳帕和索诺玛地区的酒厂葡萄酒品种相当地丰富多元，有的酒只有细微的差别，也只有百分制才能进行比较直观的评价，所以本书不同于本人（吴书仙）以前的书籍所采用的葡萄酒级别的评价方式，而是采用以分数直接评价酒的方式。

以下是对这些分数范围内酒品质的解释：

95-100 分

分数在 95-100 分，这是最好的一类葡萄酒，有着相当丰富和复杂的特点，可预料到将来能发展成为非常优雅的一流酒，当然这也是少有的高素质葡萄酒。

90-95 分

这是具有复杂特征的葡萄酒，品质也是相当不错的。

80-89 分

这是各方面都挺好的酒，这类酒的风味和特点都没有明显的不尽人意之外。

70-79 分

这些酒各方面均不错，在酿造方面比较完善，在本质上，酒是简单明了且无害的葡萄酒。

60—69 分

这类酒包含着明显的缺点，比如说缺乏酸或者单宁，没有风味，或者有不干净的香气和味道等等。

60 分

这是无法接受的葡萄酒。

第二节
酿酒葡萄品种名称中外文对照

■红葡萄品种

Cabernet Sauvignon 赤霞珠

Cabernet Franc 品丽珠

Merlot 梅乐（又称梅鹿辄）

Gamay 佳美

Grenache 歌海娜

Syrah 希拉

Spatburgunder 或者 Pinot Noir） 黑比诺

Nebbiolo 内比奥罗

Petit Verdot 小维尔多

Sangiovese 桑乔维亚

Zinfandel 金粉黛（又称增芳德）

Carignan 佳利酿

Tempranillo 丹魄

Malbec 马尔贝克

Carmenere 卡曼纳

■白葡萄品种名称

Chardonnay 霞多丽（又称莎当妮）

Riesling 雷司令

Grüner Veltliner 绿魁

Sauvignon Blanc 长相思

Semillon 赛美蓉

Traminer 或者 Gewürztraminer 琼瑶浆

Chenin Blanc 白诗南

Muscat 麝香

Pinot Blanc 白比诺

Silvaner 西亚瓦纳

Pinot Grigio（Pinot Gris） 灰比诺

Viognier 维杰尼尔

第三节

参考资料和资料来源

纳帕谷酿酒商协会（Napa Valley Vintners）

索诺玛谷酿酒商协会（Sonoma Valley Vin-tners）

《扬特维尔印象》（*Images of America Yo-untville*）　ISBN978-0-7385-6965-9

《1976 巴黎品酒会》（*Judgment of Paris*），作者：乔治·泰伯（*George Taber*）
出版社：台湾时报文化出版企业股份有限公司。　ISBN978-957-13-4754-7

《酿酒师之舞》（*The Winemarker's Dan-ce*），作者：Jonathan Swinchatt 和 David G.Howell
ISBN 0-520-23513-4

《美国葡萄酒地图》（*American Wine*），作者：Jancis Robinson 和 Linda Murphy
出版社：中信出版集团股份有限公司。　ISBN 978-7-5086-4317-5

《罗伯特·蒙大维 - 收获快乐人生》（*Robert Mondavi-Harvests of Joy*）　ISBN 0-15-100346-7

《私酒传奇》，作者：Matt Bonduant
出版社：北京大学出版社。　ISBN 978-7-301-22815-9/G.3645

《世界顶级葡萄酒及酒庄全书》（*The World's Greatest Wine Estates*），作者：Robert M.Paker，Jr
出版社：北京联合出版公司。　ISBN 978-7-5502-0774-5

《美国酒王传奇 - 欧内斯特和朱利欧自传》（*Ernest & Julio Gallo Our Story*）
出版社：新华出版社。　ISBN 7-5011-3353-0/K.271

各酒厂介绍资料来自酒厂